微积分
探究性课题精编

■ 邱森 编著

WUHAN UNIVERSITY PRESS
武汉大学出版社

图书在版编目(CIP)数据

微积分探究性课题精编/邱森编著. —武汉：武汉大学出版社,2016.1
ISBN 978-7-307-17305-7

Ⅰ.微… Ⅱ.邱… Ⅲ.微积分—研究 Ⅳ.O172

中国版本图书馆 CIP 数据核字(2015)第 281103 号

责任编辑:顾素萍　　　责任校对:汪欣怡　　　版式设计:韩闻锦

出版发行:**武汉大学出版社**　　(430072　武昌　珞珈山)
(电子邮件：cbs22@ whu. edu. cn　网址：www. wdp. com. cn)
印刷:湖北民政印刷厂
开本:720×1000　 1/16　印张:26.75　字数:478 千字　插页:1
版次:2016 年 1 月第 1 版　　2016 年 1 月第 1 次印刷
ISBN 978-7-307-17305-7　　定价:49.00 元

前　言

有探究，才有创新；有应用，才有价值. 本书包括 66 个微积分探究性课题和应用性课题，为培养创新能力和应用意识构建平台.

探究性课题学习即数学探究，是指围绕某个数学问题自主探究的过程. 探究过程常常包括：观察分析数学事实，提出有意义的数学问题，特例探讨，联想类比，合情推理，猜想试探，失败更正，改进扩充等. 微积分的探究性题材是多样化的，可以是研究一些简单的函数的特殊性质（例如：抛物线的几何性质和光学性质，对数函数曲线和指数函数曲线的割线的性质等），也可以是某些数学结果和数学方法的推广和深入或者换个角度的思考（例如：有理函数的泰勒多项式，何时 $(fg)' = f'g'$ 成立，牛顿法的连续形式等）. 通过课题的探究，可以尝试数学研究的过程，获得数学创造的体验，培养长期起作用的洞察力、理解力以及探索和发现的能力，以获得不断深造的能力和创造能力.

应用性课题的素材来源于物理学、生命科学、经济学和工程技术等各个领域，它们反映了当今社会对数学的需求，也体现了数学的自身价值. 各课题中建立的数学模型（例如：药物浓度曲线，蛛网模型，相对变化率为常数的数学模型等）都具有一定的实际背景，有一定的应用价值，从中我们可以看到，许多重大的科学发现都是从学科之间的相互交叉、相互渗透中逐渐产生的，一些突破性的想法往往产生于人们意想不到的事物之间的联系. 让学生接触这些现代化的新内容和新思想，了解微积分现代的应用，有利于发展学生的应用意识和创新意识. 我们也可以看到，最深的道理也可以用最浅的方式来表达，一些原创性思想往往是最简单而精彩、学生又易于接受的. 例如：用线性方程组就能说明 CT 图像重建的基本原理，用积分就能说明 X 射线束在物质中的按指数的衰减规律，CT 就是以测定 X 射线在人体内的衰减系数为基础的现代医学成像技术，被公认为 20 世纪 70 年代重大科技突破. 在科技和经济领域，许多重要问题的数学模型都是函数模型，因而微积分也成为研究它们的得心应手的工具. 从实际情境中提出问题，并把问题抽象为数学问题，然后建立解决问题的数学模型，并运用数学思想、方法和知识求出数学模型的解，从而使实际问题得到解决，让学生经历数学建模解决实际问题的全过程，可以加深对数学的理解，提高数学建模能力，培养应用数学的意识.

本书探究性强，应用性也强，为创新活动构建了平台，为成功提供了更多的机会. 同时，本书起点低、意境高，各课题的预备知识基本上都是已学过的微积分知识. 课题采用问题串的形式，围绕中心问题，由浅入深，给以启发、引导. 许多课题在曲径通"幽"处还会得到一些意想不到的有趣的结果，引人入胜. 课题中设置了探究题，供读者思考、探究，读者甚至还可以从本书提供的课题以及背景材料中，自己发现问题和提出问题，进行自主研究，发挥自己的想象力和创造力，尝试数学研究的过程和经历数学建模的全过程，积累创造性思维的经验.

在本书编写的过程中，有些课题的教材取自于姜伟博士所搜集的国外论文资料，我们对他深表谢意. 我们还得到了武汉大学出版社的协助，在此也深表谢意. 最后，本书只是为展开微积分课题的探究性学习抛砖引玉，对书中的不妥之处我们还企盼同行、读者批评指正.

编 者

2015 年 11 月

目　录

1. 多项式函数切线的直接求法

多项式函数是一类特殊的函数，对这类函数的曲线求切线是否有特殊的方法？本课题将探讨不用微积分直接求多项式函数的切线的方法.

中心问题 探求多项式 $f(x)$ 除以 $(x-a)^2$ 所得的余式的几何意义.

准备知识 导数

课 题 探 究

问题 1.1 设 $f(x) = x^3 - 2x^2 + x + 1$，求它分别除以 $(x+1)^2, x^2, (x-1)^2$，$(x-2)^2$ 所得的余式，并求 $f(x)$ 的函数曲线分别在 $x = -1, 0, 1, 2$ 处的切线，从中你有什么发现？

问题 1.2 1) 设 $f(x)$ 是一个 n 次多项式函数，且有
$$f(x) = q(x)(x - x_0)^2 + r(x),$$
其中 $r(x)$ 是余式，问：$r(x)$ 有什么几何意义？试说明理由.

2) 求图 1-1 中的函数 $f_1(x) = x - x_0$，$f_2(x) = (x - x_0)^2$，$f_3(x) = (x - x_0)^3$ 在 $x = x_0$ 处的切线，从中你发现了什么？

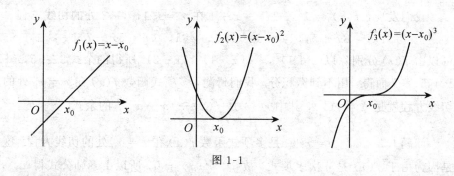

图 1-1

探究题 1.1 由问题 1.2 知，可将 $f(x) \div (x - x_0)^2$ 的余式 $r(x)$（次数 $\leqslant 1$）看做 $f(x)$ 在点 $x = x_0$ 的邻域内的 1 次逼近（即在 $x = x_0$ 处的切线），试将这

个结果推广到 $f(x)$ 在点 $x = x_0$ 的邻域的 2 次逼近和 n 次逼近.

问 题 解 答

问题 1.1 由多项式的长除法得

$$f(x) = (x-4)(x+1)^2 + (8x+5), \quad 余式\ r(x) = 8x+5,$$
$$f(x) = (x-2)x^2 + (x+1), \quad 余式\ r(x) = x+1,$$
$$f(x) = x(x-1)^2 + 1, \quad 余式\ r(x) = 1,$$
$$f(x) = (x+2)(x-2)^2 + (5x-7), \quad 余式\ r(x) = 5x-7.$$

由于 $f'(x) = 3x^2 - 4x + 1$, 故

$$f'(-1) = 8, \quad f'(0) = 1, \quad f'(1) = 0, \quad f'(2) = 5.$$

由直线的点斜式方程

$$y - f(x_0) = f'(x_0)(x - x_0)$$

可得直线的斜截式方程

$$y = f'(x_0)(x - x_0) + f(x_0)$$
$$= f'(x_0)x + (f(x_0) - x_0 f'(x_0)) \tag{1.1}$$

(注意：(1.1) 对任一在区间 I 上的可导函数 $f(x)$ 都成立，其中 $f'(x_0)$ 和 $f(x_0) - x_0 f'(x_0)$ 分别是 $f(x)$ 在 $x = x_0$ 处的切线的斜率和截距).

将 $x_0 = -1, 0, 1, 2$ 分别代入上式，可得相应的切线方程:

$$y = f'(-1)x + [f(-1) - (-1)f'(-1)] = 8x + 5,$$
$$y = f'(0)x + f(0) = x + 1,$$
$$y = f'(1)x + (f(1) - f'(1)) = 1,$$
$$y = f'(2)x + (f(2) - 2f'(2)) = 5x - 7.$$

我们发现，$f(x) = x^3 - 2x^2 + x + 1$ 在 $x = -1, 0, 1, 2$ 处的切线方程

$$y = 8x + 5, \quad y = x + 1, \quad y = 1, \quad y = 5x - 7,$$

可以由 $f(x)$ 分别除以 $(x+1)^2, x^2, (x-1)^2, (x-2)^2$ 所得的余式 $8x+5, x+1, 1, 5x-7$ 而得，用不到微积分. 我们猜测，多项式函数 $f(x)$ 在 $x = x_0$ 处的切线方程就是 $y = r(x)$，其中 $r(x)$ 是 $f(x) \div (x - x_0)^2$ 的余式.

问题 1.2 1) $y = r(x)$ 是多项式函数 $f(x)$ 在 $x = x_0$ 处的切线方程. 这是因为由于 $f(x)$ 是 n 次多项式，故 $f^{(n+1)}(x) = 0$，所以由泰勒公式得

$$f(x) = f(x_0) + f'(x_0)(x - x_0) + f''(x_0)(x - x_0)^2 + \cdots$$
$$+ f^{(n)}(x_0)(x - x_0)^n,$$

因此，$f(x) \div (x - x_0)^2$ 的余式为 $f(x_0) + f'(x_0)(x - x_0)$，而由(1.1)可知

$$y = f(x_0) + f'(x_0)(x - x_0)$$

就是 $f(x)$ 在 $x = x_0$ 处的切线方程.

2) 由于

$$f_1(x) = 0 \cdot (x - x_0)^2 + (x - x_0), \quad \text{余式 } r_1(x) = x - x_0,$$

$$f_2(x) = 1 \cdot (x - x_0)^2 + 0, \quad\quad\quad \text{余式 } r_2(x) = 0,$$

$$f_3(x) = (x - x_0)(x - x_0)^2 + 0, \quad \text{余式 } r_3(x) = 0,$$

故 $f_1(x)$ 在 $x = x_0$ 处的切线方程为 $y = x - x_0$，$f_2(x)$ 和 $f_3(x)$ 在 $x = x_0$ 处的切线方程都是 $y = 0$（即切线为 x 轴）.

我们发现，x 轴是多项式函数 $f(x)$ 在 $x = x_0$ 处的切线的充分必要条件是 $(x - x_0)^2 \mid f(x)$（即 $f(x) \div (x - x_0)^2$ 的余式为零）. 事实上，这是 1) 的结论的特例，当 $f(x) \div (x - x_0)^2$ 的余式 $r(x)$ 为零时，$f(x)$ 在 $x = x_0$ 处的切线方程 $y = r(x) = 0$，表明该切线就是 x 轴.

2. 切 线 变 换

切线变换是利用一条曲线上的切线给出的从一条曲线到另一条曲线的变换. 设 t 为参数，那么参数方程

$$\begin{cases} x = x(t), \\ y = y(t) \end{cases}$$

（其中 $t \in I$（I 是一个区间））表示平面上的一条曲线. 对该曲线上的任一点 $(x(t), y(t))$（$t \in I$）处的切线方程是

$$y - y(t) = \frac{y'(t)}{x'(t)}(x - x(t)),$$

它的斜率为

$$\frac{y'(t)}{x'(t)}, \tag{2.1}$$

且由（1.1）知，它的截距为

$$y(t) - \frac{y'(t)}{x'(t)}x(t). \tag{2.2}$$

设

$$x^*(t) = \frac{y'(t)}{x'(t)}, \quad y^*(t) = y(t) - \frac{y'(t)}{x'(t)}x(t),$$

定义一条新的曲线，它的参数方程为

$$\begin{cases} x = x^*(t), \\ y = y^*(t), \end{cases} \quad t \in I.$$

我们把原曲线上的点 $(x(t), y(t))$ 变换到新曲线上的点 $(x^*(t), y^*(t))$ 的两条曲线之间的点的变换称为**切线变换**，记为 T，则

$$T: (x(t), y(t)) \longmapsto (x^*(t), y^*(t)), \quad 对所有的 t \in I.$$

例如：设曲线的参数方程为

$$\begin{cases} x = t, \tag{2.3} \\ x = t^3, \tag{2.4} \end{cases}$$

由（2.3）得，$t = x$，将它代入（2.4），得

$$y = x^3,$$

故该参数方程所表示的曲线是一条 3 次曲线. 由(2.1)～(2.4),得

$$x^*(t) = \frac{y'(t)}{x'(t)} = 3t^2, \quad y^*(t) = t^3 - 3t^2 \cdot t = -2t^3,$$

所以由切线变换所得的新曲线的参数方程为

$$\begin{cases} x = 3t^2, \\ y = -2t^3, \end{cases}$$

这是一条半立方抛物线(这是因为它也是由方程 $y^2 = \frac{4}{27}x^3$ 所表示的曲线).

又如:设曲线的参数方程为

$$\begin{cases} x = t, \\ y = kt + b, \end{cases}$$

则它表示直线 $y = kx + b$. 切线变换 T 将$(x(t), y(t))$ 变换到 $(x^*(t), y^*(t)) = (k, b)$,这时切线变换 T 将一条仅有一条切线的直线变换成一个点 (k, b),是一个平凡的变换.

本课题将探讨一些圆锥曲线在切线变换下的特性.

中心问题 问:一条抛物线经过两次切线变换后所得的是什么曲线?

准备知识 导数

课 题 探 究

问题 2.1 设椭圆的参数方程为

$$\begin{cases} x = a\sin t, \\ y = b\cos t, \end{cases}$$

求它经过切线变换后所得的曲线.

探究题 2.1 设抛物线的参数方程为

$$\begin{cases} x = t, \\ y = at^2 + bt + c, \end{cases} \tag{2.5}$$

求它经过两次切线变换后所得的曲线,从中你发现了什么?

在[4]中探讨了比探究题更一般的问题:设 $f(x)$ 是在区间 $I = [a, b]$ 上可导的函数,则对每个 $x_0 \in I$,存在一条切线

$$y = f(x_0)x + (f(x_0) - x_0 f'(x_0)),$$

因而得到一族关于 I 的切线,记为 $T(f)$. 讨论的问题是:反过来,如果给定

$T(f)$，是否存在区间 I 上的可导函数 $f(x)$，使得它关于 I 的切线族就是 $T(f)$，且这样的函数 $f(x)$ 是否唯一？在 [4] 中讨论了从切线族重新构造一个函数的唯一性问题，并提出了一些未解决的开放性问题.

问 题 解 答

问题 2.1　由 (2.1) 和 (2.2) 知，$(x(t),y(t))=(a\sin t,b\cos t)$ 在切线变换 T 下的像是

$$
\begin{aligned}
(x^*(t),y^*(t)) &= \left(\frac{-b\sin t}{a\cos t}, b\cos t + \frac{b\sin t}{a\cos t}\cdot a\sin t\right) \\
&= \left(-\frac{b\sin t}{a\cos t}, \frac{b}{\cos t}\right).
\end{aligned}
$$

故该椭圆经过切线变换后所得曲线的参数方程为

$$
\begin{cases}
x = -\dfrac{b\sin t}{a\cos t}, \\[2mm]
y = \dfrac{b}{\cos t}.
\end{cases}
\tag{2.6}
$$

由于

$$
\frac{(y^*)^2}{b^2} - \frac{(x^*)^2}{(b/a)^2} = \frac{1}{\cos^2 t} - \frac{\sin^2 t}{\cos^2 t} = 1,
$$

故参数方程 (2.6) 所表示的曲线是双曲线，即椭圆经过切线变换变成双曲线.

3. 最大射角问题

本课题将探讨足球场上运动员射门时的最大射角问题，从而导出萨拉米 (Salami) 曲线，并研究其性质.

中心问题 当运动员沿着垂直于球门线的路线带球行进时，在何处射角最大？

准备知识 导数及其应用

课 题 探 究

设 $l = 105$ m 和 $w = 68$ m 分别表示足球场的长和宽，$d = 7.32$ m 表示球门的宽且球门的中点即球门线的中点（如图 3-1 所示）. 当运动员的带球路线垂直于球门线时，如果带球路线与球门线交于球门内（即从运动员的位置向球门线作垂线时，垂足在球门内），则越跑向前，射角越大. 因此，我们只讨论带球路线与球门线的交点（即垂足）不在球门内的情况.

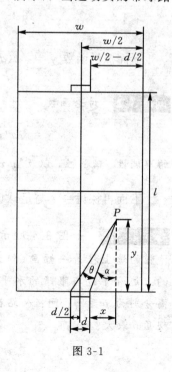

图 3-1

问题 3.1 如图 3-1 所示，设运动员的带球路线垂直于球门线，并在球门线的右边（图中用虚线表示），x 表示右球门柱到带球路线的垂直距离$\left(\text{其中 } 0 \leqslant x \leqslant \dfrac{w-d}{2}\right)$，$y$ 表示运动员的位置（P 点）到球门线的距离，θ 表示运动员在点 P 处的射角，问：$y (\in [0, l])$ 取什么值时，射角 θ 达到最大？

由问题 3.1 的解可知，对 x 取一个固定值，当 $y = \sqrt{x(d+x)}$ 时，射角 θ 最大. 我们把平面直角坐标上的点 $(x, \sqrt{x(d+x)})$ 称为**萨拉米点**，当 x 取遍区间 $\left[0, \dfrac{w-d}{2}\right]$ 中的值时，所得到的萨拉米点构成一条曲线，该曲线称为**萨拉米曲线**（见图 3-2，图中球门宽 $d = 1$ 个单位），它为函数

$$y = \sqrt{x(d+x)}, \quad x \in \left[0, \frac{w-d}{2}\right] \tag{3.1}$$

的图像. 根据球场的对称性，对位于左球门柱左边的带球路线也有相应的萨拉米点，于是，在球场的左半部分也有一条对称的萨拉米曲线（见图 3-3）.

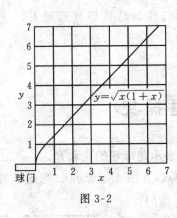

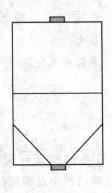

图 3-2　　　　　　　　　　　　图 3-3

下面探讨函数 $y = \sqrt{x(d+x)}$ $\left(x \in \left[0, \dfrac{w-d}{2}\right]\right)$ 的性质.

问题 3.2　讨论函数

$$y = \sqrt{x(d+x)} \quad \left(x \in \left[0, \frac{w-d}{2}\right]\right)$$

的单调性、凹凸性，以及当 $x \to +\infty$ 时，y 的变化趋势.

下面再探讨一个与足球场上最大射角问题类似的挂画的最大视角问题.

探究题 3.1　如图 3-4 所示，在美术展览馆的墙上挂着一幅画（粗线所示），它的上边和下边与眼睛的水平线 DO 的距离分别为 p 和 q，问：人站在什么位置，视角 θ 最大？

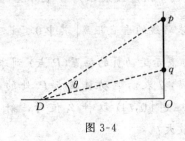

图 3-4

探究题 3.2 如图 3-5 所示，设 v 为人所站的位置 C 点到墙的距离，证明：当 $v \neq \sqrt{qp}$ 时，距离为 v 处（即 C 点）的视角与距离为 $\dfrac{qp}{v}$ 处（即 D 点）的视角相等，即 $\angle ACB = \angle ADB$，也就是说，只有在距离为 $\sqrt{qp}$ 处的视角和其他处不一样，该视角最大.

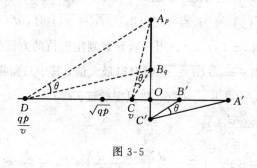

图 3-5

问 题 解 答

问题 3.1 设运动员的带球路线与点 P 和右球门柱的连线之间的夹角为 α（见图 3-1），则

$$\tan\alpha = \frac{x}{y}, \quad \alpha = \arctan\frac{x}{y}, \tag{3.2}$$

$$\tan(\theta+\alpha) = \frac{x+d}{y}, \quad \theta+\alpha = \arctan\frac{x+d}{y}, \tag{3.3}$$

所以

$$\theta = (\theta+\alpha) - \alpha = \arctan\frac{x+d}{y} - \arctan\frac{x}{y}. \tag{3.4}$$

下面取 x 为固定的值，求使 θ 取得最大值的 y 值，即求函数 $\theta(y)$（$y \in (0, l)$）的最大值$\left(\text{由图 3-1 容易看到，当 } y \to 0^+ \text{ 时，} \theta \to \dfrac{\pi}{2} - \dfrac{\pi}{2} = 0\right)$. 由 (3.4) 可得

$$\theta'(y) = \left[1 + \left(\frac{x+d}{y}\right)^2\right]^{-1}\left(\frac{x+d}{y}\right)' - \left[1 + \left(\frac{x}{y}\right)^2\right]^{-1}\left(\frac{x}{y}\right)'$$

$$= \left[1 + \left(\frac{x+d}{y}\right)^2\right]^{-1}\left(-\frac{x+d}{y^2}\right) - \left[1 + \left(\frac{x}{y}\right)^2\right]^{-1}\left(-\frac{x}{y^2}\right).$$

将上式加以整理，得

$$\theta'(y) = -\frac{x+d}{y^2+(x+d)^2} + \frac{x}{y^2+x^2}$$

$$= \frac{d[x(d+x)-y^2]}{[y^2+(x+d)^2](y^2+x^2)}. \tag{3.5}$$

由于(3.5)中分母总大于零，以及 $d > 0$，故 $\theta'(y)$ 是正的(或零，或负的)，当且仅当 $x(d+x)-y^2$ 分别是正的(或零，或负的)．由此即得，当 $y = \sqrt{x(d+x)}$ 时，$\theta'(y) = 0$；当 $y \in (0, \sqrt{x(d+x)})$ 时，$\theta'(y) > 0$；当 $y \in (\sqrt{x(d+x)}, l]$ 时，$\theta'(y) < 0$．用一阶导数判定极值的方法知，$\theta(y)$ 在 $(0, l]$ 上有最大值，且当 $y = \sqrt{x(d+x)}$ 时取得最大值，其中只需再验证 $\sqrt{x(d+x)} \in (0, l]$．显然，$\sqrt{x(d+x)} > 0$，故只需验证 $\sqrt{x(d+x)} \leqslant l$．

由于 $x \leqslant \frac{w}{2} - \frac{d}{2}$，故

$$x(d+x) \leqslant \left(\frac{w}{2}-\frac{d}{2}\right)\left(\frac{w}{2}+\frac{d}{2}\right) = \frac{w^2}{4}-\frac{d^2}{4} < \frac{w^2}{4},$$

所以 $\sqrt{x(d+x)} < \frac{w}{2}$．因此，当 $\frac{w}{2} \leqslant l$ (即 $w \leqslant 2l$) 时，有

$$\sqrt{x(d+x)} \leqslant l,$$

而足球场满足条件 $w \leqslant 2l$，因而 $\sqrt{x(d+x)} \in (0, l]$．

问题 3.2 如图 3-2，设右球门柱处为坐标原点，球门线在 x 轴上，下面我们只讨论在右边的那条萨拉米曲线，即讨论函数 $y = \sqrt{x(d+x)}$ $\left(x \in \left[0, \frac{w-d}{2}\right]\right)$ 的性质．

由于 $y'(x) = \frac{2x+d}{2\sqrt{x(d+x)}}$，故对所有的 $x \in \left[0, \frac{w-d}{2}\right]$，$y'(x) > 0$，即函数 $y(x)$ $\left(x \in \left[0, \frac{w-d}{2}\right]\right)$ 单调递增．

由于 $y''(x) = \frac{-d^2}{4\sqrt{(dx+x^2)^3}}$，故对所有的 $x \in \left[0, \frac{w-d}{2}\right]$，$y''(x) < 0$，所以萨拉米曲线在区间 $\left(0, \frac{w-d}{2}\right)$ 内是凸的．

由(3.1)可以看到，当 x 值相对于 d 足够大时，

$$\sqrt{x(d+x)} \approx x,$$

且当 $x \to +\infty$ 时，萨拉米曲线趋近于方程为 $y = x$ 的直线．

4. 一个特殊的指数函数

给定一条指数函数曲线 $f_a(x) = a^x$(其中 $a > 1$),过原点 $(0,0)$ 和过它与 y 轴的交点 $(0,1)$ 分别可以作两条切线,这两条切线有一个夹角. 本课题探讨当底数 a 取什么值时,这两条切线的夹角最大,并建立该问题与课题 3 中最大视角问题的联系.

中心问题 在指数函数族 $\{f_a(x) = a^x \mid a > 1\}$ 中,求使上述夹角最大的 a 值.

准备知识 导数及其应用

课 题 探 究

问题 **4.1** 1) 设 $a > 1$,考虑以 a 为底数的指数函数 $f_a(x) = a^x$ 及其图像,过原点 $O(0,0)$ 和点 $A(0,1)$ 分别作 f_a 的图像的两条切线,设为 $l_{0,a}$ 和 $l_{1,a}$. 求直线 $l_{0,a}$ 和 $l_{1,a}$ 的交点 V_a 的坐标,你发现了什么?

2) 问:底数 a 取什么值时,切线 $l_{0,a}$ 和 $l_{1,a}$ 的夹角最大?

由问题 4.1 的解可知,对每一个 $a (> 1)$ 的值,可以求得切线 $l_{0,a}$ 和 $l_{1,a}$ 的交点

$$V_a\left(\frac{1}{(e-1)\ln a}, \frac{e}{e-1}\right). \tag{4.1}$$

由此可得切线 $l_{0,a}$ 和 $l_{1,a}$ 的夹角 $\angle OV_aA = \theta$,因此,θ 可以看做底数 a 的函数,它的图像如图 4-1 所示,其中当 $a = e^{1/\sqrt{e}} \approx 1.834\,057$ 时,夹角 θ 的值最大,可以求得最大值为

$$\arctan\frac{e-1}{2\sqrt{e}} \approx 0.480 \text{ 弧度} \approx 27.524°.$$

由于夹角 θ 又可看做挂画问题中的视角,所以我们将 $a = e^{1/\sqrt{e}}$ 时的这个特殊的指数函数 $y = a^x = e^{x/\sqrt{e}}$ 称为"视角"最大的指数函数. 当 $a = e$ 时,可求得 θ 值为

$$\arctan \frac{e-1}{e+1} \approx 0.433 \text{ 弧度} \approx 24.802°.$$

因此，$a = e$ 并非是使切线 $l_{0,a}$ 和 $l_{1,a}$ 的夹角 θ 达到最大的值. 由课题 3 探究题 3.2 可知，当 $a = e^{1/e}$ 时的 θ 值和 $a = e$ 时的 θ 值相同(见图 4-1).

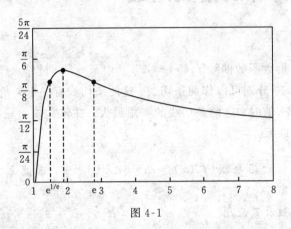

图 4-1

对 $a > 1$，我们已经看到，过点 $(0,0)$ 和点 $(0,1)$ 都可以作 $f_a(x) = a^x$ 的图像的切线. 在[5]中，提出了更一般的问题：过 y 轴上任意一点 $(0,u)$，求 $f_a(x) = a^x$ 的图像的切线方程.

可以证明，上述问题的解存在的充分必要条件是 $u \leqslant 1$.

这个充分必要条件也给出了我们关注切线 $l_{0,a}$ 和 $l_{1,a}$ 的又一个理由.

现在仍然假设要将一幅高度为 1 的画挂在墙上，我们要问：将它挂在什么高度较妥？

探究题 4.1 试将下面两种挂画的方法加以对比：

1) 如图 4-2 所示，将画挂在由"视角"最大的指数函数 $y = e^{x/\sqrt{e}}$ 所决定的点 $(0,0)$ 和点 $(0,1)$ 之间的位置上，即在探究题 3.1 中取

$$p = \frac{e}{e-1} \approx 1.582, \quad q = \frac{1}{e-1} \approx 0.582$$

的位置；

2) 利用美学中的黄金比 $\varphi = \frac{-1+\sqrt{5}}{2} \approx 0.618$，取

$$q = \varphi, \quad p = q+1 = \frac{1+\sqrt{5}}{2} = \frac{1}{\varphi} \approx 1.618$$

的位置.

问题解答

问题 4.1 1) 先求切线 $l_{0,a}$ 的方程. 设它的切点坐标为 (x_0, y_0), 由于 $f_a(x) = a^x$ 的一阶导数为 $f'_a(x) = a^x \ln a$, 故

$$\frac{y_0}{x_0} = a^{x_0} \ln a.$$

又因 $y_0 = a^{x_0}$, 由上式得 $x_0 = \dfrac{1}{\ln a}$, 故

$$y_0 = a^{x_0} = a^{\frac{1}{\ln a}} = (e^{\ln a})^{\frac{1}{\ln a}} = e.$$

因此, 切线 $l_{0,a}$ 的斜率为

$$f'_a(x_0) = a^{x_0} \ln a = e \ln a,$$

切线 $l_{0,a}$ 的方程为

$$y = l_{0,a}(x) = (e \ln a)x. \tag{4.2}$$

由于点 $(0,1)$ 在曲线 $f_a(x) = a^x$ 上, 故切线 $l_{1,a}$ 的方程为

$$y = l_{1,a}(x) = (\ln a)x + 1. \tag{4.3}$$

由 (4.2) 和 (4.3) 可以解得两条直线 $l_{0,a}$ 和 $l_{1,a}$ 的交点

$$V_a \left(\frac{1}{(e-1)\ln a}, \frac{e}{e-1} \right). \tag{4.4}$$

由 (4.4), 我们发现, V_a 的纵坐标为 $\dfrac{e}{e-1}$, 与底数 a 无关, 也就是说, 无论 $a\,(>1)$ 取什么值, $l_{0,a}$ 和 $l_{1,a}$ 的交点都在直线 $y = \dfrac{e}{e-1}$ 上. 这样, 我们就可以将两条切线的夹角的最大值问题归结为课题 3 探究题 3.1 的挂画的最大视角问题, 只要把 V_a 看做眼睛的位置, 直线 $y = \dfrac{e}{e-1}$ 看做眼睛的水平视线, 而把画挂在点 $(0,0)$ 和 $(0,1)$ 之间的位置上, 这相当于探究题 3.1 中取

$$p = \frac{e}{e-1}, \quad q = \frac{e}{e-1} - 1 = \frac{1}{e-1},$$

于是, 切线 $l_{0,a}$ 和 $l_{1,a}$ 的夹角可看做挂画问题中的视角(见图 4-2).

注意: 切线 $l_{0,a}$ 的切点为 $\left(\dfrac{1}{\ln a}, e \right)$, 它的纵坐标为 e, 也与底数 a 无关, 因而对任意 $a\,(>1)$ 的值, 切线 $l_{0,a}$ 的切点总在直线 $y = e$ 上, 于是, $l_{0,a}$ 就是原点 O 与曲线 $f_a(x) = a^x$ 和直线 $y = e$ 的交点的连线.

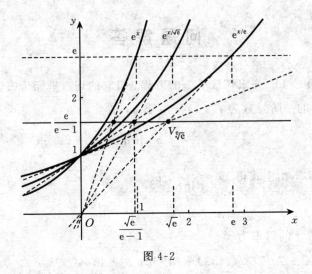

图 4-2

2) 由课题 3 探究题 3.1 的解知，当两条切线 $l_{0,a}$ 和 $l_{1,a}$ 的交点 V_a 为

$$\left(\frac{\sqrt{e}}{e-1}, \frac{e}{e-1} \right)$$

时夹角最大$\left(\text{这是因为}\sqrt{qp} = \sqrt{\dfrac{1}{e-1} \cdot \dfrac{e}{e-1}} = \dfrac{\sqrt{e}}{e-1}\right)$，再由 (4.4)，得

$$\frac{1}{(e-1)\ln a} = \frac{\sqrt{e}}{e-1}, \quad \ln a = \frac{1}{\sqrt{e}}, \quad a = e^{1/\sqrt{e}}.$$

因此，当 $a = e^{1/\sqrt{e}}$ 时，切线 $l_{0,a}$ 和 $l_{1,a}$ 的夹角最大.

5. 存 储 问 题

一个制造厂或商店需存储一定的产品或商品. 如存储量太小, 会影响销售; 如存储量太大, 则要为占用仓库和一些必要的保管措施付出过多的费用. 一个制造厂需要决定每批产品的批量的大小, 使得生产和存储的成本最小; 同时一个商店也需要决定每次商品的订购量的大小, 使得总的订购费和存储费最小. 本课题将探讨制造产品(或订购商品)中的最佳批量(或订购量)的问题, 即存储问题.

中心问题　一种简单而常见的不允许缺货的存储问题.
准备知识　导数及其应用

课 题 探 究

问题 5.1　为了供应明年市场的需求, 某工厂计划生产 12 000 个某种电器产品. 假设该种电器产品以均匀的速率出售给顾客, 并且生产一批产品所需时间与销售所用的时间相比非常短以致可以忽略不计. 生产该种电器产品总的成本由 3 部分构成:

1) 开办费. 该费用与生产该种电器产品的数量是无关的, 其中包括从仓库中找到合适的工具、装配工具、少数样品的试制费用等. 假设该厂组织一次该种电器产品生产的开办费 $f = 7\,500$ (元).

2) 存储费. 该费用包括储藏、保管、保险、产品所占用的资金的利息等费用.

假设该工厂决定在年底一次性生产 12 000 个该种电器产品, 由于明年出售的速率是均匀的, 而且到明年年底又全部售完, 因此, 明年仓库中存货的平均数为 6 000 个, 如图 5-1 所示(从定积分的角度来看, 该平均数为存货量关于时间(单位: 月)的函数在区间 $[0,12]$ 上的平均数). 假设该工厂决定分 4 批生产, 即年底立刻先生产 3 000 个该种电器产品; 过 3 个月后再立刻生产 3 000 个; 再过 3 个月后再立刻生产 3 000 个; 最后, 过 3 个月后立刻生产 3 000

个. 由于明年每 3 个月(即每季度)存货的平均数都是 1 500 个(见图 5-2),因此,明年仓库中存货的平均数为 1 500 个. 同样,假设该工厂决定分 12 批生产,即 1 个月生产一批,如图 5-3 所示,明年仓库中存货的平均数为 500 个.

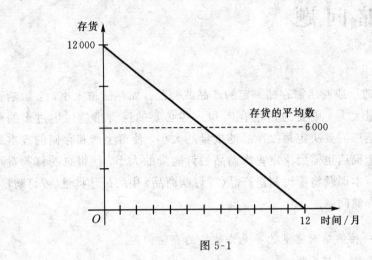

图 5-1

图 5-2

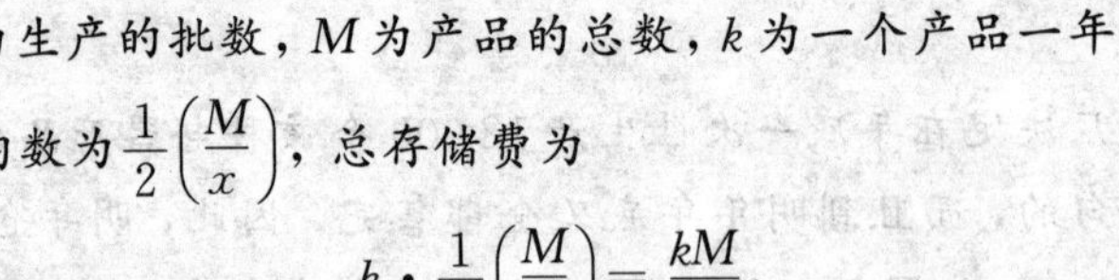

图 5-3

假设 x 为生产的批数,M 为产品的总数,k 为一个产品一年的存储费,则年存货的平均数为 $\dfrac{1}{2}\left(\dfrac{M}{x}\right)$,总存储费为

$$k \cdot \dfrac{1}{2}\left(\dfrac{M}{x}\right) = \dfrac{kM}{2x},$$

这里 $M = 12\,000$(个),且设 $k = 20$(元).

3) 制造费. 该费用包括材料费、人工费、电力等. 假设生产一个该种产品的制造费为 $g = 30$ 元.

现在要问该厂应分几批生产，每批生产多少个该种电器产品，才能使总的成本达到最小值？

探究题 5.1 设某商店每天销售 R 件某种商品，商店的进货是一种周期行为：每隔 T 天进货一次，进货量为 Q，进货一次手续费（即订购费）为 C_b，货可立即运到商店．若一件商品存储一天的费用为 C_s，问多少天进货一次最经济（即平均的每天支出最少），进货量为多少？

探究题 5.2 某药店某种抗生素的年需求量为 200 盒，一盒抗生素一年的存储费为 10 元，进货一次订购费（包括手续费、邮费等）为 40 元，问每次订购几盒全年的总成本最小？

在工矿企业和商店中，都存在着如同上面所讨论的"存储"问题．如果存储商品数量不足，发生缺货现象，就会失去销售机会而减少利润，但如果存货过多，一时销售不出，造成商品积压，存储费增加，也同样造成经济损失．为了多创利润，最大限度地减少损失，管理人员就必须研究商品的合理的存储量．在长期的实践中，人们摸索到一些规律，积累了一些经验，20 世纪 50 年代，逐步形成了一门学科，叫做**存储论**．存储论可以为各工矿企业以及商店等单位提供一些有效的方法，加速资金周转，减少所付信贷利息，合理使用资金，从这些方面改善企业的经营管理．如水电站水库也有同样的存储问题，即合理的存水量问题，它应该综合考虑雨季与旱季，发电与下游农田灌溉以及均衡发电和水坝与电站的安全等因素，合理调动水库存水量，使之得到最佳的综合效益．

上面所讨论的存储问题都是简单的存储问题，它的需求性质都是确定性的，产品是以均匀的速率销售出去的．一般需求性质不一定是确定的．例如：某百货商店卖出的某种商品的数量，每天都在变化，对于未来的某一天来说，并不知道其确切数量，有随机性，当然，经过一些统计分析也可以发现一些规律性．另一方面，能不能订到货也是随机的，有时需要早订或多订，并保持一定的存储量．这些问题都是存储论所研究的内容，这里就不详加介绍了．

问 题 解 答

问题 5.1 ［解法 1］ 设分 x 批生产的总成本为 $T(x)$，则

$$T(x) = 开办费 + 存储费 + 制造费 = fx + \frac{kM}{2x} + gM.$$

由于

$$T'(x) = f - \frac{kM}{2x^2}, \quad T''(x) = \frac{kM}{x^3},$$

故

$$T'\left(\sqrt{\frac{kM}{2f}}\right) = 0, \quad T''\left(\sqrt{\frac{kM}{2f}}\right) > 0,$$

即 $x = \sqrt{\dfrac{kM}{2f}}$ 为 $T(x)$ 的最小值点. 令 $k = 20$, $M = 12\,000$, $f = 7\,500$, 得

$$x = \sqrt{\frac{20 \times 12\,000}{2 \times 7\,500}} = 4.$$

因此, 分 4 批生产, 每批生产 3\,000 个, 可使总成本达到最小值 420\,000 元 (注意: 如果 $x = 1$, 即一次性生产, 则总成本为 487\,500 元; 如果 $x = 12$, 即分 12 批生产, 则总成本为 460\,000 元. 这两种情形的总成本都比分 4 批生产要高).

[解法 2] (配方法) 设分 x 批生产的总成本为 $T(x)$, 则

$$T(x) = fx + \frac{kM}{2x} + gM$$

$$= \left(\sqrt{fx} - \sqrt{\frac{kM}{2x}}\right)^2 + 2\sqrt{fx \cdot \frac{kM}{2x}} + gM,$$

故当 $fx = \dfrac{kM}{2x}$ 时, 即当 $x = \sqrt{\dfrac{kM}{2f}}$ 时, $T(x)$ 达到最小值

$$2\sqrt{fx \cdot \frac{kM}{2x}} + gM = \sqrt{2fkM} + gM,$$

因此当 $x = \sqrt{\dfrac{20 \times 12\,000}{2 \times 7\,500}} = 4$ 时, 可使总成本达到最小值 $T(4) = 420\,000$ 元.

[解法 3] (基本不等式法) 设分 x 批生产的总成本为 $T(x)$, 则

$$T(x) = fx + \frac{kM}{2x} + gM.$$

由基本不等式 (若 y, z 为正数, 则 $y + z \geqslant 2\sqrt{yz}$ (当且仅当 $y = z$ 时, 等号成立)) 知,

$$T(x) = fx + \frac{kM}{2x} + gM \geqslant 2\sqrt{fx \cdot \frac{kM}{2x}} + gM,$$

等号成立条件: $fx = \dfrac{kM}{2x}$, 故当 $x = \sqrt{\dfrac{kM}{2f}}$ 时, $T(x)$ 达到最小值 $2\sqrt{fx \cdot \dfrac{kM}{2x}} + gM$, 因此当 $x = 4$ 时, 可使总成本达到最小值 420\,000 元.

6. 一类最优化问题的特殊解法

在实际问题中，我们常常会遇到这样的最优化问题：求 n 元函数 $f(x_1, x_2, \cdots, x_n) = x_1 x_2 \cdots x_n$ 在条件 $g(x_1, x_2, \cdots, x_n) = a_1 x_1 + a_2 x_2 + \cdots + a_n x_n = L$（定值）下的极值. 这种需要满足约束条件的最优化问题称为**约束最优化问题**. 多元微积分中的拉格朗日乘数法是求解这类约束最优化问题的有效方法. 本课题将探讨不用拉格朗日乘数法，而用更直接的隐函数求导法或基本不等式法来求解这类问题的方法.

中心问题 用隐函数求导法求解约束最优化问题：

$$\max_{(x,y)} xy, \quad \text{约束条件}: mx + ny = L \text{（定值）}.$$

准备知识 导数及其应用

课 题 探 究

用一定长度的栅栏，可以围出面积不同的场地. 下面探讨各种要求下的围栏优化问题.

问题 6.1 用一定长度的栅栏围一块矩形场地，并要求用栅栏将它分割成若干个小的矩形场地，它的一边可以靠河（或靠墙）（参见图 6-1），问：如何围可使所围的面积最大？

从问题 6.1 的解可以看到，问题 6.1 实际上是二元函数的条件极值问题，也就是说，求面积函数 $A = xy$ 在条件 $L = mx + ny$ 下的最大值问题. 要解这个问题，可以用拉格朗日乘数法，也可以由约束条件解出

$$y = \frac{1}{n}(L - mx), \qquad (6.1)$$

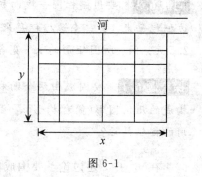

图 6-1

将它代入 $A = xy$，将问题转化为一元函数的最大值问题. 这里我们采用隐函数求导的方法来解条件极值问题：由(6.1)知，y 是 x 的函数，根据积的求导公式，

$$\frac{\mathrm{d}A}{\mathrm{d}x} = y + x\frac{\mathrm{d}y}{\mathrm{d}x},$$

而 $\frac{\mathrm{d}y}{\mathrm{d}x}$ 又通过用约束条件 $L = mx + ny$，来进行隐函数求导而求得，这样，就可以求解 $\frac{\mathrm{d}A}{\mathrm{d}x} = 0$，并将问题转化为一元函数的最大值问题，这就是隐函数求导法.

问题 6.2 1) 有 120 m 长的栅栏，要围成如图 6-2 所示的由两个全等小矩形组成的矩形场地. 问：小矩形的长、宽各为多少米时，它的面积最大？

2) 要围成如图 6-2 所示的由两个全等小矩形组成的面积各为 300 m² 的矩形场地. 问：小矩形的长、宽各为多少米时，所用的栅栏最短？

3) 从 1)和 2)两个优化问题的解，你有什么发现，能否把所发现的结果推广到如图 6-3 所示的由 $m \times n$ 个全等小矩形组成的矩形场地以及更一般的情况中去？

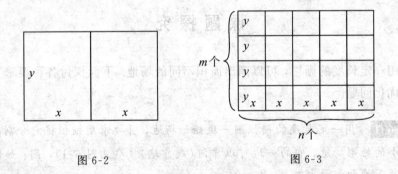

图 6-2   图 6-3

问题 6.3 要用栅栏围一块面积为 5 184 m² 的矩形场地，栅栏的单价为：北边栅栏每米 4 元，南边栅栏每米 5 元，东边栅栏每米 1.5 元，西边栅栏每米 2.5 元. 问：所围矩形的长、宽各为多少米时，所用栅栏的费用最省？

探究题 6.1 要围成由两个面积相等的小矩形(设面积都为 1 个平方单位)构成的几何图形(简称构形)，问：两个小矩形的长、宽各为多少单位时，所用的栅栏最短？

在[6]中，还讨论了要围成由 n 个面积相等的小矩形组成的所用的栅栏

最短的构形问题.

问题 6.4 用长度为 t 的栅栏来围一个矩形场地，其中一边靠墙，墙的长度为定值 b. 对 t 的每个给定的值，设 r 为用定长 t 的栅栏围成的面积最大的矩形的长 y 与宽 x 之比，则 r 是 t 的函数，求函数 $r(t)$（提示：对靠墙的一边分成全部是墙或部分是墙两种情形讨论，然后加以综合）.

最后，我们探讨 n 元的约束最优化问题.

问题 6.5 1）求在约束条件 $a_1x_1 + a_2x_2 + \cdots + a_nx_n = L$（其中常数 a_1, $a_2, \cdots, a_n > 0$，L 为常数）下 $x_1x_2\cdots x_n$ 的最大值.

2）求在约束条件 $x_1x_2\cdots x_n = L$（定值）下，$x_1 + x_2 + \cdots + x_n$ 的最小值.

探究题 6.2 求在约束条件 $x_1x_2\cdots x_n = L$（定值）下，$\dfrac{a_1}{x_1} + \dfrac{a_2}{x_2} + \cdots + \dfrac{a_n}{x_n}$（其中 $a_1, a_2, \cdots, a_n$ 为常数）的最小值.

探究题 6.3 要做一个容积为定值 V 的盒子，它的 6 个面是选用单价不同的材料，其中相对的两个面材料相同，问：所做的盒子的长、宽、高各为多少时，所用的材料的费用最省？

探究题 6.4 要做一个容积为定值 V 的圆柱形筒，它的顶面和底面的材料相同，但与侧面材料不同，因而材料的单价不同，问：所做的圆筒的底面半径和高各为多少时，所用的材料的费用最省？

问 题 解 答

问题 6.1 设所围矩形的长和宽分别为 x 和 y，则问题归结为在约束条件 $L = mx + ny$ 下，求面积 $A = xy$ 的最大值问题，其中 m 为水平方向的栅栏条数（例如：在图 6-1 中，$m = 4$），n 为竖直方向的栅栏条数（例如：在图 6-1 中，$n = 5$），L 是可用栅栏的长度.

[解法1] 由 $A = xy$，得

$$\frac{\mathrm{d}A}{\mathrm{d}x} = y + x\frac{\mathrm{d}y}{\mathrm{d}x}. \tag{6.2}$$

在 $L = mx + ny$ 两边同时对 x 求导，得 $0 = m + n\dfrac{\mathrm{d}y}{\mathrm{d}x}$. 因此，

$$\frac{\mathrm{d}y}{\mathrm{d}x} = -\frac{m}{n}. \tag{6.3}$$

将(6.3)代入(6.2),得

$$\frac{\mathrm{d}A}{\mathrm{d}x} = y - \frac{mx}{n}.$$

由 $\frac{\mathrm{d}A}{\mathrm{d}x} = 0$,得 $y - \frac{mx}{n} = 0$,即

$$ny = mx. \tag{6.4}$$

再由(6.4)和 $L = mx + ny$,解得极值点 $x = \dfrac{L}{2m}$. 又因

$$\frac{\mathrm{d}^2 A}{\mathrm{d}x^2} = \frac{\mathrm{d}y}{\mathrm{d}x} - \frac{m}{n} = -\frac{2m}{n} < 0,$$

故 $x = \dfrac{L}{2m}$ 为最大值点,其对应的 y 值和 A 值分别为

$$y = \frac{L}{2n}, \quad A = \frac{L^2}{4mn},$$

即当 $x = \dfrac{L}{2m}$,$y = \dfrac{L}{2n}$ 时,所围面积 A 达到最大值 $\dfrac{L^2}{4mn}$.

注意:上述问题的解 $x = \dfrac{L}{2m}$,$y = \dfrac{L}{2n}$ 是通过解下列方程组而得的:

$$\begin{cases} ny = mx, \\ L = mx + ny. \end{cases}$$

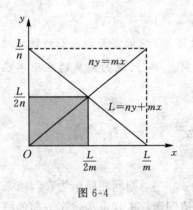

图 6-4

因此,点 $\left(\dfrac{L}{2m}, \dfrac{L}{2n}\right)$ 就是图 6-4 中直线 $ny = mx$ 和直线 $L = mx + ny$ 的交点,其中方程 $L = mx + ny$ 表示约束条件,而方程(6.4) $ny = mx$,表示竖直方向所用的栅栏长度 ny 等于水平方向所用的栅栏长度 mx. 至于为什么竖直方向、水平方向所用的栅栏长度恰好相等,我们将在问题 6.2,3)中展开更深入的讨论.

[解法 2](基本不等式法) 由算术平均-几何平均不等式(若 s, t 为正数,则 $\dfrac{s+t}{2} \geqslant \sqrt{st}$,当且仅当 $s = t$ 时,等号成立)知,$\dfrac{mx+ny}{2} \geqslant \sqrt{mx \cdot ny}$,即

$$L = mx + ny \geqslant 2\sqrt{mn}\sqrt{xy},$$

当且仅当 $mx = ny = \dfrac{L}{2}$ 时等号成立. 故当 $x = \dfrac{L}{2m}$,$y = \dfrac{L}{2n}$ 时,$2\sqrt{mn}\sqrt{xy}$

达到最大值 L. 因此，当 $x = \dfrac{L}{2m}$，$y = \dfrac{L}{2n}$ 时，面积 $A = xy$ 达到最大值 $\dfrac{L^2}{4mn}$.

问题 6.2 1) 如图 6-2 所示，设每个小矩形的长和宽分别为 x（m）和 y（m），则问题归结为在约束条件 $4x + 3y = 120$ 下，求每个小矩形面积 $A = xy$ 的最大值问题.

由 $4x + 3y = 120$，可得 $\dfrac{\mathrm{d}y}{\mathrm{d}x} = -\dfrac{4}{3}$，再由

$$\frac{\mathrm{d}A}{\mathrm{d}x} = y + x\frac{\mathrm{d}y}{\mathrm{d}x} = y - \frac{4x}{3} = 0,$$

得 $3y = 4x$，它与 $4x + 3y = 120$ 联立，可解得 $y = 20$，$x = 15$. 由此可得，当每个小矩形的长和宽分别为 15 m 和 20 m 时，小矩形的面积最大，最大值为 300 m^2.

2) 问题可以归结为在约束条件 $A = xy = 300$ 下，求 $L = 4x + 3y$ 的最小值问题.

将 $y = \dfrac{300}{x}$，代入 $L = 4x + 3y$，得

$$L = 4x + \frac{900}{x}.$$

由 $\dfrac{\mathrm{d}L}{\mathrm{d}x} = 4 - \dfrac{900}{x^2} = 0$，解得 $x = 15$. 由此可得，当小矩形的长和宽分别为 15 m 和 20 m 时，所用栅栏 L 最短，最小值为 120 m.

3) 实质上，问题 1) 是在和（$L = 4x + 3y$）一定时，求积（$A = xy$）的最大值，而问题 2) 是在积（$A = xy$）一定时，求和（$L = 4x + 3y$）的最小值. 在这两个问题中，将前者的"和定值"改为"积定值"，"求积的最大值"改为"求和的最小值"，就得到后者，说明这两者之间有对偶性. 在解中我们可以发现，当 $L = 120$ 为定值时，求得最大值 $A = 300$；反之，当 $A = 300$ 为定值时，求得最小值 $L = 120$，且这两个小题中，有相同的解：$x = 15$，$y = 20$. 我们还可以发现，$3y = 4x$，即竖直方向所用的栅栏与水平方向所用的栅栏它们长度相同. 我们把这对偶的两个最值问题有相同解的这一性质称为**对偶原则**，把水平方向和竖直方向所用的栅栏长度相同的这一性质称为**对半原则**（即各取一半）. 我们猜测，这两个原则对如图 6-3 所示的一般情况也适用，下面来验证这个猜测.

先求在条件 $mx + ny = L$（定值）下，$A = xy$ 的最大值. 与问题 6.1 完全相同，由 $\dfrac{\mathrm{d}A}{\mathrm{d}x} = 0$，可推出

$$ny = mx.$$

这符合对半原则,再由 $L = mx + ny$,求得,当 $x = \dfrac{L}{2m}$,$y = \dfrac{L}{2n}$ 时,A 取得最大值

$$A = \frac{L^2}{4mn}. \tag{6.5}$$

同样,在条件 $xy = A$(定值)下,求 $L = mx + ny$ 的最小值时,也可推出

$$ny = mx, \tag{6.6}$$

即对半原则成立,以及当 $x = \sqrt{\dfrac{nA}{m}}$,$y = \sqrt{\dfrac{mA}{n}}$ 时,L 取得最小值

$$l = 2\sqrt{mnA}. \tag{6.7}$$

容易看到,结果上述的最大值问题中的定值 L 和最小值问题中的定值 A 满足(6.5)(也即(6.7)),则所得的 x,y 的解是相同的 $\left(x = \dfrac{L}{2m} = \sqrt{\dfrac{nA}{m}},\ y = \dfrac{L}{2n} = \sqrt{\dfrac{mA}{n}} \right)$,即对偶原则成立.

问题 6.3 设矩形的长(水平方向)和宽(竖直方向)分别为 x(m)和 y(m),则问题归结为在约束条件

$$A = xy = 5\,184 \tag{6.8}$$

下,求费用函数

$$C = (4+5)x + (1.5+2.5)y = 9x + 4y$$

的最小值问题. 据问题 6.2,3)的解中的对半原则(即(6.6))知,可取 x,y 值使得

$$4y = 9x,$$

即取

$$x = \sqrt{\frac{4A}{9}} = \sqrt{\frac{4 \times 5\,184}{9}}$$
$$= 48 \text{ (m)},$$

$$y = \sqrt{\frac{9A}{4}} = 108 \text{ (m)}$$

时,所用栅栏的费用最省(见图 6-5),费用为

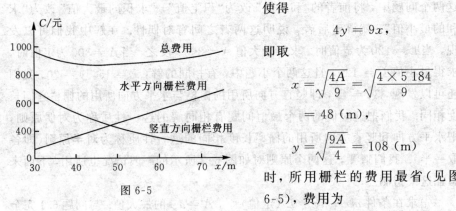

图 6-5

$$C = 9 \times 48 + 4 \times 108 = 432 + 432 = 864 \text{ (元)}.$$

问题 6.4 如图 6-6(其中实线表示墙,其长度为 b),对所围矩形场地(设长度为 y,宽度为 x)的靠墙的一边分左、右图两种情形讨论:

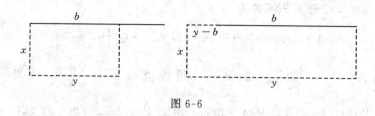

图 6-6

1) 如图 6-6 左图所示，靠墙的一边全部是墙，即 $y \leqslant b$，则有

$$y + 2x = t,$$

故有 $\dfrac{t-b}{2} \leqslant x \leqslant \dfrac{t}{2}$（这是因为 $2x = t - y \geqslant t - b$）. 下面对面积函数

$$A = xy = x(t - 2x), \quad x \in \left[\frac{t-b}{2}, \frac{t}{2}\right]$$

求最大值.

由于 $A'(x) = t - 4x$，故 $x = \dfrac{t}{4}$ 是极值点. 如果 $\dfrac{t}{4} \in \left(\dfrac{t-b}{2}, \dfrac{t}{2}\right)$ $\left(\text{即 } \dfrac{t-b}{2} < \dfrac{t}{4} < \dfrac{t}{2}\right)$，则 $x = \dfrac{t}{4}$ 是最大值点；如果 $\dfrac{t}{4} \leqslant \dfrac{t-b}{2}$，则因 $A = x(t-2x)$ 在区间 $\left[\dfrac{t-b}{2}, \dfrac{t}{2}\right]$ 上单调递减 $\left(\text{因 } A'(x) = t - 4x \leqslant 4\left(\dfrac{t-b}{2}\right) - 4x\right.$ < 0，对 $x \in \left(\dfrac{t-b}{2}, \dfrac{t}{2}\right)\Big)$，故左端点 $x = \dfrac{t-b}{2}$ 是最大值点，因此，可再分成 $\dfrac{t-b}{2} < \dfrac{t}{4}$ 和 $\dfrac{t}{4} \leqslant \dfrac{t-b}{2}$ 两种情形进行讨论：

若 $\dfrac{t-b}{2} < \dfrac{t}{4}$（即 $t < 2b$），则 $x = \dfrac{t}{4}$ 是最大值点，因而由

$$x = \frac{t}{4}, \quad y = t - 2x = \frac{t}{2}$$

所围矩形场地面积最大，此时 $r = \dfrac{y}{x} = 2$.

若 $\dfrac{t}{4} \leqslant \dfrac{t-b}{2}$（$t \geqslant 2b$），则 $x = \dfrac{t-b}{2}$ 是最大值点，因而由

$$x = \frac{t-b}{2}, \quad y = t - 2x = b$$

所围矩形场地面积最大，此时 $r = \dfrac{y}{x} = \dfrac{b}{\dfrac{t-b}{2}} = \dfrac{2b}{t-b}$.

2) 如图 6-6 右图所示，靠墙的一边只有部分是墙，即 $y \geqslant b$. 此时 $y + 2x$

$+(y-b)=t$，而面积函数为

$$A = xy = \frac{1}{2}x(t+b-2x), \quad x \in \left[0, \frac{t-b}{2}\right].$$

由 $A'(x) = \frac{t+b}{2} - 2x = 0$，得极值点 $x = \frac{t+b}{4}$，故当 $\frac{t+b}{4} \in$ $\left(0, \frac{t-b}{2}\right)$ 时，$x = \frac{t+b}{4}$ 是最大值点；当 $\frac{t+b}{4} \geqslant \frac{t-b}{2}$（即 $t \leqslant 3b$）时，区间 $\left[0, \frac{t-b}{2}\right]$ 的右端点 $x = \frac{t-b}{2}$ 是最大值点，因此，又可分成下面两种情形：

若 $\frac{t+b}{4} < \frac{t-b}{2}$（即 $3b < t$），则由

$$x = \frac{t+b}{4}, \quad y = \frac{t+b-2x}{2} = \frac{t+b}{4}$$

所围矩形面积最大，此时 $r = \frac{y}{x} = 1$.

若 $\frac{t+b}{4} \geqslant \frac{t-b}{2}$（即 $3b \geqslant t$），则由

$$x = \frac{t-b}{2}, \quad y = b$$

所围矩形面积最大，此时 $r = \dfrac{b}{\dfrac{t-b}{2}} = \dfrac{2b}{t-b}$.

将 1) 和 2) 两种情形加以比较，得

当 $2b \leqslant t \leqslant 3b$ 时，在两种情形下，都有 $r = \frac{2b}{t-b}$；

当 $t > 3b$ 时，在 1) 和 2) 两种情形下所得的最大面积分别为

$$A_1 = \frac{t-b}{2} \cdot b, \tag{6.9}$$

$$A_2 = \left(\frac{t+b}{4}\right)^2, \tag{6.10}$$

再设 $t = 3b + u$，则 $u > 0$，且 (6.9) 和 (6.10) 分别可以写成

$$A_1 = \frac{3b+u-b}{2} \cdot b = b^2 + \frac{u}{2}b,$$

$$A_2 = \left(b + \frac{u}{4}\right)^2 = b^2 + \frac{u}{2}b + \frac{u^2}{16},$$

由于 $A_2 > A_1$，故当 $t > 3b$ 时，取最大值为 A_2，此时 $r = 1$；

类似地，当 $t < 2b$ 时，设 $t = 2b - u$，则 $u > 0$，则在 1) 和 2) 两种情形下所得的最大面积分别为

$$A_1 = \frac{t}{4} \cdot \frac{t}{2} = \frac{t^2}{8} = \frac{b^2}{2} - \frac{u}{2}b + \frac{u^2}{8},$$

$$A_2 = \frac{t-b}{2} \cdot b = \frac{b^2}{2} - \frac{u}{2}b,$$

由于 $A_1 > A_2$，故当 $t < 2b$ 时，取最大值为 A_1，此时 $r = 2$.

由此可得

$$r(t) = \begin{cases} 2, & \text{若 } t < 2b, \\ \dfrac{2b}{t-b}, & \text{若 } 2b \leqslant t \leqslant 3b, \\ 1, & \text{若 } t > 3b, \end{cases}$$

其图像如图 6-7 所示.

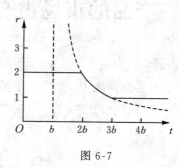

图 6-7

问题 6.5 1）由 n 元算术平均 - 几何平均不等式（若 $z_1, z_2, \cdots, z_n$ 为正数，则 $\dfrac{z_1 + z_2 + \cdots + z_n}{n} \geqslant \sqrt[n]{z_1 z_2 \cdots z_n}$，当且仅当 $z_1 = z_2 = \cdots = z_n$ 时等号成立）知，当 $a_1 x_1 = a_2 x_2 = \cdots = a_n x_n = \dfrac{L}{n}$ 时，即当 $x_1 = \dfrac{L}{n a_1}$，$x_2 = \dfrac{L}{n a_2}$，$\cdots$，$x_n = \dfrac{L}{n a_n}$ 时，$\sqrt[n]{a_1 a_2 \cdots a_n x_1 x_2 \cdots x_n}$ 达到最大值 $\dfrac{L}{n}$，从而 $x_1 x_2 \cdots x_n$ 达到最大值 $\dfrac{L^n}{n^n a_1 a_2 \cdots a_n}$.

2）由 n 元算术平均 - 几何平均不等式知，当 $x_1 = x_2 = \cdots = x_n$ 时，$x_1 + x_2 + \cdots + x_n$ 达到最小值 $n \sqrt[n]{L}$.

7. 产品的市场占有率

在实际问题中，如果一个函数 $f(x)$ 在 $x = x_0$ 处附近不是剧烈变化的，那么由于导数 $f'(x_0)$ 是差商 $\dfrac{f(x_0 + h) - f(x_0)}{h}$ 的极限，即

$$f'(x_0) = \lim_{h \to 0} \frac{f(x_0 + h) - f(x_0)}{h},$$

故可用向前差商或向后差商作为微商的近似值，即

$$f'(x_0) \approx \frac{f(x_0 + h) - f(x_0)}{h} \text{ 或} \frac{f(x_0) - f(x_0 - h)}{h}, \tag{7.1}$$

然后再利用(7.1)的两个一阶差商再作差商(称为二阶差商)来作为二阶导数 $f''(x_0)$ 的近似值，即

$$f''(x_0) \approx \left(\frac{f(x_0 + h) - f(x_0)}{h} - \frac{f(x_0) - f(x_0 - h)}{h} \right) \Big/ h$$

$$= \frac{f(x_0 + h) - 2f(x_0) + f(x_0 - h)}{h^2}, \tag{7.2}$$

其中 h 越小，则 $f'(x_0)$ 或 $f''(x_0)$ 与一阶或二阶差商近似值之间的误差越小.

本课题将从某产品的市场占有率的统计数据来分析该产品市场占有率 $P(t)$（其中时间 t 的单位为月）的变化规律.

中心问题 用差商近似计算 $\dfrac{\mathrm{d}P}{\mathrm{d}t}$ 和 $\dfrac{\mathrm{d}^2 P}{\mathrm{d}t^2}$，由此分析 $P(t)$ 的变化趋势.

准备知识 导数的应用，差商

课 题 探 究

问题 7.1 某制造商统计了 5 个季度其产品的市场占有率如下表所示：

时间 t（单位:月）	3	6	9	12	15
市场占有率 P	62.4%	54.1%	48.0%	43.5%	42.3%

1) 计算每 3 个月 P 的平均变化率，说明 P 和 $\dfrac{\mathrm{d}P}{\mathrm{d}t}$ 的值为什么使制造商感到不安；

2) 画一个函数 $P(t)$ 的略图，估计 $\dfrac{\mathrm{d}^2 P}{\mathrm{d}t^2}$ 是正的还是负的；

3) 说明为什么第 12 个月的 $\dfrac{\mathrm{d}^2 P}{\mathrm{d}t^2}$ 的符号和 $\dfrac{\mathrm{d}P}{\mathrm{d}t}$ 的量值能使制造商开始乐观起来.

探究题 7.1 设使 x 吨纸再循环的成本如下表所示. 估计 $x = 2\,000$ 时的边际成本，给出它的单位并用成本解释该答案. 估计生产水平大约是多少时它的边际成本最小.

$x/$ 吨	1 000	1 500	2 000	2 500	3 000	3 500
$C(x)/$ 元	25 000	32 000	36 400	38 250	39 000	42 000

问 题 解 答

问题 7.1 1)

时间	$3 \sim 6$	$6 \sim 9$	$9 \sim 12$	$12 \sim 15$
平均变化率 $\dfrac{\Delta P}{\Delta t}$ /（百分数 /3 月）	$-\dfrac{8.3}{3} \approx -2.767$	$-\dfrac{6.1}{3} \approx -2.033$	$-\dfrac{4.5}{3} = -1.5$	$-\dfrac{1.2}{3} = -0.4$

$$\left.\frac{\mathrm{d}P}{\mathrm{d}t}\right|_{t=3} \approx -2.767, \quad \left.\frac{\mathrm{d}P}{\mathrm{d}t}\right|_{t=6} \approx -2.033,$$

$$\left.\frac{\mathrm{d}P}{\mathrm{d}t}\right|_{t=9} \approx -1.5, \quad \left.\frac{\mathrm{d}P}{\mathrm{d}t}\right|_{t=12} \approx -0.4.$$

由于 $P(t)$ $(t = 3, 6, 9, 12, 15)$ 的值在递减，而且 $\dfrac{\mathrm{d}P}{\mathrm{d}t}$ $(t = 3, 6, 9, 12)$ 都是负数，说明该产品的市场占有率呈下降趋势，使制造商感到不安.

2) 函数 $P(t)$ 的略图如图 7-1 所示. 从 $P(t)$ 的函数图像来看，函数曲线

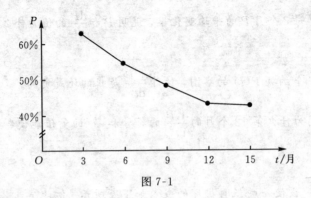

图 7-1

似下凸的,估计在第 3 ~ 第 15 个月这个期间 $\dfrac{\mathrm{d}^2 P}{\mathrm{d}t^2}$ 是正的.

3) $P''(12) \approx \dfrac{P(12+3) - 2P(12) + P(12-3)}{3^2} = \dfrac{3.3}{9}$

$\approx 0.367 > 0,$

$P'(12) \approx -0.4.$

由 $P''(12) > 0$ 知,在第 9 ~ 15 个月 $P'(t)$ 是递增的,由于 $P'(t)$ 是负数,故 $P'(t)$ 的绝对值是递减的,即市场占有率的下降速度放慢,到第 12 个月,由于 $P'(12) \approx -0.4$,已接近于零,故市场占有率有望止跌回升,使制造商又乐观起来.

8. 平均成本最小化

　　一个工厂或制造商的管理决策常常依赖于产品的成本和收益. 下面先考查成本函数.

　　一个制造商制造一种产品, 它的成本通常分为固定成本和可变成本两个部分, 其中固定成本包括产品的设计, 建造厂房, 培训工人等费用, 如果没有更换产品, 在一定范围内, 可以将它看做常数; 可变成本与该产品生产的件数有关, 而每件产品的成本包括劳动力、材料、包装、运输等费用. 例如: 生产某种自动定时开关的收音机的成本(单位: 元)可以近似地表示为

$$C(x) = 120x + 1\,000, \tag{8.1}$$

其中 $C(x)$ 表示生产 x 架收音机的成本, $C(0) = 1\,000$ 是固定成本, $120x$ 是可变成本.

　　当制造商将固定成本投入一个产品项目后, 那么每多生产一架收音机所追加的成本是多少呢? 例如:

$$C(5) = 120 \times 5 + 1\,000 = 1\,600,$$
$$C(6) = 120 \times 6 + 1\,000 = 1\,720,$$

故

$$C(6) - C(5) = 120,$$

即已经生产了 5 架, 再多生产 1 架, 要追加成本 120 元. 一般地, 当已经生产了 n 架, 再生产第 $n+1$ 架时, 再要追加成本

$$C(n+1) - C(n) = [120(n+1) + 1\,000] - (120n + 1\,000)$$
$$= 120.$$

　　在经济学中, 边际成本是总成本 $C(x)$ 对产出量 x 的导数, 即 $C'(x)$. 由于 $C(n+1) - C(n) \approx C'(x)$, 故边际成本近似于再多生产 1 件产品所追加的成本.

　　许多经济决策是以"边际"成本和收益的分析为基础的. 一般地, 设 $y = f(x)$ 是一个经济函数(例如: 对产出量 x 的成本函数 $C(x)$、收益函数 $R(x)$ 和利润函数 $P(x)$ 等), 其导数 $f'(x)$ 称为 $f(x)$ 的边际函数, $f'(x_0)$ 称为 $f(x)$ 在点 x_0 处的边际函数值.

对于经济函数 $f(x)$，设经济变量 x 在点 x_0 处有一个改变量 Δx，则经济变量 y 在 $y_0 = f(x_0)$ 处有相应的改变量

$$\Delta y = f(x_0 + \Delta x) - f(x_0).$$

若函数 $f(x)$ 在点 x_0 处可微，则

$$\Delta y \approx \mathrm{d}y\,|_{x=x_0} = f'(x_0)\Delta x.$$

假如 $\Delta x = 1$，则

$$\Delta y \approx f'(x_0).$$

这说明当 x 在点 x_0 处改变"一个单位"时，y 相应地近似改变 $f'(x_0)$ 个单位. 在实际应用中，经济学家常常略去"近似"，而直接说 y 改变 $f'(x_0)$ 个单位，这就是边际函数值的含义. 在课题 9 中，我们将遇到边际收益和边际利润的概念.

当成本函数 $C(x)$ 为一次函数

$$C(x) = mx + b \tag{8.2}$$

时，$C'(x) = m$，故 (8.2) 中 m 表示边际成本，b 表示固定成本，而且

$$C(n+1) - C(n) = [m(n+1)+b] - (mn+b) = m = C'(x),$$

其中边际成本 m 是直线 $C(x) = mx + b$ 的斜率，是常数.

一般地，成本函数 $C(x)$ 不一定是一次函数. 例如：某制造商生产汽车的油箱，每周生产 x 只的总成本（单位：元）

$$C(x) = 100\,000 + 900x - 0.5x^2,$$

则边际成本函数为 $C'(x) = 900 - x$，$C'(500) = 900 - 500 = 400$（元），而

$$C(501) = 100\,000 + 900 \times 501 - 0.5 \times 501^2 = 425\,399.5,$$
$$C(500) = 100\,000 + 900 \times 500 - 0.5 \times 500^2 = 425\,000.0,$$
$$C(501) - C(500) = 399.5 \approx C'(500).$$

对经营管理部门来说，边际成本是一个重要的概念，它为成本的控制、价格的确定、生产计划等方面的决策提供依据.

在成本分析中，还有一个重要的概念是平均成本. 设 $C(x)$ 为生产 x 件产品的总成本，则每件产品的平均成本为

$$\overline{C}(x) = \frac{C(x)}{x}.$$

例如：按 (8.1)，每架收音机的平均成本为

$$\overline{C}(x) = \frac{C(x)}{x} = \frac{120x + 1\,000}{x} = 120 + \frac{1\,000}{x},$$

其中第 2 项 $\dfrac{1\,000}{x}$ 表明当产品生产得越来越多，即 x 增大时，可使固定成本均摊到更多的产品上，从而使平均成本有所下降（即生产大量的产品比生产少

量产品更高效，这叫做**规模经济**).

　　工厂或制造商是否盈利很大程度上是由平均成本决定的. 平均成本也反映了同行业中各工厂的运营状况，平均成本越低在市场竞争中越处于有利的地位. 本课题将探讨边际成本和平均成本之间的关系，求最小的平均成本.

中心问题　设 $C(x)$ 表示生产 x 件产品的总成本，则边际成本 $C'(x)$ 表示生产第 $x+1$ 件产品时所追加的成本的近似值，$\overline{C}(x)$ 表示已经生产的 x 件产品中每件产品的平均成本，因而 $C'(x)$ 是已经生产了 x 件产品，向前看第 $x+1$ 件产品，而 $\overline{C}(x)$ 是向后看迄今为止已经生产的 x 件产品，这两者之间有什么关系呢? 通过 $\overline{C}(x)$ 和 $C'(x)$ 的值的大小比较，解决求平均成本的最小值问题.

准备知识　导数及其应用

课 题 探 究

问题 8.1　1) 设生产 x 件产品的总成本为
$$C(x) = 0.01x^2 + 40x + 3\,600,$$
求 $\overline{C}(x)$ 和 $C'(x)$，并完成表 8-1.

　　2) 设成本函数为
$$C(x) = 0.000\,16\,x^3 - 0.12x^2 + 30x + 10\,000,$$
求 $\overline{C}(x)$ 和 $C'(x)$，并完成表 8-1.

表 8-1

x	100	200	300	400	500	600	700	800	900	1 000
$\overline{C}(x)$										
$C'(x)$										

　　3) 由 1) 和 2) 所完成的表 8-1 的值，你有什么发现? (提示：观察平均成本函数和边际成本函数的性态，寻找它们之间的关系.)

　　4) 设成本函数为
$$C(x) = 5\,000 + 0.5x^2,$$
在平面直角坐标系 Oxy 中，画出函数 $\overline{C}(x)$ 和 $C'(x)$ 的图像，检验你在 3) 中的猜测，从图中你还能看到 $C'(x)$ 与 $\overline{C}(x)$ 之间有什么关系?

下面我们用导数的性质来证明在问题 8.1 中所发现的平均成本与边际成本的关系.

探究题 8.1 设生产 x 单位产品的成本为 $C(x)$，证明：

1) 如果生产第 x 单位产品的边际成本 $C'(x) <$ 生产 x 单位产品的平均成本 $\overline{C}(x)$，那么增加产量会降低平均成本；

2) 如果生产第 x 单位产品的边际成本 $C'(x) >$ 生产 x 单位产品的平均成本 $\overline{C}(x)$，那么增加产量会提高平均成本；

3) 边际成本与平均成本在平均成本的驻点处相等（即若在 x_0 处 $\overline{C}'(x_0) = 0$，则 $C'(x_0) = \overline{C}(x_0)$），于是，在取得最小平均成本处，边际成本 = 平均成本.

在探究题 8.1 的证明中，要用到 $\overline{C}'(x) = \dfrac{\mathrm{d}\overline{C}(x)}{\mathrm{d}x}$，我们把 $\overline{C}'(x)$ 称为边际平均成本. 计算时，要先求平均成本再求导，而不是先求导再计算平均值（在经济学上，$\dfrac{\overline{C}(x)}{x}$ 是没有意义的）.

下面利用平均成本的图像给出平均成本和边际成本之间关系的直观解释.

由于平均成本

$$\overline{C}(x) = \frac{C(x)}{x} = \frac{C(x) - 0}{x - 0}$$

可以表示连接原点 $O(0,0)$ 和成本曲线 $C = C(x)$ 上的点 $P(x, C(x))$ 的直线的斜率（见图 8-1），故当点 P 沿成本曲线移动时，直线 OP 的斜率的变化就反映了随着 x 的增大，平均成本 $\overline{C}(x)$ 的变化. 图 8-2 中，在 x_0, x_1, x_2, x_3 和 x_4 处的平均成本 $\overline{C}(x_0), \overline{C}(x_1), \overline{C}(x_2), \overline{C}(x_3)$ 和 $\overline{C}(x_4)$ 是从原点 O 到曲线上的

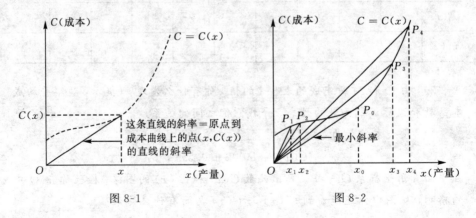

图 8-1　　　　　　　　　　　　　　　　图 8-2

点 P_0, P_1, P_2, P_3 和 P_4 的直线的斜率, 其中 OP_0 是过原点 O 与成本曲线相切的切线且 P_0 是切点, 因此, OP_0 的斜率不仅是 x_0 处的平均成本, 还是 x_0 处的边际成本 $C'(x_0)$, 即

$$\overline{C}(x_0) = C'(x_0).$$

从图 8-2 可以看到, 在区间 $(0, x_0)$ 内, 直线 OP (其中 P 点的坐标为 $(x, C(x))$) 的斜率随着 x 增大而减小 (例如: $x_2 > x_1$, OP_2 的斜率小于 OP_1 的斜率), 在区间 $(x_0, +\infty)$ 内, 直线 OP 的斜率随着 x 增大而增大, 所以平均成本在 x_0 处取得最小值 (在图中成本曲线上任一点 P 与原点 O 的连线都在切线 OP_0 的上方, 它们的斜率都大于 OP_0 的斜率), 也就是说, 在图 8-2 中, 当平均成本与边际成本相等即 $\overline{C}(x_0) = C'(x_0)$ 时, 平均成本达到最小值 (x_0 处取到).

问题 8.2 试对成本函数为一次函数 $C(x) = mx + b$ 时的情况加以讨论.

问题 8.3 设某机械车间生产用于石油工业的钻头. 车间经理估计每日生产 x 个钻头的总成本 (单位: 元) 为

$$C(x) = 10\,000 + 250x - x^2.$$

1) 求 $\overline{C}(x)$ 和 $\overline{C}'(x)$.

2) 求 $\overline{C}(10)$ 和 $\overline{C}'(10)$, 并对结果加以解释.

3) 用 2) 的结果, 估计在每日生产 11 个钻头时, 每个钻头的平均成本.

问 题 解 答

问题 8.1 1) $$\overline{C}(x) = 0.01x + 40 + \frac{3\,600}{x}, \tag{8.3}$$

$$C'(x) = 0.02x + 40. \tag{8.4}$$

x	100	200	300	400	500	600	700	800	900	1 000
$\overline{C}(x)$	77	60	55	53	52.2	52	52.1	52.5	53	53.6
$C'(x)$	42	44	46	48	50	52	54	56	58	60

2) $$\overline{C}(x) = 0.000\,16\,x^2 - 0.12x + 30 + \frac{10\,000}{x}, \tag{8.5}$$

$$C'(x) = 0.000\,48\,x^2 - 0.24x + 30. \tag{8.6}$$

x	100	200	300	400	500	600	700	800	900	1 000
$\overline{C}(x)$	119.6	62.4	41.7	32.6	30	32.3	38.7	48.9	62.7	80
$C'(x)$	10.8	1.2	1.2	10.8	30	58.8	97.2	145.2	202.8	270

3) 在 1) 中，(8.3) 的函数 $\overline{C}(x)$ 从 100 至 600 呈下降趋势，从 600 至 1 000 呈上升趋势，估计 $\overline{C}(x)$ 的最小值点在 600 附近．(8.4) 的函数 $C'(x)$ 为一次函数，从 100 至 1 000 呈直线上升趋势，从表中可以看到，当 $x = 600$ 时，

$$\overline{C}(600) = C'(600) = 52.$$

在 2) 中，(8.5) 的函数 $\overline{C}(x)$，从 100 至 500 呈下降趋势，从 500 至 1 000 呈上升趋势，估计 $\overline{C}$ 的最小值点在 500 附近．(8.6) 的函数 $C'(x)$ 为二次函数，呈先降后升的趋势．从表中可以看到，当 $x = 500$ 时，

$$\overline{C}(500) = C'(500) = 30.$$

可以猜测，如果 $x = x_0$ 为 $\overline{C}(x)$ 的最小值点，那么最小值 $\overline{C}(x_0)$ 等于 $C'(x_0)$．

4) $\overline{C}(x) = \dfrac{5\,000 + 0.5x^2}{x} = \dfrac{5\,000}{x} + 0.5x$，$x \in (0, +\infty)$．

由于 $\lim\limits_{x \to +\infty} \dfrac{5\,000}{x} = 0$，故

$$\lim\limits_{x \to +\infty} (\overline{C}(x) - 0.5x) = 0,$$

所以曲线 $y = \overline{C}(x)$ 有斜渐近线 $y = 0.5x$．

$$\overline{C}'(x) = -\frac{5\,000}{x^2} + 0.5 = \frac{0.5x^2 - 5\,000}{x^2}$$

$$= \frac{0.5(x - 100)(x + 100)}{x^2},$$

故 $\overline{C}'(100) = 0$，即 $x = 100$ 为驻点，且有

$\overline{C}'(x) < 0$，对 $x \in (0, 100)$，即 $\overline{C}(x)$（$x \in (0, 100]$）单调递减；

$\overline{C}'(x) > 0$，对 $x \in (100, +\infty)$，即 $\overline{C}(x)$（$x \in [100, +\infty)$）单调递增．

而 $\overline{C}''(x) = \dfrac{10\,000}{x^3} > 0$，对 $x \in (0, +\infty)$，故曲线 $y = \overline{C}(x)$ 在区间 $(0, +\infty)$ 内是凹的，且 $x = 100$ 为最小值点．

如图 8-3 所示，边际成本函数 $C'(x) = x$ 的图像为直线 $y = x$，而且曲线 $y = \overline{C}(x)$，直线 $y = C'(x)$ 和直线 $x = 100$ 三线交于一点，这表明当 $x = 100$ 为 $\overline{C}(x)$ 的最小值点时，最小值 $\overline{C}(100) = C'(100)$．

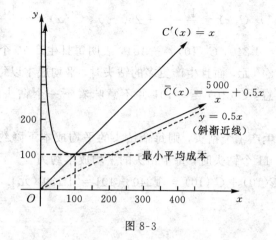

图 8-3

从图 8-3 还可以看到，当 $x \in (0,100)$ 时，$C'(x) < \overline{C}(x)$，$\overline{C}(x)$ $(x \in (0,100))$ 呈下降趋势；当 $x \in (100,+\infty)$ 时，$C'(x) > \overline{C}(x)$，$\overline{C}(x)(x \in (100,+\infty))$ 呈上升趋势，也就是说，当 $C'(x) < \overline{C}(x)$（即再多生产 1 件产品所追加的成本比已经生产的 x 件产品的平均成本小）时，再多生产 1 件产品将降低平均成本；当 $C'(x) > \overline{C}(x)$（即再多生产 1 件产品所追加的成本比已经生产的 x 件产品的平均成本大）时，再多生产 1 件产品将提高平均成本.

问题 8.2　当 $C(x) = mx + b$ 时，
$$\overline{C}'(x) = \left(\frac{mx+b}{x}\right)' = \frac{mx - (mx+b)}{x^2} = \frac{-b}{x^2}.$$

由于固定成本 $b \neq 0$，故 $\overline{C}'(x) = 0$ 无解，即平均成本函数 $\overline{C}(x)$ 无最小值. 事实上，$\overline{C}(x) = m + \dfrac{b}{x}$ 在 $(0,+\infty)$ 内是单调递减函数，且 $\lim\limits_{x \to +\infty} \overline{C}(x) = m$，但是 $\overline{C}(x)$ 无最小值（如图 8-4 所示，平均成本 $\overline{C}(x) = m + \dfrac{b}{x} >$ 边际成本 $C'(x) = m$，$x \in (0,+\infty)$，在 $(0,+\infty)$ 内平均成本无最小值）.

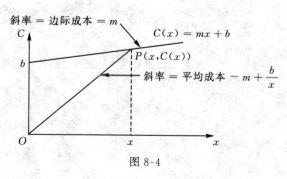

图 8-4

问题 8.3 1) $\overline{C}(x) = \dfrac{10\,000}{x} + 250 - x$, $\overline{C}'(x) = -\dfrac{10\,000}{x^2} - 1$.

2) $\overline{C}(10) = 1\,240$, $\overline{C}'(10) = -101$, 表明每日生产 10 个钻头时每个钻头平均成本为 1240 元, 而且生产更多的钻头时, 平均成本以每个钻头 101 元的速率下降 (注意: $\overline{C}'(10) = -101$ 并不意味着下一个钻头的平均成本约为 -101 元).

3) 如果多生产 1 个钻头, 则每个钻头的平均成本下降约为 101 元. 因此, 当每日生产 11 个钻头时, 每个钻头的平均成本约为

$$\overline{C}(10) + \overline{C}'(10) = 1\,240 - 101 = 1\,139 \ (\text{元}).$$

9. 利润最大化

　　利润是厂商出售产品得到的总收入（即总收益）和生产这些产品的总成本之间的差额. 设 R 表示总收益, 总收益等于出售产品的数量 x 和产品价格 p 的乘积, 故

$$R(x) = px$$

是产品数量 x 的函数, 称为**收益函数**. 设 C 表示总成本, 则 $C = C(x)$ 也是产品数量 x 的函数, 称为**成本函数**. 因此, 利润

$$P(x) = R(x) - C(x) \tag{9.1}$$

也是产品数量 x 的函数, 称为**利润函数**.

　　在实际经济生活中, 利润是影响企业家行为的非常重要的因素, 厂商决策的原则之一被假定是获取尽可能多的利润, 也就是说, 厂商的目的之一是最大化利润. 经济学家根据各种可选择的机会对厂商利润的作用来预测厂商的行为, 他们首先研究各种机会对利润的作用, 然后预测厂商将选择可产生最大利润的那种可选择方案, 以利润最大化假定为基础的理论所得出的大量预测与观察到的现实基本上是一致的. 本课题将探讨微观经济学中的利润最大化基本法则的数学原理.

中心问题　用导数的性质诠释利润最大化基本法则的数学原理.
准备知识　导数及其应用

课 题 探 究

　　首先我们先引入边际收益和边际利润的概念.
　　收益函数 $R(x)$ 的导数称为**边际收益函数**, 它表示收益函数的变化率.

问题 9.1　假设某种音响系统的单价 p（单位: 元）与它的需求量 x 之间的关系为

$$p = -0.2x + 4\,000 \quad (0 \leqslant x \leqslant 20\,000).$$

1) 求收益函数 R 和边际收益函数 R';

2) 求 $R'(2\,000)$, 并对结果加以解释.

利润函数 $P(x)$ 的变化率(即导数)称为**边际利润函数**, 它表示已经卖出 x 个产品, 再卖出第 $x+1$ 个产品的实际利润(或亏损)的近似值.

问题 **9.2**　在问题 9.1 的假设下, 再设该种音响系统的成本函数(关于成本函数和边际成本的概念见课题 8)为

$$C(x) = 1\,000\,x + 2\,000\,000.$$

1) 求利润函数 P 和边际利润函数 P';

2) 求 $P'(2\,000)$, 并对结果加以解释.

对给定的收益函数 $R(x)$ 和成本函数 $C(x)$, 如何获得最大利润, 即求利润函数 $P(x) = R(x) - C(x)$ 的最大值. 下面介绍微观经济学中利润最大化的两个基本法则:

1) **法则 1**　利润最大化的第 1 个条件是产量 x 的边际收益等于其边际成本, 即 $\dfrac{\mathrm{d}R}{\mathrm{d}x} = \dfrac{\mathrm{d}C}{\mathrm{d}x}$.

2) **法则 2**　利润最大化的第 2 个条件是边际成本曲线从下面穿过边际收益曲线.

图 9-1 是某产品的收益曲线和成本曲线, 利用它可以给出法则 1 的几何解释.

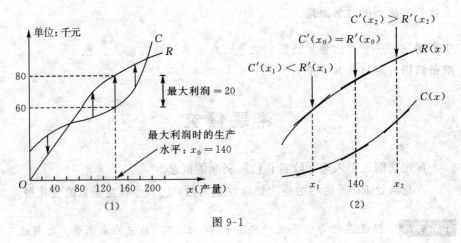

图 9-1

由于利润是收益减去成本, 利润等于收益曲线和成本曲线的垂直距离, 在图 9-1 (1) 中用垂直的箭头标出. 收益曲线在成本曲线之上(或下)时, 工

厂盈利(或亏损). 最大利润必然在工厂盈利的区间 $[x_1,x_2]$ 内获得. 当两条曲线之间的垂直距离(收益曲线在成本曲线之上)最大时获得最大利润, 图中 x_0 为最大利润时的产量. 现在考查在最优点 x_0 附近的边际成本和边际收益. 放大图 9-1 (1) 在 x_0 附近的图, 得到图 9-1 (2), 图中 $x_1 < x_0$, 成本曲线在点 x_1 处的切线的斜率(即边际成本 $C'(x_1)$)小于收益曲线在点 x_1 处的切线的斜率(即边际收益 $R'(x_1)$), 故工厂生产更多的产品将获得更大的收益, 因此宜朝 x_0 方向增加产量; 当 $x_2 > x_0$ 时, 边际成本 $C'(x_2)$(即成本曲线在点 x_2 处的切线的斜率)大于边际收益 $R'(x_2)$(即收益曲线在点 x_2 处的切线的斜率), 此时工厂生产更多的产品将使利润受损, 因此宜朝 x_0 方向降低产量, 以获得更大的利润. 图 9-1 (2) 中, 在利润函数 $P(x) = R(x) - C(x)$ 的最大值点 x_0 处成本曲线与收益曲线的切线的斜率相等, 即

$$C'(x_0) = R'(x_0).$$

法则 1 就是说明, 一个利润函数的最大值(即最大利润)在边际收益等于其边际成本(即 $R'(x_0) = C'(x_0)$)时取得. 但是, 反过来, 如果在点 x_0 处有 $C'(x_0) = R'(x_0)$, 是否 x_0 必是 $P(x)$ 的最大值点呢? 还不一定, 这就需要利用法则 2 进一步在边际成本等于边际收益的点中找最大值点.

下面我们利用某产品的边际收益曲线和边际成本曲线图(图 9-2)给出法则 2 的几何解释.

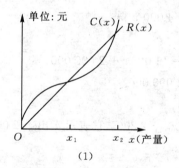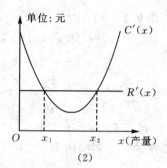

图 9-2

图 9-2 (1) 中的是某产品的收益曲线和成本曲线, 它们的边际收益曲线和边际成本曲线见图 9-2 (2). 由于该产品的收益曲线 $R(x)$ 是斜率大于零的直线, 故它的导数 $R'(x)$ 的图像(即边际收益曲线)是一条水平线(见图 9-2 (2)). 在图 9-2 (2) 中该产品的边际成本曲线 $C'(x)$ 与边际收益曲线 $R'(x)$ 有两个交点, 在点 x_1, x_2 处, $C'(x_1) = R'(x_1)$, $C'(x_2) = R'(x_2)$. 最大利润在何处获得呢? 由于在 x_2 处边际成本曲线从下面穿过边际收益曲线, 由法则

2 知，点 x_2 是利润函数 $P(x)$ 的最大值点，而在 x_1 处边际成本曲线从上面穿过边际收益曲线，点 x_1 不是最大值点.

问题 9.3 1) 对问题 9.2 的实例验证上述的法则 1 和法则 2 成立.

2) 试述利润最大化的基本法则的数学原理.

探究题 9.1 设某产品的收益函数和成本函数（单位：万元）分别为
$$R(x) = 3x, \quad C(x) = x^3 - 6x^2 + 12x,$$
其中 x 是产量且 $0 \leqslant x \leqslant 10$ 个单位. 求使利润最大化的产量，产量是多少时利润最少？

问 题 解 答

问题 9.1 1) $R(x) = px = x(-0.2x + 4\,000)$
$$= -0.2x^2 + 4\,000x \quad (0 \leqslant x \leqslant 20\,000),$$
$$R'(x) = -0.4x + 4\,000. \tag{9.2}$$

2) $R'(2\,000) = -0.4 \times 2\,000 + 4\,000 = 3\,200$，它表示卖出第 2 001 个音响系统的实际收益约为 3 200 元.

问题 9.2 1) 由 $R(x) = -0.2x^2 + 4\,000x$ 得
$$P(x) = R(x) - C(x)$$
$$= (-0.2x^2 + 4\,000x) - (1\,000x + 2\,000\,000)$$
$$= -0.2x^2 + 3\,000x - 2\,000\,000. \tag{9.3}$$
$$P'(x) = -0.4x + 3\,000.$$

2) $P'(2\,000) = -0.4 \times 2\,000 + 3\,000 = 2\,200$，它表示卖出第 2 001 个音响系统的实际利润约为 2 200 元.

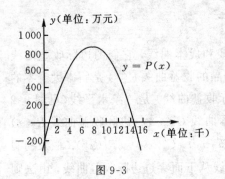

图 9-3

问题 9.3 1) 由 (9.3) 容易求得，利润函数 P 的最大值点为 $x_M = 7\,500$（见图 9-3），且由 $C'(x) = 1\,000$ 和 (9.2)，得
$$\left. \frac{\mathrm{d}R}{\mathrm{d}x} \right|_{x=x_M} = 1\,000 = \left. \frac{\mathrm{d}C}{\mathrm{d}x} \right|_{x=x_M},$$
即对该实例，法则 1 成立.

显然，边际成本曲线 $y = C'(x)$

$= 1\,000$ 从由边际收益曲线

$$y = R'(x) = -0.4x + 4\,000 \qquad (9.4)$$

所划分的坐标平面 Oxy 的下半平面穿过直线 (9.4) 到上半平面, 即对该实例, 法则 2 也成立.

2) 设 $x = x_0$ 是使利润 P 最大化的最大利润点, 法则 1 的条件: 产出量 x_0 的边际收益等于其边际成本时利润 P 最大, 最大值为 $P(x_0)$, 即 $\dfrac{\mathrm{d}R}{\mathrm{d}x}\Big|_{x=x_0} = \dfrac{\mathrm{d}C}{\mathrm{d}x}\Big|_{x=x_0}$, 这条件等价于

$$\frac{\mathrm{d}P}{\mathrm{d}x}\Big|_{x=x_0} = \frac{\mathrm{d}R}{\mathrm{d}x}\Big|_{x=x_0} - \frac{\mathrm{d}C}{\mathrm{d}x}\Big|_{x=x_0} = 0. \qquad (9.5)$$

由法则 1 的条件 $\left(\dfrac{\mathrm{d}R}{\mathrm{d}x}\Big|_{x=x_0} = \dfrac{\mathrm{d}C}{\mathrm{d}x}\Big|_{x=x_0}\right)$, 以及法则 2 的条件 (边际成本曲线必须从下面穿过边际收益曲线) 知, 在 $x = x_0$ 处, 边际成本曲线的斜率必须大于边际收益曲线的斜率, 即 $\left(\dfrac{\mathrm{d}R}{\mathrm{d}x}\right)'\Big|_{x=x_0} < \left(\dfrac{\mathrm{d}C}{\mathrm{d}x}\right)'\Big|_{x=x_0}$, 这等价于

$$\frac{\mathrm{d}^2 P}{\mathrm{d}x^2}\Big|_{x=x_0} = \left(\frac{\mathrm{d}R}{\mathrm{d}x}\right)'\Big|_{x=x_0} - \left(\frac{\mathrm{d}C}{\mathrm{d}x}\right)'\Big|_{x=x_0} < 0. \qquad (9.6)$$

(9.5) 和 (9.6) 合起来恰好是判定 $x = x_0$ 是利润函数 $P(x)$ 的最大值点的一个充分条件, 因而法则 1 和法则 2 的两个条件合起来恰好是判定利润最大化的充分条件, 在微观经济学中将这两个法则作为厂商的行为法则.

10. 需求的价格弹性

消费者的需求函数是指消费者购买商品的数量与商品价格和他的收入之间的关系，假定该消费者的收入不变，这时这个消费者对某种商品的需求量就只是它的单价 p 的函数. 市场需求是消费者个人需求的总和，假设市场对某种商品的总需求为价格 p 的函数

$$x = f(p).$$

在一般情况下，随着价格 p 的上涨，需求量 x 是下降的，即需求函数 $x = f(p)$ 是单调递减的. 图 10-1 所示的是某市某周对苹果的需求曲线，随着苹果价格 p（元／千克）的上涨，需求量 x（吨）在下降. 如果图 10-1 中的价格单位仍为元／千克，而苹果的需求量的单位改为千克，图中的曲线会陡得多，这会给人一种感觉，似乎现在需求对价格变化要比图 10-1 的需求曲线所表示的敏感得多. 这就需要有一个概念独立于计量单位来度量需求量对价格差别的敏感度. 这种度量概念还有一个很大的优点：使不同商品（例如：苹果和豆油）的需求对价格的敏感度可以相互比较.

如图 10-2 所示，当商品价格从 p 元增加到 $p+h$ 元，即有增量 h 时，需求量从 $f(p)$ 个到 $f(p+h)$ 个，也有一个改变量 $f(p+h)-f(p)$ 个，其中单价变化的百分数为

$$\frac{\text{单价的变化}}{\text{价格 } p} \cdot 100 = \frac{h}{p} \cdot 100,$$

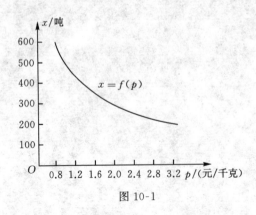

图 10-1

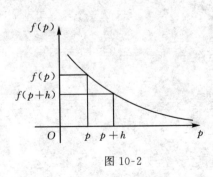

图 10-2

而对应的需求量变化的百分数①为

$$\frac{需求量的变化}{在价格\ p\ 时的需求量} \cdot 100 = 100 \cdot \frac{f(p+h) - f(p)}{f(p)}.$$

现在我们可以对于单价变化的百分数对需求量变化的百分数的影响加以度量,用后者除以前者的比值

$$\frac{需求量变化的百分数}{单价变化的百分数} = \frac{100 \cdot \dfrac{f(p+h) - f(p)}{f(p)}}{100 \cdot \dfrac{h}{p}} = \frac{\dfrac{f(p+h) - f(p)}{h}}{\dfrac{f(p)}{p}}$$

(10.1)

来度量. 如果 f 在 p 处是可导的,那么当 h 很小时,有

$$\frac{f(p+h) - f(p)}{h} \approx f'(p),$$

所以当 h 很小时,比式(10.1) 近似地等于

$$\frac{f'(p)}{\dfrac{f(p)}{p}} = \frac{pf'(p)}{f(p)},$$

经济学上把这比值的相反数称为需求的价格弹性②,也就是说,设 $x = f(p)$ 是可导的需求函数,则我们把

$$E(p) = -\frac{pf'(p)}{f(p)}$$

(10.2)

称为价格 p 时的**需求的价格弹性**.

注意:由于 $f(p)$ 一般是单调递减的,$f'(p) < 0$,而 p 和 $f(p)$ 都是正的,所以 $\dfrac{pf'(p)}{f(p)}$ 是负的,因此,$E(p)$ 是取它的相反数,因而是正的.

本课题将探讨需求的价格弹性与收益函数的关系.

中心问题　探讨收益的变化与需求的价格弹性 $E(p)$ 之间的关系.

准备知识　导数

---

①　百分数是百分比的 100 倍. 例如:当单价变化的百分比为 $1\% = 0.01$ 时,单价变化的百分数为 1.

②　术语"弹性"是从物理学中类比而来的. 如果一个物体受到一个力的作用发生变形时,在这个作用力撤去后又回复原状,那么就说该物理特性是弹性的. 影响商品需求量的"力"之一,就是它的价格,较高的价格,将需求量压到较低的数量. 需求的价格弹性就是用来度量作为作用力的价格使需求量"变形"的程度的.

课题探究

下面先求问题 9.1 的实例中的需求的价格弹性,以考查单价变化的百分数对需求量变化的百分数的影响.

问题 10.1 假设某种音响系统的需求方程为

$$p = -0.2x + 4\,000\,(元) \quad (0 \leqslant x \leqslant 20\,000).$$

1) 求需求的价格弹性 $E(p)$;

2) 求 $E(1\,000)$,并对结果加以解释;

3) 求 $E(3\,000)$,并对结果加以解释.

由问题 10.1 的解可以看到,当音响系统的单价 $p = 1000$ 元时,$E(1000) = \dfrac{1}{3} < 1$,需求量相对的变化比单价的相对变化小;当 $p = 3\,000$ 时,$E(3\,000) = 3 > 1$,需求量相对的变化比单价的相对变化大. 于是,在经济学上,选择弹性值 1 作为"弹性"和"非弹性"之间的划分线. 如果 $E(p) > 1$,则称需求为弹性的;如果 $E(p) = 1$,则称需求为一致的;如果 $E(p) < 1$,则称需求为非弹性的.

下面用弹性的概念来探讨收益对单价变化的反应.

问题 10.2 设某种商品的需求函数为 $x = f(p)$,则总收益 R 等于出售商品的数量 x 与其单价 p 的乘积,即收益函数为

$$R(p) = px = pf(p).$$

求收益关于单价的变化率 $R'(p)$,并讨论收益的变化与需求的价格弹性 $E(p)$ 之间的关系.

由问题 10.2 的解知,需求的价格弹性和收益的关系如下:

1) 如果 $E(p) < 1$,需求为非弹性的,通过提高价格可以增加收益;

2) 如果 $E(p) > 1$,需求为弹性的,通过降低价格可以增加收益;

3) 收益函数的驻点处 $E(p) = 1$.

由此我们可以利用需求的价格弹性来预测价格的上涨是增加还是降低收益.

问题 10.3 设 A 和 B 两种商品的需求函数分别为

$$f_A = 400 - 10p, \quad f_B = 1\,300 - 100p,$$

求 $p = 10$ 时它们的需求的价格弹性 $E_A(10)$ 和 $E_B(10)$，并预测价格上涨对收益的影响.

上述的需求的价格弹性仅适用于表达当价格差额很小时需求对价格差额的敏感度，故也称为"点弹性". 当价格差额 h 很小时，在 (10.2) 中近似 $f'(p)$，得到 $E(p)$ 的近似公式

$$E(p) \approx -\frac{p \dfrac{f(p+h) - f(p)}{h}}{f(p)} = -\frac{p}{h} \frac{f(p+h) - f(p)}{f(p)}, \quad (10.3)$$

其中 $f(p+h) - f(p)$ 是相应于价格 p 的变化量 h 的需求量 $f(p)$ 的变化量.

问题 10.4 如果把宾馆房间价格从 600 元提高到 640 元，使周住房数从 100 个房间降低为 90 个房间，

1) 求房间价格为 600 元时近似的需求弹性；

2) 问：宾馆是否应该提高价格？

在商品市场中决定需求的价格弹性的因素有很多，例如：

1) 商品自身的性质. 如果某种商品被认为是消费者生活标准中的必要部分，并且没有很相近的代用品，这种商品的需求的价格弹性是很低的. 因为消费者认为这种商品的消费是必需的，而且这种需求又不能通过其他方式得到满足，所以即使价格不同，消费者对这类商品的需求量将是相对不变的.

2) 商品在消费者预算或收入中占的比例. 这一比例越大，价格差别对消费者收入的购买力影响越大，所以该类商品需求的价格弹性较大. 如住房的需求的价格弹性大于电视机的需求的价格弹性.

3) 商品分类的程度. 在一般情况下，限定得比较狭窄的商品（如苹果）比限定得比较宽的商品（如水果）有更大的需求的价格弹性，因为后者较可能有相近的代用品.

在经济分析中，一般用需求函数 $x = f(p)$ 的反函数

$$p = f^{-1}(x) = p(x)$$

的图像来表示需求曲线. 下面将利用需求曲线 $p = p(x)$ 来求最大收益，并给需求的弹性、一致的、非弹性等概念几何解释. 这问题的提出是受下面折纸求最大值问题的启示.

如图 10-3 (1) 所示，T 是一个直角三角形纸片，R 是 T 的内接矩形并与

T 有一个公共的直角，求面积最大的内接矩形 R.

如图 10-3（2）所示，将 T 中 R 之外的两个小直角三角形折向矩形 R，那么这两个小直角三角形恰好覆盖矩形 R，当且仅当点 P 是 T 的斜边的中点（因为 P 是斜边的中点当且仅当 $\Delta y = y$ 和 $\Delta x = x$，见图 10-3（3））．由图 10-3 可见，

$$R \text{ 的面积} \leqslant \frac{1}{2}(T \text{ 的面积}),$$

其中当且仅当 P 为斜边中点时等式成立．

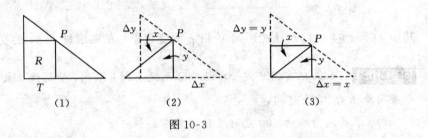

图 10-3

下面将需求曲线分成线性的和非线性的两种情况分别加以讨论．

问题 10.5 设需求曲线为 $p = b - kx$，是线性的（如图 10-4）．

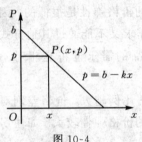

图 10-4

1）问：价格 p 取什么值时，收益 R 最大？

2）类似于图 10-3 中将上方的小直角三角形向下折，我们把图 10-4 中上方的小直角三角形沿 p 轴向下折，可以出现图 10-5 所示的 3 种情况，求图 10-5（1），（2），（3）所示的情况下的需求的价格弹性 $E(p)$，并加以几何解释．

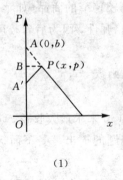 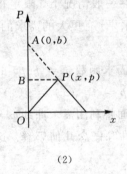 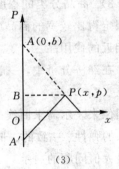

（1）　　　　　　　（2）　　　　　　　（3）

图 10-5

探究题 10.1 设需求曲线为 $p = p(x)$，其中 $p(x)$ 是可导函数(可以是非线性的).

1) 将问题 10.3, 2)线性情况下需求的价格弹性的几何解释推广到非线性的情况.

2) 问: 收益 R 最大时, 需求的价格弹性 E 为多少?

问 题 解 答

问题 10.1 1) 由 $p = -0.2x + 4\,000$，得需求函数
$$x = f(p) = -5p + 20\,000,$$
故有 $f'(p) = -5$，所以
$$E(p) = -\frac{pf'(p)}{f(p)} = -\frac{p(-5)}{-5p + 20\,000} = \frac{p}{4\,000 - p}.$$

2) $E(1\,000) = \dfrac{1\,000}{4\,000 - 1\,000} = \dfrac{1}{3} \approx 0.33$，这是 $p = 1\,000$ 时的需求的价格弹性，这表明当单价为 $1\,000$ 元且有 1% 的变化时，对应的需求量的变化约为需求量 $f(1\,000)$ 的 0.33%.

3) $E(3\,000) = \dfrac{3\,000}{4\,000 - 3\,000} = 3$，这是 $p = 3\,000$ 时的需求的价格弹性，这表明当单价为 $3\,000$ 元且有 1% 的变化时，对应的需求量的变化约为需求量 $f(3\,000)$ 的 3%.

问题 10.2
$$\begin{aligned} R'(p) &= (pf(p))' = f(p) + pf'(p) \\ &= f(p)\left(1 + \frac{pf'(p)}{f(p)}\right) \\ &= f(p)(1 - E(p)). \end{aligned} \tag{10.4}$$

如果在 $p = a$ 时，需求为弹性，则 $E(a) > 1$. 由(10.4)得
$$R'(a) = f(a)(1 - E(a)) < 0,$$
因而在 $p = a$ 时，单价小幅上升将使收益会减少，反之，单价小幅下降将使收益会提高.

如果在 $p = a$ 时，需求为非弹性，则 $E(a) < 1$. 由(10.4)得
$$R'(a) > 0,$$
因而在 $p = a$ 时，单价小幅上升将使收益会提高，反之，单价小幅下降将使收益会减少.

如果在 $p = a$ 时，需求为一致的，则 $E(a) = 1$. 由(10.4)得

$$R'(a) = 0$$

（即 $p = a$ 是收益函数 $R(p)$ 的驻点），因而在 $p = a$ 时，单价小幅上升将使收益停留在 $R(a)$ 附近.

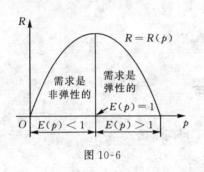

图 10-6

如图 10-6 所示，当 $E(p) < 1$（即需求为非弹性）时，曲线 $R = R(p)$ 是上升的，即收益的变化与单价的变化方向相同（即同时上升或同时下降）；当 $E(p) > 1$（即需求为弹性）时，曲线 $R = R(p)$ 是下降的，即收益的变化与单价的变化方向相反（即一个上升，另一个就下降）；当 $E(p) = 1$（需求为一致的）时，收益 R 达到最大值. 由问题 10.1 的解知，对需求函数 $p = -0.2x + 4\,000$，$p = 1\,000$ 时，$E(1\,000) = \dfrac{1}{3} < 1$，需求为非弹性的，单价的小幅上升将使收益提高，而当 $p = 3\,000$ 时，$E(3\,000) = 3 > 1$，需求为弹性的，单价的小幅上升将使收益减少.

问题 10.3 由（10.2），得

$$E_A(10) = -\frac{10 f_A'(10)}{f_A(10)} = -\frac{10 \times (-10)}{400 - 10 \times 10} = \frac{1}{3},$$

$$E_B(10) = -\frac{10 f_B'(10)}{f_B(10)} = -\frac{10 \times (-100)}{1\,300 - 100 \times 10} = \frac{10}{3}.$$

由于 $E_A(10) = \dfrac{1}{3} < 1$，A 种商品的收益随着价格上升而增加. 由于 $E_B(10) = \dfrac{10}{3} > 1$，B 种商品的收益随着价格上升而降低.

问题 10.4 1）由（10.3）得

$$E(600) \approx -\frac{600}{40} \frac{90 - 100}{100} = 1.5.$$

2）由于 $E(600) = 1.5 > 1$，价格上升降低收益，故不应提高价格.

问题 10.5 1）由于收益 R 为需求量 x 与其单价 p 的乘积，故求最大收益的问题归结为求如图 10-4 中的需求曲线上使得内接矩形面积最大的点 $P(x_0, p_0)$，因此，当 $p_0 = \dfrac{1}{2} b$（其中 b 是使需求量降为零时的价格，即 $x = f(b) = 0$）时，收益 R 最大，如图 10-5（2）所示.

2) 由 $p = b - kx$ 和(12.2)，得

$$x = f(p) = \frac{1}{k}(b - p),$$

$$E(p) = -\frac{pf'(p)}{f(p)} = -\frac{p(-1/k)}{(1/k)(b-p)} = \frac{p}{b-p}. \tag{10.5}$$

因此，把图 10-4 中上方的小直角三角形沿 p 轴向下折时，设点 $A(0,b)$ 与点 A' 重合，则点 A' 的位置出现 3 种情况：

① A' 在 x 轴上方，此时 $b - p = |AB| = |BA'| < p$，由(10.5)知，$E(p) > 1$，需求是弹性的；

② A' 与原点 O 重合，此时 $b - p = p$，$E(p) = 1$，需求为一致的，且由于 $p = \frac{1}{2}b$，由问题 10.3,1) 知，此时收益 R 最大；

③ A' 在 x 轴下方，此时 $b - p > p$，$E(p) < 1$，需求是非弹性的.

于是，我们根据折纸所得的 3 种情形，就能区分需求是弹性的、一致的还是非弹性的. 这种折纸判定方法还可以推广到需求曲线是非线性的情况.

11. 锥体的最值问题

本课题主要探讨外切(或内接)于一个定球的锥体的最值问题.

中心问题 求外切于一个定球的体积最小的正 n 棱锥(或圆锥).

准备知识 导数及其应用

课题探究

问题 11.1 求外切于一个固定球体的体积最小的正 n 棱锥,计算中你有什么发现?

探究题 11.1 如果将问题 11.1 中的"体积最小"改为"表面积最小",结果如何?

问题 11.2 已知半径为 R 的空心塑料球,镶嵌顶角为 2α 的内接圆锥,当 α 为何值时,圆锥体积为最大,并求其最大值.

问题 11.3 已知高为 h、底面半径为 a 的圆锥模型,圆锥顶有些损坏,现要将它改成圆柱体模型. 求圆柱体体积最大时的圆柱底面半径与高.

问题解答

问题 11.1 设固定球体的半径为 r,外切于固定球体的正 n 棱锥的高为 h,正 n 边形的底面的边心距为 a,图 11-1 为过棱锥顶点和底面中心,且垂直于底面的边的平面,截正 n 棱锥所得到的平面图形. 由直角三角形 ABC 和直角三角形 ADO 相似,得

$$\frac{a}{h} = \frac{r}{\sqrt{(h-r)^2 - r^2}},$$

故

$$a = \frac{hr}{\sqrt{h(h-2r)}} = r\sqrt{\frac{h}{h-2r}}.$$

设正 n 边形的中心角为 2β, 边长为 $2b$ (见

图 11-2), 则 $2\beta = \frac{2\pi}{n}$, $\tan\beta = \frac{b}{a}$, 正 n 边形的

面积

$$A = 2n\left(\frac{1}{2}ab\right) = na^2\tan\beta$$

$$= n \cdot \frac{r^2h}{h-2r}\tan\frac{\pi}{n},$$

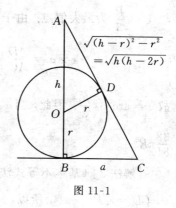

图 11-1

故正 n 棱锥的体积

$$V = \frac{1}{3}Ah = \frac{nr^2h^2}{3(h-2r)}\tan\frac{\pi}{n}, \quad (11.1)$$

其中 $2r < h < +\infty$. 由(11.1)可见, 当 $h \to 2r$

(或 $+\infty$) 时, $V \to +\infty$. 解

$$\frac{dV}{dh} = \frac{nr^2}{3}\left(\tan\frac{\pi}{n}\right)\frac{h(h-4r)}{(h-2r)^2} = 0,$$

得 $h = 4r$. 又因

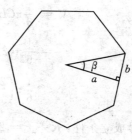

图 11-2

$$\frac{d^2V}{dh^2} = \frac{nr^2}{3}\left(\tan\frac{\pi}{n}\right)\frac{8r^2}{(h-2r)^3} > 0,$$

故 $h = 4r$ 为最小值点, 即当 $h = 4r$ 时, 正 n 棱锥的体积最小.

我们可以发现, 最小化的条件 $h = 4r$ 与底面边数 n 无关, 而当 n 无限增大时, 正 n 棱锥将变成一个圆锥. 由此可得, 在外切于一个半径为 r 的固定球体的高为 h 的圆锥体中, $h = 4r$ 的圆锥体体积最小.

问题 11.2 [解法 1] 如图 11-3 所示, 设 $OD = x$, 则 $AD = R + x$,

$CD = \sqrt{R^2 - x^2}$, 所以内接圆锥的体积为

$$V = \frac{1}{3}\pi CD^2 \cdot AD = \frac{1}{3}\pi(R^2 - x^2)(R + x).$$

由

$$\frac{dV}{dx} = \frac{1}{3}\pi(-3x^2 - 2Rx + R^2) = 0,$$

解得 $x = \frac{R}{3}$ ($x = -R$ 舍去). 又因

$$\frac{d^2V}{dx^2}\bigg|_{x=\frac{R}{3}} = -\frac{4}{3}\pi R < 0,$$

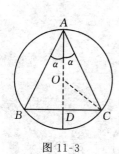

图 11-3

故 $x = \dfrac{R}{3}$ 为最大值点. 由于

$$\cos\alpha = \frac{AD}{AC} = \frac{R+x}{\sqrt{(R+x)^2 + R^2 - x^2}} = \frac{\sqrt{6}}{3},$$

故 $\alpha = \arccos\dfrac{\sqrt{6}}{3}$. 因此，当 $\alpha = \arccos\dfrac{\sqrt{6}}{3}$ 时，内接圆锥体体积最大，最大值为 $\dfrac{32}{81}\pi R^3$.

[解法 2]（基本不等式法） 如图 11-3 所示，设 $OD = x$，则 $AD = R + x$，$CD = \sqrt{R^2 - x^2}$，所以

$$\begin{aligned} V &= \frac{1}{3}\pi CD^2 \cdot AD = \frac{1}{3}\pi(R^2 - x^2)(R + x) \\ &= \frac{1}{6}\pi(2R - 2x)(R + x)^2 \\ &\leqslant \frac{1}{6}\pi\left(\frac{2R - 2x + R + x + R + x}{3}\right)^3 = \frac{32}{81}\pi R^2. \end{aligned}$$

等号成立条件：$R + x = 2R - 2x$，即 $x = \dfrac{R}{3}$.

因为

$$\cos\alpha = \frac{AD}{AC} = \frac{R+x}{\sqrt{(R+x)^2 + R^2 - x^2}} = \frac{\sqrt{6}}{3},$$

所以 $\alpha = \arccos\dfrac{\sqrt{6}}{3}$. 因此，当 $\alpha = \arccos\dfrac{\sqrt{6}}{3}$ 时，内接圆锥体体积最大，最大值为 $\dfrac{32}{81}\pi R^3$.

[解法 3]（三角形法） 设 $OD = R\cos 2\alpha$，$CD = R\sin 2\alpha$，$AD = R(1 + \cos 2\alpha)$. 则

$$\begin{aligned} V &= \frac{1}{3}\pi CD^2 \cdot AD = \frac{1}{3}\pi R^2 \sin^2 2\alpha \cdot R(1 + \cos 2\alpha) \\ &= \frac{1}{3}\pi R^3(1 - \cos^2 2\alpha)(1 + \cos 2\alpha) \\ &= \frac{1}{3}\pi R^3(1 - \cos 2\alpha)(1 + \cos 2\alpha)^2 \\ &= \frac{1}{6}\pi R^3(2 - 2\cos 2\alpha)(1 + \cos 2\alpha)^2 \\ &\leqslant \frac{1}{6}\pi R^3\left(\frac{2 - 2\cos 2\alpha + 1 + \cos 2\alpha + 1 + \cos 2\alpha}{3}\right)^3 = \frac{32}{81}\pi R^3. \end{aligned}$$

等号成立条件：$2 - 2\cos 2\alpha = 1 + \cos 2\alpha$，$\cos 2\alpha = \dfrac{1}{3}$，$2\cos^2\alpha - 1 = \dfrac{1}{3}$．所

以 $\cos\alpha = \dfrac{\sqrt{6}}{3}$，即 $\alpha = \arccos\dfrac{\sqrt{6}}{3}$．

问题 11.3 设圆柱的半径为 r，高为 x（见图
11-4），则

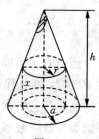

图 11-4

$$\frac{r}{a} = \frac{h - r}{h},$$

$$x = \frac{ah - rh}{a} = \frac{h}{a}(a - r),$$

所以圆柱体积

$$V = \pi r^2 x = \frac{\pi h}{a} r^2 (a - r).$$

由 $\dfrac{\mathrm{d}V}{\mathrm{d}r} = \dfrac{\pi h}{a}(2ar - 3r^2) = 0$，解得 $r = \dfrac{2a}{3}$．又因

$$\left.\frac{\mathrm{d}^2 V}{\mathrm{d}r^2}\right|_{r=\frac{2a}{3}} = -2\pi h < 0,$$

故 $r = \dfrac{2a}{3}$ 为最大值点．因此，当 $r = \dfrac{2a}{3}$，$x = \dfrac{\left(a - \dfrac{2a}{3}\right)h}{a} = \dfrac{h}{3}$ 时，作出的内

接圆柱体积最大，其体积为 $\dfrac{4}{27}\pi a^2 h$．

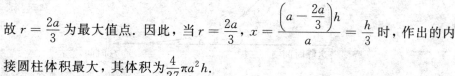

12. 药物浓度曲线

药物自用药部位进入血液循环，到达体内的作用靶点（如受体）而产生生物学效应，经过代谢后被排出体外．单个剂量一次静脉或口服给药后不同时间的血浆药物浓度是变化的．人体内血浆药物浓度 C 关于自给药后的时间 t 的函数曲线一般形如图 12-1，这条药物浓度曲线称为**药-时曲线**，它可用形如 $C = ate^{-bt}$ 的函数模拟（其中 a 和 b 是正常数）．

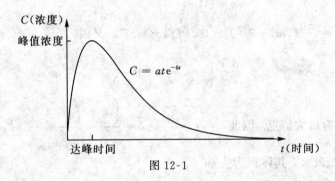

图 12-1

函数 $y = ate^{-bt}$ 称为**电涌函数**（其中 a 和 b 是正常数）．本课题将研究电涌函数的特性，并用于探讨药-时曲线的峰值浓度（人体内血浆药物浓度的最大值）和达峰时间．

中心问题 求电涌函数的最大值．

准备知识 导数及其应用

课 题 探 究

问题 12.1 1）求函数 $y = ate^{-bt}$（其中 $a > 0$，$b > 0$）的最大值．

2）问：参数 b 的变化对 $y = ate^{-bt}$ 的最大值有何影响？

下面讨论参数 a 和 b 对 $y = ate^{-bt}$ 的函数图像的影响．先考查 $a = 1$，$b = 1$ 的图像，再考查参数 b 对 $y = ate^{-bt}$ 的图像的影响（在探究题 12.1 中考查参

数 a 的影响).

图 12-2 是函数 $y = t\mathrm{e}^{-t}$ 的图像, 图像中 y 值随 t 的增大迅速增大, 达到最大值(由问题 12.1, 1)知, 在 $t = 1$ 处达到最大值 e^{-1})后, 递减并趋向于零.

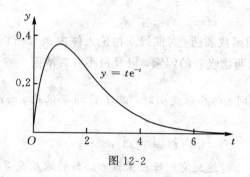

图 12-2

图 12-3 是函数 $y = t\mathrm{e}^{-bt}$ 的参数 b 取不同正值时的图像, 曲线的大体形状不随 b 的变化而变化, 但随着 b 的减小, 曲线要较长的时间上升才达到最大值.

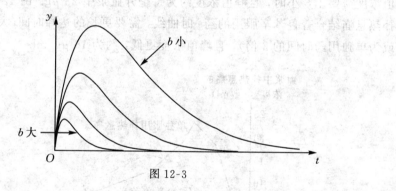

图 12-3

由图 12-4 可见, 函数 $y = t\mathrm{e}^{-bt}$ 当 $b = 1$ 时, 最大值大约在 $t = 1$ 处取得; 当 $b = 2$ 时, 最大值大约在 $t = \dfrac{1}{2}$ 处取得; 当 $b = 3$ 时, 最大值大约在 $t = \dfrac{1}{3}$

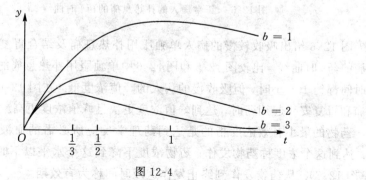

图 12-4

处取得，且最大值随着 b 的增大而减小，这与问题 12.1 的解一致.

探究题 12.1 设 $b=1$，取不同的 a 值，画 $y = ate^{-bt}$ 的函数图像，并说明参数 a 的影响.

下面利用电涌函数和药-时曲线来讨论人体内血浆药物浓度的峰值浓度和达峰时间，影响药物吸收的因素，以及最小有效浓度.

问题 12.2 设时间 t 的单位是小时，浓度 C 的单位是 $\mu g/ml$，某药物的药-时曲线为

$$C = 12.4te^{-0.2t},$$

问：药物经过几个小时达到它的峰值浓度？此时的浓度是多少？

药物之间相互作用和病人的年龄都可能影响药-时曲线. 图 12-5 给出正常病人单独服用扑热息痛（醋氨酚）的药-时曲线，图中表明扑热息痛达到峰值浓度需要 1.5 小时，且峰值浓度约为每毫升血浆中 23 μg. 图 12-5 也给出扑热息痛结合普鲁苯辛服用的药-时曲线，需要更长的达峰时间（大约 3 小时或为单独用药时间的 2 倍），且峰值浓度更低，约为 16 $\mu g/ml$.

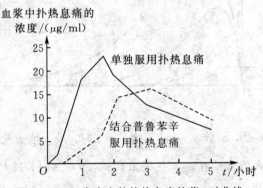

图 12-5　正常病人的扑热息痛的药-时曲线

图 12-6 给出吸收较慢的病人单独服用扑热息痛及结合胃复安服用扑热息痛的药-时曲线. 比较图 12-5 和图 12-6 中单独服用扑热息痛的曲线表明达峰时间都约 1.5 小时，但吸收慢的病人的峰值浓度低. 在图 12-6 中，当扑热息痛和胃复安一起用药时，达到峰值浓度更快且峰值浓度更高.

药物的最小有效浓度指的是达到药理学反应所必需的血液中的药物浓度. 达到这个浓度称**药物发作**；药物浓度下降到这个水平以下时，终止发作（见图 12-7）. 从药物发作到终止发作这段时间称为**有效期**.

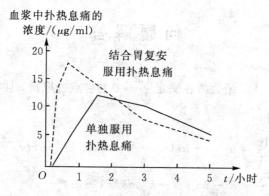

图 12-6　吸收较慢的病人的扑热息痛的药-时曲线

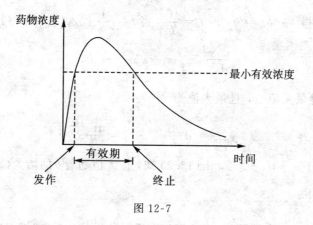

图 12-7

图 12-8 给出了肌肉注射某避孕针剂 150 mg 的药-时曲线, 最小有效浓度约为 4 μg/ml, 从图中看到药物几乎马上生效, 4 个月后无效, 有效期约为 4 个月, 每过大约 4 个月要施用该药物.

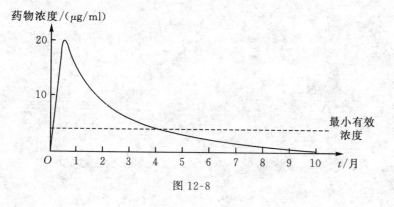

图 12-8

问 题 解 答

问题 12.1 1) 最大值在满足 $\dfrac{dy}{dt}=0$ 的驻点处取得，且在该点处 2 阶导数小于 0，求导得

$$\frac{dy}{dt}=ae^{-bt}+at(-be^{-bt})=ae^{-bt}(1-bt),$$

$$\frac{d^2y}{dt^2}=a(-be^{-bt})-b[ae^{-bt}(1-bt)]$$

$$=-abe^{-bt}(1+1-bt)=-abe^{-bt}(2-bt). \tag{12.1}$$

令 $\dfrac{dy}{dt}=0$，得 $1-bt=0$，即 $t=\dfrac{1}{b}$. 将 $t=\dfrac{1}{b}$ 代入(12.1)，得

$$\left.\frac{d^2y}{dt^2}\right|_{t=\frac{1}{b}}=-abe^{-1}<0,$$

故 $t=\dfrac{1}{b}$ 是最大值点，且最大值为

$$y_{max}=a\,\frac{1}{b}e^{-b(1/b)}=\frac{ae^{-1}}{b}. \tag{12.2}$$

2) 由于 $a>0$，$b>0$，由(12.2)知，最大值随着 b 的增大(或减小)而减小(或增大).

问题 12.2 由问题 12.1 的解知，药物过 $\dfrac{1}{0.2}=5$ 小时达到它的峰值浓度，此时的浓度是

$$C_{max}=\frac{12.4e^{-1}}{0.2}\approx\frac{12.4\div 2.718}{0.2}=22.81\,(\mu g/ml).$$

13. 斜抛运动的抛射角多大时抛得最远

本课题探讨在高度 $h \geqslant 0$ 的一个平台上以初速度 v 斜抛一个物体(例如:发射一炮弹,射击一子弹等),抛射角多少,抛得最远的问题(见图 13-1).

中心问题 在初速度相同的条件下,向上斜抛一物体,抛射角多大时抛得最远?

准备知识 导数及其应用

课 题 探 究

我们先求从高度为 $h (\geqslant 0)$ 的抛射点斜抛一个物体,该物体的落地点离抛射点的水平距离.

问题 13.1 如图 13-1 所示,设 $x(t)$ 为时刻 t 抛射物离抛射点的水平距离,$y(t)$ 为时刻 t 抛射物离地面的高度,则 $x(0) = 0$,$y(0) = h$. 设抛射角为 θ,初速度为 v,则

$$x'(0) = v\cos\theta, \quad y'(0) = v\sin\theta.$$

假设空气阻力忽略不计,则抛射物只受到重力作用,且

$$x''(t) = 0, \quad y''(t) = -g$$

($t \geqslant 0$ 直到抛射物落地),其中假设抛射物的质量 $m = 1$,g 为重力加速度. 求该抛射物的运动方程 $x = x(t)$,$y = y(t)$,以及落地点的水平距离.

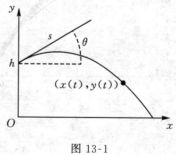

图 13-1

为讨论最佳抛射角问题,我们先讨论 $h = 0$ 时的情况. 我们知道,在掷铅球时,抛射角为 $45°$ 时,可以掷得最远. 那么,为什么在初速度相同的条件下,当物体做斜抛运动时,抛射角为 $45°$ 时抛得最远呢?

问题 13.2 题设与问题 13.1 相同，问：当 $h = 0$ 时，抛射角 θ 为多少，可使抛射物的落地点最远？

当 $h > 0$ 时，最佳抛射角是否仍是 $45°$ 呢？我们利用问题 13.1 解得的抛射物运动方程

$$x(t) = v\cos(\theta)\,t, \quad y(t) = h + v\sin(\theta)\,t - \frac{g}{2}t^2,$$

通过作图进行观察. 设

$$v = 30 \text{ m/s}, \quad h = 60 \text{ m}, \quad g = 9.8 \text{ m/s}^2,$$

取 5 个 θ 值：$\dfrac{\pi}{6}, \dfrac{\pi}{6} + \dfrac{\pi}{48}, \dfrac{\pi}{6} + \dfrac{2\pi}{48}, \dfrac{\pi}{6} + \dfrac{3\pi}{48}, \dfrac{\pi}{6} + \dfrac{4\pi}{48} = \dfrac{\pi}{4}$，可以作出 5 条抛射物的运动轨迹，如图 13-2 所示（图 13-3 为局部放大图），从图 13-3 看到，$\theta = \dfrac{\pi}{4}$ 的轨迹是左边第 1 条，而 $\theta = \dfrac{\pi}{6} + \dfrac{\pi}{48}$ 的轨迹是右边第 1 条，即 $\theta = \dfrac{\pi}{4}$ 时比 $\theta = \dfrac{\pi}{6} + \dfrac{\pi}{48}$ 时抛得近. 于是，我们猜测，当 $h > 0$ 时，最佳抛射角小于 $\dfrac{\pi}{4}(= 45°)$，且从图 13-3 又看到，θ 值为 $\dfrac{\pi}{6}, \dfrac{\pi}{6} + \dfrac{2\pi}{48}, \dfrac{\pi}{6} + \dfrac{3\pi}{48}$（即比 $\dfrac{\pi}{6} + \dfrac{\pi}{48}$ 大或者小）时，都抛得较近，我们又可进一步猜测，最佳抛射角近似于 $\dfrac{\pi}{6} + \dfrac{4\pi}{48}$.

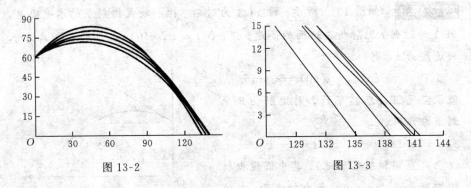

图 13-2   图 13-3

在 $h > 0$ 的一般情况下，最佳抛射角是否小于 $\dfrac{\pi}{4}$ 呢？下面我们来求最佳抛射角的精确值.

问题 13.3 题设与问题 13.1 相同，问：当 $h > 0$ 时，抛射角 θ 为多少，可使抛射物的落地点最远？

提示：设 $u = \sin\theta$，将问题归结为，求落地点的水平距离对于自变量 u 的

最大值问题. 方程

$$-2ghu + v^2u - 2v^2u^3 + v(v^2u^2 + 2gh)^{\frac{1}{2}} - 2vu^2(v^2u^2 + 2gh)^{\frac{1}{2}} = 0$$

可用数学软件(例如:计算机代数系统 Mathematica),求出精确解

$$u = \frac{v}{(2gh + 2v^2)^{\frac{1}{2}}}.$$

下面我们把上述问题中的地面从水平面的情况推广到倾角为 α 的平面(其中 $\alpha > 0$(或 < 0)表示坡面向上(或向下)).

问题 13.4 一大炮以初速度 v 从山坡底端直接向着倾角为 α(> 0)的山坡发射炮弹. 若要在山坡上达到尽可能远的射程,问大炮的瞄准角 θ(从地面量起)应为多大?

图 13-4 所示的是 $\tan\alpha = -\dfrac{1}{2}$ 时的对不同抛射角作出的 6 条抛射物的运动轨迹,其中 $g = 32 \text{ ft/s}^2$,$h = 200 \text{ ft}$,$v = 100 \text{ ft/s}$ (1 ft = 30.48 cm).

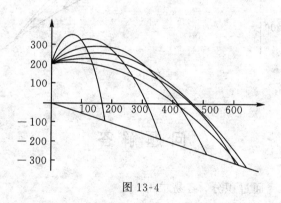

图 13-4

探究题 13.1 设 $t = 0$ 时,抛射物的位置为 $(0, h)$,抛射时的初速度为 $v > 0$,抛射角为 $\theta\left(-\dfrac{\pi}{2} < \theta < \dfrac{\pi}{2}\right)$,抛射物的质量 $m = 1$,它只受到 y 轴方向的重力 $-mg = -g$ 的作用,地面的倾角为 α,设 $k = \tan\alpha$,在 xOy 平面上,用直线 $y = -kx$ 表示该地面. 求可使从原点 $(0, 0)$ 到抛射物的落地点距离最大的抛射角 θ_{opt}(写出用 v, h, g 和 k 表示 θ_{opt} 的公式).

在[8]§4.11中,还讨论了地面是抛物线谷($y = kx^2$)或抛物线峰($y = -kx^2$)的情况(参见图 13-5),有兴趣的读者可以自行探究.

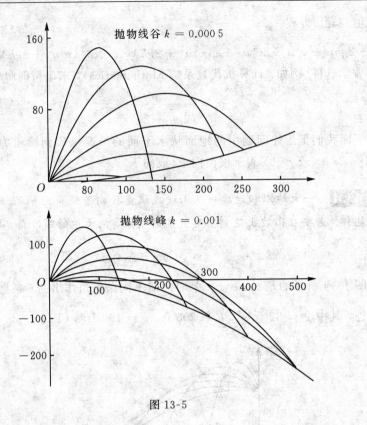

图 13-5

问 题 解 答

问题 13.1 通过积分，容易求得

$$x(t) = v\cos(\theta)\, t, \quad y(t) = h + v\sin(\theta)\, t - \frac{g}{2}t^2. \qquad (13.1)$$

解方程 $h + v\sin(\theta)\, t - \dfrac{g}{2}t^2 = 0$，可以求得抛射物的落地时间（由于它与 θ 值有关，我们把这落地时间记为 $t(\theta)$）

$$t(\theta) = v\sin\theta + \frac{\sqrt{v^2\sin^2\theta + 2gh}}{g}. \qquad (13.2)$$

将(13.2)代入(13.1)可得落地点的水平距离

$$x(\theta) = \frac{v}{g}\cos\theta\,\left(v\sin\theta + \sqrt{v^2\sin^2\theta + 2gh}\right). \qquad (13.3)$$

问题 13.2 将 $h = 0$ 代入(13.3)，得

$$x(\theta) = \frac{v}{g}\cos\theta \cdot 2v\sin\theta = \frac{2v^2}{g}\sin\theta\cos\theta.$$

将 $x(\theta)$ 对 θ 求导，得

$$x'(\theta) = \frac{2v^2}{g}(\cos^2\theta - \sin^2\theta).$$

由 $x'(\theta) = 0$，推得 $\sin^2\theta = \cos^2\theta$，即 $\tan^2\theta = 1$，也即 $\tan\theta = \pm 1$，得 $\theta = 45°$（舍去 $\theta = -45°$）. 因此，当 $\theta = 45°$ 时，$x(\theta)$ 取得最大值，也就是说，抛射角为 $45°$ 时，落地点最远.

问题 13.3 设 $u = \sin\theta$，则 $\cos\theta = \sqrt{1 - u^2}$，$u \in [-1, 1]$，且 (13.3) 可写成

$$x(u) = \frac{v}{g}\sqrt{1 - u^2}\left(vu + \sqrt{v^2 u^2 + 2gh}\right).$$

于是，问题归结为求 $x'(u) = 0$ 的根. 由于

$$x'(u) = \frac{v}{g}\left[-\frac{u}{\sqrt{1 - u^2}}(vu + \sqrt{v^2 u^2 + 2gh}) + \sqrt{1 - u^2}\left(v + \frac{v^2 u}{\sqrt{v^2 u^2 + 2gh}}\right)\right]$$

$$= \frac{v}{g}\left[-vu^2 - u\sqrt{v^2 u^2 + 2gh} + (1 - u^2)\left(v + \frac{v^2 u}{\sqrt{v^2 u^2 + 2gh}}\right)\right]$$

$$\cdot \frac{1}{\sqrt{1 - u^2}}$$

$$= \frac{v}{g}\left[-vu^2\sqrt{v^2 u^2 + 2gh} - v^2 u^3 - 2ghu + (1 - u^2) \cdot v\sqrt{v^2 u^2 + 2gh}\right.$$

$$\left. + (1 - u^2)v^2 u\right] \cdot \frac{1}{\sqrt{1 - u^2}\sqrt{v^2 u^2 + 2gh}}$$

$$= \frac{v}{g}\left[-2ghu + v^2 u - 2v^2 u^3 + v\sqrt{v^2 u^2 + 2gh}\right.$$

$$\left. - 2vu^2\sqrt{v^2 u^2 + 2gh}\right]\frac{1}{\sqrt{1 - u^2}\sqrt{v^2 u^2 + 2gh}},$$

故方程

$$-2ghu + v^2 u - 2v^2 u^3 + v\sqrt{v^2 u^2 + 2gh} - 2vu^2\sqrt{v^2 u^2 + 2gh} = 0 \quad (13.4)$$

的根就是函数 $x(u)$ $(u \in [-1, 1])$ 的最大值点. 容易验证

$$u = \frac{v}{\sqrt{2gh + 2v^2}}$$

是方程 (13.4) 的根 $\left(\text{舍去负根 } u = \frac{-v}{\sqrt{2gh + 2v^2}}\right)$. 因此，当抛射角为

$$\theta_{\text{opt}} = \arcsin \frac{v}{\sqrt{2gh + 2v^2}} \tag{13.5}$$

时，落地点最远. 由(13.5)，得 $\theta_{\text{opt}} = \arcsin \frac{1}{\sqrt{2 + 2ghv^{-2}}}$，而 $\arcsin\left(\frac{1}{\sqrt{2}}\right) =$

$\frac{\pi}{4}$，故当 $h > 0$ 时，$0 < \theta_{\text{opt}} < \frac{\pi}{4}$.

注意：在(13.5)中，取 $h = 0$，得 $\theta_{\text{opt}} = \frac{\pi}{4}$，与问题 13.2 的解相符合. 当 $v = 30$，$h = 60$，$g = 9.8$ 时，由(13.5)，得

$$\theta_{\text{opt}} = \arcsin \frac{30}{\sqrt{2 \times 9.8 \times 60 + 2 \times 30^2}} \approx 0.584\ 95,$$

$x(\theta_{\text{opt}}) \approx 141.559\ 6$，故 $x(\theta_{\text{opt}}) > x\left(\frac{\pi}{4}\right) \approx 135.318\ 6$.

由 $\theta_{\text{opt}} = \arcsin \frac{1}{\sqrt{2 + 2ghv^{-2}}}$ 可知，当 $h > 0$ 时，$0 < \theta_{\text{opt}} < \frac{\pi}{4}$，而且还可知，当 v 和 g 为定值时，θ_{opt} 为 h 的单调递减函数，故当 $h \to +\infty$ 时，$\theta_{\text{opt}} \to 0$；当 h 和 g 为定值时，θ_{opt} 为 v 的单调递增函数，故当 $v \to +\infty$ 时，$\theta_{\text{opt}} \to \frac{\pi}{4}$；最后，当 v 和 h 为定值时，θ_{opt} 为 g 的单调递减函数，因此，对相同的初速度 v 和高度 h，在月球上的 θ_{opt} 要比地球上的大.

问题 13.4 如图 13-6 所示，设 $x(t)$ 为时刻 t 炮弹离山坡底端(即原点 O)的水平距离，$y(t)$ 为时刻 t 炮弹的高度，由于山坡的倾角为 α，故可用直线方程

$$y = \tan\alpha \cdot x \tag{13.6}$$

表示山坡斜面.

与问题 13.1 一样可得

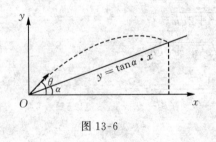

图 13-6

$$\begin{cases} x(t) = v\cos(\theta)\,t, \\ y(t) = v\sin(\theta)\,t - \frac{g}{2}t^2 \end{cases} \tag{13.7}$$

(在(13.1)中取 $h = 0$ 即得(13.7)).

将(13.7)代入(13.6)，得方程

$$v\sin(\theta)\,t - \frac{g}{2}t^2 = \tan\alpha \cdot v\cos(\theta)\,t. \tag{13.8}$$

解方程(13.8)，可以求得炮弹击中山坡的时间，由于它与 θ 值有关，我们把这击中的时间记为 $t(\theta)$.

由于 $t(\theta) \neq 0$，在 (13.8) 两边消去 t，得 $v\sin\theta - \dfrac{g}{2}t(\theta) = \tan\alpha \cdot v\cos\theta$，因而

$$t(\theta) = \frac{v\sin\theta - \tan\alpha \cdot v\cos\theta}{g/2}. \tag{13.9}$$

将 (13.9) 代入 (13.7)，得击中点的水平距离

$$x(\theta) = v\cos\theta\,\frac{v\sin\theta - \tan\alpha \cdot v\cos\theta}{g/2} = \frac{2v^2}{g}(\cos\theta\sin\theta - \tan\alpha\cos^2\theta).$$

将 $x(\theta)$ 对 θ 求导，得

$$x'(\theta) = \frac{2v^2}{g}(-\sin^2\theta + \cos^2\theta + 2\tan\alpha\cos\theta\sin\theta).$$

令 $x'(\theta) = 0$，得方程

$$-\sin^2\theta + \cos^2\theta + 2\tan\alpha\cos\theta\sin\theta = 0. \tag{13.10}$$

由于 $\theta \neq \dfrac{\pi}{2}$，故 $\cos\theta \neq 0$，在 (13.10) 两边同时除以 $-\cos^2\theta$，得未知量为 $\tan\theta$ 的一元二次方程

$$\tan^2\theta - 1 - 2\tan\alpha \cdot \tan\theta = 0,$$

解方程得

$$\tan\theta = \frac{2\tan\alpha \pm \sqrt{4\tan^2\alpha + 4}}{2} = \tan\alpha \pm \sqrt{\tan^2\alpha + 1}.$$

由于 $\tan\theta > 0$，舍去负根 $\tan\alpha - \sqrt{\tan^2\alpha + 1}$，得

$$\tan\theta = \tan\alpha + \sqrt{\tan^2\alpha + 1} = \tan\alpha + \frac{1}{\cos\alpha}$$

$$= \frac{2\tan\dfrac{\alpha}{2}}{1 - \tan^2\dfrac{\alpha}{2}} + \frac{1 + \tan^2\dfrac{\alpha}{2}}{1 - \tan^2\dfrac{\alpha}{2}} \quad \text{(利用半角的万能公式)}$$

$$= \frac{\left(1 + \tan\dfrac{\alpha}{2}\right)^2}{\left(1 + \tan\dfrac{\alpha}{2}\right)\left(1 - \tan\dfrac{\alpha}{2}\right)} = \frac{1 + \tan\dfrac{\alpha}{2}}{1 - \tan\dfrac{\alpha}{2}}$$

$$= \frac{\tan\dfrac{\pi}{4} + \tan\dfrac{\alpha}{2}}{1 - \tan\dfrac{\pi}{4}\tan\dfrac{\alpha}{2}} = \tan\left(\frac{\pi}{4} + \frac{\alpha}{2}\right),$$

因此，当 $\theta = \dfrac{\pi}{4} + \dfrac{\alpha}{2}$ 时，$x(\theta)$ 取得最大值，也就是说，瞄准角 $\theta = \dfrac{\pi}{4} + \dfrac{\alpha}{2}$ 时，射程最远。

14. 有理函数的泰勒多项式

由泰勒中值定理知，设函数 $f(x)$ 在含有 x_0 的某个开区间 (a,b) 内具有直到 $n+1$ 阶的导数，则对任一 $x \in (a,b)$，有泰勒展开式

$$f(x) = f(x_0) + f'(x_0)(x-x_0) + \frac{f''(x_0)}{2!}(x-x_0)^2 + \cdots$$

$$+ \frac{f^{(n)}(x_0)}{n!}(x-x_0)^n + \frac{f^{(n+1)}(\xi)}{(n+1)!}(x-x_0)^{n+1}, \qquad (14.1)$$

其中 ξ 介于 x_0 与 x 之间，

$$P_n(x-x_0) = f(x_0) + f'(x_0)(x-x_0) + \frac{f''(x_0)}{2!}(x-x_0)^2 + \cdots$$

$$+ \frac{f^{(n)}(x_0)}{n!}(x-x_0)^n$$

称为 n **次泰勒多项式**，$R_n(x-x_0) = \dfrac{f^{(n+1)}(\xi)}{(n+1)!}(x-x_0)^{n+1}$ 称为**余项**.

对于有理函数，要求它的高阶导数一般是很麻烦的，因而利用(14.1)来求它的泰勒多项式也是较困难的. 本课题将采用多项式的长除法直接求有理函数的泰勒多项式.

中心问题 用多项式长除法求有理函数的泰勒多项式.
准备知识 泰勒公式

课 题 探 究

设有理函数 $f(x) = \dfrac{x^4 + x^2 + 2}{x^3 + x + 1}$，用多项式的长除法：

$$\begin{array}{r} x \phantom{{}^4+x^2+2} \\ x^3+x+1 \overline{\smash{\big)}\, x^4+x^2+2} \\ \underline{x^4+x^2+x} \\ -x+2 \end{array}$$

可得

$$f(x) = \frac{x^4 + x^2 + 2}{x^3 + x + 1} = x + \frac{-x + 2}{x^3 + x + 1}.$$

类似地，我们将多项式 $x^4 + x^2 + 2$ 和 $x^3 + x + 1$ 改写成升幂排列，也可以做长除法(本课题用的就是这种长除法)：

$$
\begin{array}{r}
2 - 2x + 3x^2 - 5x^3 \\
1 + x + x^3 \overline{\smash{\big)}\, 2 \quad\quad + x^2 \quad\quad + x^4} \\
\underline{2 + 2x \quad\quad + 2x^3} \\
-2x + x^2 - 2x^3 + x^4 \\
\underline{-2x - 2x^2 \quad\quad - 2x^4} \\
3x^2 - 2x^3 + 3x^4 \\
\underline{3x^2 + 3x^3 \quad\quad + 3x^5} \\
-5x^3 + 3x^4 - 3x^5 \\
\underline{-5x^3 - 5x^4 \quad\quad - 5x^6} \\
8x^4 - 3x^5 + 5x^6
\end{array}
$$

可得

$$f(x) = \frac{x^4 + x^2 + 2}{x^3 + x + 1} = 2 - 2x + 3x^2 - 5x^3 + \left(\frac{5x^2 - 3x + 8}{x^3 + x + 1}\right)x^4.$$

(14.2)

如果把长除法再做下去，做到商式为 4 次多项式：

$$
\begin{array}{r}
2 - 2x + 3x^2 - 5x^3 + 8x^4 \\
1 + x + x^3 \overline{\smash{\big)}\, 2 \quad\quad + x^2 \quad\quad + x^4} \\
\underline{2 + 2x \quad\quad + 2x^3} \\
-2x + x^2 - 2x^3 + x^4 \\
\underline{-2x - 2x^2 \quad\quad - 2x^4} \\
3x^2 - 2x^3 + 3x^4 \\
\underline{3x^2 + 3x^3 \quad\quad + 3x^5} \\
-5x^3 + 3x^4 - 3x^5 \\
\underline{-5x^3 - 5x^4 \quad\quad - 5x^6} \\
8x^4 - 3x^5 + 5x^6 \\
\underline{8x^4 + 8x^5 \quad\quad + 8x^7} \\
-11x^5 + 5x^6 - 8x^7
\end{array}
$$

可得

$$
\begin{aligned}
f(x) &= \frac{x^4 + x^2 + 2}{x^3 + x + 1} \\
&= 2 - 2x + 3x^2 - 5x^3 + 8x^4 + \left(\frac{-8x^2 + 5x - 11}{x^3 + x + 1}\right)x^5. \quad (14.3)
\end{aligned}
$$

问题 14.1 1) 设 $f(x) = \dfrac{1}{1-x}$，求它在 $x = 0$ 处的 2 次、3 次和 4 次泰勒多项式.

2) 用长除法求 $1 \div (1-x)$ 的 2 次、3 次和 4 次的商式，你有什么发现？

问题 14.2 设有理函数 $f(x) = \dfrac{F(x)}{G(x)}$ 中 $G(0) \neq 0$，将 $F(x)$ 和 $G(x)$ 写成升幂排列，再做长除法，于是，对每一个 n 都可得到一个 n 次商式 $P_n(x)$ 和一个余式 $r_n(x) \cdot x^{n+1}$（其中 $r_n(x)$ 是某一多项式），使得

$$f(x) = P_n(x) + \frac{r_n(x)}{G(x)} x^{n+1}. \tag{14.4}$$

证明：$P_n(x)$ 是 $f(x)$ 在 $x = 0$ 处的 n 次泰勒多项式，设 $R_n(x) = \dfrac{r_n(x)}{G(x)} x^{n+1}$，则余项 $R_n(x)$ 是比 x^n 高阶的无穷小量.

问题 14.3 求 $f(x) = \dfrac{x^4 + x^2 + 2}{x^3 + x + 1}$ 在 $x = 0$ 处的 3 次和 4 次泰勒多项式.

探究题 14.1 试用长除法求有理函数 $f(x) = \dfrac{F(x)}{G(x)}$ 在 $x = a \ (\neq 0)$ 处的泰勒多项式.

问 题 解 答

问题 14.1 1) 由于

$$\left(\frac{1}{1-x}\right)' = \frac{1}{(1-x)^2}, \quad \left(\frac{1}{1-x}\right)'' = \frac{2}{(1-x)^3},$$

$$\left(\frac{1}{1-x}\right)''' = \frac{3!}{(1-x)^4}, \quad \left(\frac{1}{1-x}\right)^{(4)} = \frac{4!}{(1-x)^5},$$

$$\left(\frac{1}{1-x}\right)^{(5)} = \frac{5!}{(1-x)^6},$$

故

$$f'(0) = 1, \quad f''(0) = 2, \quad f'''(0) = 3!, \quad f^{(4)}(0) = 4!,$$

所以 $f(x)$ 在 $x = 0$ 处的 2 次、3 次和 4 次泰勒多项式分别为 $1 + x + x^2, 1 + x + x^2 + x^3, 1 + x + x^2 + x^3 + x^4$.

$$2)\quad 1-x\,\Big)\overline{1}^{\,1+x+x^2+x^3+x^4}$$

$$\underline{1-x}$$
$$x$$
$$\underline{x-x^2}$$
$$x^2$$
$$\underline{x^2-x^3}$$
$$x^3$$
$$\underline{x^3-x^4}$$
$$x^4$$
$$\underline{x^4-x^5}$$
$$x^5$$

故有

$$f(x)=\frac{1}{1-x}=1+x+x^2+\frac{1}{1-x}x^3,$$

$$f(x)=\frac{1}{1-x}=1+x+x^2+x^3+\frac{1}{1-x}x^4,$$

$$f(x)=\frac{1}{1-x}=1+x+x^2+x^3+x^4+\frac{1}{1-x}x^5.$$

我们发现，用长除法所得的 2 次、3 次和 4 次商式恰好是 $f(x)$ 在 $x=0$ 处的 2 次、3 次和 4 次泰勒多项式，而且其余项 $R_2(x)=\dfrac{1}{1-x}x^3$，$R_3(x)=\dfrac{1}{1-x}x^4$ 和 $R_4(x)=\dfrac{1}{1-x}x^5$ 也满足

$$\lim_{x\to0}\frac{R_n(x)}{x^n}=0,\quad n=2,3,4,$$

分别是比 x^2,x^3 和 x^4 高阶的无穷小量；如果将长除法再做下去，对每一个 n 都可得到一个 n 次商式 $P_n(x)=1+x+\cdots+x^n$ 和一个余式 x^{n+1}，使得

$$f(x)=P_n(x)+\frac{1}{1-x}x^{n+1}.$$

问题 14.2 为了证明 $P_n(x)$ 是 $f(x)$ 的 n 次泰勒多项式，只要证明

$$f(0)=P_n(0),\quad f^{(k)}(0)-P_n^{(k)}(0),\ \text{对}\ 1\leqslant k\leqslant n,$$

而因 $R_n(x)=\dfrac{r_n(x)}{G(x)}x^{n+1}$ 满足 $R(0)=0,\,R^{(k)}(0)=0$，对 $1\leqslant k\leqslant n$，故由 (14.4) 得，$f(0)=P_n(0),\,f^{(k)}(0)=P_n^{(k)}(0)$，对 $1\leqslant k\leqslant n$. 由于 $G(0)\neq0$，故

$$\lim_{x \to 0} \frac{R_n(x)}{x^n} = \lim_{x \to 0} \frac{r_n(x)}{G(x)} x = 0,$$

所以 $R_n(x)$ 是比 x^n 高阶的无穷小量.

问题 14.3　由 (14.2) 和 (14.3)，得

$$P_3(x) = 2 - 2x + 3x^2 - 5x^3,$$

$$P_4(x) = 2 - 2x + 3x^2 - 5x^3 + 8x^4$$

分别是 $f(x)$ 在 $x = 0$ 处的 3 次和 4 次泰勒多项式.

15. 二阶导数为零的点

本课题探讨一阶导数和二阶导数为零的点，以及更高阶的导数也接续为零的点的特性.

中心问题 探讨具有 $f'(x_0) = f''(x_0) = \cdots = f^{(n-1)}(x_0) = 0, f^{(n)}(x_0) \neq 0$ 的点 $x = x_0$ 的特性.

准备知识 导数

课 题 探 究

我们知道极值点的二阶导数判定法为：如果函数 $f(x)$ 在 x_0 附近有连续的二阶导数 $f''(x)$，且 $f'(x_0) = 0$，$f''(x_0) \neq 0$，那么

1）若 $f''(x_0) < 0$，则函数 $f(x)$ 在点 x_0 处取得极大值；

2）若 $f''(x_0) > 0$，则函数 $f(x)$ 在点 x_0 处取得极小值.

于是，我们要问，当 $f''(x_0) = 0$ 时，点 x_0 是否为极值点呢？

问题 15.1 问：是否存在函数 $f(x)$，它在点 x_0 处有 $f'(x_0) = 0 = f''(x_0)$，且满足下列条件之一：

1）f 在点 x_0 处取得极小值；

2）f 在点 x_0 处取得极大值；

3）f 在点 x_0 处既无极大值又无极小值.

由问题 15.1 的解可知极值点的二阶导数判定法对二阶导数为零的点不适用. 这是因为当 $f''(x_0) = 0$ 时，点 $(x_0, f(x_0))$ 可能是曲线 $y = f(x)$ 的拐点，也就是说，由于 $f''(x_0) = 0$，故点 $x = x_0$ 可能是在它的某邻域 $(x_0 - \delta, x_0 + \delta)$ 内使二阶导数变号的分界点，即点 $(x_0, f(x_0))$ 是曲线上凹部与凸部的分界点. 对使 $f''(x_0) = 0$ 的点 x_0，如果 $f''(x)$ 在 x_0 左右两侧附近的值变号，则点 $(x_0, f(x_0))$ 为曲线的拐点；如果 $f''(x)$ 不变号，则点 $(x_0, f(x_0))$ 不是拐点. 例如：问题 15.1 的解中，原点 O 是曲线 $y = x^3$ 的拐点，故虽然 $x =$

0 满足 $f'(0) = f''(0) = 0$，但它仍不是极值点，而原点 O 不是曲线 $y = x^4$ 的拐点，故 $x = 0$ 仍可以是函数 $y = x^4$ 的极值点. 总之，当 $f''(x_0) = 0$ 时，点 $(x_0, f(x_0))$ 可能是拐点，如果是拐点，则点 x_0 不是函数 $y = f(x)$ 的极值点；如果不是拐点，则点 x_0 仍可能是极值点.

注意：二阶导数为零不是拐点的必要条件. 当 $f''(x_0)$ 不存在时，$x = x_0$ 也可能是拐点. 例如：$y = f(x) = x^{\frac{1}{3}}$ 的一阶导数和二阶导数分别为

$$f'(x) = \frac{1}{3}x^{-\frac{2}{3}}, \quad f''(x) = -\frac{2}{9}x^{-\frac{5}{3}},$$

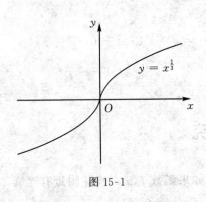

图 15-1

函数 $f(x)$ 在 $x = 0$ 处的二阶导数 $f''(0)$ 不存在. 但是，在区间 $(-\infty, 0)$ 上，由于 $f''(x) > 0$（$x \in (-\infty, 0)$），故它是凹的，而在区间 $(0, +\infty)$ 上，由于 $f''(x) < 0$（$x \in (0, +\infty)$），故它是凸的，即点 $(0, f(0))$ 是函数 $y = f(x)$ 的曲线上凹部与凸部的分界点（如图 15-1 所示），是拐点. 显然，$x = 0$ 不是极值点.

下面探讨曲线 $y = f(x)$ 在拐点附近切线斜率的性质.

问题 15.2 设函数 $f(x) = x^3$，观察曲线 $y = x^3$ 在拐点 $(0, 0)$ 附近的点的切线的性态，你有什么发现？

问题 15.2 中所得到的拐点的几何性质在物理学、生态学和经济学等领域中都有重要的意义.

例如：设 $s = f(t)$ 表示物体运动的路程 s 关于时间 t 的函数，则一阶导数 s' 表示速度，二阶导数 s'' 表示加速度. 如果 $(t_0, f(t_0))$ 是函数 $s = f(t)$ 的拐点，则时刻 t_0 就是物体运动速度的增减的转折点（或者由减速转变为增速，或者由增速转变为减速）. 在课题 62 "逻辑斯蒂增长模型"中，某生物种群的生物总数（例如人口总数）是时间 t 的函数（设为 $P(t)$），若 $(t_0, P(t_0))$ 是函数 $P(t)$ 的拐点，则时刻 t_0 是增长率 $\dfrac{\mathrm{d}P(t)}{\mathrm{d}t}$ 从单调递增转变为单调递减的转折点. 又如：一个新产品的销售额往往一开始缓慢增长，然后迅速增长，最后销售速度又降了下来，其中销售速度增减的转折点也可以用拐点来表述.

探究题 15.1 以上讨论了 $f'(x_0) = f''(x_0) = 0$ 的点 x_0 的特性. 如果函数 $f(x)$ 在点 x_0 处接续的更高阶的导数也为零, 你能发现什么规律? 设函数 $y = f(x)$ 在点 $x = x_0$ 的某邻域内具有 n 阶连续的导数 $(n \geqslant 2)$, 若

$$f'(x_0) = f''(x_0) = \cdots = f^{(n-1)}(x_0) = 0, \quad f^{(n)}(x_0) \neq 0,$$

你发现 n 为哪些值时, $x = x_0$ 是极值点; n 为哪些值时, 点 $(x_0, f(x_0))$ 是拐点? 证明你的结论.

问 题 解 答

问题 15.1 1) 函数 $y = f(x) = x^4$ (图 15-2) 在点 $x = 0$ 处满足条件 $f'(0) = f''(0) = 0$, 但因

$$f(x) = x^4 \geqslant 0, \quad 对 x \in \mathbf{R},$$

故 $f(x)$ 在点 $x = 0$ 处取得极小值.

2) 与 1) 类似, 函数 $y = -x^4$ 在点 $x = 0$ 处满足条件 $f'(0) = f''(0) = 0$, 而取得极大值.

3) 函数 $y = f(x) = x^3$ (图 15-3) 在点 $x = 0$ 处满足条件 $f'(0) = f''(0) = 0$, 但无极值.

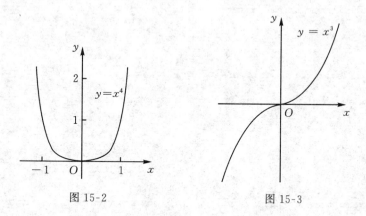

图 15-2　　　　　　　　　图 15-3

问题 15.2 可以看到, 由于 $f''(x) = 6x$ 在区间 $(-\infty, 0)$ 内小于零, 故 $f'(x)$ 在区间 $(-\infty, 0]$ 内单调递减, 而在区间 $(0, +\infty)$ 内 $f''(x) > 0$, 故 $f'(x)$ 在区间 $[0, +\infty)$ 单调递增, 因此, 曲线 $y = x^3$ 的切线的斜率在区间 $(-\infty, 0)$ 上是正的且单调递减, 在区间 $(0, +\infty)$ 上是正的但单调递增 (见图 15-4).

关于 $y = x^3$ 的结论也可以推广到一般的情况中去. 设点 $(x_0, f(x_0))$ 是

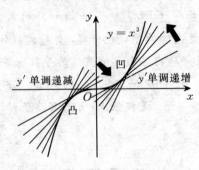

图 15-4

函数 $y = f(x)$ 的拐点，且在点 x_0 的某邻域 $(x_0 - \delta, x_0 + \delta)$ 内有二阶导数 $f''(x)$，并满足条件：

$$f''(x) < 0 \text{（或} > 0\text{）}, \quad \text{若 } x \in (x_0 - \delta, x_0),$$

$$f''(x) > 0 \text{（或} < 0\text{）}, \quad \text{若 } x \in (x_0, x_0 + \delta),$$

则曲线 $y = f(x)$ 的切线的斜率在区间 $(x_0 - \delta, x_0)$ 上单调递减（或递增），在区间 $(x_0, x_0 + \delta)$ 上单调递增（或递减）（证明方法与 $y = x^3$ 的情况相同）．

16. 抛物线的几何性质与光学性质

本课题将探讨抛物线的割线和切线所特有的性质，并讨论抛物线的光学性质.

中心问题 抛物线的割线和切线的平行性问题，切线交点的"平分性"问题.
准备知识 导数，不定积分

课 题 探 究

首先讨论抛物线的割线和切线的"平行性"问题.

如图 16-1 所示的抛物线是二次函数

$$f(x) = -1 - 8x + 2x^2$$

的图像，画出连接抛物线上 $x_1 = 1$ 和 $x_2 = 5$ 处的 P 和 Q 两点的割线，以及 $\dfrac{x_1 + x_2}{2} = 3$ 处的切线，我们发现，过点 $(1, f(1))$ 和 $(5, f(5))$ 的割线与过点 $(3, f(3))$ 的切线平行，也就是说，上述的割线和切线的斜率相等，即

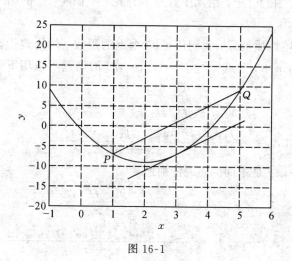

图 16-1

$$\frac{f(x_2) - f(x_1)}{x_2 - x_1} = f'\left(\frac{x_1 + x_2}{2}\right).$$

我们将探讨抛物线的割线和切线所特有的这种"平行"性质,并将这种性质推广到三次函数.

问题 16.1 设 $f(x) = a_2 x^2 + a_1 x + a_0$, 证明:

$$\frac{f(b) - f(a)}{b - a} = f'\left(\frac{a + b}{2}\right),$$

其中 $a, b \in \mathbf{R}$, 且 $a \neq b$.

下面再讨论具有上述"平行性"的曲线的唯一性问题.

问题 16.2 证明:如果函数 $f(x)$ $(x \in \mathbf{R})$ 有连续的三阶导数, 且对 $\mathbf{R}$ 中任意两个不同的点 x_0, x_1, 有

$$\frac{f(x_1) - f(x_0)}{x_1 - x_0} = f'\left(\frac{x_0 + x_1}{2}\right),$$

那么 f 是一个次数至多为二次的多项式函数.

提示:设 $x_0 = t - \frac{1}{2}h$, $x_1 = t + \frac{1}{2}h$, 证明:

$$f\left(t + \frac{1}{2}h\right) - f\left(t - \frac{1}{2}h\right) = hf'(t).$$

将此式两边分别对 h 求一阶、二阶、三阶导数, 证明:$f^{(3)}(t) = 0$, 对 $t \in \mathbf{R}$.

上述的抛物线(二次函数)的性质(平行性和唯一性), 是否能推广到 n 次多项式函数呢?在[9]中, 给出了详尽的讨论, 下面将[9]的结果给予简略的介绍.

为了将上述性质推广, 我们用 $n+1$ 个点的函数 f 的均差代替在两点的平均值. 函数 f 在 $n+1$ 个点 $\{x_j \mid j = 0, 1, \cdots, n\}$ 的均差可以用下列递推公式定义:

$$f[x_i] := f(x_i), \quad i = 0, 1, \cdots, n,$$

$$f[x_s, \cdots, x_t] := \frac{f[x_{s+1}, \cdots, x_t] - f[x_s, \cdots, x_{t-1}]}{x_t - x_s}, \quad 0 \leqslant s < t,$$

其中 $x_0, x_1, \cdots, x_n$ 是不同的点. 特别地,

$$f[x_0, x_1] := \frac{f(x_1) - f(x_0)}{x_1 - x_0},$$

$$f[x_0, \cdots, x_n] := \frac{f[x_1, \cdots, x_n] - f[x_0, \cdots, x_{n-1}]}{x_n - x_0}.$$

[9] 中把问题 16.2 的结果推广到 n 次多项式函数, 得到:

如果在闭区间 $[a,b]$ 上的连续函数 f 在开区间 (a,b) 内有连续的 n 阶导数, 且对 $[a,b]$ 中任意的 $n+1$ 个不同的点, 有

$$f[x_0, x_1, \cdots, x_n] = \frac{1}{n!} f^{(n)} \left(\frac{x_0 + x_1 + \cdots + x_n}{n+1} \right),$$

那么 f 是一个次数至多为 $n+1$ 次的多项式函数.

在 [9] 中还把这推广的结果再加以一般化, 得到:

设 $n \geqslant 1$ 是一个整数, f 是闭区间 $[a,b]$ 上的有界函数, 如果 f 在 $[a,b]$ 中任意的 $n+1$ 个不同的点的均差满足函数方程

$$f[x_0, x_1, \cdots, x_n] = H(x_0 + x_1 + \cdots + x_n),$$

那么 f 是一个次数至多为 $n+1$ 次的多项式函数, 且 $H(t) = a_{n+1} t + a_n$, 其中 a_{n+1} 和 a_n 分别是 f 的 $n+1$ 次和 n 次项的系数.

探究题 16.1 将问题 16.1 和问题 16.2 所讨论的抛物线(二次函数)的性质 (平行性和唯一性) 推广到三次函数.

下面讨论抛物线的切线交点的性质 ——"平分性".

如图 16-2 所示, $y = 2x^2 - 8x - 1$ 是一条抛物线, 在 $x = 1$ 和 $x = 5$ 处作两条切线, 它们的交点的横坐标为 3, 恰好等于 $\frac{1+5}{2}$, 是 $x = 1$ 和 $x = 5$ 两个数的平均数, 具有"平分性". 下面将探讨对任一条抛物线的任意两条切线的交点是否都有上述的"平分性", 反过来, 在所有的解析函数(即可以展开为泰勒级数的函数)中是否只有抛物线才具有这种平分性, 此外, 还探讨当

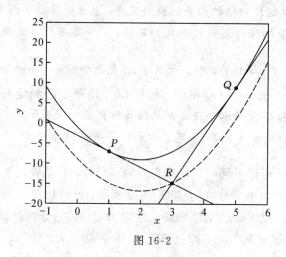

图 16-2

一条抛物线上的两个点 P 和 Q 保持水平方向距离不变而沿着抛物线移动时,过 P 和 Q 两点的两条切线的交点 R 所形成的轨迹的特性.

问题 16.3 (平分性) 设 P, Q 是抛物线 $y = ax^2 + bx + c$ 上的任意两点, R 是过 P 和 Q 的两条切线的交点. 证明: R, P, Q 三点的横坐标满足

$$x_R = \frac{x_P + x_Q}{2}.$$

问题 16.4 (唯一性) 证明: 在所有的可以展开为泰勒级数的解析函数 $y = f(x)$ 中, 仅有抛物线具有问题 16.3 的平分性.

提示: 由曲线 $y = f(x)$ 在 $x = x_0$, $x = x_0 + h$ ($h \neq 0$) 处两条切线交点的平分性, 导出

$$\frac{f(x_0 + h) - f(x_0)}{h} = \frac{1}{2}(f'(x_0 + h) + f'(x_0)).$$

将 $f(x_0 + h)$ 和 $f'(x_0 + h)$ 在 x_0 处的泰勒展开式代入上式, 经整理后, 得

$$\sum_{t=3}^{\infty} K_t f^{(t)}(x_0) h^{l-3} = 0,$$

其中 $K_t = \dfrac{1}{2 \cdot (t-1)!} - \dfrac{1}{l!}$, $l = 3, 4, \cdots$. 由此可得

$$f^{(l)}(x) = 0 \ (x \in \mathbf{R}), \quad l \geqslant 3.$$

问题 16.5 在图 16-2 中, $P(1, -7)$ 和 $Q(5, 9)$ 是抛物线

$$y = f(x) = 2x^2 - 8x - 1$$

上的两点, R 为过 P 和 Q 的两条切线的交点, 求当保持水平距离 4, 移动切点 P 和 Q 时, 两条切线的交点 R 形成的轨迹, 从中你有什么发现?

探究题 16.2 (全等性) 证明: 如果 P, Q 是抛物线 $y = ax^2 + bx + c$ 上水平距离为 h (即 $x_Q - x_P = h \neq 0$) 的任意两点, R 是过 P 和 Q 的两条切线的交点, 那么当 P 和 Q 保持水平距离 h 沿抛物线移动时, 点 R 所形成的轨迹仍是抛物线, 且与原抛物线全等 (除竖直方向的一个平移外).

在 [10] 中, 讨论了椭圆的切线交点的平分性, 只是将问题 16.3 中 "线段的平分性" 改为 "角的平分性", 如图 16-3 所示, 设过切点 P 和 Q 的两条切线的交点为 R, F_+ 为一焦点, 则椭圆上的切线交点的平分性是指焦点 F_+ 与交点 R 的连线平分 $\angle PF_+Q$, 即 $\angle PF_+R = \angle QF_+R$.

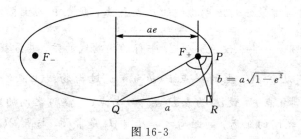

图 16-3

最后，讨论抛物线的光学性质（反射性）.

光的反射定律是：当光从一种均匀介质入射到另一种均匀介质表面时，反射角等于入射角. 如图 16-4 所示，光线从空气中 P 点入射到平面镜上 R 点，再反射到 Q 点，则入射角 $i =$ 反射角 r（其中 NR 为该平面的法线）.

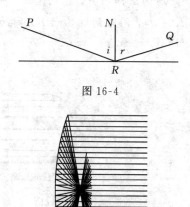

图 16-4

我们知道，抛物线的光学性质是，与抛物线的轴平行的光线经旋转抛物面反射后，都聚焦到抛物线的焦点上（图16-5）. 下面可用光的反射定律来证明这个性质.

图 16-5

问题 16.6 如图 16-6，设 $P(x_1, y_1)$ 是抛物线 $y^2 = 4px$ 上的一点，$F(p,0)$ 是它的焦点，α 是抛物线与直线 PF 的夹角（即过 P 的切线与 PF 的夹角），β 是抛物线与水平直线 $y = y_1$ 的夹角（即过 P 的切线与直线 $y = y_1$ 的夹角），证明：$\alpha = \beta$.

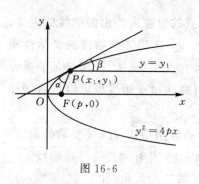

图 16-6

天文望远镜用旋转抛物面作镜面还有一个优点就是能使光波到达聚焦点的相位相同，从而产生一个很好的亮点作为天空中星的像. 下面就来探讨这个性质.

探究题 16.3 如图 16-7 所示，一束与 x 轴平行的光线经抛物线 $y^2 = 2px$

$(p>0)$ 反射后都聚焦到该抛物线的焦点 F 上，焦点 F 的坐标为 $\left(\dfrac{p}{2},0\right)$，准线 l 的方程为 $x=-\dfrac{p}{2}$，设 AB 为与 l 平行的抛物线的弦，其方程为 $x=d$. 证明：如果光线从弦 AB 上的一点 $P(d,y_0)$ 通过抛物线上点 (x_0,y_0)（其中 $y_0^2=2px_0$）到焦点 F，设 d_1 为点 $P(d,y_0)$ 与点 (x_0,y_0) 之间的距离，d_2 为点 (x_0,y_0) 与 F 之间的距离，则距离之和 d_1+d_2 是常数，与点 $P(d,y_0)$ 的纵坐标 y_0 的选择无关，也就是说，平行光线到达弦 AB 后，可以通过相同的距离 d_1+d_2，同时到达焦点 F，因而具有相同的相位.

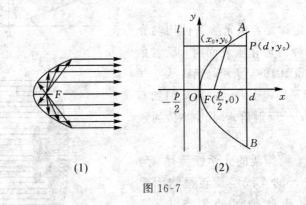

图 16-7

抛物线是圆锥曲线的一种，它是平面内到定点 F 与定直线 l 的距离相等的点的轨迹. 点 F 叫做抛物线的**焦点**，直线 l 叫做抛物线的**准线**. 在平面直角坐标系 xOy 中，设焦点 F 的坐标为 $(p,0)$，准线的方程为 $x=-p$，容易求得抛物线的标准方程

$$y^2=4px.$$

以上是用到定点和到定直线距离相等的点的轨迹来给出抛物线的定义，并用标准方程来表述抛物线的. 在问题 16.6 中，证明了抛物线的光学性质（反射性）. 在[11]中建立了具有这种反射性的曲线 $y=f(x)$ 所满足的微分方程，从而用微分方程的解来表述抛物线（对椭圆和双曲线也可以进行同样的讨论）.

设曲线 $y=f(x)$ 是光滑曲线（所谓光滑曲线是指切线连续变动的曲线，即 $f(x)$ 具有连续的一阶导数），使得从点 $F(p,0)$ 发射的光线经过曲线上一点反射后，成为平行于 x 轴的光线，且入射角等于反射角（如图 16-8 所示），即若设光线经过点 $P(x,y)$ 时的入射角为 α，则反射角也为 α，在[11]中建立了函数 $y=f(x)$ 所满足的微分方程

$$\frac{\mathrm{d}y}{\mathrm{d}x} = \frac{-(x-p) \pm \sqrt{(x-p)^2 + y^2}}{y}. \tag{16.1}$$

事实上，只要设直线 FP 与 x 轴正向之间的夹角为 γ，则 $\gamma = 2\alpha$（见图 16-8），故

$$\tan 2\alpha = \frac{2\tan\alpha}{1 - \tan^2\alpha} = \frac{y}{x-p}.$$

将 $\dfrac{\mathrm{d}y}{\mathrm{d}x} = \tan\alpha$ 代入上式，得

$$y\left(\frac{\mathrm{d}y}{\mathrm{d}x}\right)^2 + 2(x-p)\frac{\mathrm{d}y}{\mathrm{d}x} - y = 0.$$

由上式即可解得

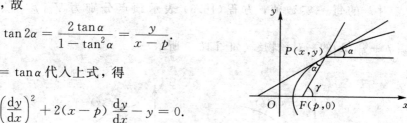

图 16-8

$$\frac{\mathrm{d}y}{\mathrm{d}x} = \frac{-(x-p) \pm \sqrt{(x-p)^2 + y^2}}{y}.$$

为求解微分方程 (16.1)，在 (16.1) 中，令 $u(x) = \dfrac{y}{x-p}$，得

$$u + (x-p)\frac{\mathrm{d}u}{\mathrm{d}x} = \frac{-1 \pm \sqrt{1+u^2}}{u}. \tag{16.2}$$

分离变量后得

$$\frac{u}{-u^2 - 1 \pm \sqrt{1+u^2}}\mathrm{d}u = \frac{1}{x-p}\mathrm{d}x.$$

两边积分，得

$$\int \frac{u}{-u^2 - 1 \pm \sqrt{1+u^2}}\mathrm{d}u = \int \frac{1}{x-p}\mathrm{d}x.$$

由于

$$\int \frac{u}{-u^2 - 1 \pm \sqrt{1+u^2}}\mathrm{d}u$$

$$= -\int \frac{u(1+u^2)^{-\frac{1}{2}}}{\sqrt{1+u^2} \mp 1}\mathrm{d}u = -\int \frac{\mathrm{d}(\sqrt{1+u^2} \mp 1)}{\sqrt{1+u^2} \mp 1}$$

$$= -\ln\left|\sqrt{1+u^2} \mp 1\right| + C,$$

故方程 (16.2) 的解为

$$\ln\left|\sqrt{1+u^2} \mp 1\right| = -\ln|x-p| + C,$$

即 $\sqrt{1+u^2} = \dfrac{k}{|x-p|} \pm 1$（其中 $k = \mathrm{e}^C$），

$$u^2 = \frac{k^2}{(x-p)^2} \pm \frac{2k}{x-p}.$$

因此,方程(16.1)的解为

$$y^2 = \pm 2k\left(x - p \pm \frac{k}{2}\right). \tag{16.3}$$

对 k 的每一实数值,方程(16.3)表示顶点分别为 $V_1\left(p - \dfrac{k}{2}, 0\right)$ 和

$V_2\left(p + \dfrac{k}{2}, 0\right)$ 的一对抛物线(如图16-9所示).

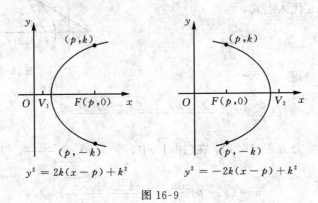

$$y^2 = 2k(x - p) + k^2 \qquad\qquad y^2 = -2k(x - p) + k^2$$

图 16-9

将初值条件 $y(x_0) = y_0$ 代入(16.3),求出 k,就能得到满足条件 $y(x_0) = y_0$ 的微分方程(16.1)的解,是一对顶点在 x 轴上的、对于 x 轴对称的、形状相同而开口方向相反的抛物线.

在 [11] 中,进一步讨论了微分方程(16.1)的初值问题

$$\begin{cases} \dfrac{\mathrm{d}y}{\mathrm{d}x} = \dfrac{-(x - p) \pm \sqrt{(x - p)^2 + y^2}}{y}, \\[2mm] y\big|_{x = x_0} = y_0 \end{cases}$$

的唯一性问题,结果表明,当 $y_0 \neq 0$ 时,由方程 $y^2 = \pm 2k\left(x - p \pm \dfrac{k}{2}\right)$ 给出的解是唯一解;当 $y_0 = 0$ 时,微分方程(16.1)不能在含 x_0 的开邻域内求解未知函数,但是,这两个方程 $\left(y^2 = \pm 2k\left(x - p \pm \dfrac{k}{2}\right)\right)$ 与初值条件 $y(x_0) = 0$ 产生了通过点 $(x_0, 0)$ 的抛物线 $y^2 = 4(p - x_0)(x - x_0)$.

问 题 解 答

问题 16.1 由于 $f'(x) = 2a_2 x + a_1$,故

$$f'\left(\frac{a+b}{2}\right) = 2a_2\left(\frac{a+b}{2}\right) + a_1 = a_2(a+b) + a_1,$$

而

$$\frac{f(b) - f(a)}{b - a} = \frac{a_2 b^2 + a_1 b + a_0 - (a_2 a^2 + a_1 a + a_0)}{b - a}$$

$$= \frac{a_2(b^2 - a^2) + a_1(b - a)}{b - a}$$

$$= a_2(a+b) + a_1,$$

因此，$\dfrac{f(b) - f(a)}{b - a} = f'\left(\dfrac{a+b}{2}\right)$，其中 $a, b \in \mathbf{R}$，且 $a \neq b$.

问题 16.2　设 $x_0 = t - \dfrac{1}{2}h$，$x_1 = t + \dfrac{1}{2}h$，则

$$\frac{f(x_1) - f(x_0)}{x_1 - x_0} = \frac{f\left(t + \dfrac{1}{2}h\right) - f\left(t - \dfrac{1}{2}h\right)}{h}.$$

由已知条件：$\dfrac{f(x_1) - f(x_0)}{x_1 - x_0} = f'\left(\dfrac{x_0 + x_1}{2}\right)$，得

$$\frac{f\left(t + \dfrac{1}{2}h\right) - f\left(t - \dfrac{1}{2}h\right)}{h} = f'(t),$$

即

$$f\left(t + \frac{1}{2}h\right) - f\left(t - \frac{1}{2}h\right) = hf'(t).$$

将上式的两边分别对 h 求一阶、二阶、三阶导数，得

$$\frac{1}{2}f'\left(t + \frac{1}{2}h\right) + \frac{1}{2}f'\left(t - \frac{1}{2}h\right) = f'(t),$$

$$\frac{1}{4}f''\left(t + \frac{1}{2}h\right) - \frac{1}{4}f''\left(t - \frac{1}{2}h\right) = 0,$$

$$\frac{1}{8}f^{(3)}\left(t + \frac{1}{2}h\right) + \frac{1}{8}f^{(3)}\left(t - \frac{1}{2}h\right) = 0.$$

在上式中，令 $h = 0$，得

$$\frac{1}{8}f^{(3)}(t) + \frac{1}{8}f^{(3)}(t) = 0,$$

故 $f^{(3)}(t) = 0$，对 $t \in \mathbf{R}$. 因此，f 是次数至多为二次的多项式函数.

问题 16.3　设 $y = f(x) = ax^2 + bx + c$，$x_P = x_0$，$x_Q = x_0 + h$，其中 h 为一非零的实数，则过 P 和 Q 的两条切线的方程分别为

$$y = f(x_0) + f'(x_0)(x - x_0), \tag{16.4}$$
$$y = f(x_0 + h) + f'(x_0 + h)[x - (x_0 + h)], \tag{16.5}$$

即

$$y = ax_0^2 + bx_0 + c + (2ax_0 + b)(x - x_0),$$
$$y = a(x_0 + h)^2 + b(x_0 + h) + c$$
$$+ [(2ax_0 + b) + 2ah][(x - x_0) - h].$$

为求切线交点 R 的横坐标 x_R，求解未知数为 x 的方程

$$ax_0^2 + bx_0 + c + (2ax_0 + b)(x - x_0)$$
$$= a(x_0 + h)^2 + b(x_0 + h) + c$$
$$+ [(2ax_0 + b) + 2ah][(x - x_0) - h],$$

即

$$0 = -2ahx_0 + 2ahx - ah^2, \tag{16.6}$$

由方程(16.6)解得

$$x_R = x_0 + \frac{h}{2} = \frac{x_P + x_Q}{2}.$$

问题 16.4 设 f 是可以展开为泰勒级数的解析函数，则曲线 $y = f(x)$ 在 $x = x_0$，$x = x_0 + h$ ($h \neq 0$) 处的切线方程与(16.4)和(16.5)相同，且这两条切线交点的横坐标 x_R 满足下列未知数为 x 的方程

$$f(x_0) + f'(x_0)(x - x_0) = f(x_0 + h) + f'(x_0 + h)[x - (x_0 + h)]. \tag{16.7}$$

由假设知，

$$x_R = \frac{1}{2}[x_0 + (x_0 + h)] = x_0 + \frac{h}{2}. \tag{16.8}$$

将 $x = x_R = x_0 + \dfrac{h}{2}$ 代入(16.7)，得

$$\frac{f(x_0 + h) - f(x_0)}{h} = \frac{1}{2}(f'(x_0 + h) + f'(x_0)). \tag{16.9}$$

（注意：如果在(16.9)的两边同时取极限 $\lim\limits_{h \to 0}$，两边都为 $f'(x_0)$，等式仍成立.）

将 $f(x_0 + h)$ 和 $f'(x_0 + h)$ 在 x_0 处的泰勒展开式分别代入(16.9)左、右边，得

$$\frac{1}{h}\left(\sum_{l=0}^{\infty} \frac{1}{l!} f^{(l)}(x_0)h^l - f(x_0) \right)$$

$$= \frac{1}{2}\left(\sum_{l=0}^{\infty} \frac{1}{l!} f^{(l+1)}(x_0)h^l + f'(x_0) \right).$$

上式左边泰勒级数中的第 0 项 $f(x_0)$ 与"$-f(x_0)$"消去，右边泰勒级数中的第 0 项 $f'(x_0)$ 与"$f'(x_0)$"相加，再乘 $\dfrac{1}{2}$，得 $f'(x_0)$，再将左边的 $\dfrac{1}{h}$ 乘入方括号内，得

$$\sum_{l=1}^{\infty}\frac{1}{l!}f^{(l)}(x_0)h^{l-1}=\frac{1}{2}\sum_{l=1}^{\infty}\frac{1}{l!}f^{(l+1)}(x_0)h^l+f'(x_0).\quad(16.10)$$

在 (16.10) 两边消去 $f'(x_0)$，并将右边的求和指标"l"改为"$l-1$"，得

$$\sum_{l=2}^{\infty}\frac{1}{l!}f^{(l)}(x_0)h^{l-1}=\frac{1}{2}\sum_{l=2}^{\infty}\frac{1}{(l-1)!}f^{(l)}(x_0)h^{l-1}.\quad(16.11)$$

在 (16.11) 两边消去 $l=2$ 的项，并除以 $h^2(\neq 0)$，得

$$\sum_{l=3}^{\infty}K_lf^{(l)}(x_0)h^{l-3}=0,\quad\quad\quad(16.12)$$

其中 $K_l=\dfrac{1}{2\cdot(l-1)!}-\dfrac{1}{l!}$，$l=3,4,\cdots$.

因此，如果 f 满足条件 (16.8)，则 (16.12) 必须对所有的 $x_0,h(\in \mathbf{R})$ 成立.

由变量为 h 的多项式 $\sum\limits_{l=3}^{\infty}K_lf^{(l)}(x_0)h^{l-3}$ 恒等于零知，其系数皆为零，即对 $l\geqslant 3$，$f^{(l)}(x_0)=0$，又由于 x_0 的任意性，故对所有的 $x\in\mathbf{R}$，都有

$$f^{(l)}(x)\equiv 0,\quad l\geqslant 3.$$

因此，仅有的满足上述平分性的非平凡的解析函数是二次函数

$$f(x)=ax^2+bx+c\quad(a\neq 0).$$

问题 16.5 设动点 P,Q 的横坐标分别为 $x_P=x_0$，$x_Q=x_0+h$. 由问题 16.3 的平分性知，交点 R 的横坐标为 $x_R=x_0+\dfrac{h}{2}$，将它代入过点 P 的切线方程 (16.5)，得点 R 的纵坐标 y_R 为

$$\begin{aligned}y\left(x_0+\frac{h}{2}\right)&=2x_0^2-8x_0-1+(4x_0-8)\left[\left(x_0+\frac{h}{2}\right)-x_0\right]\\&=2x_0^2+(2h-8)x_0+(-1-4h)\\&=2\left(x_0+\frac{h}{2}\right)^2-8\left(x_0+\frac{h}{2}\right)-1-\frac{h^2}{2}.\quad(16.13)\end{aligned}$$

在 (16.13) 中，令 $x=x_0+\dfrac{h}{2}$，$h=4$，得交点 R 的轨迹方程

$$y(x)=2x^2-8x-1-8.$$

我们发现，它是由原抛物线向下平移 8 个单位而得的一条抛物线的方程.

问题 16.6 设直线 FP 与 x 轴正向之间的夹角为 γ，则 $\tan\gamma = \dfrac{y_1}{x_1 - p}$.

又因

$$\tan\beta = \frac{\mathrm{d}y}{\mathrm{d}x}\bigg|_{x=x_1} = (2\sqrt{px})'_{x=x_1} = \sqrt{\frac{p}{x_1}},$$

$$\tan 2\beta = \frac{2\tan\beta}{1-\tan^2\beta} = \frac{2\sqrt{\dfrac{p}{x_1}}}{1-\dfrac{p}{x_1}} = \frac{2\sqrt{px_1}}{x_1-p}$$

$$= \frac{y_1}{x_1-p} = \tan\gamma,$$

故 $\gamma = 2\beta$. 而 $\alpha + (\pi - \gamma) + \beta = \pi$，因此，$\alpha = \beta$.

17. 何时$(fg)' = f'g'$成立

由函数的积的求导法则知，两个可导函数的积的导数等于第一个函数的导数乘以第二个函数，加上第一个函数乘以第二个函数的导数，即
$$(f(x)g(x))' = f'(x)g(x) + f(x)g'(x).$$

现在讨论公式$(f(x)g(x))' = f'(x)g'(x)$是否成立. 在一般情况下，它是不成立的. 例如：当$f = 1$，$g = x$时，就有$(fg)' = x' = 1$，而$f'g' = 0$，故不成立. 但是，如果$f(x)$和$g(x)$之一是零函数，或者$f(x)$和$g(x)$都是常数，那么该公式仍能成立. 本课题将探讨在什么条件下能使$(fg)' = f'g'$，并给出非平凡的实例.

中心问题 求使$(fg)' = f'g'$成立的f和g所满足的条件.
准备知识 导数，不定积分

课 题 探 究

问题 17.1 问：可导函数f和g满足什么条件能使$(fg)' = f'g'$成立？

问题 17.2 设$g(x) = x^n$ $(n \neq 0)$，求函数$f(x)$使得
$$(f(x)g(x))' = f'(x)g'(x).$$

下面再给出一些满足该不正确的"积的求导法则"的非平凡的例子：
$$f(x) = \sin x + \cos x, \quad g(x) = \sqrt{e^x \csc x};$$
$$f(x) = xe^x, \quad g(x) = e^{\frac{x^2}{2} + x};$$
$$f(x) = e^{-\cot \frac{x}{2}}, \quad g(x) = \sec x + \tan x;$$
$$f(x) = \sinh x, \quad g(x) = \exp\left\{\frac{e^{2x} + 2x}{4}\right\}.$$

探究题 17.1 探讨何时$(fg)' = f' + g'$成立.

问 题 解 答

问题 17.1 假设 f 和 g 均非常数，求解方程

$$f'g' = f'g + fg'. \tag{17.1}$$

由 (17.1)，得 $f'(g' - g) = fg'$，即

$$\frac{f'}{f} = \frac{g'}{g' - g}. \tag{17.2}$$

上式中如果 $g' = g$，则无意义．但是，我们可以假设 $g' \neq g$，这是因为如果 $g' = g$，则有 $g(x) = Ce^x$，其中 C 为任意一个非零常数，将它代入 (17.1)，得

$$f'Ce^x = f'Ce^x + fCe^x, \tag{17.3}$$

因对任何 x，有 $e^x \neq 0$ 以及 $C \neq 0$，故由 (17.3)，得 $f = 0$，这与假设 f 非常数矛盾．

当 $g' \neq g$ 时，我们可以在 (17.2) 两边同时积分，得

$$\int \frac{f'}{f} \mathrm{d}x = \int \frac{g'}{g' - g} \mathrm{d}x. \tag{17.4}$$

由求导公式 $(\ln|x|)' = \dfrac{1}{x}$① 和复合函数求导法则知，

$$(\ln|f|)' = \frac{f'}{f},$$

因而

$$\int \frac{f'}{f} \mathrm{d}x = \ln|f| + C',$$

其中 C' 是积分常数．故由 (17.4)，得

$$\ln|f| + C' = \int \frac{g'}{g' - g} \mathrm{d}x. \tag{17.5}$$

设 $C' = -\ln|C|$，由 (17.5)，得

$$\ln|f| - \ln|C| = \ln\left|\frac{f}{C}\right| = \int \frac{g'}{g' - g} \mathrm{d}x,$$

其中 C 为任一非零常数．再取指数函数，得

---

① 当 $x > 0$ 时，有 $(\ln x)' = \dfrac{1}{x}$；当 $x < 0$ 时，也有

$$(\ln(-x))' = \frac{1}{-x}(-x)' = \frac{-1}{-x} = \frac{1}{x}.$$

$$\left|\frac{f}{C}\right| = \exp\left\{\int \frac{g'}{g'-g}\mathrm{d}x\right\}.$$

由此可得

$$f = C\exp\left\{\int \frac{g'}{g'-g}\mathrm{d}x\right\}. \tag{17.6}$$

对于给定的函数 $g(x)$，由上式可得唯一的函数 $f(x)$（至多相差一个常数因子），满足 $(fg)' = f'g'$，即只要 f, g 满足条件 (17.6) 就可使 (17.1) 成立.

问题 17.2　设 $g(x) = x^n \ (n \neq 0)$，则 $g'(x) = nx^{n-1}$，以及

$$\int \frac{g'}{g'-g}\mathrm{d}x = \int \frac{nx^{n-1}}{nx^{n-1}-x^n}\mathrm{d}x = \int \frac{n}{n-x}\mathrm{d}x$$

$$= -n\ln|n-x| = \ln|n-x|^{-n}.$$

故由 (17.6)，得

$$f(x) = C\exp\{\ln|n-x|^{-n}\} = C|n-x|^{-n}.$$

由于 C 可取正数也可取负数，故可以删去上式中的绝对值符号，得

$$f(x) = C(n-x)^{-n}.$$

容易验证，$Cx^n(n-x)^{-n}$ 的导数等于 x^n 和 $C(n-x)^{-n}$ 的导数之积.

注意：由于 (17.1) 的对称性，故取 $f(x) = Cx^n$ 和 $g(x) = (n-x)^{-n}$ 也能使 $(fg)' = f'g'$ 成立.

18. 火箭推进原理

　　我国古代"嫦娥奔月"的故事就表达了人们渴望飞向其他星球的心情. 如今"嫦娥1号"、"嫦娥2号"、"嫦娥3号"……探月工程不断获得成功, 我国航天事业已取得迅猛发展.

　　航天器(例如人造卫星和宇宙飞船等)是用运载火箭发射上天的. 历史上最早的火箭是中国发明的. 早在北宋后期, 民间流行的能升空的烟火, 已利用了火药燃气的反作用力. 到14世纪末, 明朝一位专门设计兵器的官员万虎就做过首次升空的尝试. 他在一把椅子的背后装上47枚用火药制成的大火箭, 让人把自己捆在椅子上, 并两手各持一大风筝, 试图借助火箭的推力和风筝的升力飞天. 当火箭被点燃喷火后, 这只被称为"飞龙"的座椅一下冲出山头, 并急速上升, 但没过多久, 当火光消散后, 飞龙突然下坠, 并撞毁于山脚之下. 万虎的尝试虽以失败告终, 但是他以自己的鲜血和生命, 勇敢和智慧, 宣告了人类航天活动的开始. 为了纪念这位航天先驱, 在20世纪60年代, 国际天文联合会以"万虎山"来命名月球上的一座环形山, 以表彰他对航天事业作出的贡献. 后来火药和火箭技术由中国传到欧洲, 逐渐发展到近代的火箭.

　　1903年, 俄国科学家齐奥尔科夫斯基(К. Э. Циолковский, 1857—1935)发表了《利用喷气工具研究宇宙空间》等论文, 提出了利用火箭向后喷气产生的反作用而运动并飞向宇宙的思想, 建立了著名的齐奥尔科夫斯基公式(即火箭最后获得的速度的公式), 为现代航天技术奠定了理论基础. 那么, 火箭为何能升天, 又为何能在太空中加速呢? 本课题将探讨火箭推进原理.

中心问题　推导齐奥尔科夫斯基公式.

准备知识　导数, 不定积分, 定积分

课 题 探 究

　　火箭推进原理的主要依据是动量守恒定律. 下面先介绍动量守恒定律.

　　假设有两个质量分别为 m_1 和 m_2 的宇航员, 处在不受任何其他物体作用

的太空中. 如果他们互相推一下, 情况将如何呢? 根据牛顿第三定律, 分别作用在两人身上的互推力必定大小相等而方向相反(见图 18-1), 即

$$\boldsymbol{F}_1 = -\boldsymbol{F}_2.$$

由牛顿第二定律知, 两人因受推力而获得的加速度分别为

$$a_1 = \frac{\boldsymbol{F}_1}{m_1}, \quad a_2 = \frac{\boldsymbol{F}_2}{m_2}.$$

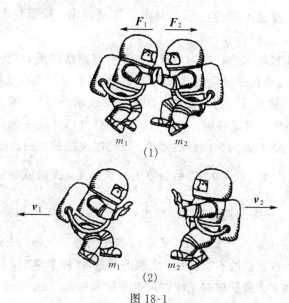

(1)

(2)

图 18-1

设两人互推的时间为 t, 且推力为恒力, 则两人相互脱离接触时的速度分别为

$$v_1 = a_1 t = \frac{\boldsymbol{F}_1}{m_1} t, \quad v_2 = a_2 t = \frac{\boldsymbol{F}_2}{m_2} t.$$

由于 $\boldsymbol{F}_1 = -\boldsymbol{F}_2$, 故可得

$$m_1 v_1 = -m_2 v_2 \quad \text{或} \quad \boldsymbol{p}_1 = -\boldsymbol{p}_2. \tag{18.1}$$

上式表明, 互推后两人将以相同大小的动量($\boldsymbol{p} = m\boldsymbol{v}$)沿相反方向退离原处, 质量较大的宇航员将以较小速度运动, 而质量较小的宇航员则以较大速度运动. 由(18.1)可得互推结束后的总动量为

$$\boldsymbol{p}_1 + \boldsymbol{p}_2 = m_1 v_1 + m_2 v_2 = \boldsymbol{0}. \tag{18.2}$$

由于在互推前两人的总动量也为零, 因此由上式可知, 相互作用前后两人总动量保持不变, 即

$$\boldsymbol{p}_{总前} = \boldsymbol{p}_{总后}. \tag{18.3}$$

(18.3)表明了物理学中一个重要的守恒定律 —— 动量守恒定律：对于任何不受外力作用的系统，其总动量保持不变.

根据动量守恒定律，当一个系统向后高速射出一个小物体时，该系统就会获得与小物体大小相同但方向相反的动量，即系统会获得向前的速度. 如果系统不断向后射出小物体，则系统就会不断向前加速. 火箭就是利用此动量守恒定律不断推进的. 在火箭内装填了大量的燃料，燃料燃烧后会产生高温高压的气体，通过火箭的尾部不断向后高速喷出，从而使火箭不断向前加速.

为了进一步说明火箭推进的原理，先不考虑地球的重力作用，并将质量为 M 的火箭中的燃料燃烧后喷出的燃料气体，看成是许多质量均为 m（$m \ll M$）、相对火箭速度为 u 的细小弹丸，如图 18-2 所示. 由于火箭未受到任何外力，因此火箭系统总动量守恒. 设想当第一颗弹丸以速度 u 向后喷出时，火箭就获得与弹丸等量而方向向前的动量，设此时火箭获得的速度为 V_1，则由 $MV_1 = mu$，可得 $V_1 = \dfrac{m}{M}u$. 以后每喷出一颗弹丸，火箭就会获得一个速度增量 $\Delta v = \dfrac{m}{M}u$. 一颗颗弹丸断续地喷出，使火箭速度的增加将呈跳跃式的，但实际上火箭是连续不断喷出大量质量 m 极小的燃料气体，使火箭得以连续平稳地加速. 随着燃料的不断消耗，火箭的质量 M 越来越小，因此喷射相同质量的燃料气体，火箭获得的速度增量也将越来越大.

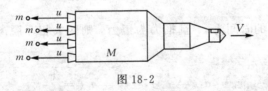

图 18-2

设火箭最初的质量为 M_i，燃料烧完后的火箭质量为 M_f，喷射的燃料气体相对于火箭的速度为 u，则火箭最后获得的速度 V_f 为

$$V_f = u \ln \frac{M_i}{M_f}. \tag{18.4}$$

这就是下面我们将要推导的齐奥尔科夫斯基公式.

如果在地球表面垂直地发射火箭，则火箭在加速过程中还要受到地球引力和空气阻力的作用，虽然这些力与由于燃料喷射而获得的巨大推力相比极小，动量守恒仍近似成立，但火箭最后获得的速度要比(18.4)中的值略小，即有引力损失和阻力损失.

　　下面我们来推导齐奥尔科夫斯基公式，这里假设火箭限于一维沿 x 轴运动，并略去重力等外力.

　　设在时刻 t 火箭的总质量（包括内部装载的燃料质量）为 $M(t)$，火箭的速度为 $V(t)$，喷出的燃料气体离开喷口时相对于火箭的速度为 u（>0），在初始时刻 $t = t_0$（$\geqslant 0$）火箭的总质量为 $M(t_0) = M_0$，火箭的速度为 $V(t_0) = v_0$，则在时刻 t（$\geqslant t_0$）和时刻 $t + \Delta t$ 火箭的速度分别为 $V(t)$ 和 $V(t + \Delta t)$，总质量分别为 $M(t)$ 和 $M(t + \Delta t)$，因而在时间间隔 Δt 内火箭动量的改变量为

$$M(t + \Delta t)V(t + \Delta t) - M(t)V(t). \tag{18.5}$$

在时间 Δt 内喷出的气体质量为 $M(t) - M(t + \Delta t)$（注意：$M(t) > M(t + \Delta t)$），而其速度为 $V(t + \Delta t) - u$[①]（这是因为 u 是气体离开喷口时相对于火箭的速度（$u > 0$），且朝火箭的正方向速度 $V(t + \Delta t)$ 的反方向喷出，故是 $V(t + \Delta t)$ 减去 u），所以在时间间隔 Δt 内喷出气体动量的改变量是

$$(M(t) - M(t + \Delta t))(V(t + \Delta t) - u). \tag{18.6}$$

　　由动量守恒定律知，在时刻 t 和时刻 $t + \Delta t$ 的整个火箭系统（包括火箭与喷出气体两部分）的总动量保持不变，因而该系统在时刻 $t + \Delta t$ 的总动量减去在时刻 t 的总动量等于零，也就是说，该系统在时间间隔 Δt 内动量的改变量为零，即 (18.5) 和 (18.6) 两式之和为零，也即

$$(M(t) - M(t + \Delta t))(V(t + \Delta t) - u) + M(t + \Delta t)V(t + \Delta t) - M(t)V(t) = 0.$$

将上式两边同时除以 Δt，得

$$-(V(t + \Delta t) - u)\frac{M(t + \Delta t) - M(t)}{\Delta t} + \frac{M(t + \Delta t)V(t + \Delta t) - M(t)V(t)}{\Delta t} = 0.$$

在上式两边同时令 $\Delta t \to 0$，取极限，得

$$-(V(t) - u)M'(t) + \frac{\mathrm{d}(M(t)V(t))}{\mathrm{d}t} = 0.$$

而

$$-(V(t) - u)M'(t) + \frac{\mathrm{d}(M(t)V(t))}{\mathrm{d}t}$$

$$= -V(t)M'(t) + uM'(t) + M'(t)V(t) + M(t)V'(t)$$

$$= uM'(t) + M(t)V'(t),$$

故有 $uM'(t) + M(t)V'(t) = 0$，即

$$\frac{M'(t)}{M(t)} = -\frac{V'(t)}{u}, \quad 对于 t \geqslant t_0.$$

---

　　① 在下面我们将考查 $\Delta t \to 0$ 时的情况，此时速度 $V(t + \Delta t)$ 无限趋近于 $V(t)$，且有 $\lim\limits_{\Delta t \to 0} V(t + \Delta t) = V(t)$.

问题 18.1 求满足条件 $\begin{cases} \dfrac{M'(t)}{M(t)} = -\dfrac{V'(t)}{u}, \\ V(t_0) = v_0 \end{cases}$ 的函数 $V(t)$ $(t \geqslant t_0)$.

在问题 18.1 的解

$$V(t) = v_0 + u \ln \frac{M(t_0)}{M(t)} \tag{18.7}$$

中，令 $t_0 = 0$，$V(0) = v_0 = 0$，$M(t_0) = M_0 = M_i$，设 $t = t_f$ 时，火箭的燃料烧完，$M(t_f) = M_f$，$V(t_f) = V_f$. 由 (18.7)，得

$$V_f = u \ln \frac{M_i}{M_f},$$

这就是齐奥尔科夫斯基公式 (18.4).

下面介绍 3 个宇宙速度：

1) 在地面上发射一航天器，使之能沿绕地球的圆轨道运行所需的最小发射速度称为**第一宇宙速度**. 用万有引力定律可以证明，第一宇宙速度 $V_1 = 7.9 \text{ km/s}$.

2) 在地球表面发射一航天器，使之能脱离地球的引力场所需的最小发射速度称为**第二宇宙速度**. 用万有引力定律和机械能守恒定律可以证明，第二宇宙速度 $V_2 = 11.2 \text{ km/s}$（证明见附录 3）. 人类要登上月球，或要飞向其他行星，首先必须脱离地球的引力场，因此，所乘坐航天器的发射速度必须大于第二宇宙速度.

3) 在地球表面发射一航天器，使之不但要脱离地球的引力场，还要脱离太阳的引力场所需的最小发射速度称为**第三宇宙速度**. 用万有引力定律和机械能守恒定律可以证明，第三宇宙速度 $V_3 = 16.7 \text{ km/s}$.

由以上介绍可知，要把航天器发射上天，则火箭获得的速度至少要大于第一宇宙速度. 若要使航天器离开地球到达其他行星或脱离太阳系到其他星系，则火箭获得的速度应分别大于第二宇宙速度和第三宇宙速度. 那么，单级火箭能否达到这些速度呢？

由 (18.4) 可知，要使火箭获得尽可能大的速度 V_f，就必须尽可能大地增大质量比 $\dfrac{M_i}{M_f}$ 的值和燃料气体的喷射速度 u. 但由于火箭上需装备众多仪器设备，装燃料的容器也必须足够坚固，以承受燃料燃烧时所产生的高压，所以 M_f 不可能太小，质量比通常在 $10 \sim 20$ 之间，而燃料气体的喷射速度 u 也受到诸多因素的限制. 一种液态的常规燃料是偏二甲肼（$\begin{smallmatrix} & H & CH_3 \\ & | & | \\ H- & N-N & -CH_3 \end{smallmatrix}$）加四

氧化二氮(N_2O_4)，燃烧后气体的速度 u 接近 2 km/s. 若以非常规燃料（如液氢加液氧）做推进剂，其喷射速度可达 4 km/s 以上. 为估计单级火箭所能达到的末速度，不妨设质量比 ≈ 15，$u \approx 4$ km/s，则由(18.4)得

$$V_f \approx 4\ln 15 = 10.8 \text{ (km/s)}.$$

由于此式导出时未计入地球引力和空气摩擦阻力产生的影响，加上各种技术原因，上述单级火箭的末速度 V_f 将小于第一宇宙速度 $V_1 = 7.9$ km/s，也就是说，此单级火箭并不能把航天器送上天.

运载火箭通常为多级火箭，多级火箭是用多个单级火箭经串联、并联或串并联（即捆绑式）组合而成的一个飞行整体. 图 18-3 为串联式三级火箭示意图，其工作过程为：当第一级火箭点火发动后，整个火箭起飞，等到该级火箭燃料燃烧完后，该级火箭便自动脱落，以便增大以后火箭的质量比. 这时第二级火箭自动点火继续加速，直至其燃料也消耗完后第二级火箭同样自行脱落. 这样一级一级地相继点火加速直至最后达到所需的速度.

探究题 18.1 1）设三级火箭的各级火箭工作时，其喷气速度分别为 u_1，u_2，u_3，其质量比分别为 $N_1 = \dfrac{M_{1i}}{M_{1f}}$，$N_2 = \dfrac{M_{2i}}{M_{2f}}$，$N_3 = \dfrac{M_{3i}}{M_{3f}}$，求该三级火箭最后获得的速度 V_f.

2）美国发射"阿波罗"登月飞船的运载火箭——"土星 5 号"是三级火箭，其总质量为 2 800 t 左右，高约 85 m，第 1 级火箭喷气速度为 $u_1 = 2.9$ km/s，质量比 $N_1 = 16$，第 2、第 3 级火箭的喷气速度 u_2，u_3 均为 4 km/s，质量比分别为 $N_2 = 14$，$N_3 = 12$，求火箭最后获得的速度 V_f.

问 题 解 答

问题 18.1 将 $\dfrac{M'(t)}{M(t)} = -\dfrac{V'(t)}{u}$ 两边同时积分得

$$\int_{t_0}^t \frac{M'(s)}{M(s)}\mathrm{d}s = -\frac{1}{u}\int_{t_0}^t V'(s)\mathrm{d}s = -\frac{1}{u}(V(t) - v_0),$$

即

$$V(t) = v_0 - u\int_{t_0}^t \frac{M'(s)}{M(s)}\mathrm{d}s. \tag{18.8}$$

设 $x = M(t)$，则 $\mathrm{d}x = M'(t)\mathrm{d}t$，故有

$$\int_{t_0}^t \frac{M'(s)}{M(s)}\mathrm{d}s = \int_{M(t_0)}^{M(t)} \frac{\mathrm{d}x}{x} = \ln|x|\,\Big|_{M(t_0)}^{M(t)}$$

$$= \ln x\,\Big|_{M(t_0)}^{M(t)} \quad (\text{因为 } x = M(t) > 0)$$

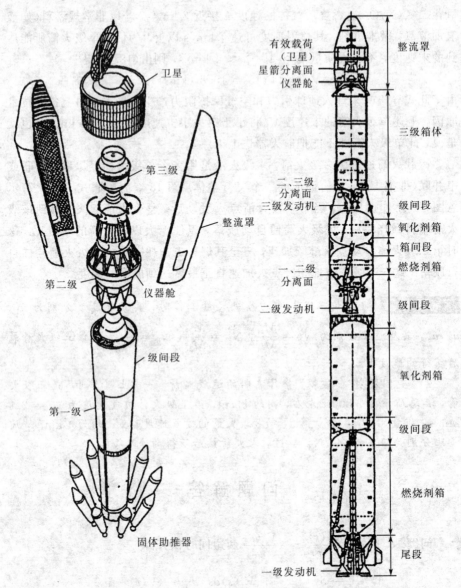

有效载荷
（卫星）
星箭分离面
仪器舱

整流罩

三级箱体

卫星

第三级

二、三级
分离面
三级发动机

级间段
氧化剂箱
箱间段
燃烧剂箱

整流罩

第二级

仪器舱

一、二级
分离面

二级发动机

级间段

级间段

第一级

氧化剂箱

级间段

第一级

燃烧剂箱

固体助推器

尾段

一级发动机

（1）运载火箭组成示意图　　（2）中国"长征三号"运载火箭的部位安排

图 18-3

$$= \ln M(t) - \ln M(t_0). \qquad (18.9)$$

将(18.9)代入(18.8)，得所求的函数 $V(t)$ 为

$$V(t) = v_0 - u(\ln M(t) - \ln M(t_0)) = v_0 + u \ln \frac{M(t_0)}{M(t)}.$$

19. 蛛网模型

蛛网模型是利用一般经济均衡理论来建立的单一商品市场模型. 下面先介绍一般经济均衡理论.

一个经济社会是由若干成员组成的, 其中一部分成员称为消费者, 一部分成员称为生产者, 当然也有些成员既是消费者又是生产者. 为了建立经济问题的数学模型, 就有必要作一些假设, 其中之一是经济社会中所有成员(不管是消费者还是生产者)的行为准则都是使自己得到尽可能大的效益, 一个经济模型是由属于此经济社会成员(消费者和生产者)的行为准则以及各种平衡关系构成的. 例如: 考虑一个仅有一种商品的市场模型, 它包括 3 个变量: 商品的需求量(Q_d)、商品的供给量(Q_s)和商品的价格(P), 我们假设市场均衡条件是当且仅当超额需求(即 $Q_d - Q_s$)为零时, 也就是当且仅当市场出清时, 市场就实现均衡. 现在的问题是供给与需求究竟怎样相互作用, 使市场达到均衡. 一般地, 当商品规格 P 上涨时, 需求量 Q_d 会随之减少, 而供给量 Q_s 却随之增加. 于是, 我们假设 Q_d 是 P 的单调递减连续函数, Q_s 是 P 的单调递增连续函数(图 19-1).

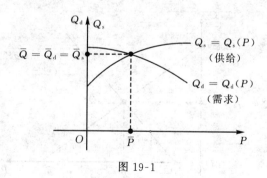

图 19-1

用数学语言表述, 模型可以写成:

$$\begin{cases} Q_d = Q_s & \text{(市场均衡条件),} \\ Q_d = Q_d(P) & \text{(反映消费者行为的需求函数),} \\ Q_s = Q_s(P) & \text{(反映生产者行为的供给函数).} \end{cases} \tag{19.1}$$

现在的问题归结为求解同时满足上述 3 式的 3 个变量 Q_d, Q_s 和 P 的值. 我们将解值分别以 $\overline{Q}_d$, $\overline{Q}_s$, $\overline{P}$ 表示. 我们看到,当价格为 $\overline{P}$ 时,市场达到均衡,市场上既没有剩余的商品,也没有短缺的商品. 这时的价格称为均衡价格. 如果其他条件没有变化,价格和供求数量将稳定在这个水平上,没有理由再发生变动,这时的供求数量称为均衡数量. 由于 $\overline{Q}_d = \overline{Q}_s$,我们也可将它记为 $\overline{Q}$. 当商品供不应求时,价格就将上涨. 当供过于求时,价格就将下降. 当需求量和供给量都为均衡数量 $\overline{Q}$ 时,价格处于均衡状态,市场达到平衡.

在市场均衡模型(19.1)中,只要给定需求函数 $Q_d(P)$ 和供给函数 $Q_s(P)$ 就可以求均衡价格 $\overline{P}$ 和均衡数量 $\overline{Q}$. 例如:假设 Q_d 是 P 的递减线性函数(当 P 增加时,Q_d 减少),Q_s 是 P 的递增线性函数(当 P 增加时,Q_s 也随之增加),模型可以写成:

$$\begin{cases} Q_d = Q_s, \\ Q_d = a - bP \quad (a, b > 0), \\ Q_s = -c + dP \quad (c, d > 0), \end{cases} \tag{19.2}$$

其中 4 个参数 a, b, c 和 d 均设为正数,使得需求函数曲线 Q_d 的斜率为负(即 $-b$)且它与纵轴相交于 a (>0),符合它是递减函数的要求,同时供给函数曲线也具有符合要求的斜率(d 值为正),但它与纵轴交于 $-c$,为什么要设定这样一个负的截距呢? 因为供给函数还需满足附加条件:除非价格超过某一特定的正的价格水平,否则不会有商品供给,然而只有这样取负截距,才能使得供给函数曲线与横轴相交正值 P_1,从而满足上述附加条件(图 19-2).

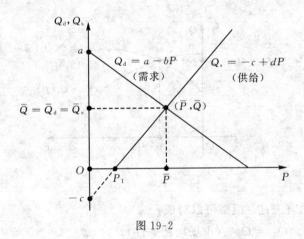

图 19-2

将线性方程组(19.2)的第 2、第 3 个方程代入第 1 个方程,得

$$a - bP = -c + dP,$$

解得均衡价格

$$\overline{P} = \frac{a+c}{b+d}. \tag{19.3}$$

因为模型设定 4 个参数均为正值，故 $\overline{P}$ 是一个正值. 将 (19.3) 代入 (19.2) 可得均衡数量

$$\overline{Q} = \overline{Q}_d = \overline{Q}_s = \frac{ad-bc}{b+d}. \tag{19.4}$$

因为分母 $b+d$ 为正，要使 $\overline{Q}$ 为正，分子 $ad-bc$ 必须为正. 因此，要使此模型具有经济意义，还需包含额外的约束条件 $ad > bc$.

如果给定 (19.2) 中的 4 个参数为 $a=24$，$b=2$，$c=5$，$d=7$，则 $ad = 168 > bc = 10$，此模型有意义，由 (19.3) 和 (19.4) 可以解得

$$\overline{P} = \frac{29}{9}, \quad \overline{Q} = \frac{158}{9}.$$

在实际问题中，需求函数和供给函数也可能是非线性函数. 例如：在模型

$$\begin{cases} Q_d = Q_s, \\ Q_d = 4 - P^2, \\ Q_s = 4P - 1 \end{cases}$$

中 Q_d 是 2 次函数，可以解得 $\overline{P} = 1$（舍去负的价格 $\overline{P} = -5$），$\overline{Q} = 3$.

上述模型是极为简单和粗糙的，但是许多更为复杂的市场均衡模型也可以用上述模型的原理加以建立和分析. 例如：当更多的商品进入模型时，就要讨论多种商品市场模型. 一般而言，具有 n 种商品的需求函数和供给函数可以表述为

$$Q_{di} = Q_{di}(P_1, P_2, \cdots, P_n), \ Q_{si} = Q_{si}(P_1, P_2, \cdots, P_n) \quad (i = 1, 2, \cdots, n)$$

（这些函数不必都是线性的），而均衡条件由 n 个方程组成：

$$Q_{di} - Q_{si} = 0 \quad (i = 1, 2, \cdots, n).$$

上述 $3n$ 个方程组合在一起，便构成完整的模型. 如果联立方程组确实有解，解得 n 个价格 $\overline{P}_i$，那么 $\overline{Q}_i$ 可以从需求函数或供给函数推导出来. 一般经济均衡理论是 19 世纪 70 年代由法国经济学家瓦尔拉斯（Marie Esprit Léon Walras, 1834—1910）首先提出的，瓦尔拉斯为他的一般经济均衡体系建立了数学模型，从而也使他成为对数理经济学影响最大的创始人之一.

1954 年阿罗（K. J. Arrow, 1921—　，1972 年诺贝尔经济学奖获得者）和德布鲁（G. Debreu, 1921—2004, 1983 年诺贝尔经济学奖获得者）第一次给出了一般经济均衡的严格叙述，严格证明了上述 $3n$ 个方程的联立方程组

的解的存在性,使得一般经济均衡理论真正开始成为严格完整的理论体系.

本课题将建立和求解蛛网模型.

中心问题 利用单一商品的经济均衡理论建立一个离散时间的商品市场模型 —— 蛛网模型.

准备知识 数列的极限

课 题 探 究

假设一个农场生产某种谷物,一年收获一次,该农场将根据今年的价格信息来计划明年该谷物的耕种面积. 如果今年收获以后谷物的价格是高的,明年将多种植一些. 当明年该谷物的产量高时,为了卖掉全部谷物,又得降低价格来提高需求量. 由于价格下降,来年人们的种植量会减少,产量也随之减少,同时市场的需求又使价格回升. 这是一个仅有一种商品的市场模型,它包括 3 个变量:商品的供给量 S、商品的需求量 D 和商品的价格 P. 按照一般经济均衡理论,市场均衡条件是当且仅当需求量 D 等于供给量 S 时,市场就达到均衡,市场达到均衡时的价格就是均衡价格,这时的供求数量就是均衡数量. 一般地,当商品价格上涨(或下跌)时,需求量 D 会随之减少(或增加). 商品价格在上下波动中达到均衡价格时,市场就达到均衡. 然而,当商品供不应求时,价格就上涨;当商品供过于求时,价格就将下降;当商品需求量和供给量相等,都为均衡数量时,价格处于均衡价格,市场达到均衡.

设 $S(n),D(n)$ 和 $P(n)$ 分别表示第 n 年该商品的供给量、需求量和价格,$n=1,2,\cdots$. 根据以上分析,对该模型可以作出下面 3 个假设:

1) 任一年的供给量正向地依赖于前一年的价格;

2) 任一年的需求量反向地依赖于目前的价格;

3) 每一年的价格被调整到使得需求量等于供给量.

下面我们对假设 1) 和 2) 再作线性化假设:若下一年的供给量 $S(n+1)$ 对本年的价格 $P(n)$ 的依赖关系是线性的,设

$$S(n+1)=sP(n)+a^① \qquad\qquad (19.5)$$

(其中 s 和 a 是两个固定的常数. 因为供给量是正向地依赖于价格的,可设 $s>0$. 常数 s 表示价格上涨 1 个单位时商品的供给量的增加量,它反映了生

---

① 注意:不同于前面的商品市场模型,蛛网模型中的供给量 $S(n+1)$ 不是下一价格 $P(n+1)$ 的函数,而是本年价格 $P(n)$ 的函数.

产者对价格的敏感性). 再假设需求量 $D(n+1)$ 对价格 $P(n+1)$ 的依赖关系也是线性的, 设

$$D(n+1) = -dP(n+1) + b \tag{19.6}$$

(其中 d 和 b 是两个固定的常数. 因为需求量是反向地依赖于价格的, 可设 $d > 0$, 使得 $P(n+1)$ 的系数 $-d$ 是负的. 常数 d 表示价格上涨 1 个单位时需求量的减少量, 它反映了消费者对价格的敏感性). 又由假设 3) 知, 第 $n+1$ 年的需求量等于第 $n+1$ 年的供给量, 即

$$D(n+1) = S(n+1). \tag{19.7}$$

(19.5), (19.6) 和 (19.7) 构成了一个单一商品市场模型 —— **蛛网模型**.

问题 19.1 求解由 (19.5), (19.6) 和 (19.7) 构成的蛛网模型, 并分析该市场模型的稳定性(即所求得的数列 $\{P(n)\}$ 的收敛性).

(提示: 要用到等比差数列. 一般地, 递推关系式为 $a_{n+1} = a_n q + c$ ($q \neq 1, c \neq 0$) 的数列 $\{a_n\}$ 叫做**等比差数列**. 因

$$a_{n+1} - \frac{c}{1-q} = q\left(a_n - \frac{c}{1-q}\right),$$

故数列 $\left\{a_n - \dfrac{c}{1-q}\right\}$ 为等比数列, 因此, 该等比差数列 $\{a_n\}$ 的通项为

$$a_n = \left(a_1 - \frac{c}{1-q}\right)q^{n-1} + \frac{c}{1-q}.)$$

由问题 19.1 的解可见, 假设某种商品的价格满足上述的 3 个假设, 那么当 $s < d$ 时(即消费者对价格比生产者更敏感), 均衡价格 $P(n)$ 趋于稳定, 我们有一个稳定的市场; 反之, 当 $s > d$ 时(即生产者对价格比消费者更敏感), 均衡价格 $P(n)$ 是不稳定的, 市场也不稳定, 这就是经济学的**蛛网定理**.

我们可以用图 19-3 给蛛网定理一个直观的解释, 使"蛛网"直观化. 在图 19-3 (1), (2) 中, 用 P 轴表示价格, Q 轴表示供给量 S 或需求量 D, 这样, 由 (19.5) 可以绘制出一条斜率为 s 的由下向上的线性供给曲线 $S = sP + a$; 同时由 (19.6) 可以绘制出一条斜率为 $-d$ 的由上向下的线性需求曲线 $D = -dP + b$, 图中分别以 S 和 D 表示. 在图 19-3 (1) 中 $s > d$, 故直线 S 陡于直线 D. 在图 19-3 (2) 中 $s < d$, 故直线 S 比直线 D 平坦. 在两种情况下, 直线 S 和直线 D 的交点的 P 值坐标都是

$$\overline{P} = \frac{b-a}{s+d}$$

(这是因为当 $S(P) = D(P)$ 时, 由 $sP + a = -dP + b$, 可解得 $\overline{P} = \dfrac{b-a}{s+d}$).

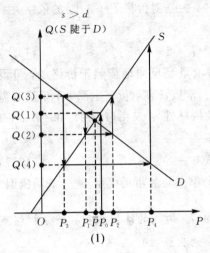

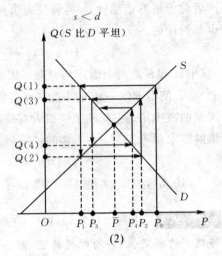

图 19-3

当 $s > d$ 时，通过图 19-3（1），我们将看到需求与供给的相互作用，将产生均衡价格 $P(n)$ 的振荡放大. 如图 19-3（1）所示，给定初始价格 $P_0 = P(0)$（这里假设比 $\overline{P}$ 大），沿着向上的箭头，可在直线 S 上读出第 1 年的供给量 $S(1)$. 由（19.7）知，$S(1) = D(1)$（图中记为 $Q(1)$），又由（19.6）知，当价格为 $P_1 = P(1)$ 时，才有 $D(1) = -dP_1 + b$，故从直线 S 上的点 $(P_0, S(1))$（即 $(P_0, Q(1))$）沿水平箭头，在直线 D 上找到的点是 $(P_1, D(1))$（即 $(P_1, Q(1))$），从该点沿箭头向下，可以在 P 轴上读出价格 P_1，同时在直线 S 上找到点 $(P_1, Q(2))$（即点 $(P_1, S(2))$），从该点出发，沿水平箭头在直线 D 上找到点 $(P_2, D(2))$（即 $(P_2, D(2))$），从而在 P 轴上读出价格 $P_2 = P(2)$. 继续做下去，我们可以求得价格 $P(0), P(1), P(2), \cdots$，在 P 轴上，它们从左边或右边远离 $\overline{P}$ 值，振荡放大. 在图 19-3（1）中，我们也看到这些箭头围绕着供给曲线和需求曲线由内向外结成"蛛网"，因而将该经济学定理称为蛛网定理，该模型称为蛛网模型.

当 $s < d$ 时，由图 19-3（2）可见，蛛网从 $P_0 = P(0)$ 出发沿箭头方向是向心的，逐步趋近于直线 S 和直线 D 的交点，因而所求得的价格 $P(0)$，$P(1), P(2), \cdots$ 是收敛的，收敛于稳定值 $\overline{P} = \dfrac{b - a}{s + d}$.

注意：上述的图解法对非线性的供给曲线和需求曲线也是适用的.

问题 **19.2** 假设我们已经统计了某种商品的几年的价格. 我们观察到当商品的价格为 8 元和需求量为 6 万个时，下一年的供给量为 12 万个；当单价为

5 万和需求量为 9 万个时,下一年的供给量为 10 万个.

1) 根据上述信息,确定供给方程 $S(n+1)=sP(n)+a$ 中的常数 s 和 a.

2) 根据上述信息,确定需求方程 $D(n+1)=-dP(n+1)+b$ 中的常数 d 和 b.

3) 试求该市场模型的解,并分析它的稳定性.

问题 19.3 分析下列蛛网模型的稳定性,并在稳定时求稳定值 $p=\lim\limits_{n\to\infty}P(n)$:

1) $S(n+1)=4P(n)-3$,$D(n+1)=-3P(n+1)+18$;

2) $S(n+1)=P(n)-2$,$D(n+1)=-3P(n+1)+22$.

当我们在研究一个商品的市场时,如何利用上述的市场模型来找到常数 s,a,d 和 b 呢? 实际上,我们真正感兴趣的并不是实际的均衡价格 $P(n)$ 的稳定值 $p=\lim\limits_{n\to\infty}P(n)$,而仅是价格的稳定与不稳定. 这样,仅需要确定常数 s 和 d,甚至有时可以不需要 s 和 d 的值,仅需要对 s 和 d 加以比较就行了. 有时只要观察消费者与生产者对不同价格的行为,也能决定谁对价格更敏感. 例如:对于石油工业来说,生产者对价格的敏感性 s 大,而消费者对价格的敏感性 d 相对要小(因为消费者对石油的需求量比较平稳,即使价格上涨,需求量也只是稍有下降),因此,$s>d$,石油市场是不稳定的.

探究题 19.1 某客户为买房从银行贷款 50 万元,年利率为 6%(月利率为 0.5%). 他每月的偿还能力为 3 000 元. 试建立他的还贷款模型,并求其解.

问 题 解 答

问题 19.1 将(19.5)和(19.6)代入(19.7),得
$$-dP(n+1)+b=sP(n)+a,$$
由此得关于第 n 年的均衡价格 $P(n)$ 的递推关系式
$$P(n+1)=-\frac{s}{d}P(n)+\frac{b-a}{d},$$
所以数列 $\{P(n)\}$ 为等比差数列,其通项(即该模型的解)为
$$P(n)=\left(P(1)-\frac{b-a}{s+d}\right)\left(-\frac{s}{d}\right)^{n-1}+\frac{b-a}{s+d}. \tag{19.8}$$

由(19.8)可见,当 $-1<-\dfrac{s}{d}<1$ 时,若 n 趋于无穷大,则 $P(n)$ 趋于

$p = \dfrac{b-a}{s+d}$，即 $\lim\limits_{n\to\infty} P(n) = p$，此时均衡价格 $P(n)$ 趋于稳定，且因 $-1 < -\dfrac{s}{d}$

< 0，故有 $d > s$. 同理可得，如果 $d < s$，则 $\dfrac{s}{d} > 1$，故数列 $\{P(n)\}$ 是发散的，均衡价格 $P(n)$ 将振荡放大.

问题 19.2 1）由已知信息得
$$\begin{cases} 8s + a = 12, \\ 5s + a = 10, \end{cases}$$

解方程组得，$s = \dfrac{2}{3}$，$a = \dfrac{20}{3}$.

2）由已知信息得
$$\begin{cases} -8d + b = 6, \\ -5d + b = 9, \end{cases}$$

解方程组得，$d = 1$，$b = 14$.

3）将 $s = \dfrac{2}{3}$，$a = \dfrac{20}{3}$，$d = 1$，$b = 14$ 代入 (19.8) 得该市场模型的解为
$$P(n) = \left(P(1) - \dfrac{22}{5}\right)\left(-\dfrac{2}{3}\right)^{n-1} + \dfrac{22}{5}, \quad n = 1,2,\cdots.$$

由于 $s = \dfrac{2}{3} < d = 1$，市场稳定，且 $\lim\limits_{n\to\infty} P(n) = \dfrac{22}{5} = 4.4$.

问题 19.3 1）由于 $s = 4 > d = 3$，由 (19.8) 知，$\{P(n)\}$ 振荡放大，故市场不稳定.

2）由于 $s = 1 < d = 3$，由 (19.8) 知，市场稳定，且稳定值
$$p = \lim\limits_{n\to\infty} P(n) = \dfrac{22 - (-2)}{1+3} = 6.$$

20. 消费者剩余和生产者剩余

在课题 19 中我们介绍了一个仅有一种商品的市场模型，其中制造和销售某种商品的数量可以分别用需求函数 $Q_d(P)$ 和供给函数 $Q_s(P)$ 来描述，它们都是商品价格 P 的函数. 需求函数 $Q_d(P)$ 表明了在不同价格 P 下，消费者购买商品的数量，是单调递减函数，而供给函数 $Q_s(P)$ 表明了在不同价格 P 下，生产者提供商品的数量，是单调递增函数. 当 $P = \overline{P}$ 为均衡价格时，需求量 $Q_d(\overline{P})$ 等于供给量 $Q_s(\overline{P})$，市场实现均衡. 在均衡状态下，生产者制造数量为均衡数量 $\overline{Q}(= Q_s(\overline{P}) = Q_d(\overline{P}))$ 的商品，并以均衡价格 $\overline{P}$ 销售出去.

在分析问题的时候，经常也用 $Q_d(P)$ 和 $Q_s(P)$ 的反函数来表示，即将价格 P 表示成商品数量 Q 的函数：

需求函数：$P = D(Q)$,

供给函数：$P = S(Q)$.

同样地，需求量 Q 上升表明相应的价格 P（$= D(Q)$）在下降，因而需求函数 $P = D(Q)$ 是递减的，而供给量 Q 上升表明相应的价格 P（$= S(Q)$）也在上升，因而供给函数 $P = S(Q)$ 是递增的. 这两个函数图像的交点为 $(\overline{Q}, \overline{P})$，其中 $\overline{Q}$ 是均衡数量，$\overline{P}$ 是均衡价格，如图 20-1 所示.

由图 20-1 可见，在均衡状态下（现在价格就是均衡价格），大量消费者是以低于他们原本愿意支付的现有价格购买了商品，由于他们能接受更高一些的价格，所以他们没有花完为此准备花费的钱，这就是所谓消费者剩余. 同样地，也有些

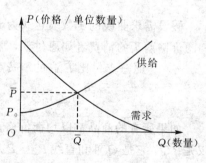

图 20-1

生产者原本愿意以低于现有价格来卖出商品，现以现有价格出售，因而赚到比原来预算更多的钱，这就是所谓生产者剩余. 本课题将引入经济学上消费者剩余和生产者剩余的概念，并探讨在非均衡价格下，消费者剩余和生产者剩余会发生什么情况.

中心问题 计算现在价格为均衡价格时的消费者剩余和生产者剩余.

准备知识 定积分

课 题 探 究

我们先来引入均衡价格 $\overline{P}$ 时的消费者剩余的概念. 假设所有的消费者都按照他们愿意支付的最高价格来购买产品. 我们将区间 $[0,\overline{Q}]$（其中 $\overline{Q}$ 为均衡数量）划分为长度为 ΔQ 的小区间, 如图 20-2 所示, 数量为 ΔQ 的商品以约 P_1 的价格卖出, 下一个数量为 ΔQ 的商品以约 P_2 的稍低价格卖出, 再下一个数量为 ΔQ 的商品又以约 P_3 的价格卖出 …… 这样, 愿意支付比 $\overline{P}$ 高的消费者的总支出额约为

$$P_1 \Delta Q + P_2 \Delta Q + P_3 \Delta Q + \cdots = \sum P_i \Delta Q.$$

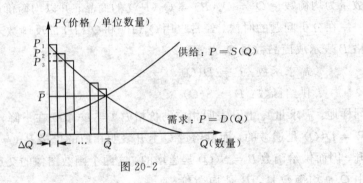

图 20-2

假设需求曲线的函数表达式为 $P = D(Q)$, 且所有那些原本愿意以高于 $\overline{P}$ 的价格购买的消费者如愿付款, 那么当 $\Delta Q \to 0$ 时, 我们有

愿意支付比 $\overline{P}$ 高的消费者的总支出额

$$= \int_0^{\overline{Q}} D(Q)\,\mathrm{d}Q = 需求曲线从 0 到 \overline{Q} 的下方面积.$$

如果所有的商品都以均衡价格卖出, 那么上述消费者的实际总支出额仅仅是 $\overline{P}\,\overline{Q}$, 它是 Q 轴和直线 $P = \overline{P}$ 从 $Q = 0$ 到 $Q = \overline{Q}$ 所围成的矩形的面积. **消费者剩余**定义为愿意支付比 $\overline{P}$ 高的消费者的总支出额与实际总支出额的差, 这里消费者的总支出额是在假设他们都支付了他们愿意的最高价格的情况下得到的, 而实际总支出额是在假设他们以均衡价格支付的情况下得到的. 消费者剩余可用图 20-3 的阴影区域的面积来表示, 也就是说

价格为 $\overline{P}$ 时的消费者剩余 $= \int_0^{\overline{Q}} (D(Q) - \overline{P})\,\mathrm{d}Q$

= 介于需求曲线和水平直线

$P = \overline{P}$ 之间的区域面积.

(20.1)

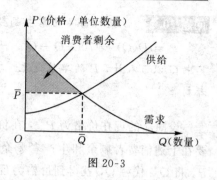

图 20-3

类似地，也有生产者剩余的概念，也有些生产者，他们原本愿意以低于均衡价格 $\overline{P}$ 的价格（如图 20-1 所示，最低可到 P_0）出售商品，同样，由图 20-1 可知，

愿意比 $\overline{P}$ 低出售的生产者的总收入额

$$= \int_0^{\overline{Q}} S(Q)\mathrm{d}Q = \text{供给曲线从 0 到 } \overline{Q} \text{ 的下方面积}.$$

如果所有的商品都以均衡价格卖出，那么上述生产者的实际总收入额也是 $\overline{PQ}$. **生产者剩余**定义为实际总收入额 $\overline{PQ}$ 与愿意比 $\overline{P}$ 低出售的生产者的总收入额 $\int_0^{\overline{Q}} S(Q)\mathrm{d}Q$ 的差，即

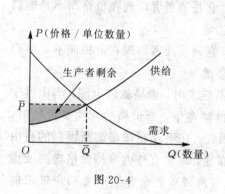

图 20-4

$$\text{生产者剩余} = \int_0^{\overline{Q}} (\overline{P} - S(Q))\mathrm{d}Q.$$

(20.2)

生产者剩余可用图 20-4 的阴影区域的面积来表示，也就是说，

价格为 $\overline{P}$ 时的生产者剩余

= 介于供给曲线和水平直线

$P = \overline{P}$ 之间的区域面积.

问题 20.1 图 20-5 给出了一种商品的供给曲线和需求曲线.

1) 均衡价格和均衡数量是多少？

2) 计算价格为均衡价格时的消费者剩余和生产者剩余，并解释它们的意义.

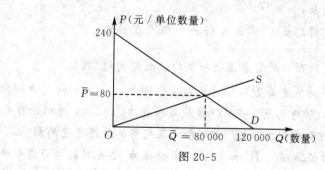

图 20-5

问题 20.2 设某种商品的需求函数和供给函数分别为

$$P = D(Q) = 70 - Q - Q^2, \quad P = S(Q) = 12Q + 2, \quad 0 \leqslant Q \leqslant 6,$$

其中 Q 以万人计，P 的单位是元. 求价格为均衡价格时的消费者剩余和生产者剩余.

设商品的现在价格为 P^*，在价格 P^* 下的需求量为 $Q^* = Q_d(P^*)$，只要在上述消费者剩余和生产者剩余的定义中将现在价格 P^* 代替均衡价格 $\overline{P}$，将 Q^* 代替 $\overline{Q}$，就得到价格为现在价格的消费者剩余和生产者剩余的定义：设需求函数为 $P = D(Q)$，供给函数为 $P = S(Q)$，那么

$$\text{价格为 } P^* \text{ 时的消费者剩余} = \int_0^{Q^*} (D(Q) - P^*) \mathrm{d}Q, \quad (20.3)$$

$$\text{价格为 } P^* \text{ 时的生产者剩余} = \int_0^{Q^*} (P^* - S(Q)) \mathrm{d}Q. \quad (20.4)$$

消费者剩余度量消费者的交易所得，它是消费者以现在价格而不是他们原本愿意支付的价格购买商品后的所得总量.

生产者剩余度量生产者的交易所得，它是生产者以现在价格而不是他们原本愿意接受的价格卖出产品后的所得总量.

按照一般经济均衡思想，当商品供不应求时，价格就将上涨；当供过于求时，价格就将下降，经过完全的市场价格竞争，当价格达到均衡价格时，供需达到平衡，即需求量等于供给量. 因此，在不存在丝毫垄断因素的自由市场中，商品的价格一般会向均衡价格靠拢，除非有外力维持价格虚高或虚低. 下面讨论虚高或虚低的非均衡价格对消费者剩余和生产者剩余带来的影响.

问题 20.3 问：当某加工行业虚高地规定了某商品的价格，将价格从均衡价格 $\overline{P}$ 提高到 P^+ 时，对下面的量会有什么影响？

1) 消费者剩余；

2) 生产者剩余；

3) 交易的所得总量（即消费者剩余＋生产者剩余）.

问题 20.4 设某种商品的需求函数和供给函数同问题 20.2.

1) 价格被虚高地定为 $P^+ = 58$ 元，求价格为 58 元时的消费者剩余、生产者剩余和交易的所得总量. 将所得结果与问题 20.2 比较，并讨论在此情况下，价格管理对消费者剩余、生产者剩余以及交易的所得总量的影响.

2) 价格被虚低地压至 $P^- = 40$ 元，求价格为 40 元时的消费者剩余、生

产者剩余和交易的所得总量. 将所得结果与问题 20.2 比较, 并讨论价格管理所产生的影响.

从消费者的角度看, 消费者剩余越大越好, 而生产者剩余越小越好; 从生产者的角度看, 其营销策略当然是设法最大限度地减少消费者剩余, 通过完全的市场价格竞争, 这两者之间的矛盾可以调节, 那么在什么价格下双方的受益均等呢?

探究题 20.1 问: 现在价格 P^* 为多少时, 交易所得的总量(消费者剩余＋生产者剩余)最大?

问 题 解 答

问题 20.1 1) 由于需求曲线和供给曲线的交点 $(\overline{Q}, \overline{P}) = (80\,000, 80)$, 故均衡价格是 $\overline{P} = 80$ 元, 均衡数量是 $\overline{Q} = 80\,000$ 单位.

2) 消费者剩余是需求曲线的下方和直线 $P = 80$ 上方所围区域面积, 由图 20-6 知,

$$消费者剩余 = 三角形的面积 = \frac{1}{2} \times 底 \times 高$$

$$= \frac{1}{2} \times 80\,000 \times (240 - 80) = 6\,400\,000 \ (元).$$

说明在均衡价格而不是在消费者原本愿意支付的价格下, 消费者购买商品共得益 6 400 000 元.

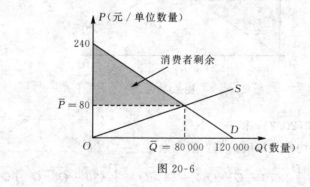

图 20-6

生产者剩余是供给曲线的上方和直线 $P = 80$ 下方所围区域的面积, 由图 20-7 知,

$$生产者剩余 = 三角形的面积 = \frac{1}{2} \times 底 \times 高$$

$$= \frac{1}{2} \times 80\ 000 \times 80 = 3\ 200\ 000\ (元).$$

说明在均衡价格而不是生产者原本愿意供应商品的价格下,生产者提供商品共得益 3 200 000 元.

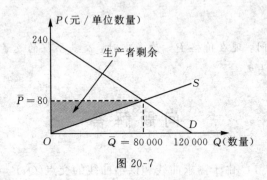

图 20-7

问题 20.2 解方程 $D(Q) = S(Q)$,即

$$70 - Q - Q^2 = 12Q + 2,$$

得 $Q = 4$ 或 -17,舍去负根,得均衡数量和均衡价格(见图 20-8):

$$\overline{Q} = 4, \quad \overline{P} = 50.$$

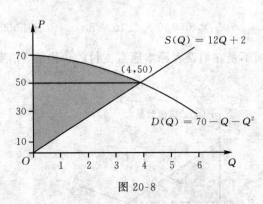

图 20-8

由(20.1)和(20.2),得

价格为均衡价格时的消费者剩余

$$= \int_0^4 \left[(70 - Q - Q^2) - 50 \right] \mathrm{d}Q = \int_0^4 (20 - Q - Q^2) \mathrm{d}Q$$

$$= 80 - 8 - \frac{64}{3} = \frac{152}{3}.$$

价格为均衡价格时的生产者剩余

$$= \int_0^4 \left[50 - (12Q + 2) \right] \mathrm{d}Q = \int_0^4 (48 - 12Q) \mathrm{d}Q$$

$$= 192 - 96 = 96.$$

问题 20.3 1) 图 20-9 给出了该商品的需求曲线和供给曲线的示意图. 假设现在价格固定在均衡价格之上的 P^+, 由需求函数 $D(Q)$ 可解得价格 P^+ 的需求量为 Q^+, Q^+ 小于在均衡价格 $\overline{P}$ 下的需求量 $\overline{Q}$. 价格为 P^+ 时的消费者剩余是消费者原本愿意支付的价格下的支出额与在价格 P^+ 下的支出额的差, 也就是图 20-10 所示阴影区域的面积, 它小于在均衡价格 $\overline{P}$ 时的消费者剩余, 见图 20-11.

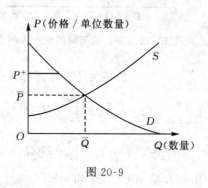

图 20-9

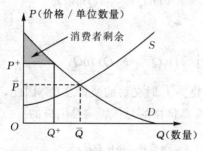

图 20-10　虚高价格时的消费者剩余

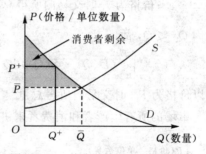

图 20-11　均衡价格时的消费者剩余

2) 如图 20-12 所示, 价格为 P^+ 时的生产者剩余可以用处于 P 轴和直线 $Q = Q^+ (Q^+ (< \overline{Q})$ 是虚高价格时的需求量) 间的直线 $P = P^+$ 和供给曲线所围成的区域 (图中阴影部分) 面积来表示. 比较图 20-12 的虚高价格时的生产者剩余和图 20-13 的均衡价格时的生产者剩余, 似乎前者大于后者. 但是, 一般情况下, 不同的供给曲线和需求曲线会导致不同的结果.

3) 价格 P^+ 时交易的所得总量 (消费者剩余＋生产者剩余) 可以用图 20-14 所示的阴影区域的面积来表示. 均衡价格 $\overline{P}$ 时交易的所得总量可以用图 20-15 所示的阴影区域来表示. 两者相比, 在价格虚高的情形下, 交易的所得总量减少了. 事实上, 由于在区间 $(0, \overline{Q})$ 内, 我们有 $D(Q) > S(Q)$, 由 (20.3) 和 (20.4) 知,

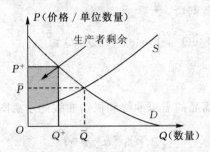

图 20-12 虚高价格时的生产者剩余

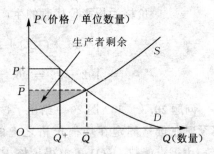

图 20-13 均衡价格时的生产者剩余

价格为 P^+ 时交易的所得总量

$$= \int_0^{Q^+} (D(Q) - P^+) \mathrm{d}Q + \int_0^{Q^+} (P^+ - S(Q)) \mathrm{d}Q$$

$$= \int_0^{Q^+} (D(Q) - S(Q)) \mathrm{d}Q.$$

由(20.1)和(20.2)知,

价格为 $\overline{P}$ 时交易的所得总量 $= \int_0^{\overline{Q}} (D(\overline{Q}) - S(Q)) \mathrm{d}Q.$

又因 $Q^+ < \overline{Q}$,故

$$\int_0^{Q^+} (D(Q) - S(Q)) \mathrm{d}Q < \int_0^{\overline{Q}} (D(Q) - S(Q)) \mathrm{d}Q,$$

所以价格为 P^+ 时交易的所得总量 < 价格为 $\overline{P}$ 时交易的所得总量. 因此,对参与市场的所有生产者和消费者来讲,虚高价格的总体影响是消极的.

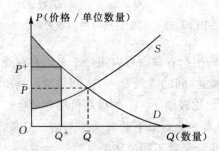

图 20-14 虚高价格时的交易的所得总量

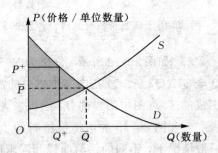

图 20-15 均衡价格时的交易的所得总量

问题 20.4 1) 由 $P^+ = D(Q^+)$,即 $58 = 70 - Q^+ - (Q^+)^2$,解得 $Q^+ = 3$. 再由(20.3)和(20.4),得

价格为 P^+ 时的消费者剩余

$$= \int_0^3 [(70 - Q - Q^2) - 58] \mathrm{d}Q = \int_0^3 (12 - Q - Q^2) \mathrm{d}Q$$

$$= 36 - \frac{9}{2} - 9 = \frac{45}{2} < \text{价格为 } \overline{P} \text{ 时的消费者剩余} \left(= \frac{152}{3} \right),$$

价格为 P^+ 时的生产者剩余

$$= \int_0^3 [58 - (12Q + 2)] \mathrm{d}Q = \int_0^3 (56 - 12Q) \mathrm{d}Q$$

$$= 168 - 54 = 114 > \text{价格为 } \overline{P} \text{ 时的生产者剩余}(= 96),$$

价格为 P^+ 时交易的所得总量

$$= \frac{45}{2} + 114 = 136.5$$

$$< \text{价格为 } \overline{P} \text{ 时交易的所得总量} \left(= \frac{152}{3} + 96 = 146 \frac{2}{3} \right).$$

虽然在此题中虚高价格时的生产者剩余大于均衡价格时的生产者剩余，但是虚高价格时交易的所得总量还是小于均衡价格时交易的所得总量，因此虚高价格的总体影响还是消极的.

2) 解方程 $D(Q^-) = P^-$，即 $70 - Q^- - (Q^-)^2 = 40$，得 $Q^- = 5$. 再由 (20.3) 和 (20.4)，得

价格为 P^- 时的消费者剩余

$$= \int_0^5 [(70 - Q - Q^2) - 40] \mathrm{d}Q = \int_0^5 (30 - Q - Q^2) \mathrm{d}Q$$

$$= 150 - \frac{25}{2} - \frac{125}{3} = 95 \frac{5}{6}$$

$$> \text{价格为 } \overline{P} \text{ 时的消费者剩余} \left(= \frac{152}{3} \right),$$

价格为 P^- 时的生产者剩余

$$= \int_0^5 [40 - (12Q + 2)] \mathrm{d}Q = \int_0^5 (38 - 12Q) \mathrm{d}Q$$

$$= 190 - 150 = 40 < \text{价格为 } \overline{P} \text{ 时的生产者剩余}(= 96),$$

价格为 P^- 时交易的所得总量

$$= 95 \frac{5}{6} + 40 = 135 \frac{5}{6}$$

$$< \text{价格为 } \overline{P} \text{ 时交易的所得总量} \left(= 146 \frac{2}{3} \right).$$

虽然在此题中虚低价格时的消费者剩余大于均衡价格时的消费者剩余，但是虚低价格时交易的所得总量还是小于均衡价格时交易的所得总量，因此虚低价格的总体影响还是消极的.

21. 三次函数拐点的特殊性质

如图 21-1 所示，三次函数 $f(x) = x^3$ 是奇函数，它的图像关于原点 O 是中心对称的．由于 $f''(x) = 6x$，故有 $f''(0) = 0$；当 $x < 0$ 时，$f''(x) < 0$，曲线 $y = x^3$ 在 $(-\infty, 0)$ 内为凸的；当 $x > 0$ 时，$f''(x) > 0$，曲线 $y = x^3$ 在 $(0, +\infty)$ 内为凹的，因此，点 $O(0, 0)$ 是该三次曲线的拐点．取 $a > 0$，由于点 $P(-a, f(-a))$ 和点 $Q(a, f(a))$ 关于原点 O 对称，故连接点 P 和 Q 的曲线 $y = f(x)$ 的弦 PQ 通过拐点 O，并与该曲线围成两个面积相等的平面区域．

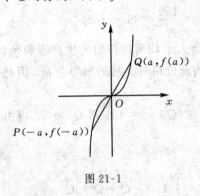

图 21-1

本课题将探讨一般的三次函数曲线的特殊性质．

中心问题　讨论三次函数曲线关于拐点的对称性．
准备知识　导数、定积分

课 题 探 究

由于一般的三次函数不一定是奇函数，我们先从一个具体的例子开始探究．

问题 21.1　1）求函数 $f(x) = x^3 - 3x^2$ 的极值点和拐点．

2）设 1）中求得的 $f(x) = x^3 - 3x^2$ 的极大值点为 $x = a$，极小值点为 $x = b$，连接点 $P(a, f(a))$ 和 $Q(b, f(b))$ 的曲线 $y = f(x)$ 的弦 PQ 与该曲线交于 P, Q, R 三点，并围成两个平面区域，求出点 R 的坐标，并计算这两个区域的面积，你发现了什么？

3）设 2）中的直线 PQ 的方程为 $y = L(x)$，计算 $\int_a^b (f(x) - L(x)) \mathrm{d}x$．

4) 另取一个三次函数,重复1),2),3)的计算,你发现了什么规律,提出你的猜测.

5) 求曲线 $y = x^3 - 3x^2$ 在坐标系平移(以点 R 为新坐标系的原点)后的方程,用该方程来解释2)和3)的结果.

问题 21.2 将问题21.1的结果推广到三次函数 $f(x) = ax^3 + bx^2 + cx + d$,其中 $4b^2 - 12ac > 0$(这保证 $f'(x) = 3ax^2 + 2bx + c = 0$ 有2个不同的根),提出你的猜测,并加以验证.

探究题 21.1 在问题21.2中,如果 $4b^2 - 12ac \leqslant 0$,情况将如何,给出你的猜测,并加以验证.

问 题 解 答

问题 21.1 1) 由 $f'(x) = 3x^2 - 6x = 3x(x-2)$,得 $x = 0$,$x = 2$ 是 $f'(x) = 0$ 的根. 再由 $f''(x) = 6x - 6$,得:

当 $x = 0$ 时,$f''(0) = -6 < 0$,故 $x = 0$ 是极大值点;

当 $x = 2$ 时,$f''(2) = 6 > 0$,故 $x = 2$ 是极小值点;

当 $x = 1$ 时,$f''(1) = 0$,且 $f''(x) < 0$(对 $x < 1$),$f''(x) > 0$(对 $x > 1$),故点 $(1, f(1)) = (1, -2)$ 是拐点.

2) 由于 P 和 Q 的坐标分别为 $(0,0)$ 和 $(2,-4)$,故过 P,Q 两点的直线方程为 $\dfrac{x-0}{0-2} = \dfrac{y-0}{0-(-4)}$,即 $y = -2x$. 而方程组

$$\begin{cases} y = x^3 - 3x^2, \\ y = -2x \end{cases}$$

的解为

$$\begin{cases} x = 0, \\ y = 0, \end{cases} \quad \begin{cases} x = 2, \\ y = -4, \end{cases} \quad \begin{cases} x = 1, \\ y = -2, \end{cases}$$

故弦 PQ 与曲线 $y = x^3 - 3x^2$ 相交的第三点 R 的坐标为 $(1, -2)$,点 $R(1, -2)$ 恰好是曲线 $y = x^3 - 3x^2$ 的拐点.

弦 PQ 与曲线 $y = x^3 - 2x^2$ 所围成的两个平面区域的图形如图21-2所示,下面计算它们的面积.

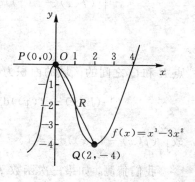

图 21-2

设函数 $L(x) = -2x$，则当 $0 < x < 1$ 时，

$$f(x) - L(x) = x^3 - 3x^2 + 2x = x(x-1)(x-2) > 0.$$

于是，点 P 和 R 之间的区域的面积为

$$\int_0^1 (f(x) - L(x))\mathrm{d}x = \int_0^1 (x^3 - 3x^2 + 2x)\mathrm{d}x$$
$$= \left(\frac{x^4}{4} - x^3 + x^2 \right)\Big|_0^1 = \frac{1}{4}.$$

同样，当 $1 < x < 2$ 时，

$$f(x) - L(x) = x(x-1)(x-2) < 0,$$

于是，点 R 和 Q 之间的区域的面积为

$$\int_1^2 (L(x) - f(x))\mathrm{d}x = \left(-\frac{x^4}{4} + x^3 - x^2 \right)\Big|_1^2 = \frac{1}{4}.$$

我们发现，这两个区域的面积相等，它们关于点 R 可能存在某种对称性。

3) $\int_0^2 (f(x) - L(x))\mathrm{d}x = \int_0^2 (x^3 - 3x^2 + 2x)\mathrm{d}x$

$$= \left(\frac{x^4}{4} - x^3 + x^2 \right)\Big|_0^2 = 0.$$

4) 设 $f(x) = x^3 - 6x^2$，则

$$f'(x) = 3x^2 - 12x, \quad f''(x) = 6x - 12.$$

由此可得：$x = 0$ 为极大值点，$x = 4$ 为极小值点，点 $(2, -16)$ 是拐点。

过 $P(0,0)$ 和 $Q(4, -32)$ 的直线 PQ 的方程为

$$L(x) = -8x.$$

弦 PQ 与曲线 $y = x^3 - 6x^2$ 相交的第三点为 $R(2, -16)$. 点 P 和 R 之间的区域的面积为

$$\int_0^2 (f(x) - L(x))\mathrm{d}x = \int_0^2 (x^3 - 6x^2 + 8x)\mathrm{d}x$$
$$= \left(\frac{x^4}{4} - 2x^3 + 4x^2 \right)\Big|_0^2 = 4,$$

点 R 和 Q 之间的区域的面积为

$$\int_2^4 (L(x) - f(x))\mathrm{d}x = \left(-\frac{x^4}{4} + 2x^3 - 4x^2 \right)\Big|_2^4 = 4.$$

故 $\int_0^4 (f(x) - L(x))\mathrm{d}x = 0.$

我们猜测，如果三次函数 $f(x) = ax^3 + bx^2 + cx + d$ 在点 $x = x_P$ 和 $x = x_Q$ 处分别取得极大值和极小值，设连接点 $P(x_P, f(x_P))$ 和 $Q(x_Q,$

$f(x_Q)$) 的直线方程为 $y = L(x)$，则弦 PQ 和曲线 $y = f(x)$ 所围成的两个区域的面积相等，且

$$\int_{x_P}^{x_Q} (f(x) - L(x)) \mathrm{d}x = 0.$$

5) 由 2) 我们看到，弦 PQ 和曲线 $y = x^3 - 3x^2$ 所围的两个区域关于点 R 可能有对称性，于是，我们把平面直角坐标系 xOy 平移，使得新的坐标系 $O\text{-}XY$ 的原点为 $R(1, -2)$，即

$$\begin{cases} x = X + 1, \\ y = Y - 2. \end{cases}$$

在新的坐标系 $O\text{-}XY$ 下曲线 $f(x) = x^3 - 3x^2$ 的方程为

$$\begin{aligned} Y - 2 &= (X+1)^3 - 3(X+1)^2 \\ &= X^3 + 3X^2 + 3X + 1 - 3X^2 - 6X - 3 \\ &= X^3 - 3X - 2, \end{aligned}$$

即

$$Y = X^3 - 3X,$$

也就是说，在坐标系 $O\text{-}XY$ 中，函数 $Y = X^3 - 3X$ 是奇函数，故它的图像(也即曲线 $f(x) = x^3 - 3x^2$) 关于新的原点 R 是中心对称的. 同样，直线 $y = L(x) = -2x$ 在坐标系 $O\text{-}XY$ 中的方程为

$$Y - 2 = -2(X + 1),$$

即 $Y = -2X$，故也是奇函数，它的图像关于点 R 也是中心对称的，因而直线 PQ 和曲线 $y = x^3 - 3x^2$ 所围的两个区域关于点 R 也是中心对称的，因此，它们的面积相等. 另一方面，由于在坐标系 $O\text{-}xy$ 中，R 的横坐标为 $\dfrac{a+b}{2} = \dfrac{0+2}{2} = 1$，故

$$\begin{aligned} \int_0^2 (f(x) - L(x)) \mathrm{d}x &= \int_0^1 (f(x) - L(x)) \mathrm{d}x + \int_1^2 (f(x) - L(x)) \mathrm{d}x \\ &= \int_0^1 (f(x) - L(x)) \mathrm{d}x - \int_1^2 (L(x) - f(x)) \mathrm{d}x \\ &= 0. \end{aligned}$$

问题 21.2 ［解法 1］ 设三次函数为

$$y = f(x) = ax^3 + bx^2 + cx + d, \qquad (21.1)$$

在 $4b^2 - 12ac > 0$ 的条件下，$f'(x) = 3ax^2 + 2bx + c = 0$ 有 2 个不同的根，设为

$$x_P = \frac{-2b - \sqrt{4b^2 - 12ac}}{6a}, \tag{21.2}$$

$$x_Q = \frac{-2b + \sqrt{4b^2 - 12ac}}{6a}. \tag{21.3}$$

由于 $f''(x) = 6ax + 2b$，故

$$f''(x_P) = -\sqrt{4b^2 - 12ac} < 0,$$
$$f''(x_Q) = \sqrt{4b^2 - 12ac} > 0,$$

所以 $x = x_P$ 为 $f(x)$ 的极大值点，$x = x_Q$ 为 $f(x)$ 的极小值点. 另一方面，由 $f''(x) = 0$，解得 $x = x_R = -\frac{b}{3a}$，且当 $x < x_R = -\frac{b}{3a}$ 时，$f''(x) < 0$，当 $x > x_R = -\frac{b}{3a}$ 时，$f''(x) > 0$，故点 $R(x_R, f(x_R))$ $\left(\text{即}\left(-\frac{b}{3a}, f\left(-\frac{b}{3a}\right)\right)\right)$ 是曲线 $f(x)$ 的拐点，以点 R 为新坐标系 $O\text{-}XY$ 的原点作坐标平移：

$$\begin{cases} x = X - \dfrac{b}{3a}, \\[2mm] y = Y + f\left(-\dfrac{b}{3a}\right). \end{cases}$$

在坐标系 $O\text{-}XY$ 下，曲线 $y = f(x)$ 的方程为

$$Y + f\left(-\frac{b}{3a}\right) = a\left(X - \frac{b}{3a}\right)^3 + b\left(X - \frac{b}{3a}\right) + c\left(X - \frac{b}{3a}\right) + d,$$

即

$$Y = a\left(X - \frac{b}{3a}\right)^3 + b\left(X - \frac{b}{3a}\right)^2 + c\left(X - \frac{b}{3a}\right) + d - f\left(-\frac{b}{3a}\right). \tag{21.4}$$

在 (21.4) 的右边，X^2 项的系数为 $a\left[3\left(-\dfrac{b}{3a}\right)\right] + b = 0$，常数项为

$$a\left(-\frac{b}{3a}\right)^3 + b\left(-\frac{b}{3a}\right)^2 + c\left(-\frac{b}{3a}\right) + d - f\left(-\frac{b}{3a}\right) = 0,$$

故函数 (21.4) 是奇函数，即曲线 $y = f(x)$ 关于拐点 R 中心对称. 由 (21.2) 和 (21.3) 知

$$\frac{x_P + x_Q}{2} = -\frac{b}{3a} = x_R,$$

且 $P(x_P, f(x_P))$ 和 $Q(x_Q, f(x_Q))$ 都在曲线 $y = f(x)$ 上，故点 P 和 Q 关于点 R 对称，即线段 PR 和线段 RQ 长度相等，且 P, R, Q 三点共线，设直线 PQ 的方程为

$$y = L(x), \tag{21.5}$$

则 P,R,Q 的坐标也是联立 (21.1) 和 (21.5) 的方程组

$$\begin{cases} y = ax^3 + bx^2 + cx + d, \\ y = L(x) \end{cases} \qquad (21.6)$$

的解.

由于 (21.2) 和 (21.5) 关于 x 分别是三次和一次的, 故方程组 (21.6) 至多有 3 个解, 这表明曲线 $y = f(x)$ 和直线 PQ 恰好交于 P,R,Q 三点, 且由于曲线 $y = f(x)$ 和直线 PQ 关于点 R 都是中心对称的, 故它们围成的两个区域关于点 R 也是中心对称的, 因而它们的面积相等, 且这两个区域必位于直线 PQ 的两侧, 也就是说, 曲线 $y = f(x)$ 的 PR 段和 RQ 段必须分别位于直线 PQ 的上、下方 (关于这一点, 也可以用曲线 $y = f(x)$ 的凹凸性来解释, 因为当 $x < x_R$ 时, $f''(x) < 0$, 曲线是凸的, 而当 $x > x_R$ 时, $f''(x) > 0$, 曲线是凹的, 故该曲线的 PR 段必须在线段 PR 的上方, 曲线的 RQ 段必须在线段 RQ 的下方, 参见图 21-2), 因而 $\int_{x_P}^{x_R} (f(x) - L(x)) \mathrm{d}x$ 和 $\int_{x_P}^{x_Q} (f(x) - L(x)) \mathrm{d}x$ 的绝对值相同而符号相反, 因此,

$$\int_{x_P}^{x_Q} (f(x) - L(x)) \mathrm{d}x = 0.$$

于是, 对三次函数 (21.1), 我们在 $4b^2 - 12ac > 0$ 的条件下, 推广了问题 21.1 的结果, 证明了问题 21.1,4) 中的猜测.

[解法 2] (用泰勒展开式) 由

$$f'(x) = 3ax^2 + 2bx + c, \quad f''(x) = 6ax + 2b, \quad f'''(x) = 6a,$$
$$f^{(n)}(x) = 0, \quad n = 4, 5, \cdots,$$

得 $f(x)$ 在点 $x = x_0$ 处的泰勒展开式:

$$\begin{aligned} y &= f(x) \\ &= f(x_0) + \frac{f'(x_0)}{1!}(x - x_0) + \frac{f''(x_0)}{2!}(x - x_0)^2 + \frac{f'''(x_0)}{3!}(x - x_0)^3 \\ &= f(x_0) + (3ax_0^2 + 2bx_0 + c)(x - x_0) + (3ax_0 + b)(x - x_0)^2 \\ &\quad + a(x - x_0)^3. \end{aligned} \qquad (21.7)$$

解方程 $f''(x) = 6ax + 2b = 0$, 得当 $x = x_0 = -\dfrac{b}{3a}$ 时, $f''(x_0) = 0$, 又因当 $x < x_0 = -\dfrac{b}{3a}$ 时, $f''(x) < 0$, 当 $x > x_0 = -\dfrac{b}{3a}$ 时, $f''(x) > 0$, 故点 $R(x_0, f(x_0))$ $\left(\text{即} \left(-\dfrac{b}{3a}, f\left(-\dfrac{b}{3a}\right)\right)\right)$ 是曲线 $y = f(x)$ 的拐点, 且因 $f''(x_0) = f''\left(-\dfrac{b}{3a}\right) = 0$, 故 (21.7) 中 2 次项 $(x - x_0)^2$ 的系数为零, 且有

$$y - f(x_0) = f'(x_0)(x - x_0) + a(x - x_0)^3, \qquad (21.8)$$

其中 $x_0 = -\dfrac{b}{3a}$.

将坐标系 xOy 以点 R 为新坐标系 XOY 的原点作坐标平移:

$$\begin{cases} X = x - x_0, \\ Y = y - f(x_0), \end{cases}$$

则由 (21.8) 知, 在坐标系 XOY 下, 曲线 $y = f(x)$ 的方程为

$$Y = f'(x_0)X + aX^3.$$

函数 $Y = F(X) = aX^3 + f'(x_0)X$ 是自变量为 X 的奇函数, 因而它的图像在坐标系 XOY 中关于原点 R 是中心对称的, 所以曲线 $y = f(x)$ 关于拐点 R 是中心对称的.

由于对任一数 $X\ (> 0)$ 在坐标系 XOY 中点 $A(-\tilde{X}, F(-\tilde{X}))$ 和点 $B(\tilde{X}, F(\tilde{X}))$ 关于原点 R 对称, 故连续点 A 和 B 的曲线 $Y = F(X)$ 的弦 AB 通过拐点 R, 并与该曲线围成两个面积相等的平面区域, 所以在坐标系 xOy 中连接点 $A(-\tilde{X} + x_0, f(-\tilde{X} + x_0))$ 和点 $B(\tilde{X} + x_0, f(\tilde{X} + x_0))$ 的曲线 $y = f(x)$ 的弦 AB 通过拐点 R, 且与该曲线围成两个面积相等的平面区域.

由于在 $4b^2 - 12ac > 0$ 的条件下, $f'(x) = 3ax^2 + 2bx + c = 0$ 有 2 个不同的根, 设为

$$x_P = \frac{-2b - \sqrt{4b^2 - 12ac}}{6a}, \quad x_Q = \frac{-2b + \sqrt{4b^2 - 12ac}}{6a}.$$

由于

$$f''(x_P) = -\sqrt{4b^2 - 12ac} < 0, \quad f''(x_Q) = \sqrt{4b^2 - 12ac} > 0,$$

所以 $x = x_P$ 为 $f(x)$ 的极大值点, $x = x_Q$ 为 $f(x)$ 的极小值点. 由于在坐标系 XOY 中, 点 $P(x_P, f(x_P))$ 和点 $Q(x_Q, f(x_Q))$ 的坐标分别是 $(X_P, F(X_P))$ 和 $(X_Q, F(X_Q))$, 且

$$X_P = x_P - x_0 = \frac{-2b - \sqrt{4b^2 - 12ac}}{6a} + \frac{b}{3a}$$

$$= -\frac{\sqrt{4b^2 - 12ac}}{6a} = -(x_Q - x_0) = -X_Q,$$

又因 $F(X_Q) = F(-X_P) = -F(X_P)$, 故在坐标系 XOY 中点 P 和 Q 关于原点 R 对称, 因而弦 PQ 通过点 R, 且与曲线 $y = f(x)$ 围成两个面积相等的平面区域. 设在坐标系 xOy 中直线 PQ 的方程为 $y = L(x)$, 则

$$\int_{x_P}^{x_Q} (f(x) - L(x))\,\mathrm{d}x = 0.$$

22. 曲线与切线之间面积的最小化问题

本课题探讨曲线与切线之间面积的最小化问题.

中心问题 将曲线 $y = x^n$ 与切线之间面积最小化问题的结果推广到任意在 $(0, t)$ 上 $\dfrac{\mathrm{d}^2 y}{\mathrm{d} t^2}$ 同号的函数 $y = f(x)$.

准备知识 导数, 定积分

课 题 探 究

问题 22.1 1) 设函数 $y = f(x) = x^2$, l 是曲线 $y = f(x)$ 在点 $(a, f(a))$ $(a \in [0, t])$ 处的切线, 由切线 l, 曲线 $y = f(x)$ 和直线 $x = 0$, $x = t$ 围成的平面区域 (见图 22-1) 的面积为 $\Phi(a)$. 问: $a (\in [0, t])$ 为何值时, $\Phi(a)$ 的值最小?

2) 将 1) 中的 $f(x)$ 改为 $f(x) = x^n$ $(n = 3, 4, \cdots)$, 情况如何?

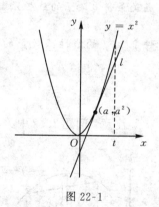

图 22-1

问题 22.2 设函数 $y = f(x)$ 在闭区间 $[0, t]$ $(t > 0)$ 上连续, 且在 (a, b) 内具有一阶和二阶导数, $\dfrac{\mathrm{d}^2 y}{\mathrm{d} x^2}$ 在 $(0, t)$ 内同号, 不妨设在 $(0, t)$ 内 $\dfrac{\mathrm{d}^2 y}{\mathrm{d} x^2} < 0$ (即对应的曲线在 $(0, t)$ 内是凸的). 设 l 是曲线 $y = f(x)$ 在点 $(a, f(a))$ $(a \in [0, t])$ 处的切线, 由切线 l, 曲线 $y = f(x)$ 和 $x = 0$, $x = t$ 围成的平面区域 (见图 22-2) 的面积为 $\Phi(a)$. 问: $a (\in [0, t])$ 为何值时, $\Phi(a)$ 的值最小, 从中你有什么发现?

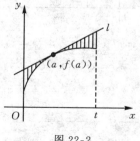

图 22-2

在问题 22.2 中，不妨假设 $f(x) > 0$ $(x \in [0, t])$（这是因为如果将图 22-2 中的阴影区域沿 y 轴正向平移，不改变其面积，也就是说，对函数 $f(x)$ 和函数 $f(x) + C$（其中 C 为正数）来说，相应的 $\Phi(a)$ $(a \in [0, t])$ 是相同的. 因此，总存在一个足够大的正数 C，使 $f(x) + C > 0$ $(x \in [0, t])$，而保持原来的结论不变），于是，阴影区域的面积 $\Phi(a)$ 为由切线 l，x 轴以及直线 $x = 0$ 和 $x = t$ 所围成的梯形的面积与曲线 $y = f(x)$ $(x \in [0, t])$ 下的曲边梯形的面积 $\int_0^t f(x)\mathrm{d}x$ 之差，问题 22.2 也可改变为求曲线 $y = f(x)$ $(x \in [0, t])$ 上方的所有直线中是否过切点 $\left(\dfrac{t}{2}, f\left(\dfrac{t}{2}\right)\right)$ 的切线与该曲线（在 $x = 0$，$x = t$ 之间）所围成的区域面积最小？这样，我们就可以用计算梯形面积的几何方法来验证问题 22.2 的解了. 这问题用函数的语言来表述，就是要证明下面的结论.

探究题 22.1 设函数 $y = f(x)$ 在闭区间 $[0, t]$ $(t > 0)$ 上大于零且连续，在 (a, b) 内具有一阶和二阶导数，不妨设在 $(0, t)$ 内 $\dfrac{\mathrm{d}^2 y}{\mathrm{d}x^2} < 0$. 设 $g: [0, t] \to \mathbf{R}$ 是满足条件 $g \geqslant f$ 的线性函数. 证明：如果 $\int_0^t (g(x) - f(x))\mathrm{d}x$ 是所有的满足条件 $\tilde{g} \geqslant f$ 的线性函数 $\tilde{g}$ 的积分 $\int_0^t (\tilde{g}(x) - f(x))\mathrm{d}x$ 中的最小值，那么

$$g\left(\frac{t}{2}\right) = f\left(\frac{t}{2}\right).$$

注意：问题 22.2 中关于函数 $y = f(x)$ $(x \in [0, t])$ 的条件还可以放宽为 "$y = f(x)$ 在闭区间 $[0, t]$ 上是凹函数，且在 $(0, t)$ 内具有一阶导数"，其中凹函数 $f(x)$[①] 是指在 $[0, t]$ 上连续的函数且对任意的 $x_1, x_2 \in [0, t]$ 和实数 $\lambda \in (0, 1)$，都有

$$f(\lambda x_1 + (1-\lambda)x_2)$$
$$\geqslant \lambda f(x_1) + (1-\lambda)f(x_2)$$

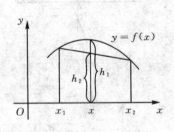

$$h_1 = f(\lambda x_1 + (1-\lambda)x_2)$$
$$h_2 = \lambda f(x_1) + (1-\lambda)f(x_2)$$

图 22-3

（见图 22-3）. 对这样的凹函数，就由 [12，第四章 §2，定理 3] 可得，$f(x)$ 的图像上的所有点都落在它的任意切线下面（或落在切

---

① 曲线的凹凸性与凹（凸）函数是属于不同的概念.

线上），从而可证所需的结论.

问 题 解 答

问题 22.1 1) 由于在 $(0,t)$ 内 $f''(x) = 2 > 0$，故曲线 $y = f(x)$ 在 $(0,t)$ 内是凹的，所以曲线位于其每一点的切线的上方(见图 22-1).

由于曲线 $y = f(x)$ 在点 $x = a$ 处的切线 l 的方程为

$$y = f'(a)(x-a) + f(a) = 2a(x-a) + a^2 = 2ax - a^2,$$

故

$$\Phi(a) = \int_0^t \{f(x) - [f'(a)(x-a) + f(a)]\}\mathrm{d}x$$

$$= \int_0^t (x^2 - 2ax + a^2)\mathrm{d}x = \left(\frac{1}{3}x^3 - ax^2 + a^2 x\right)\Big|_0^t$$

$$= \frac{1}{3}t^3 - at^2 + a^2 t,$$

由此得 $\Phi'(a) = -t^2 + 2at.$

令 $\Phi'(a) = 0$，解得驻点 $a = \dfrac{t}{2}$. 由于当 $0 \leqslant a < \dfrac{t}{2}$ 时，$\Phi'(a) < 0$，当 $a > \dfrac{t}{2}$ 时，$\Phi'(a) > 0$，故 $a = \dfrac{t}{2}$ 是 $\Phi(a)$ $(a \in [0,t])$ 的最小值点.

2) 由于在 $(0,t)$ 内 $f''(x) = n(n-1)x^{n-2} > 0$，故曲线 $y = f(x)$ 在 $(0,t)$ 内是凹的，所以曲线位于其每一点的切线的上方.

曲线 $y = f(x)$ 在点 $x = a$ 处的切线 l 的方程为

$$y = f'(a)(x-a) + f(a) = na^{n-1}(x-a) + a^n$$
$$= na^{n-1}x - (n-1)a^n,$$

故

$$\Phi(a) = \int_0^t \{x^n - [na^{n-1}x - (n-1)a^n]\}\mathrm{d}x$$

$$= \left[\frac{1}{n+1}x^{n+1} - \frac{1}{2}na^{n-1}x^2 + (n-1)a^n x\right]\Big|_0^t$$

$$= \frac{1}{n+1}t^{n+1} - \frac{1}{2}na^{n-1}t^2 + (n-1)a^n t,$$

由此得 $\Phi'(a) = -\dfrac{1}{2}n(n-1)a^{n-2}t^2 + n(n-1)a^{n-1}t.$

令 $\Phi'(a) = 0$，解得驻点 $a = \dfrac{t}{2},0$. 由于当 $0 \leqslant a < \dfrac{t}{2}$ 时，$\Phi'(a) < 0$，

当 $a > \dfrac{t}{2}$ 时，$\Phi'(a) > 0$，故 $a = \dfrac{t}{2}$ 是极小值点．又因

$$\Phi(0) = \frac{1}{n+1} t^{n+1},$$

$$\Phi\left(\frac{t}{2}\right) = \frac{1}{n+1} t^{n+1} - \frac{1}{2} n \frac{t^{n-1}}{2^{n-1}} t^2 + (n-1) \frac{t^n}{2^n} t$$

$$= \frac{1}{n+1} t^{n+1} - \frac{1}{2^n} t^{n+1},$$

$$\Phi(t) = \frac{1}{n+1} t^{n+1} - \frac{1}{2} n t^{n+1} + (n-1) t^{n+1}$$

$$= \frac{1}{n+1} t^{n+1} + \left(\frac{n}{2} - 1\right) t^{n+1},$$

故 $\Phi\left(\dfrac{t}{2}\right) < \Phi(0), \Phi(t)$，即 $a = \dfrac{t}{2}$ 是 $\Phi(a)$ $(a \in [0,t])$ 的最小值点．

问题 22.2 由于函数 $y = f(x)$ 在 $[0,t]$ 上连续，在 $(0,t)$ 内具有一阶和二阶导数，且 $f''(x) < 0$，故曲线 $y = f(x)$ 在 $(0,t)$ 内是凸的，所以曲线位于其每一点的切线的下方（见图 22-2）．

设曲线 $y = f(x)$ 在点 $x = a$ 处的切线为直线 l，则其方程为

$$y = f'(a)(x-a) + f(a), \qquad (22.1)$$

故

$$\Phi(a) = \int_0^t \left[f'(a)(x-a) + f(a) - f(x) \right] \mathrm{d}x$$

$$= \int_0^t f'(a) x \mathrm{d}x - \int_0^t (f'(a)a - f(a)) \mathrm{d}x - \int_0^t f(x) \mathrm{d}x$$

$$= \frac{1}{2} f'(a) t^2 - f'(a) a t + f(a) t - \int_0^t f(x) \mathrm{d}x, \qquad (22.2)$$

由此得

$$\Phi'(a) = \frac{1}{2} f''(a) t^2 - f''(a) a t - f'(a) t + f'(a) t$$

$$= t f''(a) \left(\frac{1}{2} t - a\right). \qquad (22.3)$$

由于在 $(0,t)$ 内 $f''(x) < 0$，故由 (22.3) 知，在 $(0,t)$ 内 $\Phi(a)$ 只有一个驻点 $a = \dfrac{t}{2}$．由于当 $0 \leqslant a < \dfrac{t}{2}$ 时，$\Phi'(a) < 0$，当 $a > \dfrac{t}{2}$ 时，$\Phi'(a) > 0$，故 $a = \dfrac{t}{2}$ 是 $\Phi(a)$ 的极小值点．由于在 $x = 0, t$ 处曲线 $y = f(x)$ 位于切线的下方，故这两条切线与直线 $x = \dfrac{t}{2}$ 的交点都位于点 $\left(\dfrac{t}{2}, f\left(\dfrac{t}{2}\right)\right)$ 的上方，由

(22.1)，得

$$f'(0) \cdot \frac{t}{2} + f(0) > f\left(\frac{t}{2}\right), \tag{22.4}$$

$$f'(t)\left(\frac{t}{2} - t\right) + f(t) = -f'(t)\frac{t}{2} + f(t) > f\left(\frac{t}{2}\right). \tag{22.5}$$

由(22.2)得

$$\Phi(0) = \frac{1}{2}f'(0)t^2 + f(0)t - \int_0^t f(x)\mathrm{d}x, \tag{22.6}$$

$$\Phi\left(\frac{t}{2}\right) = f\left(\frac{t}{2}\right)t - \int_0^t f(x)\mathrm{d}x, \tag{22.7}$$

$$\Phi(t) = -\frac{1}{2}f'(t)t^2 + f(t)t - \int_0^t f(x)\mathrm{d}x. \tag{22.8}$$

由(22.4)～(22.8)得

$$\Phi\left(\frac{t}{2}\right) < \Phi(0), \Phi(t),$$

故 $a = \frac{t}{2}$ 是 $\Phi(a)$ $(a \in [0, t])$ 的最小值点.

我们发现，当 $a = \frac{t}{2}$ 时，$\Phi(a)$ 取得最小值，而且最小值点 $a = \frac{t}{2}$ 与函数 $f(x)$ 无关.

23. 抛物线弓形的最小值问题

设 $y=x^2$ 是抛物线，点 $P=(a,a^2)$ 是除顶点 $(0,0)$ 外的任意一点，由对称性，不妨设 $a>0$. 设该抛物线在点 P 处的法线交抛物线于另一点 Q，我们将抛物线和它的法线所围成的区域称为抛物线弓形 (见图 23-1). 例如：设点 P 为 $(1,1)$，则抛物线 $y=f(x)=x^2$ 过 P 点的切线方程为

$$y=f(1)+f'(1)(x-1)=1+2(x-1)=2x-1,$$

过点 $P(1,1)$ 且与该切线垂直的法线方程为

$$y=f(1)-\frac{1}{f'(1)}(x-1)$$

$$=1-\frac{1}{2}(x-1)=-\frac{1}{2}x+\frac{3}{2}.$$

设该法线与抛物线的交点为 $Q(x_Q,y_Q)$，则 $x_Q^2=-\frac{1}{2}x_Q+\frac{3}{2}$，即

$$x_Q^2+\frac{1}{2}x_Q-\frac{3}{2}=0,$$

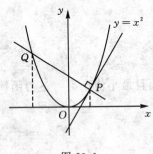

图 23-1

解得

$$x_Q=\frac{-\frac{1}{2}\pm\sqrt{\frac{1}{4}+4\cdot\frac{3}{2}}}{2}=\frac{-\frac{1}{2}\pm\frac{5}{2}}{2}=-\frac{1}{4}\pm\frac{5}{4}.$$

由于 $x_Q=-\frac{1}{4}+\frac{5}{4}=1$ 时，得到的是法线与抛物线的交点 $P(1,1)$，故舍去 $x_Q=1$，得 $x_Q=-\frac{1}{4}-\frac{5}{4}=-\frac{3}{2}$，所以 $y_Q=x_Q^2=\frac{9}{4}$. 由法线 PQ 与抛物线 $y=x^2$ 所围成的区域是一个抛物线弓形.

本课题探讨有关抛物线弓形的最小值问题.

中心问题 $a\,(>0)$ 取何值时可使线段 PQ 的长度、抛物线弓形的面积等取得最小值.

准备知识 导数，定积分

课 题 探 究

问题 23.1　设 $y = x^2$，$a > 0$，抛物线 $y = x^2$ 在点 $P(a, a^2)$ 处的法线再交抛物线于点 Q，求使下列关于 a 的函数取得最小值的 a 值：

1) Q 的纵坐标；

2) 线段 PQ 的长度；

3) 在点 P 和 Q 之间的水平距离；

4) 抛物线 $y = x^2$ 和法线 PQ 所围的抛物线弓形的面积；

5) 由法线 PQ，x 轴及其过点 P 和 Q 的两条垂线所围的梯形的面积；

6) 由抛物线 $y = x^2$，x 轴及其过点 P 和 Q 的两条垂线所围的曲边梯形的面积.

在 [13] 中，还提出了下列 9 个问题.

探究题 23.1　在问题 23.1 的已知条件下，求使下列关于 a 的函数取得最小值的 a 值：

1) 问题 23.1,4) 中的抛物线弓形的质心的纵坐标（质心的横坐标 $x = -\dfrac{1}{4a}$）；

2) 抛物线弓形绕离点 P 右边 k 个单位处的垂线（或点 Q 左边 k 个单位处的垂线）旋转一周形成的旋转体的体积（提示：可以利用课题 60 的帕波斯定理）；

3) 抛物线在 P 和 Q 之间一段弧的弧长；

4) 线段 PQ 的中点的纵坐标；

5) 抛物线在 P 和 Q 之间一段弧绕过 P 点的 x 轴的垂线旋转一周形成的旋转曲面的面积；

6) 抛物线弓形的高（即法线 PQ 与平行于 PQ 的抛物线的切线之间的距离）；

7) 抛物线弓形绕 x 轴旋转一周形成的旋转体的体积；

8) 由法线 PQ，x 轴及其过 Q 点的垂线围成的三角形的面积；

9) 由图 23-1 上的法线、切线、x 轴及其过 Q 点的垂线围成的四边形的面积.

问 题 解 答

问题 23.1 1) 设 Q 点的坐标为 (x_Q, y_Q)，则 $y_Q = x_Q^2$。由于抛物线 $y = x^2$ 过 P 点的切线方程为

$$y = 2a(x - a) + a^2 = 2ax - a^2, \tag{23.1}$$

故法线 PQ 的方程为

$$y = -\frac{1}{2a}(x - a) + a^2 = -\frac{1}{2a}x + a^2 + \frac{1}{2}, \tag{23.2}$$

所以抛物线与法线的交点 Q 的横坐标 x_Q 满足方程

$$x_Q^2 = -\frac{1}{2a}x_Q + a^2 + \frac{1}{2}. \tag{23.3}$$

解方程 (23.3)，得

$$x_Q = \frac{-\dfrac{1}{2a} \pm \sqrt{\dfrac{1}{4a^2} + 4a^2 + 2}}{2} = \frac{-\dfrac{1}{2a} \pm \left(2a + \dfrac{1}{2a}\right)}{2},$$

舍去 $x_Q = a$，得 $x_Q = -a - \dfrac{1}{2a}$，即 Q 的坐标为 $\left(-a - \dfrac{1}{2a}, \left(a + \dfrac{1}{2a}\right)^2\right)$，故

$$y_Q = \left(a + \frac{1}{2a}\right)^2 = a^2 + 1 + \frac{1}{4a^2},$$

$$y_Q' = 2a - \frac{1}{2a^3}, \quad y_Q'' = 2 + \frac{3}{2a^4} > 0.$$

令 $y_Q' = 0$，即

$$y_Q' = 2a - \frac{1}{2a^3} = \frac{1}{2a^3}(4a^4 - 1) = \frac{1}{2a^3}(2a^2 + 1)(2a^2 - 1) = 0,$$

解得 $a = \dfrac{1}{\sqrt{2}}$（因 $a > 0$，故舍去负根），因此，Q 的纵坐标 $y_Q = \left(a + \dfrac{1}{2a}\right)^2$ 在点 $a = \dfrac{1}{\sqrt{2}}$ 处取得最小值。

2) 设 PQ 的长度为 $L(a)$，则

$$L(a) = \sqrt{\left(2a + \frac{1}{2a}\right)^2 + \left[\left(a + \frac{1}{2a}\right)^2 - a^2\right]^2}$$

$$= \sqrt{4a^2 + \frac{3}{4a^2} + \frac{1}{16a^4} + 3}.$$

求 $L(a)$ 的最小值，只需求 $(L(a))^2$ 的最小值，而方程

$$\frac{\mathrm{d}(L^2)}{\mathrm{d}a} = 8a - \frac{3}{2a^3} - \frac{1}{4a^5} = 0,$$

即 $32a^6 - 6a^2 - 1 = 0$，也即

$$\left(a^2 - \frac{1}{2}\right)(32a^4 + 16a^2 + 2) = 0,$$

由此解得 $a = \frac{1}{\sqrt{2}}$. 又因 $\frac{\mathrm{d}^2(L^2)}{\mathrm{d}a^2} = 8 + \frac{9}{2a^4} + \frac{5}{4a^6} > 0$，因此，线段 PQ 的长度

$L(a)$ 在点 $a = \frac{1}{\sqrt{2}}$ 处取得最小值.

3) 由于点 P 和 Q 之间的水平距离

$$D(a) = a - \left(-a - \frac{1}{2a}\right) = 2a + \frac{1}{2a}, \tag{23.4}$$

令 $D'(a) = 2 - \frac{1}{2a^2} = 0$，得 $a = \frac{1}{2}$，且 $D''(a) = \frac{1}{a^3} > 0$，因此，$D(a)$ 在点

$a = \frac{1}{2}$ 处取得最小值.

4) 由 (23.2)，得抛物线弓形的面积

$$S(a) = \int_{-a-\frac{1}{2a}}^{a}\left(-\frac{1}{2a}x + a^2 + \frac{1}{2} - x^2\right)\mathrm{d}x$$

$$= -\frac{x^2}{4a} + \left(a^2 + \frac{1}{2}\right)x - \frac{x^3}{3}\Bigg|_{-a-\frac{1}{2a}}^{a}$$

$$= -\frac{a}{4} + a^3 + \frac{1}{2}a - \frac{a^3}{3} + \frac{a^2 + 1 + \frac{1}{4a^2}}{4a}$$

$$+ \left(a^2 + \frac{1}{2}\right)\left(a + \frac{1}{2a}\right) - \frac{1}{3}\left(a + \frac{1}{2a}\right)^3$$

$$= \frac{4}{3}a^3 + a + \frac{1}{4a} + \frac{1}{48a^3}$$

$$= \frac{1}{6}\left(2a + \frac{1}{2a}\right)^3 = \frac{1}{6}(D(a))^3.$$

由 3) 的解知，$S(a)$ 在点 $a = \frac{1}{2}$ 处取得最小值.

5) 设点 P 的纵坐标为 y_P，由 (23.4) 得，该梯形的面积 $S(a)$ 为

$$S(a) = \frac{1}{2}(y_P + y_Q)D(a) = \frac{1}{2}\left[a^2 + \left(a + \frac{1}{2a}\right)^2\right]\left(2a + \frac{1}{2a}\right)$$

$$= 2a^3 + \frac{3}{2}a + \frac{1}{2a} + \frac{1}{16a^3}.$$

故有

$$\frac{\mathrm{d}S}{\mathrm{d}a} = 6a^2 + \frac{3}{2} - \frac{1}{2a^2} - \frac{3}{16a^4}, \quad \frac{\mathrm{d}^2S}{\mathrm{d}a^2} = 12a + \frac{1}{a^3} + \frac{3}{4a^5}.$$

由于

$$\left.\frac{\mathrm{d}S}{\mathrm{d}a}\right|_{a=\frac{1}{\sqrt{3}}} = 2 + \frac{3}{2} - \frac{3}{2} - \frac{27}{16} > 0,$$

$$\left.\frac{\mathrm{d}S}{\mathrm{d}a}\right|_{a=\sqrt{\frac{3}{10}}} = \frac{18}{10} + \frac{3}{2} - \frac{10}{6} - \frac{100}{48} < 0,$$

由零点定理知，$\dfrac{\mathrm{d}S}{\mathrm{d}a}$ 在 $\left(\sqrt{\dfrac{3}{10}}, \dfrac{1}{\sqrt{3}}\right)$ 内，有零点 a_0，用二分法解得 $a_0 \approx 0.564\,641$

是方程 $\dfrac{\mathrm{d}S}{\mathrm{d}a} = 0$ 的一个近似解，由于 $\left.\dfrac{\mathrm{d}^2S}{\mathrm{d}a^2}\right|_{a=a_0} > 0$，因此，$S(a)$ 的最小值点

$a_0 \approx 0.564\,641$.

6）该曲边梯形的面积为

$$S(a) = \int_{-a-\frac{1}{2a}}^{a} x^2 \mathrm{d}x = \frac{1}{3}x^3 \bigg|_{-a-\frac{1}{2a}}^{a} = \frac{a^3}{3} + \frac{1}{3}\left(a + \frac{1}{2a}\right)^3$$

$$= \frac{2a^3}{3} + \frac{a}{2} + \frac{1}{4a} + \frac{1}{24a^3}.$$

由于

$$S'(a) = 2a^2 + \frac{1}{2} - \frac{1}{4a^2} - \frac{1}{8a^4} = \frac{1}{8a^4}(16a^6 + 4a^4 - 2a^2 - 1),$$

故解 $S'(a) = 0$，只需解方程

$$f(a) = 16a^6 + 4a^4 - 2a^2 - 1 = 0.$$

又因 $f\left(\dfrac{1}{\sqrt[4]{6}}\right) < 0$，$f\left(\dfrac{1}{\sqrt{2}}\right) > 0$，用二分法可以求得方程 $f(a) = 0$ 在开区间

$\left(\dfrac{1}{\sqrt[4]{6}}, \dfrac{1}{\sqrt{2}}\right)$ 内的近似解 $a_0 \approx 0.644\,004$. 而

$$S''(a_0) = 4a_0 + \frac{1}{2a_0^3} + \frac{1}{2a_0^5} > 0,$$

因此，$S(a)$ 的最小值点 $a_0 \approx 0.644\,004$.

24. 心输出量的测定

　　人体的血液循环可分为两部分. 一部分以右半心脏开始, 把从静脉回到心脏的血液经过肺动脉输送到肺, 在那里放出二氧化碳, 吸取氧气, 再从肺静脉回到左半心脏. 这一部分血液循环范围比较小, 叫做小循环. 因为经过肺, 又叫肺循环(在课题 58 中将要讨论肺循环中供氧量的问题). 另一部分从左半心脏开始, 经过主动脉到全身, 再通过上、下腔静脉回到右半心脏, 把从肺静脉回到心脏的含氧较多的血液输送到全身, 供给组织细胞氧气和养料, 并把组织细胞代谢产生的二氧化碳和废物带回心脏. 这一部分血液循环范围比较大, 叫做大循环. 因为经过身体的大部分, 又叫体循环(图 24-1).

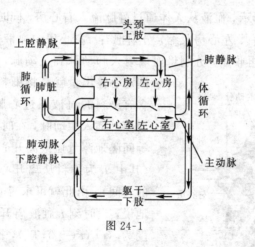

图 24-1

　　心脏是体循环和肺循环的中心, 也是血流的动力装置. 心脏收缩和舒张好比水泵一压一放, 使血液不断从心脏排入动脉, 又不断从静脉回到心脏. 心脏的构造主要包括右心房、右心室、左心房、左心室等. 心脏活动一次, 包括收缩和舒张两个过程. 心室收缩时, 右心室和左心室内压力增高, 分别将部分血液射入肺动脉和主动脉. 心室收缩后舒张, 血液从上、下腔静脉和右心房流入右心室, 同时从肺静脉和左心房流入左心室. 然后左、右心房收缩, 把左、右心房内血液进一步排入左、右心室, 接着心室再收缩. 由于推动血液流动主要靠心室的舒缩活动, 所以常以心室的舒缩活动作为心脏活动的标志.

　　单位时间内心脏输出血液的量, 称为心输出量 (即射入主动脉的速率), 它可标志心脏功能的好坏. 如果心脏功能好, 则心输出量多; 如果心脏功能差, 则心输出量就会减少. 在运动、劳动、情绪激动和怀孕等情况下, 心肌收缩加强, 心输出量增加. 在安静的情况下, 正常的心输出量每分钟 $4 \sim 5$ L[①], 但是, 心脏病患者可能降至每分钟 3 L 以下, 说明其心功能受到了一定程度的损害. 历史上, 一个标准的测定心输出量的方法是染料稀释法.

　　本课题探讨如何运用染料稀释法来测定心输出量, 以及使用该方法来测定排入某条河流的污染物质的总量.

中心问题　将测定心输出量的实际问题归结为积分问题.

准备知识　定积分

课题探究

　　如图 24-2 所示, 血液从人体通过静脉流入右心房, 同时血液从肺静脉流入左心房, 然后右、左心房收缩, 分别把右、左心房内血液排入右、左心室, 接着右、左心室再收缩, 分别将血液射入肺动脉和主动脉, 用染料稀释法来测定心输出量就是将染料注入右心房, 当含有染料的血液通过心脏排入主动脉时, 用探针插入主动脉, 在时间区间 $[0, T]$ 内, 等间隔地测量血液离开心脏时的染料浓度 (其中 T 为染料从离开心脏的血液中出清的时间), 由此就可求得心输出量 F. 具体地说, 设时刻 t 血液离开心脏时的染料浓度为 $c(t)$ $(t \in [0, T])$, 把区间 $[0, T]$ 等分成长度为 Δt 的小区间, 那么从 $t = t_{i-1}$ 到 $t = t_i$ 的时间间隔内, 流过主动脉的测量点的染料量的近似值为

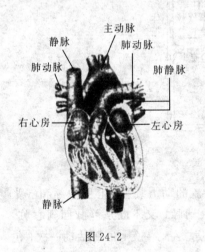

图 24-2

$$浓度 \times 流量 = c(t_i)(F \Delta t),$$

所以在 $[0, T]$ 内流过的染料总量的近似值为

---

　　① 对于一个体重为 65 kg 的成年男性而言, 其血液总量约为 5L. 如果其心输出量为 5 L/min, 则在一分钟内, 全身的血液均经过心脏一次.

$$\sum_{i=1}^{n} c(t_i) F \Delta t = F \sum_{i=1}^{n} c(t_i) \Delta t.$$

令 $n \to \infty$，得染料的总量为 $A = F \int_0^T c(t) \mathrm{d}t$，因此，心输出量 F 为

$$F = \frac{A}{\int_0^T c(t) \mathrm{d}t}, \tag{24.1}$$

其中染料总量 A 也等于注入右心房的染料总量，其值是已知的，而积分 $\int_0^T c(t) \mathrm{d}t$ 的值可由测量值 $c(t_1), c(t_2), \cdots, c(t_n)$，求其近似值（用定积分的近似计算法或用求积仪（或计算机积分），也可以通过曲线拟合再用定积分计算）.

问题 24.1 将含 5 mg 染料的大丸药注入右心房，然后以 1 秒钟为间隔在主动脉处测量染料浓度（单位：mg/L），测得数据如下：

t	0	1	2	3	4	5	6	7	8	9	10
$c(t)$	0	0.4	2.8	6.5	9.8	8.9	6.1	4.0	2.3	1.1	0

估算心输出量 F.

但是，用染料稀释法来测定心输出量也有困难之处，这是因为用这方法需要反复抽出血液样本并测定其染料浓度，另一方面，由于染料在血液中出清得慢，含有染料的血液流出心脏后，通过血液循环又流回了心脏，造成染料浓度的不稳定性. 1970 年开发的一种肺动脉导管可以用于临床用温度稀释法来快速测定心输出量. 将一根顶端装有气囊的导管插入手臂静脉，并送达右心房，再将一个可以测量温度的热敏电阻通过心脏右边移入肺动脉几个厘米处，然后将 10 mL 含 5% 葡萄糖的冷水注入右心房，当这冷 5% 葡萄糖液在右半心脏与血液混合后，流出的血液的温度发生了变化，图 24-3 就是在注入后的 1 分钟内温度变化的某个记录. 由于这冷 5% 葡萄糖液通过血液循环再回到右心房之前，已被人体加温，这样反复测量得到的温度数据是比较可靠的.

在染料稀释法中，我们根据质量守恒原理，由注入右心房的染料

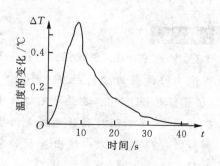

图 24-3

总量与离开心脏排入主动脉的染料总量相等，而导出计算心输出量 F 的公式. 类似地，在温度稀释法中，用"冷量"代替"质量"来推导与(24.1)类似的计算 F 的公式. 我们定义注入的"冷量"为

$$Q_{in} = V(T_b - T_i),$$

其中 V 为注入的冷葡萄液的用量(单位：mL)，T_i 是它的温度(单位：℃)，T_b 是体温. 因此，注入的"冷量" Q_{in} 与注入的冷葡萄液的用量 V 成正比，与温差 $T_b - T_i$ 成正比.

假设冷量是守恒的，即无损失也无重复循环(实际上，通过导管到注射点，冷量总有一些损失，因此，对 F 的计算值，需要加以修正，才能作为实测值). 在 dt 的小时间间隔内，通过热敏电阻检测点的冷量为血液流量 $F dt$ 与在这时间间隔内体温 T_b 与流过血液的温度之差 ΔT 的乘积 $F \Delta T dt$，所以通过这检测点的总冷量为

$$Q_{out} = \int_0^{+\infty} F \Delta T dt = F \int_0^{+\infty} \Delta T dt.$$

由冷量守恒的假设，知

$$Q_{out} = Q_{in} = V(T_b - T_i),$$

故有 $F \int_0^{+\infty} \Delta T dt = V(T_b - T_i)$，即

$$F = \frac{V(T_b - T_i)}{\int_0^{+\infty} \Delta T dt}, \tag{24.2}$$

式中如果时间的单位为秒，则分母的单位为(℃)s，分子的单位为(mL)(℃)，因而 F 的单位为 mL/s，如单位要转换成 L/min，还要乘上 $\frac{60}{1\,000} = 0.06$. 最后，还要将计算所得的 F 值乘上修正系数 0.891，作为 F 的实测值.

通常由热敏电阻的信号可以直接标定检测所得的温度值，从而由计算机积分. 下面的计算实例只是用以解释(24.2)式.

问题 24.2　设 $T_b = 37$ ℃，$T_i = 0$ ℃，$V = 10$ mL. 假设温差 ΔT 关于时间 t 的函数为 $\Delta T = 0.1 t^2 e^{-0.31t}$ (其图像见图 24-4，这里用光滑曲线代替图 24-3 的温度稀释曲线是为了解释(24.2)式)，求心输出量 F 的实测值.

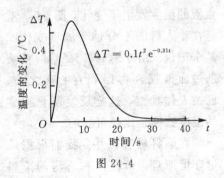

图 24-4

测定心输出量的染料稀释法也可以用来测定排入河流中的污染物质的总量.

探究题 24.1 假设某工厂排放污染物质进入某条河流，环保部门在其下游的一个监测站测量到其浓度如下：

时间	2:00	6:00	10:00	14:00	18:00	22:00
浓度 /(mg/m³)	3.0	3.5	2.5	1.0	0.5	1.0

已知该河流的流速为 1.02×10^5 m³/h，求 24 小时内该工厂排放的污染物质总量.

问题解答

问题 24.1 这里 $A = 5$，$\Delta t = 1$，$T = 10$，用辛普森公式（见课题 27，(27.1)）近似计算浓度的积分，得

$$\int_0^{10} c(t)\mathrm{d}t \approx \frac{1}{3}(0 + 4 \times 0.4 + 2 \times 2.8 + 4 \times 6.5 + 2 \times 9.8 + 4 \times 8.9$$
$$+ 2 \times 6.1 + 4 \times 4.0 + 2 \times 2.3 + 4 \times 1.1 + 0)$$
$$\approx 41.87.$$

由 (24.1) 得，心输出量为

$$F = \frac{A}{\int_0^{10} c(t)\mathrm{d}t} \approx \frac{5}{41.87} \approx 0.12 \ (\mathrm{L/s}) = 7.2 \ (\mathrm{L/min}).$$

问题 24.2 由 (2.2)，得

$$F = \frac{10 \times (37 - 0)}{\int_0^{+\infty} 0.1t^2 \mathrm{e}^{-0.31t}\mathrm{d}t} \approx \frac{370}{0.1 \times \dfrac{2}{0.31^3}} \approx 55.11,$$

因此，心输出量的实测值约为

$$55.11 \times 0.891 \approx 49.1 \ (\mathrm{mL/s}) = 2.95 \ (\mathrm{L/min}).$$

25. 由定积分导出的平均值之间的不等关系

我们知道，对任意两个正实数 a,b $(a<b)$，可以定义下列的平均：

1) 算术平均：$A(a,b)=\dfrac{a+b}{2}$；

2) 几何平均：$G(a,b)=\sqrt{ab}$；

3) 调和平均：$H(a,b)=\dfrac{2ab}{a+b}$；

4) 对数平均：$L(a,b)=\dfrac{b-a}{\ln b-\ln a}$；

5) 海伦平均：$N(a,b)=\dfrac{a+\sqrt{ab}+b}{3}$；

6) 质心平均：$T(a,b)=\dfrac{2(a^2+ab+b^2)}{3(a+b)}$．

本课题探讨用定积分来表示上述的各种平均，并揭示它们之间的不等关系．

中心问题　利用函数 $f(t)=\dfrac{\displaystyle\int_a^b x^{t+1}\,\mathrm{d}x}{\displaystyle\int_a^b x^t\,\mathrm{d}x}$ 来统一地表示上述各种平均，然后再比较它们之间的大小关系．

准备知识　导数，定积分

课 题 探 究

问题 25.1　设

$$f(t)=\frac{\displaystyle\int_a^b x^{t+1}\,\mathrm{d}x}{\displaystyle\int_a^b x^t\,\mathrm{d}x},\qquad (25.1)$$

证明：$f(-3) = H(a,b)$，$f\left(-\dfrac{3}{2}\right) = G(a,b)$，$f(-1) = L(a,b)$，$f\left(-\dfrac{1}{2}\right) = N(a,b)$，$f(0) = A(a,b)$，$f(1) = T(a,b)$.

问题 25.2 1）利用基本不等式：$\dfrac{a+b}{2} \geqslant \sqrt{ab}$（当且仅当 $a = b$ 时，等号成立），从上述的各种平均之间，你能推出哪些不等关系？观察它们用（25.1）表示时的 t 值，你有什么发现，作出你的猜测.

2）证明你在 1）中的猜测（提示：对 $f(t)$ 用商的求导法则求导，再将其中的分子用两种方式改写成二重积分，故它也等于这两种相等的二重积分的平均数，由此来判定 $f'(t)$ 的正负号）.

由问题 25.2 的解，我们得出

$$H(a,b) \leqslant G(a,b) \leqslant L(a,b) \leqslant N(a,b) \leqslant A(a,b) \leqslant T(a,b)$$

（当且仅当 $a = b$ 时，等号成立）.

用函数 $f(t)$，我们还可找到更多的不等关系.

探究题 25.1 证明：插值不等式

$$H(a,b) \leqslant \frac{G^2(a,b)}{L(a,b)} < G(a,b).$$

在 [14] 中，定义了幂平均：

$$M_p(a,b) = \left(\frac{a^p + b^p}{2}\right)^{\frac{1}{p}},$$

并利用

$$M_{\frac{1}{2}}(a,b) = \frac{G(a,b) + A(a,b)}{2}, \quad N(a,b) = \frac{1}{3}(G(a,b) + 2A(a,b)),$$

证明：

$$L(a,b) < M_{\frac{1}{3}}(a,b) < \frac{1}{3}(2G(a,b) + A(a,b))$$
$$< M_{\frac{1}{2}}(a,b) < N(a,b) < M_{\frac{2}{3}}(a,b).$$

问 题 解 答

问题 25.1 $f(-3) = \dfrac{\displaystyle\int_a^b x^{-2}\,\mathrm{d}x}{\displaystyle\int_a^b x^{-3}\,\mathrm{d}x} = \dfrac{-x^{-1}\Big|_a^b}{-\dfrac{x^{-2}}{2}\Big|_a^b} = \dfrac{2(b^{-1} - a^{-1})}{b^{-2} - a^{-2}}$

$$= \frac{2}{b^{-1} + a^{-1}} = \frac{2ab}{a+b} = H(a,b),$$

$$f\left(-\frac{3}{2}\right) = \frac{\int_a^b x^{-\frac{1}{2}} \mathrm{d}x}{\int_a^b x^{-\frac{3}{2}} \mathrm{d}x} = \frac{2(b^{\frac{1}{2}} - a^{\frac{1}{2}})}{-2(b^{-\frac{1}{2}} - a^{-\frac{1}{2}})} = \sqrt{ab} = G(a,b),$$

$$f(-1) = \frac{\int_a^b 1 \mathrm{d}x}{\int_a^b x^{-1} \mathrm{d}x} = \frac{b-a}{\ln b - \ln a} = L(a,b).$$

同样可证，$f\left(-\dfrac{1}{2}\right) = N(a,b)$，$f(0) = A(a,b)$，$f(1) = T(a,b)$.

问题 25.2 1) 由 $\dfrac{a+b}{2} \geqslant \sqrt{ab}$ 得，

$$\frac{2}{a+b} \cdot ab \leqslant \frac{ab}{\sqrt{ab}} = \sqrt{ab},$$

故

$$H(a,b) \leqslant G(a,b) \tag{25.2}$$

（当且仅当 $a = b$ 时，等号成立）.

由于

$$3N(a,b) = a + \sqrt{ab} + b \geqslant 3\sqrt{ab} = 3G(a,b),$$

故

$$G(a,b) \leqslant N(a,b) \tag{25.3}$$

（当且仅当 $a = b$ 时，等号成立）.

由于

$$N(a,b) = \frac{a + \sqrt{ab} + b}{3} \leqslant \frac{a + \dfrac{a+b}{2} + b}{3} = \frac{a+b}{2} = A(a,b),$$

故

$$N(a,b) \leqslant A(a,b) \tag{25.4}$$

（当且仅当 $a = b$ 时，等号成立）.

同样，利用 $\dfrac{a^2 + b^2}{2} \geqslant ab$，可证

$$A(a,b) \leqslant T(a,b) \tag{25.5}$$

（当且仅当 $a = b$ 时，等号成立）.

将各个平均用 $f(t)$ 表示，(25.2)~(25.5) 可以写成

$$f(-3) \leqslant f\left(-\frac{3}{2}\right) \leqslant f\left(-\frac{1}{2}\right) \leqslant f(0) \leqslant f(1) \qquad (25.6)$$

(当且仅当 $a = b$ 时,等号成立).

我们发现,在(25.6)中,当 t 值递增时$\left(\text{即} -3 < -\frac{3}{2} < -\frac{1}{2} < 0 < 1\right)$,对应的 $f(t)$ 的值也递增(即(25.6)),于是,猜测 $f(t)$ 是单调递增函数.

2) 要证 $f(t)$ 是单调递增函数,只要证 $f'(t) > 0$.

利用商的求导法则以及含参量 t 的正常积分的求导可以在积分号下进行,得

$$f'(t) = \frac{\int_a^b x^{t+1} \ln x \, \mathrm{d}x \int_a^b x^t \mathrm{d}x - \int_a^b x^{t+1} \mathrm{d}x \int_a^b x^t \ln x \, \mathrm{d}x}{\left(\int_a^b x^t \mathrm{d}t\right)^2}. \qquad (25.7)$$

由于(25.7)右边的分子中的定积分的积分限都是常数,我们可以把它们看成是二次积分,从而可以将它们写成二重积分,得

$$\int_a^b x^{t+1} \ln x \, \mathrm{d}x \int_a^b x^t \mathrm{d}x - \int_a^b x^{t+1} \mathrm{d}x \int_a^b x^t \ln x \, \mathrm{d}x$$

$$= \int_a^b x^{t+1} \ln x \, \mathrm{d}x \int_a^b y^t \mathrm{d}y - \int_a^b y^{t+1} \mathrm{d}y \int_a^b x^t \ln x \, \mathrm{d}x$$

$$= \int_a^b \int_a^b x^t y^t (x - y) \ln x \, \mathrm{d}x \, \mathrm{d}y. \qquad (25.8)$$

同样,上式也可写成

$$\int_a^b x^{t+1} \ln x \, \mathrm{d}x \int_a^b x^t \mathrm{d}x - \int_a^b x^{t+1} \mathrm{d}x \int_a^b x^t \ln x \, \mathrm{d}x$$

$$= \int_a^b y^{t+1} \ln y \, \mathrm{d}y \int_a^b x^t \mathrm{d}x - \int_a^b x^{t+1} \mathrm{d}x \int_a^b y^t \ln y \, \mathrm{d}y$$

$$= \int_a^b \int_a^b x^t y^t (y - x) \ln y \, \mathrm{d}x \, \mathrm{d}y. \qquad (25.9)$$

由于(25.7)右边的分子可以写成(25.8)和(25.9)两种等价的形式,故它等于这两种相等的二重积分的平均数,即

$$\frac{1}{2} \int_a^b \int_a^b x^t y^t (x - y)(\ln x - \ln y) \mathrm{d}x \, \mathrm{d}y.$$

又因 $\ln x$ 是单调递减函数,故 $(x - y)(\ln x - \ln y) > 0$,因此,当 $0 < a < b$ 时,

$$\frac{1}{2} \int_a^b \int_a^b x^t y^t (x - y)(\ln x - \ln y) \mathrm{d}x \, \mathrm{d}y > 0,$$

即 $f'(t) > 0$,正如所求.

26. 对数函数曲线的割线的性质

设 $f(x)=\ln x\ (x>0)$，则 $f'(x)=\dfrac{1}{x}$，故 $f'(x)\ (x>0)$ 是单调递减函数，即对数函数曲线上各点的斜率随 x 的增大而减小. 例如：当 $x=1$ 时，$f'(1)=1$，当 $x=\mathrm{e}$ 时，$f'(\mathrm{e})=\dfrac{1}{\mathrm{e}}$，$f'(1)>f'(\mathrm{e})$（如图 26-1 所示）. 从图

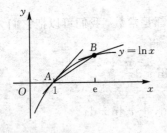

图 26-1

26-1 中，我们也可以看到连接曲线 $y=\ln x$ 上的两点 $A(1,\ln 1)$ 和 $B(\mathrm{e},\ln \mathrm{e})$ 的割线 AB 的斜率为

$$\frac{\ln \mathrm{e}-\ln 1}{\mathrm{e}-1}=\frac{1}{\mathrm{e}-1},$$

满足不等式

$$\frac{1}{\mathrm{e}}<\frac{1}{\mathrm{e}-1}<1,$$

即割线 AB 的斜率，大于右端点 B 处的切线的斜率 $f'(\mathrm{e})=\dfrac{1}{\mathrm{e}}$，小于左端点 A 处的切线的斜率 $f'(1)=1$. 这结果是否具有一般性？本课题探讨对数函数曲线的割线的这种性质，由此导出纳皮尔不等式. ①

中心问题 证明纳皮尔不等式：$\dfrac{1}{b}<\dfrac{\ln b-\ln a}{b-a}$，对 $b>a>0$.

准备知识 导数，定积分

---

① 苏格兰数学家纳皮尔(J. Napier, 1550—1617)是在球面天文学的三角学研究中首先发明对数方法的. 1614 年他在《奇妙的对数定理说明书》一书中，阐述了他的对数方法. 伦敦格雷沙姆学院几何学教授布里格斯(H. Briggs, 1561—1631)很快就认识了对数的实用价值，他与纳皮尔合作，决定采用以 10 为底的对数，获得了今天所谓的"常用对数".

课 题 探 究

问题 26.1 设 $b > a > 0$，则连接对数函数曲线 $f(x) = \ln x$ 上 $A(a, \ln a)$ 和 $B(b, \ln b)$ 两点的割线的斜率为 $\dfrac{\ln b - \ln a}{b - a}$，点 A 和点 B 处的切线的斜率分别为 $\dfrac{1}{a}$ 和 $\dfrac{1}{b}$，证明：

$$\frac{1}{b} < \frac{\ln b - \ln a}{b - a}; \tag{26.1}$$

（提示：证明：对 $x > 0$，$x \neq 1$，$\ln x < x - 1$.）

$$\frac{\ln b - \ln a}{b - a} < \frac{1}{a}. \tag{26.2}$$

（提示：证明：对 $x > 0$，$x \neq 1$，$\dfrac{x - 1}{x} < \ln x$.）

由问题 26.1 中的 (26.1) 和 (26.2)，得

$$\frac{1}{b} < \frac{\ln b - \ln a}{b - a} < \frac{1}{a}, \quad 对 b > a > 0. \tag{26.3}$$

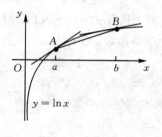

图 26-2

(26.3) 称为**纳皮尔不等式**. 它的几何意义是对数函数曲线上割线的斜率大于其右端点处切线的斜率，小于其左端点处切线的斜率（见图 26-2）.

是否还有其他的方法证明纳皮尔不等式呢？

探究题 26.1 利用定积分 $\displaystyle\int_a^b \frac{1}{x}\,dx$ 的不等式性质，证明纳皮尔不等式.

探究题 26.2 试讨论指数函数曲线的割线的性质.

问 题 解 答

问题 26.1 要证 (26.1)，先证：对 $x > 0$，$x \neq 1$，$\ln x < x - 1$.

由于 $f''(x) = -\dfrac{1}{x^2} < 0$，对 $x > 0$，故曲线 $y = \ln x$ 在 $(0, +\infty)$ 内是凸

的，由此可得，该曲线位于点 $x = 1$ 处的切线的下方，而该切线的方程为

$$y = x - 1,$$

所以

$$\ln x < x - 1, \quad 对 x > 0, x \neq 1. \tag{26.4}$$

在 (26.4) 中，取 $x = \dfrac{b}{a}$，得 $\ln \dfrac{b}{a} < \dfrac{b}{a} - 1$，即

$$\ln b - \ln a < \frac{b - a}{a},$$

因此，

$$\frac{\ln b - \ln a}{b - a} < \frac{1}{a}, \quad 对 b > a > 0.$$

要证 (26.2)，先证：对 $x > 0$，$x \neq 1$，$\dfrac{x-1}{x} < \ln x$，即证：

$$g(x) = \ln x - \frac{x-1}{x} > 0, \quad 对 x > 0, x \neq 1.$$

由于 $g'(x) = \dfrac{1}{x} - \dfrac{1}{x^2} < 0$，对 $x < 1$，故当 $0 < x \leqslant 1$ 时，$g(x)$ 单调递减，且有 $g(x) > g(1)$（对 $0 < x < 1$）；同样，当 $x > 1$ 时，$g'(x) > 0$，$g(x)$ 单调递增，且有 $g(x) > g(1)$（对 $x > 1$）. 又因 $g(1) = 0$，所以 $g(x) > 0$，对 $x > 0$，$x \neq 1$，即

$$\frac{x-1}{x} < \ln x, \quad 对 x > 0, x \neq 1. \tag{26.5}$$

在 (26.5) 中，取 $x = \dfrac{b}{a}$，得 $\dfrac{\dfrac{b}{a} - 1}{\dfrac{b}{a}} < \ln \dfrac{b}{a}$，即

$$\frac{b - a}{b} < \ln b - \ln a,$$

因此，

$$\frac{1}{b} < \frac{\ln b - \ln a}{b - a}, \quad 对 b > a > 0.$$

27. 辛普森公式对三次函数精确吗

辛普森法(即抛物线法)计算定积分的近似值,是在各小区间上用抛物线段代替曲线段,然后以这些抛物线段下的面积之和作为 $\int_a^b f(x)\mathrm{d}x$ 的近似值. 如果把 $[a,b]$ 分成 n (n 为偶数) 个相等的小区间,每一小区间之长为 $\Delta x = \dfrac{b-a}{n}$,分点(称为节点)为 $x_0 = a$,$x_1, x_2, \cdots, x_n = b$,所对应的函数 $y = f(x)$ 的函数值为 $y_0, y_1, y_2, \cdots, y_n$(见图 27-1),那么有

$$\int_a^b f(x)\mathrm{d}x \approx \frac{b-a}{3n}\big[(y_0 + y_n) + 2(y_2 + y_4 + \cdots + y_{n-2}) +$$
$$4(y_1 + y_3 + \cdots + y_{n-1})\big], \tag{27.1}$$

其中 n ($\geqslant 4$) 为偶数,(27.1) 通常称为**辛普森公式**.

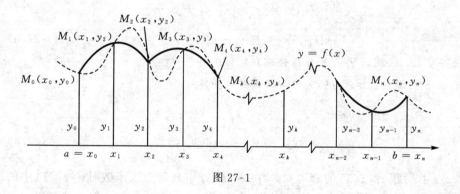

图 27-1

本课题通过辛普森公式的证明来阐明用它计算二次函数的定积分是精确的,并探究用它计算三次函数的定积分的精确性.

中心问题 用辛普森公式计算 $\int_a^b (a_3 x^3 + a_2 x^2 + a_1 x + a_0)\mathrm{d}x$ 精确吗?

准备知识 定积分

课 题 探 究

问题 27.1 1) 设一抛物线的对称轴平行于 y 轴, 而且过点 $M_0(x_0, y_0)$, $M_1(x_1, y_1)$ 与 $M_2(x_2, y_2)$, 其中 $x_1 = \dfrac{x_0 + x_2}{2}$. 证明: 这条抛物线、$x$ 轴及纵线 $x = x_0$, $x = x_2$ 所包围的曲边梯形的面积(图 27-1)为

$$S = \frac{1}{6}(x_2 - x_0)(y_0 + 4y_1 + y_2). \tag{27.2}$$

2) 如图 27-1 所示, 把曲线 $y = f(x)$ 上对应于区间 $[x_0, x_2]$ 的曲线段换成一段对称轴平行于 y 轴且通过 $M_0(x_0, y_0), M_1(x_1, y_1), M_2(x_2, y_2)$ 三点的抛物线段. 同样, 将对应于区间 $[x_2, x_4], [x_4, x_6], \cdots, [x_{n-2}, x_n]$ 的各曲线段换成平行于 y 轴分别过 M_2, M_3, M_4 三点, M_4, M_5, M_6 三点……M_{n-2}, M_{n-1}, M_n 三点的抛物线段, 这样, 共得到 $\dfrac{n}{2}$ 条抛物线段. 证明:

这 $\dfrac{n}{2}$ 条抛物线段下的小曲边梯形的面积之和

$$\begin{aligned}
= \frac{b-a}{3n}\Big[&(y_0 + y_n) + 2(y_2 + y_4 + \cdots + y_{n-2}) \\
&+ 4(y_1 + y_3 + \cdots + y_{n-1}) \Big]
\end{aligned} \tag{27.3}$$

(实质上, 这就证明了辛普森公式).

3) 证明: 如果 $f(x)$ 为二次函数, 那么

$$\begin{aligned}
\int_a^b f(x)\,\mathrm{d}x = \frac{b-a}{3n}\Big[&(y_0 + y_n) + 2(y_2 + y_4 + \cdots + y_{n-2}) \\
&+ 4(y_1 + y_3 + \cdots + y_{n-1}) \Big].
\end{aligned} \tag{27.4}$$

由问题 27.1,3) 的解可知, 当 $y = f(x)$ 本身是二次函数时, (27.1) 中的近似号可改为等号, 因此, 用辛普森公式 (27.1) 计算二次函数的定积分, 得数是精确的.

下面先通过实例考查辛普森公式对三次函数的精确性.

问题 27.2 问: 用辛普森公式 (27.1) 计算下列定积分, 得数精确吗?

1) $\displaystyle\int_0^1 x^3\,\mathrm{d}x$ (取 $n = 4$);   2) $\displaystyle\int_a^b x^3\,\mathrm{d}x$;

3) $\displaystyle\int_a^b (a_3 x^3 + a_2 x^2 + a_1 x + a_0)\,\mathrm{d}x$.

由问题 27.2,3) 的解可知, 用辛普森公式计算三次函数的定积分是精确的.

我们知道, 辛普森公式是用函数 $y = f(x)$ 的 $n+1$ 组数据 $(x_0, y_0), (x_1, y_1), \cdots, (x_n, y_n)$ 来计算 $\int_a^b f(x) \mathrm{d}x$ 的近似值的. 利用这 $n+1$ 组数据, 我们也可以用最小二乘法来求出相应的 m 次 $(m \leqslant n)$ 拟合多项式 $P_m(x)$, 具体求法如下:

设 $y = f(x)$ 的 m 次拟合多项式为

$$P_m(x) = b_0 + b_1 x + b_2 x^2 + \cdots + b_m x^m, \tag{27.5}$$

在 $x = x_i$ 的函数值 $y_i = f(x_i)$ 与其拟合值 $P_m(x_i)$ $(i = 0, 1, \cdots, n)$ 之间的偏差平方和为

$$Q = \sum_{i=0}^n (y_i - P_m(x_i))^2$$

$$= \sum_{i=0}^n (y_i - b_0 - b_1 x_i - b_2 x_i^2 - \cdots - b_m x_i^m)^2. \tag{27.6}$$

我们用最小二乘法来选择 (27.5) 中的 $b_0, b_1, \cdots, b_m$, 就是要使 (27.6) 的 Q 值最小, 于是, 问题就归结为求 $m+1$ 元函数 $Q = Q(b_0, b_1, \cdots, b_m)$ 的最小值问题.

求 Q 关于 $b_0, b_1, \cdots, b_m$ 的偏导数, 并令它们等于零, 得方程组

$$\begin{cases} \dfrac{\partial}{\partial b_0} Q(b_0, b_1, \cdots, b_m) = \sum_{i=0}^n (y_i - b_0 - b_1 x_i - b_2 x_i^2 - \cdots - b_m x_i^m)(-2) = 0, \\[2mm] \dfrac{\partial}{\partial b_1} Q(b_0, b_1, \cdots, b_m) = \sum_{i=0}^n (y_i - b_0 - b_1 x_i - b_2 x_i^2 - \cdots - b_m x_i^m)(-2x_i) = 0, \\[2mm] \cdots, \\[2mm] \dfrac{\partial}{\partial b_m} Q(b_0, b_1, \cdots, b_m) = \sum_{i=0}^n (y_i - b_0 - b_1 x_i - b_2 x_i^2 - \cdots - b_m x_i^m)(-2x_i^m) = 0. \end{cases}$$

经整理后得到

$$\begin{cases} b_0(n+1) + b_1 \sum_{i=0}^n x_i + \cdots + b_m \sum_{i=0}^n x_i^m = \sum_{i=0}^n y_i, \\[2mm] b_0 \sum_{i=0}^n x_i + b_1 \sum_{i=0}^n x_i^2 + \cdots + b_m \sum_{i=0}^n x_i^{m+1} = \sum_{i=0}^n x_i y_i, \\[2mm] \cdots, \\[2mm] b_0 \sum_{i=0}^n x_i^m + b_1 \sum_{i=0}^n x_i^{m+1} + \cdots + b_m \sum_{i=0}^n x_i^{2m} = \sum_{i=0}^n x_i^m y_i. \end{cases} \tag{27.7}$$

由线性方程组(27.7)解出 $b_0, b_1, \cdots, b_m$,代入(27.5),就得到 $y = f(x)$ 的 m 次拟合多项式 $P_m(x)$. 直观地说,它是与所有的 $n+1$ 组数据最靠近的,也就是说拟合得最好的 m 次多项式函数.

在[15]中证明了拟合多项式的积分性质:当 $2k+1 < n$ 时,有

$$\int_{x_0}^{x_n} P_{2k}(x)\mathrm{d}x = \int_{x_0}^{x_n} P_{2k+1}(x)\mathrm{d}x, \quad k = 1, 2, \cdots. \tag{27.8}$$

下面我们只证明(27.8)中 $k = 1$ 的情形,并给出"用辛普森公式计算三次函数的定积分是精确的"又一种证法.

探究题 27.1 设把 $[a, b]$ 分成 n(n 为偶数)个相等的小区间,分点为 $x_0 = a, x_1, x_2, \cdots, x_n = b$,所对应的函数 $y = f(x)$ 的函数值为 $y_0, y_1, y_2, \cdots, y_n$,且由 $n+1$ 组数据 $(x_0, y_0), (x_1, y_1), \cdots, (x_n, y_n)$ 得出的 $y = f(x)$ 的 2 次和 3 次拟合多项式分别为 $P_2(x) = b_0 + b_1 x + b_2 x^2$,$P_3(x) = \bar{b}_0 + \bar{b}_1 x + \bar{b}_2 x^2 + \bar{b}_3 x^3$. 证明:

1) 如果 $n > 3$,那么

$$\int_{x_0}^{x_n} P_2(x)\mathrm{d}x = \int_{x_0}^{x_n} P_3(x)\mathrm{d}x; \tag{27.9}$$

2) 如果 $f(x)$ 为三次函数,那么

$$\int_a^b f(x)\mathrm{d}x = \frac{b-a}{3n}\big[(y_0 + y_n) + 2(y_2 + y_4 + \cdots + y_{n-2})$$
$$+ 4(y_1 + y_3 + \cdots + y_{n-1})\big]. \tag{27.10}$$

问 题 解 答

问题 27.1 1) 设该抛物线的方程为

$$y = \alpha x^2 + \beta x + \gamma,$$

其中常数 α, β, γ 由方程组

$$\begin{cases} y_0 = \alpha x_0^2 + \beta x_0 + \gamma, \\ y_1 = \alpha x_1^2 + \beta x_1 + \gamma, \\ y_2 = \alpha x_2^2 + \beta x_2 + \gamma \end{cases}$$

所确定,则曲边梯形的面积

$$S = \int_{x_0}^{x_2} (\alpha x^2 + \beta x + \gamma)\mathrm{d}x$$

$$= \frac{\alpha}{3}(x_2^3 - x_0^3) + \frac{\beta}{2}(x_2^2 - x_0^2) + \gamma(x_2 - x_0)$$

$$= \frac{1}{6}(x_2 - x_0)\big[(\alpha x_0^2 + \beta x_0 + \gamma) + (\alpha x_2^2 + \beta x_2 + \gamma)$$

$$+ \alpha(x_0 + x_2)^2 + 2\beta(x_0 + x_2) + 4\gamma\big]$$

$$= \frac{1}{6}(x_2 - x_0)\big[y_0 + y_2 + 4(\alpha x_1^2 + \beta x_1 + \gamma)\big]$$

$$= \frac{1}{6}(x_2 - x_0)(y_0 + 4y_1 + y_2),$$

因此,(27.2)成立.

2) 由于区间$[a,b]$是等分的,所以点x_{i+1}是线段x_i,x_{i+2}的中点,即

$$x_{i+1} = \frac{x_i + x_{i+2}}{2} \quad (i = 0, 2, \cdots, n-2).$$

由(27.2)可知,这$\frac{n}{2}$条抛物线段下的小曲边梯形的面积依次为

$$\frac{1}{3}\Delta x(y_0 + 4y_1 + y_2), \ \frac{1}{3}\Delta x(y_2 + 4y_3 + y_4), \cdots,$$

$$\frac{1}{3}\Delta x(y_i + 4y_{i+1} + y_{i+2}), \cdots, \frac{1}{3}\Delta x(y_{n-2} + 4y_{n-1} + y_n),$$

它们之和等于(27.3)的右边,因此,(27.3)成立.

3) 如果$f(x)$是二次函数,那么由2)所得的$\frac{n}{2}$条抛物线段恰好就是用点$M_2, M_4, M_6, \cdots, M_{n-2}$将抛物线$y = f(x)(x \in [a,b])$分成的$\frac{n}{2}$条抛物线段.于是,由(27.3)可知,(27.4)成立.

问题 27.2 1) 取$n = 4$,则各个分点x_i与相应的y_i的值可列表如下:

i	0	1	2	3	4
x_i	0	0.25	0.5	0.75	1
$y_i = x_i^3$	0	0.015625	0.125	0.421875	1

将上表数据代入(27.1),得

$$\int_0^1 x^3 \mathrm{d}x \approx \frac{1}{12}\big[(0+1) + 2 \times 0.125 + 4 \times (0.015625 + 0.421875)\big]$$

$$= \frac{1}{12}(1 + 0.25 + 1.75) = \frac{1}{4}.$$

而$\int_0^1 x^3 \mathrm{d}x = \frac{1}{4}x^4 \Big|_0^1 = \frac{1}{4}$,故此时辛普森公式是精确的.

2) 由(27.3)知，辛普森公式是用2次函数分段近似 $f(x)$ 而得到的，故只要对每个小区间 $[x_{2j}, x_{2j+2}]$，证明：

相应的抛物线段下的小曲边梯形的面积 $= \int_{x_{2j}}^{x_{2j+2}} x^3 \mathrm{d}x$.

下面不妨只对小区间 $[x_0, x_2]$ 加以证明，由问题 27.1,1)知，只要证明

$$\int_{x_0}^{x_2} x^3 \mathrm{d}x = \frac{1}{6}(x_2 - x_0)(y_0 + 4y_1 + y_2). \qquad (27.11)$$

由于

$$(27.11) \text{的右边} = \frac{1}{6}(x_2 - x_0)\left[x_0^3 + 4\left(\frac{x_0 + x_2}{2}\right)^3 + x_2^3\right]$$

$$= \frac{1}{4}(x_2 - x_0)(x_2 + x_0)(x_2^2 + x_0^2)$$

$$= \frac{1}{4}(x_2^4 - x_0^4),$$

$$(27.11) \text{的左边} = \int_{x_0}^{x_2} x^3 \mathrm{d}x = \frac{x^4}{4}\bigg|_{x_0}^{x_2} = \frac{1}{4}(x_2^4 - x_0^4),$$

故(27.11)成立.

3) 由(27.4)和 2)知，

$$\int_a^b (a_3 x^3 + a_2 x^2 + a_1 x + a_0)\mathrm{d}x = \int_a^b (a_2 x^2 + a_1 x + a_0)\mathrm{d}x + a_3 \int_a^b x^3 \mathrm{d}x$$

中用辛普森公式计算 $\int_a^b (a_2 x^2 + a_1 x + a_0)\mathrm{d}x$ 和 $\int_a^b x^3 \mathrm{d}x$ 都是精确的，因而用它

计算 $\int_a^b (a_3 x^3 + a_2 x^2 + a_1 x + a_0)\mathrm{d}x$ 也是精确的.

28. 反常积分的比较

设 $f(x)$ 和 $g(x)$ 是在区间 $[a, +\infty]$ 上的非负连续函数, 本课题将根据 $f(x)$ 和 $g(x)$ 之间给定的关系, 探讨 $\int_a^{+\infty} f(x)\mathrm{d}x$ 与 $\int_a^{+\infty} g(x)\mathrm{d}x$ 收敛性之间的关系.

中心问题 设 $L = \lim\limits_{x \to +\infty} \dfrac{f(x)}{g(x)}$ 且 $0 < L < +\infty$, 讨论 $\int_a^{+\infty} f(x)\mathrm{d}x$ 与 $\int_a^{+\infty} g(x)\mathrm{d}x$ 的收敛性之间的关系.

准备知识 导数, 积分

课 题 探 究

问题 28.1 设 $0 \leqslant f(x) \leqslant g(x)$, 则如果 $\int_a^{+\infty} g(x)\mathrm{d}x$ 收敛, 那么 $\int_a^{+\infty} f(x)\mathrm{d}x$ 收敛. 现问:

1) 如果 $\int_a^{+\infty} g(x)\mathrm{d}x$ 发散, 那么 $\int_a^{+\infty} f(x)\mathrm{d}x$ 如何?

2) 如果 $\int_a^{+\infty} f(x)\mathrm{d}x$ 发散, 那么 $\int_a^{+\infty} g(x)\mathrm{d}x$ 如何?

3) 如果 $\int_a^{+\infty} f(x)\mathrm{d}x$ 收敛, 那么 $\int_a^{+\infty} g(x)\mathrm{d}x$ 如何?

问题 28.2 设 $k > a$ 和 $M > 0$. 证明:

1) $\int_a^{+\infty} f(x)\mathrm{d}x$ 收敛当且仅当 $\int_k^{+\infty} f(x)\mathrm{d}x$ 收敛;

2) $\int_a^{+\infty} f(x)\mathrm{d}x$ 收敛当且仅当 $\int_a^{+\infty} Mf(x)\mathrm{d}x$ 收敛.

问题 28.3　设 $f(x) \geqslant 0$，$g(x) \geqslant 0$，$L = \lim\limits_{x \to +\infty} \dfrac{f(x)}{g(x)}$ 且 $0 < L < +\infty$，与问题 28.1 一样，试讨论 $\displaystyle\int_a^{+\infty} f(x)\mathrm{d}x$ 与 $\displaystyle\int_a^{+\infty} g(x)\mathrm{d}x$ 的收敛性之间的关系.

探究题 28.1　1）在问题 28.3 中，如果 $L = 0$，情形如何？

2）问：如果 $t \geqslant 0$，$\displaystyle\int_1^{+\infty} \mathrm{e}^{-2x} x^t \mathrm{d}x$ 是否收敛？

问 题 解 答

问题 28.1　1）不能确定 $\displaystyle\int_a^{+\infty} f(x)\mathrm{d}x$ 的敛散性. 设 $f_1(x) = \dfrac{1}{x}$，$f_2(x) = \dfrac{1}{x^2}$，$g(x) = x$，则

$$0 \leqslant f_1(x), f_2(x) \leqslant g(x), \quad x \in [1, +\infty),$$

且 $\displaystyle\int_1^{+\infty} g(x)\mathrm{d}x$ 发散，但是，

$$\int_1^{+\infty} f_1(x)\mathrm{d}x = \int_1^{+\infty} \frac{1}{x}\mathrm{d}x = \lim_{b \to +\infty} \int_1^b \frac{1}{x}\mathrm{d}x$$
$$= \lim_{b \to +\infty}\left(|\ln x| \Big|_1^b \right) = \lim_{b \to +\infty} \ln b,$$

极限不存在，是发散的，而

$$\int_1^{+\infty} f_2(x)\mathrm{d}x = \lim_{b \to +\infty} \int_1^b \frac{1}{x^2}\mathrm{d}x = \lim_{b \to +\infty}\left(-\frac{1}{x} \Big|_1^b \right)$$
$$= \lim_{b \to +\infty}\left(-\frac{1}{b} + 1 \right) = 1,$$

是收敛的.

2）$\displaystyle\int_a^{+\infty} g(x)\mathrm{d}x$ 是发散的. 否则，如果 $\displaystyle\int_a^{+\infty} g(x)\mathrm{d}x$ 是收敛的，则因 $0 \leqslant f(x) \leqslant g(x)$，故 $\displaystyle\int_a^{+\infty} f(x)\mathrm{d}x$ 收敛，这与已知条件矛盾，因此，$\displaystyle\int_a^{+\infty} g(x)\mathrm{d}x$ 是发散的.

3）不能确定 $\displaystyle\int_a^{+\infty} g(x)\mathrm{d}x$ 的敛散性. 设 $f(x) = \dfrac{1}{x^3}$，$g_1(x) = \dfrac{1}{x^2}$，$g_2(x) = x$，则

$$0 \leqslant f(x) \leqslant g_1(x), g_2(x), \quad x \in [1, +\infty),$$

且

$$\int_1^{+\infty} f(x)\mathrm{d}x = \int_1^{+\infty} \frac{1}{x^3}\mathrm{d}x = \lim_{b\to+\infty}\left(-\frac{1}{2x^2}\bigg|_1^b\right) = \frac{1}{2},$$

是收敛的,但是, $\int_1^{+\infty} g_1(x)\mathrm{d}x = \int_1^{+\infty} \frac{1}{x^2}\mathrm{d}x$ 是收敛的,而 $\int_1^{+\infty} g_2(x)\mathrm{d}x =$

$\int_1^{+\infty} x\mathrm{d}x$ 是发散的.

问题 28.2 1) 由于

$$\int_a^{+\infty} f(x)\mathrm{d}x = \int_a^k f(x)\mathrm{d}x + \int_k^{+\infty} f(x)\mathrm{d}x,$$

故 $\int_a^{+\infty} f(x)\mathrm{d}x$ 收敛当且仅当 $\int_k^{+\infty} f(x)\mathrm{d}x$ 收敛.

2) 由于

$$\int_a^{+\infty} Mf(x)\mathrm{d}x = \lim_{b\to+\infty}\int_a^b Mf(x)\mathrm{d}x = \lim_{b\to+\infty} M\int_a^b f(x)\mathrm{d}x$$

$$= M\lim_{b\to+\infty}\int_a^b f(x)\mathrm{d}x = M\int_a^{+\infty} f(x)\mathrm{d}x,$$

故 $\int_a^{+\infty} f(x)\mathrm{d}x$ 收敛当且仅当 $\int_a^{+\infty} Mf(x)\mathrm{d}x$ 收敛.

问题 28.3 设 m 和 M 都是正数,且 $m < L < M$,因 $\lim\limits_{x\to+\infty}\dfrac{f(x)}{g(x)} = L$,故存在正数 N,使得

$$m < \frac{f(x)}{g(x)} < M, \quad 对 \ x > N,$$

即

$$mg(x) < f(x) < Mg(x), \quad 对 \ x > N. \tag{28.1}$$

如果 $\int_a^{+\infty} g(x)\mathrm{d}x$ 收敛,则由问题 28.2 知,$\int_N^{+\infty} Mg(x)\mathrm{d}x$ 收敛. 又因 $0 \leqslant f(x) < Mg(x)$,对 $x > N$,故 $\int_N^{+\infty} f(x)\mathrm{d}x$ 收敛. 再由问题 28.2,1) 知,$\int_a^{+\infty} f(x)\mathrm{d}x$ 收敛.

类似地,如果 $\int_a^{+\infty} g(x)\mathrm{d}x$ 发散,则 $\int_N^{+\infty} g(x)\mathrm{d}x$ 发散,故 $\int_N^{+\infty} mg(x)\mathrm{d}x$ 发散. 又因 $mg(x) < f(x)$,对 $x > N$,所以 $\int_N^{+\infty} f(x)\mathrm{d}x$ 发散,因此,

$\int_a^{+\infty} f(x)\mathrm{d}x$ 发散.

如果 $\int_a^{+\infty} f(x)\mathrm{d}x$ 收敛，则因 $0 < mg(x) < f(x)$，对 $x > N$，故 $\int_N^{+\infty} g(x)\mathrm{d}x$ 收敛，因而 $\int_a^{+\infty} g(x)\mathrm{d}x$ 收敛.

如果 $\int_a^{+\infty} f(x)\mathrm{d}x$ 发散，则因 $0 < f(x) < Mg(x)$，对 $x > N$，故 $\int_N^{+\infty} g(x)\mathrm{d}x$ 发散，因而 $\int_a^{+\infty} g(x)\mathrm{d}x$ 发散.

总之，$\int_a^{+\infty} f(x)\mathrm{d}x$ 收敛当且仅当 $\int_a^{+\infty} g(x)\mathrm{d}x$ 收敛.

29. 相对变化率为常数的数学模型

自然界中许多量的变化都与量本身的大小成一定的比率,也就是说,相对变化率为常数.所谓相对变化率是变量 y(关于自变量 t)的变化率 y' 与该变量本身的比 $\dfrac{y'}{y}$.当一个变量 y 关于自变量 t 的相对变化率为常数时,设

$$\frac{y'}{y} = k, \tag{29.1}$$

其中 k 为非零常数,则(29.1)也可写成微分方程的形式:

$$\frac{\mathrm{d}y}{\mathrm{d}t} = ky. \tag{29.2}$$

本课题将探讨相对变化率为常数的数学模型的求解及其应用.

中心问题　用碳-14 年龄测定法来估计文物或化石的年代.
准备知识　一阶微分方程

课 题 探 究

放射性物质(例如:铀)因为不断地由原子放射出微粒子而变成其他元素,它的原子数就不断减少,这种现象叫做**衰变**.元素衰变模型是由英国物理学家卢瑟福(E. Rutherford)建立的(因此获得 1908 年诺贝尔化学奖).他发现,在任意时刻 t,物质的放射性与该物质当时的原子数 $N(t)$ 成正比.这就是说,衰变过程中 $N(t)$ 关于时间 t 的相对变化率为常数 $-\lambda$,即

$$\frac{\mathrm{d}N(t)}{\mathrm{d}t} = -\lambda N(t), \tag{29.3}$$

其中 $\lambda\,(>0)$ 是衰变常数,"$-$"号表示衰变过程中原子数是单调递减的.

微分方程(29.3)是一个形如(29.2)的微分方程.在许多实际问题中,常会遇到形如(29.2)的微分方程.

问题 29.1　1) 求微分方程 $\dfrac{\mathrm{d}y}{\mathrm{d}t} = ky$ 的通解,以及满足初始条件 $y(0) = y_0$

的特解.

2) 问:方程(29.2)中 k 取正值或负值对它的解有什么影响?

问题 29.2 试求镭的量 Q 与时间 t(以年为单位)的函数关系(镭的衰变常数 $\lambda \approx 0.000\,433\,2$). 如果现有 200 mg(毫克)的镭,问:800 年后它的残余量是多少?

由问题29.1的解知,设初始时放射性物质的原子数 $N(0)$ 为 N_0,则由方程(29.3)解得

$$N(t) = N_0 e^{-\lambda t}, \tag{29.4}$$

即放射性物质是按指数规律衰减的. 物理上测定了许多放射性物质的衰变常数 λ. 为了描述元素衰变的快慢,物理上引进了半衰期的概念,表示放射性元素的原子核有半数发生衰变所需的时间,记为 τ(见图29-1). 如果已知某种放射性物质的衰变常数 λ,代入(29.4),得

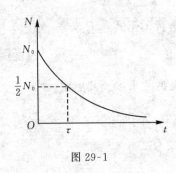

图 29-1

$$\frac{1}{2}N_0 = N_0 e^{-\lambda \tau},$$

所以

$$\tau = \frac{\ln 2}{\lambda}. \tag{29.5}$$

例如:铀-238(U^{238})的半衰期是 $4\,510\,000\,000$ 年,镭-226(Ra^{226})的半衰期是 $1\,620$ 年,碳-14(C^{14})的半衰期是 $5\,730$ 年.

考古和地质等方面的专家常用"碳-14年龄测定法"[①]来估计文物或化石的年代. 科学研究表明,宇宙射线在大气中能够产生放射性碳-14. 碳-14也是按(29.4)指数规律衰减,其精确性可以称为自然界的"标准时钟". 动植物在生长过程中衰变的碳-14,可以通过与大气的相互作用得到补充,所以活着的动植物每克组织中的碳-14含量保持不变. 死亡后的动植物,停止了与外界环境的作用,机体内原有的碳-14按(29.4)规律衰减(变为较稳定的碳-12). 因此,如果能测得出土的古生物体中的碳-14的残余量 $N(t)$ 占原始含量 N_0 的比率 $\dfrac{N(t)}{N_0}$,那么由(29.4)就能求得该生物体大约的死亡年数 t.

---

① 该测定法是由利比(Willard Libby)提出的,为此他获得了 1960 年诺贝尔化学奖.

问题 29.3 1972 年湖南长沙马王堆汉墓一号墓女尸出土时，碳-14 的残余量约占原始含量的 76.7%，试推算该古墓大致的年代.

探究题 29.1 在某些化学反应中，某物质以一正比于当前该物质量的固定速率随时间变化. 例如：δ 葡萄糖酯转化为葡萄糖酸的过程就属于这一情形.

1) 写出 t 时刻，δ 葡萄糖酯的质量 y 所满足的微分方程；

2) 如果 100 g 的 δ 葡萄糖酯在 1 h 后剩余 54.9 g，问：10 h 后将剩余多少 g？

问 题 解 答

问题 29.1 1) $\dfrac{\mathrm{d}y}{\mathrm{d}t} = ky$ 是可分离变量的微分方程，分离变量得

$$\frac{\mathrm{d}y}{y} = k\mathrm{d}t,$$

积分后可得 $\displaystyle\int \frac{\mathrm{d}y}{y} = \int k\mathrm{d}t + C$，故

$$\ln y = kt + C.$$

由此求得通解

$$y = \mathrm{e}^{kt+C}, \tag{29.6}$$

其中 C 是任意常数. 将初始条件 $y(0) = y_0$ 代入 (29.6)，得

$$y_0 = y(0) = \mathrm{e}^{k \cdot 0 + C} = \mathrm{e}^{C}. \tag{29.7}$$

将 (29.7) 代入 (29.6)，求得特解

$$y = y_0 \mathrm{e}^{kt}. \tag{29.8}$$

2) 在 (29.2) 中，如果 $k > 0$，那么函数 $y(t) = y_0 \mathrm{e}^{kt}$ 是按指数规律增长（见图 29-2 (1)）；如果 $k < 0$，那么这函数是按指数规律衰减（见图 29-2 (2)）.

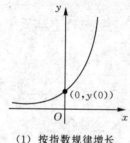

（1）按指数规律增长

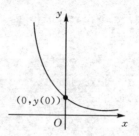

（2）按指数规律衰减

图 29-2

由此可见，相对变化率为常数的数学模型实质上就是指数函数模型，其中无论 $k > 0$ 或者 $k < 0$，它们在实际问题中都有着广泛的应用.

问题 29.2 设 $Q(0) = Q_0$，由（29.3）和（29.8），得

$$Q(t) = Q_0 e^{-\lambda t} = Q_0 e^{-0.0004332\,t}.$$

将 $Q_0 = 200$ 代入上式，得 800 年后它的残余量是

$$Q(800) \approx 141.42 \text{（mg）}.$$

问题 29.3 该女尸出土时，碳-14 的残余量约占原始含量的 76.7%，即 $\dfrac{N(t)}{N_0} = 0.767$，而由（29.4）和（29.5），得

$$N(t) = N_0 e^{-\frac{\ln 2}{\tau} t},$$

即

$$\frac{N(t)}{N_0} = e^{-\frac{\ln 2}{\tau} t},$$

故有

$$e^{-\frac{\ln 2}{\tau} t} = 0.767. \tag{29.9}$$

将 $\tau = 5\,730$ 代入（29.9），得

$$t = \frac{5\,730}{\ln 2} \ln \frac{1}{0.767} \approx 2\,193 \text{（年）}.$$

因此，马王堆汉墓一号墓建成于大约两千二百年前.

30. CT 图像重建的基本原理

CT 是一种功能齐全的病情探测仪器，它是电子计算机 X 射线断层扫描技术的简称. CT 的工作程序是这样的，X 射线射入人体，被人体吸收而衰减，其衰减的程度与受检层面的组织、器官和病变（如肿瘤等）的密度有关，密度越高，对 X 射线衰减越大，应用灵敏度极高的探测器采集衰减后的 X 射线信号，获取数据，由于健康的组织和器官与病变的衰减值不同，因而将所获取的这些数据输入计算机，进行处理后，就可摄下人体被检查部位的各断层的图像，发现体内任何部位的细小病变. CT 设备如图 30-1 所示.

图 30-1　CT 检查

所谓断层是指在受检体内接受检查欲建立图像的薄层，如图 30-2（1）所示是一个竖直方向的头部断层. 为了显示整个器官，需要建立多个相互平行的连续的断层图像，图像的个数按断层的厚度（3～15 mm）而定.

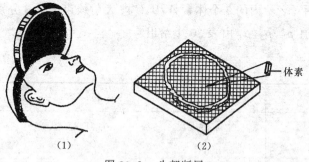

(1)　　　　　　　　　(2)　　　　　体素

图 30-2　头部断层

各断层的 CT 图像是如何得来的？将受检体内欲成像的断层表面上，按一定大小（长或宽为 1～2 mm）和一定坐标人为地划分成很小的体积元（它的高就是断层的厚度），称为体素，如图 30-2（2）所示，将断层划分成体素的方案有多种，比如有 160×160（$= 25\,600$ 个体素），256×256（$= 65\,536$ 个体素），320×320（$= 102\,400$ 个体素），512×512（$= 262\,144$ 个体素）. 建立 CT 图像的核心思想是，求解 X 射线通过一个断层的各体素时的各个衰减值（它反映 X 射线通过一个体素时的衰减程度），从而通过既定的计算程序，将各体素对 X 射线吸收本领大小的信息（即衰减值）转换成图像. 求一个断层各体素的衰减值的方法很多，下面将介绍其中的联立方程法. 虽然此方法由于计算时间长而不再应用，但通过它可以理解复杂的 CT 图像建立的基本原理.

为了说明联立方程法，下面以 3 个体素组成的断层为例，用该方法来求各体素的衰减值.

如图 30-3 所示，有 3 个体素 A, B, C，设 X 射线束穿过它们后的衰减值分别为 x, y, z，我们把由探测器测得的一个 X 射线束所穿过的各体素的衰减值之和称为投影值，那么，X 射线束 1 穿过体素 A 和 B 后，由探测器测得的投影值为 $p_1 = x + y$，X 射线束 2 穿过体素 A 和 C 后，由探测器测得的投影值为 $p_2 = x + z$，X 射线束 3 穿过体素 B 和 C 后，由探测器测得的投影值为 $p_3 = y + z$，即

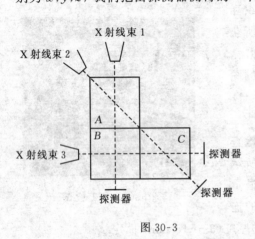

图 30-3

$$\begin{cases} p_1 = x + y, \\ p_2 = x + z, \\ p_3 = y + z. \end{cases} \quad (30.1)$$

设 3 名患者甲、乙、丙的 3 个体素 A, B, C 被 X 射线束 1，2，3 分别透射后，所测得的投影值 p_1, p_2, p_3 由表 30-1 给出.

表 30-1

患者	p_1	p_2	p_3
甲	0.45	0.44	0.39
乙	0.65	0.64	0.47
丙	0.66	0.64	0.70

设 X 射线束穿过健康器官、肿瘤、骨质的体素的衰减值范围如表 30-2 所示.

表 30-2

组织类型	体素衰减值
健康器官	$0.1625 \sim 0.2977$
肿瘤	$0.2679 \sim 0.3930$
骨质	$0.3857 \sim 0.5108$

将表 30.1 的数据代入方程组(30.1),解出 3 名患者的 3 个体素 A,B,C 的衰减值 $x_i,y_i,z_i(i=1,2,3)$,对照表 30-2 分析 3 名患者的检测情况,可以判断哪位患有肿瘤.

对病人甲,由

$$\begin{cases} x_1 + y_1 = 0.45, \\ x_1 + z_1 = 0.44, \\ y_1 + z_1 = 0.39, \end{cases}$$

解得 $x_1 = 0.25$,$y_1 = 0.20$,$z_1 = 0.19$,因此,体素 A,B,C 都是健康的.

同样,对病人乙,可解得 $x_2 = 0.41$,$y_2 = 0.24$,$z_2 = 0.23$,因此,体素 A,B,C 都是健康的(其中体素 A 属骨质体素). 对病人丙,可解得 $x_3 = 0.30$,$y_3 = 0.36$,$z_3 = 0.34$,因此,体素 A,B,C 都是肿瘤的体素,病人 C 患有肿瘤.

对于图 30-2 (2) 所示的一般断层,我们可以用一个 X 射线源连同探测器一块移动,使得 X 射线束沿不同的方向对划分好体素编号的断层进行投照,用高灵敏度的探测器测出各投影值,再用联立方程法求出各体素的衰减值.

图 30-4 给出了一个沿 z 轴方向切出来的受检体的断层面(设在 Oxy 平面上),此断层的厚度为 Δt. 在这面上再按面积 $(\Delta t)^2$ 划分成许多小方块,得到

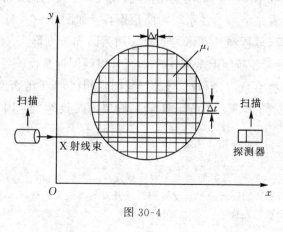

图 30-4

许多 $\Delta t \times \Delta t \times \Delta t$ 的体素.

我们要求出这断层上所有的体素当 X 射线束穿过后的衰减值 μ_i. 假定在 x 轴和 y 轴方向上此断层都被分成 100 等份,即被分成 100×100 个体素,则要求 10^4 个未知的衰减值 μ_i. 现让一个 X 射线束沿一个方向穿过受检体(见图 30-5),由探测器测得投影值为

$$p = \mu_1 + \mu_2 + \cdots + \mu_{100}, \tag{30.2}$$

其中 p 为已知数,$\mu_1, \mu_2, \cdots, \mu_{100}$ 为未知量.

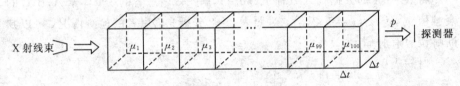

图 30-5　X 射线穿过 100 个体素

在线性方程(30.2)中包含了 100 个未知量. 为了得到断层上全部 μ_i 值,必须将 X 射线源(连同探测器)沿着与 X 射线束垂直的 y 轴方向逐步平行移动,逐次测量,每次移动步长为 Δt,一次扫描共 100 次测量可得 100 个线性方程. 但未知量有 10^4 个,方程数还远远不够,因而还必须将 X 射线源和探测系统绕圆心转动,每转过一个角度,类似上面,再沿着与 X 射线束垂直的方向移动,逐次测量,步长仍为 Δt,则一次扫描又可得 100 个方程. 根据要求转动 99 次,最后可得 100×100 个线性方程,通过计算机可解出所有 10^4 个体素的 μ_i 值,从而获取衰减值在欲成像断层上的分布矩阵. 这就是 CT 图像建立的联立方程法[①].

普通的 X 射线摄影像与 CT 摄影像相比,具有极大的不同,前者是多器官的重叠图像,如图 30-6(1)所示的 X 射线底片上得到的是球体和长方体的重叠图像;而后者是清晰的各水平面断层图像,如图 30-6(2)所示的是某一断层的非重叠像(球体和长方体的截面分别为圆和长方形,它们不重叠). 由于 CT 图像反映了各断层上全部 μ_i 值,而 X 射线图像是反映各 X 射线束的全部 p 值(它是一些衰减值之和),与 X 射线图像相比,CT 的密度分辨率高,能清晰显示出病变的影像,又由于各断层的层面是连续的,因而不至于漏掉病变.

---

①　CT 设备中探测器从原始的 1 个发展到现在的多达 4 800 个,扫描方式也从平移扫描、旋转扫描、平移加旋转扫描,发展到新近开发的螺旋 CT 扫描. 计算机容量大、运算快,可达到立即重建图像.

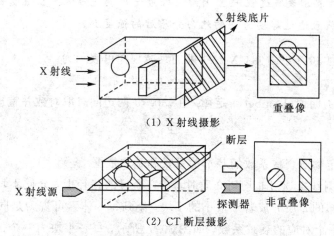

（1）X 射线摄影

（2）CT 断层摄影

图 30-6　普通 X 射线摄影和 CT 断层摄影示意图

　　世界上第一台 CT 是 1972 年在英国问世的，这是在医学诊断领域的一次重大突破. 第一个从理论上提出 CT 可能性的是一位物理学家 —— 美籍南非人阿兰 · 科马克（A. M. Cormack）. 他经过几十年的努力，解决了计算机断层扫描技术的理论问题，并于 1963 年首次提出用 X 射线扫描进行图像重建，并提出了人体不同组织对 X 射线衰减量的数学公式. 1972 年科马克和英国工程师豪斯费尔德（G. N. Hounsfield）将计算机技术与 X 射线相结合，发明了 CT 技术，这一医学史上划时代的成果，使他们共享了 1979 年诺贝尔生理学或医学奖.

　　本课题探讨 X 射线束在物质中的衰减规律，给出投影值公式（30.2）的物理解释.

中心问题　探讨 X 射线束通过非均匀介质时的衰减规律.

准备知识　一阶微分方程

课 题 探 究

问题 30.1　设 X 射线束沿着 x 轴的路径穿过各向同性均匀连续介质，在 $x=0$ 处 X 射线束出射强度为 I_0，在 X 射线衰减过程中，在 x 处的强度 $I(x)$ 关于距离 x 的相对变化率为常数 $-\tilde{\mu}$（其中 $\tilde{\mu}$ 称为均匀介质的衰减系数），即

$$\frac{\mathrm{d}I(x)}{\mathrm{d}x} = -\tilde{\mu}I(x),\qquad (30.3)$$

其中 "一" 号表示衰减过程中 X 射线束强度是单调递减的. 求强度函数 $I(x)$, 以及 X 射线束通过厚度为 d 的均匀介质后的强度 $I(d)$.

由问题 30.1 的解知, X 射线束的衰减规律可表示为

$$I(x) = I_0 e^{-\tilde{\mu}x}, \tag{30.4}$$

(30.4) 称为**朗伯 (Lambert) 定律**. 在 (30.4) 两边同时取对数并整理可得

$$\tilde{\mu} = \frac{1}{x} \ln \frac{I_0}{I},$$

上式是测定物质衰减系数的基本关系式和基本依据.

当 X 射线束通过非均匀介质时, 在它通过的路径上, 介质不均匀, 可将沿路径分布的介质分成若干很小的小块, 小到每一体素可视为是同一种均匀介质, 有一个对应的衰减系数, 如图 30-7 所示, 每一小块为一个体素, 厚度为 d, $\tilde{\mu}_1, \tilde{\mu}_2, \cdots, \tilde{\mu}_n$ 为各体素的衰减系数.

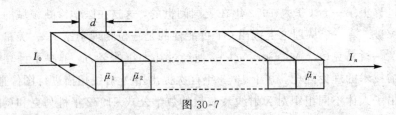

图 30-7

问题 **30.2** 求出射强度为 I_0 的 X 射线束沿着图 30-7 所示的路径通过该 n 个体素后的强度 I_n.

由问题 30.2 的解知, 出射强度为 I_0 的 X 射线束通过图 30-7 所示的 n 个体素后的强度为

$$I_n = I_0 e^{-(\tilde{\mu}_1 + \tilde{\mu}_2 + \cdots + \tilde{\mu}_n)d},$$

在上式两边同时取对数, 得

$$(\tilde{\mu}_1 + \tilde{\mu}_2 + \cdots + \tilde{\mu}_n)d = \ln \frac{I_0}{I_n} = p. \tag{30.5}$$

(30.5) 中的 $p = \ln \dfrac{I_0}{I_n}$ 即为 (30.2) 中的投影值 p, 其中 p 是由 X 射线束通过 n 个体素后所测出的强度 I_n 确定的, 它就是建立 CT 像过程中通过扫描采集到的数据. 当厚度 $d = \Delta t$ 时, $\tilde{\mu}_i d$ 就是 (30.2) 中的 μ_i, 因而 (30.2) 中的衰减值 μ_i 是对应的体素的衰减系数 $\tilde{\mu}_i$ 与厚度 Δt 的积. 因此, 由联立方程法所求得的一个断层上各体素的衰减值 μ_i 与各体素的衰减系数 $\tilde{\mu}_i$ 只相差一个常数倍 $d (= \Delta t)$, 因而反映了 X 射线束通过一个体素时的衰减程度, 各体素

的衰减系数 $\tilde{\mu}_i$ 构成了一个衰减系数矩阵. CT 像的本质是衰减系数 $\tilde{\mu}$ 成像. 将衰减系数值分成 2 000 个等级,一个等级的衰减系数值对应一个灰度(所谓灰度是指图像画面上表现各像素黑白或明暗程度的量),当衰减系数值的等级由低到高时,相应的灰度值从完全黑到完全白. 将一个断层上的一个衰减系数矩阵转变为相应的各像素的灰度组成的灰度矩阵时,我们就得到一个具有不同灰度,而且灰度变化不连续的灰度分度图像,这就是一个断层的 CT 图像.

探究题 30.1 设在 X 射线束通过的路径(x 轴)上介质不均匀,且衰减系数值连续变化,衰减系数 $\tilde{\mu}(x)$ 是随距离 x 连续变化的函数,求投影值 $p\ (= \ln \dfrac{I_0}{I_d}$,其中 I_0 为 X 射线束在 $x = 0$ 处的出射强度,I_d 为在 $x = d$ 处的强度).

问 题 解 答

问题 30.1 由问题 29.1 的解,得

$$I(x) = I_0 e^{-\tilde{\mu}x},$$

故有

$$I(d) = I_0 e^{-\tilde{\mu}d}. \tag{30.6}$$

问题 30.2 由(30.6)知,

X 射线束通过第 1 个体素后强度衰减为 $I_1 = I_0 e^{-\tilde{\mu}_1 d}$,

通过第 2 个体素后强度衰减为 $I_2 = I_1 e^{-\tilde{\mu}_2 d}$,

……

通过第 n 个体素后强度衰减为 $I_n = I_{n-1} e^{-\tilde{\mu}_n d}$.

对上述各式,依次把上式代入下式,消掉中间项 I_1, I_2 等,得

$$I_n = I_0 e^{-(\tilde{\mu}_1 + \tilde{\mu}_2 + \cdots + \tilde{\mu}_n)d}.$$

31. 牛顿冷却定律

牛顿发现，物体的温度变化率正比于物体与环境的温度差（这里，假定环境足够大，在整个过程中环境温度保持不变），这就是**牛顿冷却定律**. 按该定律，一个热物体的温度将以正比于物体与环境的温差的速率下降，而一个低温物体的温度将以正比于其与环境的温差的速率上升，即

温度变化率 = 常数 × 温差.

例如：一杯放在桌面上的热茶将以正比于其与周边空气温差的速率下降. 随着热茶变凉，其与周边空气温差减小，因而其冷却速度将会下降. 随着时间的推移，其变冷的速率将趋于零，而茶水的温度将趋于室温. 图 31-1 给出了两杯茶水的温度随时间的变化图，其中一杯茶水的起始温度高于另一杯，但最终两杯茶水均会趋于室温.

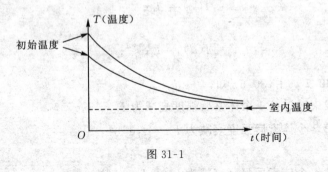

图 31-1

本课题将利用牛顿冷却定律来探求物体在冷却过程中温度的变化规律，并用以解决一些实际问题.

中心问题　求解据牛顿冷却定律建立的微分方程.
准备知识　一阶微分方程

课 题 探 究

问题 31.1　设物体在时刻 t 的温度为 $T(t)$，环境的温度为常数 T_s，开始时物体的温度是 T_0，牛顿冷却定律可以表示为一个带有初始条件的微分方程：

$$\begin{cases} \dfrac{\mathrm{d}T(t)}{\mathrm{d}t} = -k(T(t) - T_s), \\ T(0) = T_0, \end{cases} \tag{31.1}$$

其中 $\dfrac{\mathrm{d}T(t)}{\mathrm{d}t}$ 就是温度的变化率，$k\,(>0)$ 是比例常数，k 与物体的大小、形状、表面积和导热性，以及周围环境的介质的导热性有关，"—" 号表示在冷却过程中物体的温度是递减的. 求温度函数 $T(t)$.

问题 31.2 一瓶饮料从室温 21 ℃ 处放入温度为 5 ℃ 的冰箱中，30 分钟之后，这瓶饮料温度降至 15 ℃. 问：

1) 再过 30 分钟，这瓶饮料的温度是多少？

2) 需要花费多少时间，这瓶饮料的温度可以从室温降至 9 ℃？

下面讨论一个牛顿冷却定律的实际应用问题. 当一个尸体被发现后，验尸者接着要做的工作之一是尽可能准确地确定死亡时间（例如：案件分析中，需要估计出死者的死亡时间）. 当死亡时间不长且介质（例如空气、水等）的温度变化不大时，估计死亡时间的方法之一是应用牛顿冷却定律. 在实际工作中，验尸者不需要针对每一情况，每次求解方程，而只需查阅由牛顿冷却定律的公式构造的表格（参见[17]）. 如何利用牛顿冷却定律来估计死亡时间呢？

问题 31.3 假设发现尸体时（设此时 $t = a$）死者的体温为 32 ℃，即 $T(a) = 32$，过 1 小时后，体温降为 30 ℃，即 $T(a+1) = 30$，再过 1 小时后，体温继续降到 28.25 ℃，即 $T(a+2) = 28.25$，求死者的死亡时间.

探究题 31.1 问：什么时候死者的体温下降最快，是刚死亡的瞬间还是越迟体温的下降越快？

探究题 31.2 一块温度为 40 ℉ 的肉放入温度为 300 ℉ 的烤箱去烤，1 小时后该烤肉的温度达到 150 ℉. 问：2 小时后该烤肉的温度为多少？

问 题 解 答

问题 31.1 ［解法 1］（用积分因子法解一阶线性微分方程） 方程 (31.1) 的通解为

$$T(t) = \mathrm{e}^{-\int k\,\mathrm{d}t}\left(\int k T_s \mathrm{e}^{\int k\,\mathrm{d}t}\,\mathrm{d}t + C\right) = \mathrm{e}^{-kt}(T_s \mathrm{e}^{kt} + C) = T_s + C\mathrm{e}^{-kt}.$$

将初始条件 $T(0) = T_0$ 代入上式，得 $T_0 = T_s + C$，解得常数 $C = T_0 - T_s$，因此，温度函数为

$$T(t) = T_s + (T_0 - T_s)e^{-kt}. \tag{31.2}$$

[解法 2]（用分离变量法）　设 $y(t) = T(t) - T_s$，则方程(31.1)可以改写成

$$\frac{\mathrm{d}y(t)}{\mathrm{d}t} = -ky(t).$$

分离变量后得 $\dfrac{\mathrm{d}y}{y} = -k\mathrm{d}t$，两边同时积分(注意：这里 $y > 0$)：

$$\int \frac{1}{y}\mathrm{d}y = \int (-k)\mathrm{d}t,$$

得 $\ln y = -kt + C$，即

$$y = e^{-kt+C} = e^{-kt} \cdot e^C.$$

把初始条件代入上式，得

$$y(0) = T(0) - T_s = e^C,$$

所以 $y = (T_0 - T_s)e^{-kt}$，因此，

$$T(t) = T_s + y(t) = T_s + (T_0 - T_s)e^{-kt}.$$

问题 31.2　1) 设这瓶饮料放入冰箱 t 分钟之后温度为 $T(t)$，环境的温度是 $T_s = 5$. 由牛顿冷却定律得

$$\frac{\mathrm{d}T}{\mathrm{d}t} = -k(T - 5).$$

由初始条件 $T(0) = T_0 = 21$ 和(31.2)，得

$$T(t) = 5 + (21 - 5)e^{-kt} = 5 + 16e^{-kt}.$$

将 $T(30) = 15$ 代入上式，得

$$15 = 5 + 16e^{-30k}, \quad e^{-30k} = \frac{5}{8} = 0.625,$$

所以 $k = -\dfrac{\ln 0.625}{30} \approx 0.015\,667$，

$$T(t) = 5 + 16e^{-0.015\,667t}, \tag{31.3}$$

$$T(60) = 5 + 16e^{-0.015\,667 \times 60} \approx 11.25.$$

因此，再过 30 分钟，这瓶饮料的温度约 11 ℃.

2) 设 $T(t) = 9$，由(31.3)，得 $5 + 16e^{-0.015\,667t} = 9$，

$$e^{-0.015\,667t} = \frac{1}{4} = 0.25, \quad t = \frac{\ln 0.25}{-0.015\,667} \approx 88.5.$$

因此，约 1 小时 28.5 分钟这瓶饮料的温度可以降至 9 ℃.

注意：由(31.3)可以看到

$$\lim_{t \to +\infty} T(t) = \lim_{t \to +\infty} (5 + 16e^{-0.015\,667t}) = 5 + 16 \times 0 = 5.$$

这表明，随着时间的增加，这瓶饮料的温度将逐渐降至冰箱内的温度 5 ℃.

问题31.3 假设死者活着时的体温为 $T(0) = T_0 = 37$ ℃，由(31.2)知，死者在时刻 t 的温度为

$$T(t) = T_s + (37 - T_s)e^{-kt}. \tag{31.4}$$

将 $T(a) = 32$，$T(a+1) = 30$，$T(a+2) = 28.25$ 代入(31.4)，得

$$32 = T_s + (37 - T_s)e^{-ka}, \tag{31.5}$$

$$30 = T_s + (37 - T_s)e^{-k(a+1)}, \tag{31.6}$$

$$28.25 = T_s + (37 - T_s)e^{-k(a+2)}. \tag{31.7}$$

由(31.5)，得

$$\frac{32 - T_s}{37 - T_s} = e^{-ka}. \tag{31.8}$$

同样，由(31.6)，得

$$\frac{30 - T_s}{37 - T_s} = e^{-k(a+1)} = e^{-ka} \cdot e^{-k} = \left(\frac{30 - T_s}{37 - T_s}\right)e^{-k},$$

故有

$$e^{-k} = \frac{30 - T_s}{32 - T_s}. \tag{31.9}$$

将(31.8)和(31.9)代入(31.7)，得

$$28.25 = T_s + (37 - T_s)\left(\frac{30 - T_s}{37 - T_s}\right)\left(\frac{30 - T_s}{32 - T_s}\right)^2,$$

即 $28.25 = T_s + \dfrac{(30 - T_s)^2}{32 - T_s}$，所以

$$(28.25 - T_s)(32 - T_s) = (30 - T_s)^2,$$

即 $0.25T_s = 4$，由此解得 $T_s = 16$. 将它代入(31.9)，得

$$e^{-k} = \frac{30 - 16}{32 - 16} = \frac{7}{8}.$$

再将它代入(31.8)，得

$$\frac{30 - 16}{32 - 16} = (e^{-k})^a = \left(\frac{7}{8}\right)^a,$$

所以 $\ln\dfrac{16}{21} = \ln\left(\dfrac{7}{8}\right)^a = a\ln\dfrac{7}{8}$. 因此，$a = \dfrac{\ln(16/21)}{\ln(7/8)} \approx 2.036$.

由于 $0.036 \times 60 \approx 2$，所以 $a \approx 2$ 小时 2 分，因此，发现死者时，已死亡约 2 小时 2 分.

32. 饮食模型

　　人体为了维持正常的生命活动及保证生长的需要，就必须从外界摄入相当数量的外来物质，这些物质就是营养要素．一般地说，营养要素包括碳水化合物、蛋白质、脂肪、维生素、水和矿物质，有些人还认为必须包括食物纤维．

　　对于人体来说，营养素是必不可少的，但又不能过多或过少，同时各种营养素要有一定的比例．否则就会对人体产生不利的影响．而这些营养素主要来源于饮食，因此，正确安排膳食是确保身体健康的重要措施之一．

　　那么，什么样的饮食是正确膳食呢？它至少包括以下几部分：1) 合适的热量；2) 各种营养素及其分配．

　　合理的膳食首先是保证合理的热量摄入，热量太少，人不敷出，必然导致营养不良，消瘦，甚至致病，严重的长期热量不足甚至可能导致死亡，而长期的过量的热量摄入会导致肥胖，诱发各种疾病，严重的会影响寿命，也有可能导致死亡．

　　正常人每天究竟需要摄入多少热量呢？这要视年龄、工作种类等来定，而且还要参考当前的体重、身高，一般可以根据以下标准执行，表 32-1 中所示的数据为每天所需要的热量，单位为千卡(kcal)①．

表 32-1

	成人(18～45岁)		老年前期(45～60岁)		老年期(60岁以上)	
	男	女	男	女	男	女
极轻劳动	2 400	2 100	2 200	1 900	2 000	1 700
轻劳动	2 600	2 300	2 400	2 100	2 200	1 900
中等劳动	3 000	2 700	2 700	2 400	2 500	2 100
重劳动	3 400	3 000	3 000	—		
极重劳动	4 000	—				

---

　　①　1 cal 的热量就是 1 g 水温度升高 1 ℃ 所吸收的热量．

注意：表 32.1 所标明的是平均值，就是在标准体重、身高（例如：成人指体重 63 kg 的男人和 53 kg 的女人）并且没有疾病的情况下所需要的热量. 如果有特殊情况就需要加以调整.

各种食物所含的碳水化合物、脂肪和蛋白质都能供给人体所需的热能，以维持 37 ℃ 的体温及心脏活动、呼吸、人体的各种活动的需要. 但是，若在一段时间内，每天摄入的总热量过剩（或不足）都能使体重上升（或下降），导致肥胖（或消瘦）. 本课题将建立饮食模型，并探讨某些减肥的饮食方案的效果.

中心问题 建立并求解每日摄入的热量 C 与体重 w 之间关系的数学模型.
准备知识 一阶微分方程

课 题 探 究

为建立饮食模型，我们必须抓住其中的主要因素，舍弃次要因素，对问题进行必要的、合理的简化. 一个人的体重与以下两个因素有关：

1）每日摄入的总热量 C 千卡 / 日；

2）每日消耗的热量，这与年龄、体重和所从事的职业等有关（参见表 36.1），它与体重的比值一般在 35 与 45（（千卡 / 千克）/ 日）之间. 在本课题中，假设每日每千克的热量消耗为 40 千卡，于是，一个体重为 w 千克的人每日消耗的热量为 $40w$ 千卡.

如果 $C = 40w$，则体重保持不变；如果 $C < 40w$（或 $> 40w$），则体重将上升（或下降）. 我们用 $\dfrac{dw}{dt}$ 来表示体重变化的快慢，其中体重 w（千克）是时间 t（单位：日）的函数，即 $w = w(t)$. 生理学家一般假设体重的变化率 $\dfrac{dw}{dt}$ 与每天摄入的热量的净过剩（或不足）$C - 40w$ 成正比.

问题 32.1 1）假设每日摄入的总热量 C 为常数，写出 $w(t)$ 所满足的微分方程. 若用 k 表示 $\dfrac{dw}{dt}$ 与 $C - 40w$ 之间的比例常数，其中 $\dfrac{dw}{dt}$ 的单位是千克 / 日，$C - 40w$ 的单位是千卡 / 日，那么 k 的单位是什么？

2）为解 1）中的微分方程，还需知道比例常数 k. 实际上，k 表示每千卡的净过剩（或不足）的摄入热量能使体重上升（或下降）的千克数. 一般地，假设 7 700 kcal 等价于 1 kg（也就是说，7 700 kcal 过剩热量使体重上升 1 kg），

即假设 $k = \dfrac{1}{7\,700}$ kg/kcal，求体重函数 $w(t)$.

下面利用问题 32.1 所建立的饮食模型，讨论一个减肥的饮食方案的效果.

问题 32.2   假设一个年龄为 35 岁的妇女，她的身高为 1.65 m，体重为 85 kg，从事中等偏轻的劳动，她决定按每日摄入的总热量 2 500 kcal 的方案进行减肥. 问：

1) 按此方案，她的体重至多能降到多少公斤？

2) 一年后，能减轻体重多少公斤？

3) 如果体重要减轻 22 kg，需要多少天？

4) 如果她按每日摄入的总热量为 2 000 kcal 的方案进行减肥，则需要多少天才能将体重降到 58 kg.

探究题 32.1   求按问题 32.2 的方案减肥的极限体重 $\lim\limits_{t \to +\infty} w(t)$（试不求出 $w(t)$，直接求极限体重）.

本课题所建立的饮食模型虽然是比较粗糙的，但是，由它所反映的信息来看，还是有其实际意义，利用该模型（见(32.2)），我们可以看到体重变化的趋势，并由此可作出相应的预测.

问 题 解 答

问题 32.1   1) $w(t)$ 所满足的微分方程为

$$\frac{\mathrm{d}w}{\mathrm{d}t} = k(C - 40w),\qquad\qquad (32.1)$$

其中 k 的单位为千克 / 千卡(kg/kcal).

2) 将 $k = \dfrac{1}{7\,700}$ 代入(32.1)，得

$$\frac{\mathrm{d}w}{\mathrm{d}t} = \frac{1}{7\,700}(C - 40w),$$

由此得 $\dfrac{\mathrm{d}w}{\mathrm{d}t} + \dfrac{40}{7\,700}w = \dfrac{C}{7\,700}$，即

$$\frac{\mathrm{d}w}{\mathrm{d}t} + 0.005\,2w = \frac{C}{7\,700}.\qquad\qquad (32.2)$$

解一阶线性微分方程(32.2)，得

$$w(t) = e^{-\int 0.005\,2\,\mathrm{d}t}\left(\int \frac{C}{7\,700}e^{\int 0.005\,2\,\mathrm{d}t}\,\mathrm{d}t + K\right)$$

$$= e^{-0.005\,2\,t}\left(\int \frac{C}{7\,700}e^{\int 0.005\,2\,t}\,\mathrm{d}t + K\right)$$

$$= e^{-0.005\,2\,t}\left(\int \frac{C}{7\,700 \times 0.005\,2}e^{0.0052\,t} + K\right)$$

$$= \frac{C}{40} + Ke^{-0.005\,2\,t},$$

其中 K 为待定常数，再将初始条件 $w(0) = w_0$ 代入上式，得

$$K = w_0 - \frac{C}{40}.$$

因此，体重函数为

$$w(t) = \frac{C}{40} + \left(w_0 - \frac{C}{40}\right)e^{-0.005\,2\,t}. \tag{32.3}$$

问题 32.2　1) 将 $C = 2\,500$，$w_0 = 85$ 代入(32.3)，得

$$w(t) = \frac{2\,500}{40} + \left(85 - \frac{2\,500}{40}\right)e^{-0.005\,2\,t} = 62.5 + 22.5e^{-0.005\,2\,t}, \tag{32.4}$$

其图像见图 32-1.

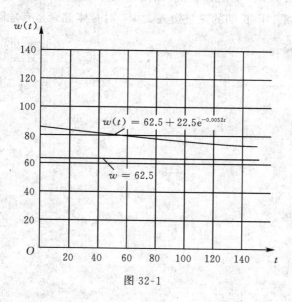

图 32-1

由于

$$\lim_{t \to +\infty} w(t) = \lim_{t \to +\infty}(62.5 + 22.5e^{-0.005\,2\,t}) = 62.5,$$

故在区间 $[0,+\infty)$ 上单调递减的函数 $w=w(t)$ 有水平渐近线 $w=62.5$，这表明当 t 越来越大时，体重 $w(t)$ 越来越趋近于 $62.5\ \text{kg}$，但不会降到 $62.5\ \text{kg}$ 以下.

2）由（32.4）可得，如果她保持 $C=2\,500\ \text{kcal}$，则一年（即 365 天）后，她的体重将减轻 $19\ \text{kg}$.

3）如果体重要减轻 $22\ \text{kg}$，则由

$$w_0 - 22 = 63 = w(t) = 62.5 + 22.5\mathrm{e}^{-0.005\,2t}$$

可解得 $t \approx 732$（日），因此，需要约 2 年的时间才能将体重减轻 $22\ \text{kg}$，而降到 $63\ \text{kg}$（接近于 $62.5\ \text{kg}$）. 这表明减肥的过程是艰难的，要花费漫长的时间. 这就是为什么许多减肥者会中途放弃减肥计划的原因.

4）将 $C=2\,000,w_0=85$ 代入（32.3），得

$$w(t) = \frac{2\,000}{40} + \left(85 - \frac{2\,000}{40}\right)\mathrm{e}^{-0.005\,2t} = 50 + 35\mathrm{e}^{-0.005\,2t}.$$

如果要将体重降到 $58\ \text{kg}$，则有

$$58 = 50 + 35\mathrm{e}^{-0.005\,2t},$$

即 $\mathrm{e}^{-0.005\,2t} = 0.23$，因此，需要 $t \approx 283$ 日（约 40 周）体重可以降到 $58\ \text{kg}$.

这表明，如果该妇女要将体重降到 1）中所述的渐近体重 $62.5\ \text{kg}$ 以下，并采用比表 32.1 中所需的每日摄入的总热量少的 $2\,000\ \text{kcal}$ 进行饮食，虽能进一步减轻体重，但长期的热量摄入太少，对身体健康是有危险的.

33. 湖泊的污染

目前净化受到污染的流动湖水的主要途径是经过自然的过程逐步更换大湖中的湖水. 本课题将建立用自然的过程净化湖水的数学模型, 并用以估测净化到不同的程度所需的时间.

中心问题 建立和求解大湖污染净化模型.
准备知识 一阶微分方程

课 题 探 究

在建立模型之前, 我们先作下面的假设:

1) 该大湖中湖水的流入与流出是平衡的, 下雨和蒸发也是平衡的, 设湖水体积为常数 V (单位: m^3); 湖水流入和流出的速度是相同的, 设为常数 r (单位: $m^3/$ 日).

2) 湖水流量的季节性变化不大.

3) 当水流入大湖后, 立即与湖水完全混合, 即假设污染物质是均匀地混合于湖水之中的. 以 $P_i(t)$ 表示时刻 t (单位: 日) 流入湖中的水的污染浓度①, 以 $P_L(t)$ 表示时刻 t 湖中水的污染浓度, 由假设, 它也表示流出湖水的污染浓度.

4) 除了随湖水流出大湖, 湖内的污染物质不会因衰变、沉淀或其他方式而消除.

5) 污染物质 (例如: DDT) 可以无阻碍地流出大湖, 而不被留住.

问题 33.1 假设某时刻 (不妨设 $t = 0$ 时) 污染物质突然停止进入湖水, 即 $P_i(t) = 0$.

---

① 每 m^3 湖水所含污染物质的克数, 称为**污染浓度**, 它是污染程度的一种量度 (单位: g/m^3). 污染浓度 × 湖水体积 = 湖中所含污染物质的质量.

1) 求 $P_L(t)$ 满足的微分方程.

（提示：湖中所含污染物质的质量在时间间隔 Δt 内的改变量 $V \cdot \Delta P_L$（其中 ΔP_L 表示在 Δt 内污染浓度的改变量）的近似值为

$$V \cdot \Delta P_L \approx (P_i - P_L)(r \cdot \Delta t) = -P_L r \Delta t.)$$

2) 需要经过多长时间（单位：日）才能使湖水的污染浓度下降到开始时（设污染停止时 $t = 0$）污染浓度的 50%，如果下降到 5% 呢？

3) 在 2) 中设某大湖的湖水体积 $V = 1.64 \times 10^{12}$ m^3，平均流量为每日 5.73×10^8 m^3，求污染浓度下降到 $0.5 P_L(0)$（或 $0.05 P_L(0)$）所需的时间.

由问题 33.1,1) 的解可见，当 $P_i(t) = 0$ 时，该湖中污染浓度 $P_L(t)$ 满足微分方程

$$\frac{\mathrm{d}P_L}{\mathrm{d}t} = -\frac{r}{V} P_L, \tag{33.1}$$

也就是说，湖中污染浓度的变化率 $\dfrac{\mathrm{d}P_L}{\mathrm{d}t}$ 与当前污染浓度 P_L 成正比，由于比

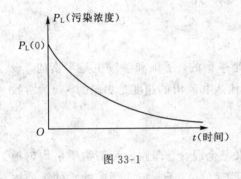

图 33-1

例系数 $-\dfrac{r}{V}$ 是负常数，故湖中污染浓度以一个正比于当前污染浓度的固定速率递减. 由问题 33.1,2) 的解可见，微分方程 (33.1) 的解

$$P_L(t) = P_L(0) \mathrm{e}^{-\left(\frac{r}{V}\right)t}$$

是一个指数函数，其函数图像参见图 33-1.

探究题 33.1 解释图 33-1 的函数曲线为什么是递减和下凸的，且 x 轴是它的水平渐近线.

探究题 33.2 假设进入湖水的污染浓度为 $P_i(t) = P_L(0) \mathrm{e}^{-pt}$，即是按指数规律减少，其中 p 为常数表示进入湖水的污染物质减少的快慢情况.

1) 求流出湖水的污染浓度 $P_L(t)$ 与时间 t 的函数关系；

2) 问：如果 $p = 0$，那么大湖污染的净化情况又如何呢？

问 题 解 答

问题 33.1 1) 湖中所含污染物质的质量在时间间隔 Δt 内的改变量

$$V \cdot \Delta P_L \approx (P_i - P_L)(r \cdot \Delta t),$$

故有

$$\frac{\Delta P_L}{\Delta t} \approx \frac{(P_i - P_L)r}{V}.$$

在上式中,令 $\Delta t \to 0$,得

$$\frac{\mathrm{d}P_L}{\mathrm{d}t} = \frac{(P_i - P_L)r}{V} \tag{33.2}$$

(将上式写成 $\dfrac{\mathrm{d}}{\mathrm{d}t}[P_L V] = P_i r - P_L r$,它表明湖中所含污染物质的质量对时间的变化率等于单位时间(日)流入的污染物质的质量减去单位时间(日)流出的污染物质的质量). 将 $P_i(t) = 0$ 代入(33.2),得

$$\frac{\mathrm{d}P_L}{\mathrm{d}t} = -\frac{r}{V}P_L. \tag{33.3}$$

这就是 $P_L(t)$ 所满足的微分方程.

2) 用分离变量法解方程(33.3),得

$$P_L(t) = P_L(0)\mathrm{e}^{-\left(\frac{r}{V}\right)t}.$$

设 $t = t_{0.5}$ 时湖水的污染浓度下降到开始时的 50%,那么

$$P_L(t_{0.5}) = P_L(0)\mathrm{e}^{-\left(\frac{r}{V}\right)t_{0.5}} = 0.5P_L(0),$$

所以

$$t_{0.5} = -\frac{V}{r}\ln 0.5 = \frac{V}{r}\ln 2 \approx 0.6931 \cdot \frac{V}{r}. \tag{33.4}$$

同样,设 $t = t_{0.05}$ 时湖水的污染浓度下降到开始时的 5%,则有

$$t_{0.05} = \frac{V}{r}\ln 20 \approx 3 \cdot \frac{V}{r}. \tag{33.5}$$

3) 将 $V = 1.64 \times 10^{12}$ m^3,$r = 5.73 \times 10^8$ m^3/日分别代入(33.4)和(33.5),得

$$t_{0.5} \approx 1.98 \times 10^3 \text{ 日(或 5.4 年)},$$

$$t_{0.05} \approx 8.59 \times 10^3 \text{ 日(或 23.5 年)}.$$

由于模型的假设的理想化,这些结果往往难以非常确切地预测实际现象. 例如:每日的流量 r 总是季节性变化而不是常数,由于混合的不均匀而使 $P_L(t)$ 随湖水位置而变化且与流出湖水的污染浓度不完全一致等. 但是,如果实际流量的季节性变化对污染没有太大的影响,而污染物质与湖水混合不均匀仅可能延长清洗时间的话,上面的结果就可以看成是所需清洗时间的一个下限,这是一个有用的信息. 从这些结果得到的另一个结论是:虽然停止了污染物质的进入,却不可能在短时间内彻底清除所有的污染.

34. 曳物线与追逐线

如图 34-1 所示,当一个人通过绳子拉着一条小船沿码头行走,且长度为 L 的绳子始终被人拉直和拉紧时,小船在河中运动,我们把小船运动的轨迹称为**曳物线**.

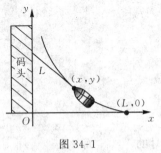

图 34-1

如果人和小船之间没有绳子连接,人以常速 a 沿着码头行走,小船以常速 v 行驶,且行驶的方向恒指向人(即人与小船之间的连线与小船运动的轨迹曲线相切,但人与小船之间的距离并不一定是定值),那么小船运动的轨迹称为**追逐线**.

本课题探求在上述两种情况下小船运动的轨迹.

中心问题 求曳物线与追逐线的方程.

准备知识 一阶微分方程

课 题 探 究

问题 34.1 如图 34-1 所示,人初始时刻在原点 O,用一条 1 m 长的绳子拉着一条小船,沿着码头(设为 y 轴正方向)行走,且保持绳子始终是拉直和拉紧的. 求小船运动的轨迹(由于绳子是拉直和拉紧的,故绳子与该轨迹曲线相切).

问题 34.2 在问题 34.1 中,设绳子长度为 L(m),求小船运动的轨迹方程.

在问题 34.2 和问题 34.1 中,人与小船之间的距离为 L(m)(或 1 m),是定值. 在追逐线的情况下,人与小船之间的距离就不是定值. 下面来讨论如何求追逐线的方程.

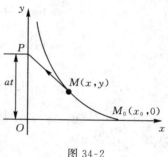

图 34-2

探究题 34.1 如图 34-2 所示，在 y 轴上的点 P 从原点 O 出发，以常速 a 沿着 y 轴正方向运动. 在 xOy 坐标平面上另一个动点 M 以常速 v 运动，且方向恒指向动点 P. 假设 $v > a$，求点 M 的轨迹方程(点 M 运动的轨迹曲线就是追逐线).

探究题 34.2 在探究题 34.1 中，如果将条件 $v > a$ 改为 $v < a$ 或 $v = a$，情况如何？

问 题 解 答

问题 34.1 设小船在点 (x, y) 时，人在点 $(0, y+h)$，则 h 为一个斜边长为绳长 1，底边为 x 的直角三角形的高，故

$$h = \sqrt{1 - x^2}.$$

由于小船运动的轨迹 $y = y(x)$ 在点 (x, y) 处的切线的斜率为 $\dfrac{dy}{dx}$，且该斜率等于上述的直角三角形的斜边(即绳子) 的斜率

$$-\frac{h}{x} = -\frac{\sqrt{1-x^2}}{x},$$

故

$$\frac{dy}{dx} = -\frac{\sqrt{1-x^2}}{x}, \tag{34.1}$$

这就是小船运动的轨迹 $y = y(x)$ 所满足的微分方程. 将方程(34.1)分离变量后，得

$$dy = -\frac{\sqrt{1-x^2}}{x}dx,$$

两边积分，

$$y = -\int \frac{\sqrt{1-x^2}}{x}dx$$

$$= -\int \frac{\sqrt{1-\cos^2\theta}}{\cos\theta}(-\sin\theta)d\theta \quad (\text{设 } x = \cos\theta，\text{则 } dx = -\sin\theta \, d\theta)$$

$$= \int \frac{\sin^2\theta}{\cos\theta}d\theta = \int \frac{1-\cos^2\theta}{\cos\theta}d\theta = \int \frac{d\theta}{\cos\theta} - \int \cos\theta \, d\theta$$

$$= \ln|\sec\theta + \tan\theta| - \sin\theta + C$$

$$= \ln\left|\frac{1}{x} + \frac{\sqrt{1-x^2}}{x}\right| - \sqrt{1-x^2} + C$$

$$= \ln\left(\frac{1+\sqrt{1-x^2}}{x}\right) - \sqrt{1-x^2} + C. \tag{34.2}$$

由于 $x = 1$ 时，$y = 0$，故由(34.2)，得 $C = 0$. 因此，小船运动的轨迹方程为

$$y = \ln\left(\frac{1+\sqrt{1-x^2}}{x}\right) - \sqrt{1-x^2}.$$

问题 34.2 设小船运动的轨迹为 $y = y(x)$，与(34.1)一样，可以证明 $y = y(x)$ 所满足的微分方程为

$$\frac{\mathrm{d}y}{\mathrm{d}x} = -\frac{\sqrt{L^2 - x^2}}{x} \tag{34.3}$$

(只需把(34.1)中的绳子长度 1 改为 L).

由(34.3)，得

$$\mathrm{d}y = -\frac{\sqrt{L^2 - x^2}}{x}\mathrm{d}x,$$

两边积分，

$$y = -\int\frac{\sqrt{L^2 - x^2}}{x}\mathrm{d}x = -L\int\frac{\sqrt{1-\left(\frac{x}{L}\right)^2}}{\frac{x}{L}}\mathrm{d}\frac{x}{L}$$

$$= -L\int\frac{\sqrt{1-\cos^2\theta}}{\cos\theta}(-\sin\theta)\mathrm{d}\theta \quad (\text{设}\frac{x}{L} = \cos\theta)$$

$$= L\int\frac{\sin^2\theta}{\cos\theta}\mathrm{d}\theta = L\int\frac{1-\cos^2\theta}{\cos\theta}\mathrm{d}\theta = L\int\frac{\mathrm{d}\theta}{\cos\theta} - L\int\cos\theta\,\mathrm{d}\theta$$

$$= L\ln|\sec\theta + \tan\theta| - L\sin\theta + C$$

$$= L\ln\left|\frac{L}{x} + \frac{\sqrt{L^2 - x^2}}{x}\right| - \sqrt{L^2 - x^2} + C$$

$$= L\ln\left(\frac{L+\sqrt{L^2 - x^2}}{x}\right) - \sqrt{L^2 - x^2} + C. \tag{34.4}$$

由于 $x = L$ 时，$y = 0$，故由(34.4)，得 $C = 0$. 因此，小船运动的轨迹方程为

$$y = L\ln\left(\frac{L+\sqrt{L^2 - x^2}}{x}\right) - \sqrt{L^2 - x^2}.$$

35. 等速下降曲线

如图 35-1 所示，一个带孔的小珠沿着一条无摩擦力的金属线以向下的初始速度 v_0 下滑. 本课题将探讨金属线具有什么形状，可以使小珠始终保持不变的向下速度 v_0 下滑.

我们先分析小珠在金属线上点 $P(x,$ $y)$ 处的受力情况. 由于该金属线无摩擦力，故小珠在下滑的过程中，只受到金属线对它的垂直于金属线的作用力 f（即 f 与金属线在点 P 处的切线方向垂直）和重力的作用. 由于小珠下滑时，向下的速度为常数 v_0，即在 y 轴方向（为了计算方便，设 y 轴的正向为竖直向下的方向）保持匀速运动的状态，由牛顿第一定律知，在 y 轴方向小珠受到的合外力为零，所以 f 在 y 轴方向的向上的分力 f_y 必须与小珠所受的重力大小相等，方向相反，因此，f_y 的大小为

$$f_y = mg,$$

其中 m 为小珠的质量，g 为重力加速度.

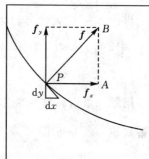

图 35-1

设 f 在 x 轴方向的分力为 f_x，f_x 的大小为 f_x. 由于 f 与金属线在点 P 处的切线方向垂直，故增量三角形与 $\triangle PAB$ 相似，所以

$$\frac{\mathrm{d}y}{\mathrm{d}x} = \frac{PA}{AB} = \frac{f_x}{f_y} = \frac{f_x}{mg}. \tag{35.1}$$

由于小珠沿着该金属线滑下，它的运动轨迹就是该金属线构成的曲线，故用时间 t 作为参数，该运动轨迹的参数方程为

$$\begin{cases} x = x(t), \\ y = y(t). \end{cases} \tag{35.2}$$

对参数方程（35.2）求导，得

$$\frac{\mathrm{d}y}{\mathrm{d}x} = \frac{\dfrac{\mathrm{d}y}{\mathrm{d}t}}{\dfrac{\mathrm{d}x}{\mathrm{d}t}}. \tag{35.3}$$

将(35.1)代入(35.3)，且因 $\dfrac{\mathrm{d}y}{\mathrm{d}t} = v_0$，可得

$$\frac{v_0}{\dfrac{\mathrm{d}x}{\mathrm{d}t}} = \frac{f_x}{mg},$$

故有

$$f_x \frac{\mathrm{d}x}{\mathrm{d}t} = mgv_0. \tag{35.4}$$

在水平方向（即 x 轴方向），运用牛顿第二定律（$\boldsymbol{F} = m\boldsymbol{a}$），得

$$f_x = m\frac{\mathrm{d}^2 x}{\mathrm{d}t^2}. \tag{35.5}$$

将(35.5)代入(35.4)，得

$$\frac{\mathrm{d}x}{\mathrm{d}t}\frac{\mathrm{d}^2 x}{\mathrm{d}t^2} = gv_0. \tag{35.6}$$

中心问题　求满足初始条件 $x\big|_{t=0} = 0$，$\dfrac{\mathrm{d}x}{\mathrm{d}t}\Big|_{t=0}$ 的微分方程(35.6)的解.

准备知识　微分方程

课 题 探 究

问题 35.1　1）设 $x\big|_{t=0} = 0$，$\dfrac{\mathrm{d}x}{\mathrm{d}t}\Big|_{t=0} = 0$，求方程(35.6)的解.

（提示：设 $u = \dfrac{\mathrm{d}x}{\mathrm{d}t}$，将二阶方程(35.6)降阶.）

2）设 $y\big|_{t=0} = 0$，求小珠运动轨迹的参数方程(35.2).

3）由小珠运动轨迹的参数方程，求该金属线的曲线方程 $x = x(y)$（或 $y = y(x)$）.

由问题 35.1 所求得的方程（见(35.11),(35.12),(35.13)）所表述的曲线称为**等速下降曲线**，故这三个方程都称为等速下降曲线方程.

下面我们从能量的角度，用机械能守恒定律来推导小珠运动的轨迹方程. 设小珠下滑时在水平方向的速度为 u，则 $u = \dfrac{\mathrm{d}x}{\mathrm{d}t}$. 当水平方向的速度从 $\dfrac{\mathrm{d}x}{\mathrm{d}t}\Big|_{t=0} = 0$ 增加到 u 时，水平方向的动能从 0 增加到 $\dfrac{1}{2}mu^2$，而在这一时间间隔内，小珠下降的距离为 y，因而重力势能减少了 mgy.

由机械能守恒定律知, 小珠的重力势能的减少等于它的动能的增加(等于水平方向的动能的增加, 即 $\frac{1}{2}mu^2$), ① 故有

$$mgy = \frac{1}{2}mu^2 = \frac{1}{2}m\left(\frac{\mathrm{d}x}{\mathrm{d}t}\right)^2,$$

也即

$$gy = \frac{1}{2}\left(\frac{\mathrm{d}x}{\mathrm{d}t}\right)^2. \tag{35.7}$$

探究题 35.1 1) 设 $y\big|_{x=0}=0$, $\frac{\mathrm{d}y}{\mathrm{d}t}=v_0$, 利用(35.7), 求等速下降曲线方程 $x=x(y)$.

2) 设 $t=0$ 时, 小珠位于点$(0,0)$, 利用 1) 的结果, 求等速下降曲线的参数方程.

问 题 解 答

问题 35.1 1) 设 $u=\frac{\mathrm{d}x}{\mathrm{d}t}$, 将(35.6)改写成

$$u\frac{\mathrm{d}u}{\mathrm{d}t} = gv_0. \tag{35.8}$$

用分离变量法解方程(35.8), 得

$$\frac{1}{2}u^2 = gv_0 t + C.$$

再用初值条件 $u(0)=0$ 代入上式解得, $C=0$, 故有

$$u^2 = 2gv_0 t,$$

所以

$$\frac{\mathrm{d}x}{\mathrm{d}t} = u = \sqrt{2gv_0 t}.$$

将上式积分, 并用 $x\big|_{t=0}=0$ 待定积分常数, 得

$$x = \frac{\sqrt{gv_0}}{3}(2t)^{\frac{3}{2}}. \tag{35.9}$$

---

① 设小珠运动的速度为 v, 则 $|v|^2=u^2+v_0^2$, 故小珠动能的增加为
$$\frac{1}{2}m|v|^2 - \frac{1}{2}mv_0^2 = \frac{1}{2}m(u^2+v_0^2) - \frac{1}{2}mv_0^2 = \frac{1}{2}mu^2.$$

2) 由 $\dfrac{\mathrm{d}y}{\mathrm{d}t} = v_0$ 和 $y\big|_{t=0} = 0$，得

$$y = v_0 t. \tag{35.10}$$

由 (35.9) 和 (35.10) 得，小珠运动轨迹的参数方程为

$$\begin{cases} x = \dfrac{\sqrt{gv_0}}{3}(2t)^{\frac{3}{2}}, \\ y = v_0 t. \end{cases} \tag{35.11}$$

3) 由 (35.10)，得 $t = \dfrac{y}{v_0}$，将它代入 (35.9)，得

$$x = x(y) = \dfrac{\sqrt{gv_0}}{3}\left(\dfrac{2y}{v_0}\right)^{\frac{3}{2}}. \tag{35.12}$$

由 (35.12)，得

$$y = y(x) = \dfrac{1}{2}\sqrt[3]{\dfrac{(3v_0)^2}{g}}\, x^{\frac{2}{3}}. \tag{35.13}$$

(35.12) 所表示的曲线是半立方抛物线的一支，它的图像参见图 35-2.

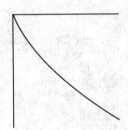

图 35-2

36. 摆线

摆线是实践中广泛应用的一种曲线. 平面上半径为 r 的动圆 $\odot C$ 沿着一条定直线(设为 x 轴)无滑动地滚动时,动圆周上点 P 的轨迹称为**摆线**(见图 36-1).

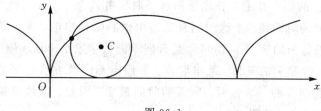

图 36-1

下面来求摆线的方程. 设动点 P 的初始位置为原点 O(这时 $\odot C$ 与 x 轴相切于 O),当 $\odot C$ 滚动一段距离后,圆心 C 到了 C',点 P 到了 P',切点 O 到了 L(见图 36-2),将点 P' 的坐标记为 (x, y). 求摆线的方程就是求点 P' 的坐标 (x, y) 所满足的方程.

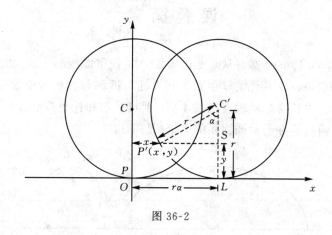

图 36-2

由于 $\odot C$ 滚动时无滑动,故圆周上弧 $\overset{\frown}{LP'}$ 的长度等于线段 OL 的长度,将 $\angle LC'P'$ 记为 α,并采用弧度制,则有 $OL = \overset{\frown}{LP'} = r\alpha$,所以 P' 的坐标是

$$x = OL - P'S = r\alpha - r\sin\alpha,$$
$$y = SL = C'L - C'S = r - r\cos\alpha.$$

于是,就得到了摆线的参数方程(参数为 α)

$$\begin{cases} x = r\alpha - r\sin\alpha, \\ y = r - r\cos\alpha. \end{cases} \tag{36.1}$$

摆线的定义是梅森(M. Mersenne)于 1615 年给出的. 伽利略是最早研究摆线的人. 惠更斯发现了摆线的等时性以后,就用它设计出摆动周期不受振幅变化影响的摆线时钟. 摆线这个名称,正是由于这种曲线被应用于改进钟摆而得来的. 摆线的另一个应用就是**最速降线问题**:设 A, B 为一铅直平面上不在同一条铅直线上的两点,现在要问,如果 A, B 两点之间连一条曲线,使得不受摩擦的质点在重力作用下沿这条曲线由 A 运动到 B,曲线取成什么形状,所需要的时间最少?这问题首先是由伽利略提出的,所求的曲线称为**最速降线**. 约翰·伯努利于 1696 年公开向欧洲数学家给出该问题的解. 洛必达、雅可比、约翰·伯努利、莱布尼兹、牛顿用不同的方法也解决了这个问题,当曲线是摆线的一段弧时,所需的时间最短. 因此,摆线又称为最速降线(关于最速降线详见附录1).

本课题探讨摆线的一些几何性质和等时性.

中心问题   证明摆线的等时性.

准备知识   定积分,一阶微分方程,多元函数全微分

课 题 探 究

当摆线(36.1)的参数 α 从 0 变化到 2π 时,便得曲线的一拱. 法国数学家罗贝瓦尔(Roberval)和他的学生意大利人托里拆利与其他数学家在 17 世纪发现摆线的一拱长度是动圆直径的 4 倍. 罗贝瓦尔和托里拆利还证明摆线的一拱下方的面积恰好是动圆面积的 3 倍(见图 36-3).

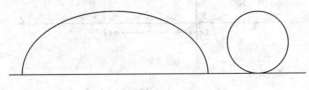

图 36-3

问题 36.1 设摆线的参数方程为(36.1).

1) 求从点 O 到参数为 β 的点的摆线的弧长.

2) 证明：摆线一拱长度为 $8r$.

3) 求摆线一拱下方的面积.

摆线具有等时性. 图 36-4 所示是一条倒置的摆线，它的参数方程是

$$\begin{cases} x = r\alpha - r\sin\alpha, \\ y = r\cos\alpha - r. \end{cases} \tag{36.2}$$

位于摆线轨道上的一质点在重力作用下从静止状态落到轨道上最低点处所需下降时间相等，与起始点 P_0（设它是参数为 β 的点）位置无关. 也就是说，质点沿摆线从参数为 β 的点落到参数为 π 的最低点所需的时间相等，与 β 值无关. 因此，摆线又称为**等时曲线**.

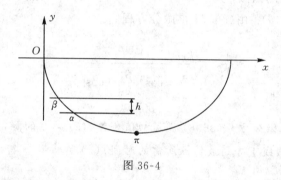

图 36-4

下面来推导摆线是一条等时曲线. 设质点从参数为 β 的点下降，它到达参数为 α 的点时速度为 v_α，所需时间为 t，两点间的高度差（即下降垂直距离）为 h，则据自由落体运动公式，有

$$v_\alpha = gt, \quad h = \frac{1}{2}gt^2,$$

由此可得

$$t = \sqrt{\frac{2h}{g}}, \quad v_\alpha = g\sqrt{\frac{2h}{g}} = \sqrt{2gh}. \tag{36.3}$$

又因 $h = y_\beta - y_\alpha = r(\cos\beta - \cos\alpha)$，而

$$\cos\beta = \cos^2\frac{\beta}{2} - \sin^2\frac{\beta}{2} = 2\cos^2\frac{\beta}{2} - 1,$$

$$\cos\alpha = \cos^2\frac{\alpha}{2} - \sin^2\frac{\alpha}{2} = 2\cos^2\frac{\alpha}{2} - 1,$$

故有

$$v_\alpha = 2\sqrt{rg}\sqrt{\cos^2\frac{\beta}{2} - \cos^2\frac{\alpha}{2}}. \tag{36.4}$$

曲线在 α 处的弧长微元是

$$\mathrm{d}s = \sqrt{\left(\frac{\mathrm{d}x}{\mathrm{d}\alpha}\right)^2 + \left(\frac{\mathrm{d}y}{\mathrm{d}\alpha}\right)^2}\,\mathrm{d}\alpha = 2r\sin\frac{\alpha}{2}\,\mathrm{d}\alpha \tag{36.5}$$

（见问题 36.1,1) 的解).

由于距离 = 速度 × 时间, 由(36.4), 得

$$\mathrm{d}s = v_\alpha \mathrm{d}t = 2\sqrt{rg}\sqrt{\cos^2\frac{\beta}{2} - \cos^2\frac{\alpha}{2}}\,\mathrm{d}t. \tag{36.6}$$

由(36.5)和(36.6), 得

$$\sqrt{g}\sqrt{\cos^2\frac{\beta}{2} - \cos^2\frac{\alpha}{2}}\,\mathrm{d}t = \sqrt{r}\sin\frac{\alpha}{2}\,\mathrm{d}\alpha. \tag{36.7}$$

将 t 看做 α 的函数, 则 $t(\beta) = 0$, 质点从参数为 β 的点下降到参数为 α 的点所需时间为 $t(\alpha)$. 由(36.7)得微分方程

$$\frac{\mathrm{d}t}{\mathrm{d}\alpha} = \sqrt{\frac{r}{g}}\,\frac{\sin\frac{\alpha}{2}}{\sqrt{\cos^2\frac{\beta}{2} - \cos^2\frac{\alpha}{2}}}. \tag{36.8}$$

问题 36.2 求微分方程(36.8)满足初值条件 $t(\beta) = 0$ 的解, 并求质点从参数为 β 的点沿摆线下降到最低点所需的时间 $t(\pi)$.

从问题 36.2 的解可以看到, 质点沿摆线从参数为 β 的点下降到最低点所需的时间与 β 无关, 这就证明了摆线的等时性. 如图 36-5 所示, 分别把两个质点放在点 M 和 N, 同时使它们沿摆线下落, 虽然从点 M 落下的那个质点要通过更多的路程, 但是, 据摆线的等时性, 它们同时到达摆线的最低点 P.

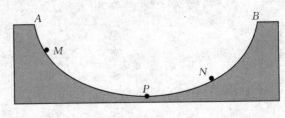

图 36-5

惠更斯是最先发现摆线的等时性, 并将它加以应用的人, 他在深入研究摆钟的过程中发现, 当钟摆的长度改变时, 时钟的准确性一般会受到影响.

但是当钟摆不是像通常那样沿一个圆周运动，而是沿一条摆线摆动时，无论钟摆的长度怎样改变，时钟的周期总是保持不变. 下面探讨惠更斯设计的摆钟的原理.

我们先来求摆线(36.1)上参数为 α 的点 $N_\alpha(x, y)$ 处的法线 l_α（即垂直于切线的直线，因而它的斜率为切线的斜率的倒数的相反数）的方程（见图 36-6）.

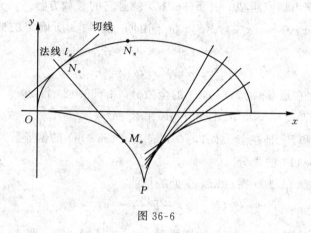

图 36-6

由(36.1)，得

$$\frac{\mathrm{d}x}{\mathrm{d}\alpha} = r - r\cos\alpha, \qquad \frac{\mathrm{d}y}{\mathrm{d}\alpha} = r\sin\alpha,$$

因而摆线(36.1)在点 $N_\alpha(x, y)$ 处的切线的斜率为

$$\frac{\mathrm{d}y}{\mathrm{d}x} = \frac{\sin\alpha}{1 - \cos\alpha},$$

所以法线的斜率为

$$\frac{-1}{\dfrac{\mathrm{d}y}{\mathrm{d}x}} = \frac{\cos\alpha - 1}{\sin\alpha},$$

因此，在参数为 α 的点 $N_\alpha(x, y)$ 处的法线 l_α 的方程是

$$\frac{y - (r\cos\alpha - r)}{x - (r\alpha - r\sin\alpha)} = \frac{\cos\alpha - 1}{\sin\alpha},$$

经整理后得

$$x\cos\alpha - y\sin\alpha - x - r\alpha\cos\alpha + r\alpha = 0. \tag{36.9}$$

有了摆线在每点处的法线的方程，就可以求这些法线的包络，也就是与所有这些法线分别相切的一条曲线.

一般地，如果曲线 C 在每一点均与参数 α 的曲线族 $\{C_\alpha\}$ 中一条曲线相切，那么称 C 为曲线族 $\{C_\alpha\}$ 的**包络**.

如同(36.9)，设曲线族 $\{C_\alpha\}$ 中曲线 C_α 的方程为

$$F(x,y,\alpha) = 0. \tag{36.10}$$

下面来求该曲线族的包络. 假设它的包络存在，且与曲线族内的每一曲线只相切于一点，设与参数 α 的曲线 C_α 相切的点的坐标为

$$x = \varphi(\alpha), \quad y = \psi(\alpha). \tag{36.11}$$

由于包络全部由切点组成，因而(36.11)就是它的参数方程.

由于点 $(x,y) = (\varphi(\alpha), \psi(\alpha))$ 位于由同一参数 α 所确定的曲线(36.10)上，故有

$$F(\varphi(\alpha), \psi(\alpha), \alpha) = 0. \tag{36.12}$$

求 $F(x,y,\alpha)$ 在点 $(x(\alpha), y(\alpha), \alpha)$ 的全微分，由(36.12)得

$$F'_x \mathrm{d}x + F'_y \mathrm{d}y + F'_\alpha \mathrm{d}\alpha = 0, \tag{36.13}$$

其中 F'_x, F'_y 和 F'_α 是在点 $(x(\alpha), y(\alpha), \alpha)$ 处 $F(x,y,\alpha)$ 的偏导数，而 $\mathrm{d}x$ 和 $\mathrm{d}y$ 表示函数(36.11)的微分.

由于曲线(36.10)在点 (x,y) 处的切线

$$F'_x(X - x) + F'_y(Y - y) = 0 \tag{36.14}$$

与曲线(36.11)在点 (x,y) 处的切线 $Y - y = \dfrac{\mathrm{d}y}{\mathrm{d}x}(X - x)$ 即

$$\frac{X - x}{\mathrm{d}x} = \frac{Y - y}{\mathrm{d}y}$$

应当重合，据两直线重合的条件，得

$$F'_x \mathrm{d}x + F'_y \mathrm{d}y = 0,$$

如上所述，x 和 y 取(36.11)中的数值，而 $\mathrm{d}x$ 和 $\mathrm{d}y$ 是函数(36.11)的微分.

由于参数 α 的任意性，$\mathrm{d}\alpha$ 是任意数，比较(36.13)和(36.14)，得 $F'_\alpha = 0$，即

$$F'_\alpha(\varphi(\alpha), \psi(\alpha), 0) = 0. \tag{36.15}$$

由(36.12)和(36.15)知，如果包络存在，那么它的参数方程应满足方程组

$$F(x,y,\alpha) = 0, \quad F'_\alpha(x,y,\alpha) = 0, \tag{36.16}$$

因而可由方程组(36.16)解出 x,y 而求得.

下面求摆线的法线族 $\{l_\alpha\}$ 的包络.

由(36.9)知，$\{l_\alpha\}$ 中法线 l_α 的方程为

$$F(x,y,\alpha) = x\cos\alpha - y\sin\alpha - x - r\alpha\cos\alpha + r\alpha = 0,$$

因而

$$F'_\alpha(x,y,\alpha) = -x\sin\alpha - y\cos\alpha - r\cos\alpha + r\alpha\sin\alpha + r.$$

由(36.16)知，包络的参数方程应满足方程组

$$\begin{cases} x\cos\alpha - y\sin\alpha - x - r\alpha\cos\alpha + r\alpha = 0, \\ -x\sin\alpha - y\cos\alpha - r\cos\alpha + r\alpha\sin\alpha + r = 0. \end{cases} \qquad (36.17)$$

用加减消元法，把第 1 个方程乘以 $\cos\alpha$，第 2 个方程乘以 $-\sin\alpha$，然后相加，得

$$x - x\cos\alpha - r\alpha + r\alpha\cos\alpha + r\cos\alpha\sin\alpha - r\sin\alpha = 0, \qquad (36.18)$$

由(36.1)得，$x\cos\alpha = r\alpha\cos\alpha - r\sin\alpha\cos\alpha$，将它代入(36.18)，得

$$x = r\alpha + r\sin\alpha. \qquad (36.19)$$

将(36.19)代入(36.17)的第 2 个方程，得

$$-r\alpha\sin\alpha - r\sin^2\alpha - y\cos\alpha - r\cos\alpha + r\alpha\sin\alpha + r = 0,$$

即

$$-y\cos\alpha - r\cos\alpha + r\cos^2\alpha = 0,$$

由此得

$$y = -r + r\cos\alpha. \qquad (36.20)$$

将(36.19)和(36.20)联立起来，得该包络的参数方程：

$$\begin{cases} x = r\alpha + r\sin\alpha, \\ y = -r + r\cos\alpha. \end{cases} \qquad (36.21)$$

将坐标系 $O\text{-}xy$ 的原点 O 平移到点 $P(r\pi, -2r)$，就得到坐标系 $P\text{-}XY$，其坐标变换公式为

$$\begin{cases} x = X + r\pi, \\ y = Y - 2r. \end{cases}$$

在新坐标系 $P\text{-}XY$ 下，曲线(36.21)的方程为

$$\begin{cases} X = r(\alpha - \pi) + r\sin\alpha = r(\alpha - \pi) - r\sin(\alpha - \pi), \\ Y = r + r\cos\alpha = r - r\cos(\alpha - \pi), \end{cases}$$

设 $\alpha - \pi = \theta$，则有

$$\begin{cases} X = r\theta - r\sin\theta, \\ Y = r - \cos\theta. \end{cases} \qquad (36.22)$$

因此，摆线的法线族的包络仍是同一条摆线，仅仅是向右平移 $r\pi$，再向下平移 $2r$．

如图 36-6 所示，设摆线(36.1)在参数为 α 的点 N_α 处的法线 l_α 与包络(36.21)相切的切点为 M_α，那么当 $\alpha = \pi$ 时，点 N_π 就是摆线(36.1)的一拱的顶点．由于

$$\frac{dy}{dx}\bigg|_{\alpha=\pi} = \frac{\sin\pi}{1-\cos\pi} = 0,$$

故在该点的切线与 x 轴平行，其法线与 y 轴平行．由(36.21)知，该法线与包络的切点 M_π 的坐标为 $(r\pi, -2r)$，所以 M_π 就是点 P．当 $\alpha=0$ 时，由(36.21)知，M_0 的坐标为 $(0,0)$，它就是原点 O，在原点 O 处摆线(36.1)的切线就是 y 轴，法线就是 x 轴，M_0 与 N_0 重合．下面我们探讨摆线与其包络之间的法线段 $N_\alpha M_\alpha$ 的特性．

探究题 36.1 求由法线段 $N_\alpha M_\alpha$ 与摆线弧 $M_\alpha P$ 组成的曲线的长度，从中你有什么发现？

由探究题 36.1 的计算可知，
$$N_\alpha M_\alpha + \overset{\frown}{M_\alpha P} = 4r \ (\text{常数}), \tag{36.23}$$
当 $\alpha=0$ 时，N_0 与 M_0 重合，$\overset{\frown}{M_0 P} = \overset{\frown}{OP}$ 等于摆线一拱的一半，就是 $4r$，因而 $N_0 M_0 + \overset{\frown}{M_0 P}$ 确实为 $4r$．当 $\alpha=\pi$ 时，$N_\pi M_\pi = N_\pi P$ 等拱顶高度 $2r$ 的 2 倍，也是 $4r$．

17 世纪惠更斯与一位数学家和一位物理学家就是利用(36.23)和摆线的等时性来合作设计摆线时钟的，其原理如下：

如图 36-7 所示，如果沿摆线 OP 绷紧一条长度为 $4r$ 的细绳，固定 P 点，让另一头慢慢张开，保持张开的那部分始终与摆线 OP 相切，由(36.23)知，这个移动的一端点画出图中的摆线弧 ON．

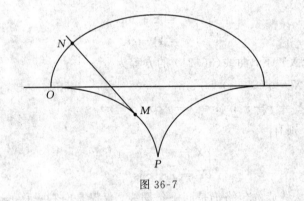

图 36-7

现在将图 36-7 倒置，得到图 36-8，如果在 P 点悬一根 $4r$ 长的细绳，下面系住摆锤，在 P 的两侧有两段摆线 PHJ 和 PLK 作为限位装置，那么摆锤 N 沿摆线摆动，根据摆线的等时性，无论摆锤 N 离最低点的距离如何，摆动的周期总是不变的（摆线时钟的示意图如图 36-9 所示）．

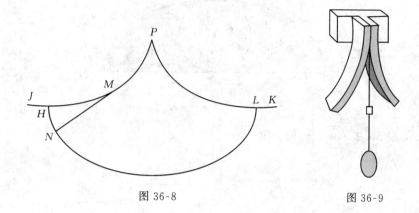

图 36-8

图 36-9

问 题 解 答

问题 36.1　1)　由(36.1)得

$$\frac{\mathrm{d}x}{\mathrm{d}\alpha} = r(1 - \cos\alpha), \qquad \frac{\mathrm{d}y}{\mathrm{d}\alpha} = r\sin\alpha,$$

故从点 O（即参数 $\alpha = 0$ 的点）到参数为 β 的点的弧长是

$$\int_0^\beta \sqrt{\left(\frac{\mathrm{d}x}{\mathrm{d}\alpha}\right)^2 + \left(\frac{\mathrm{d}y}{\mathrm{d}\alpha}\right)^2}\,\mathrm{d}\alpha = r\sqrt{2}\int_0^\beta \sqrt{1 - \cos\alpha}\,\mathrm{d}\alpha = 2r\int_0^\beta \sin\frac{\alpha}{2}\,\mathrm{d}\alpha$$

$$= 4r\left(-\cos\frac{\alpha}{2}\right)\Big|_0^\beta = 4r\left(1 - \cos\frac{\beta}{2}\right)$$

$$= 8r\sin^2\frac{\beta}{4}. \qquad\qquad (36.24)$$

2)　将 $\beta = 2\pi$ 代入(36.24)得，摆线一拱长度为 $8r$.

3)　由(36.1)得，摆线一拱下方的面积为

$$\int_0^{2\pi r} y\,\mathrm{d}x = \int_0^{2\pi}(r - r\cos\alpha)(r - r\cos\alpha)\,\mathrm{d}\alpha$$

$$= \int_0^{2\pi}(r^2 - 2r\cos\alpha + r^2\cos^2\alpha)\,\mathrm{d}\alpha$$

$$= \left(r^2\alpha - 2r\sin\alpha + \frac{r^2}{2}\alpha + \frac{r^2}{4}\sin 2\alpha\right)\Big|_0^{2\pi}$$

$$= 3\pi r^2.$$

因此，摆线一拱下方的面积是生成这摆线的动圆面积的 3 倍，图 36-10 所示的 3 部分面积是相等的.

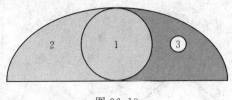

图 36-10

问题 36.2　由(36.8)，得

$$t(\pi) = \sqrt{\frac{r}{g}} \int_{\beta}^{\pi} \frac{\sin\frac{\alpha}{2}}{\sqrt{\cos^2\frac{\beta}{2} - \cos^2\frac{\alpha}{2}}} \mathrm{d}\alpha$$

$$\xlongequal{\cos\frac{\alpha}{2} = u} \sqrt{\frac{r}{g}} \int_{0}^{\cos\frac{\beta}{2}} \frac{2\mathrm{d}u}{\sqrt{\cos^2\frac{\beta}{2} - u^2}}$$

$$\xlongequal{u = \left(\cos\frac{\beta}{2}\right)x} \sqrt{\frac{r}{g}} \int_{0}^{1} \frac{2\mathrm{d}x}{\sqrt{1 - x^2}}$$

$$= 2\sqrt{\frac{r}{g}} \arcsin x \Big|_{0}^{1}$$

$$= \pi\sqrt{\frac{r}{g}}.$$

可以看到，$t(\pi)$ 与 β 无关，即不论 β 值为多少，质点从参数为 β 的点沿摆线下降到最低点所需的时间相等.

37. 悬链线

一条悬挂在两根电线杆之间的电线具有什么形状呢？凭直觉，可以想象，我们不可能把这条电线完全拉直成直线，这是因为电线上的张力必须要有向上的分力，以抵消电线的向下的重力，而将它托起. 为了计算架设电线所需的成本，我们需要知道所用的电线的长度，而且还需要知道它的强度（因这也与成本有关），因而需要求它所受的最大张力. 本课题将探讨悬挂在两根电线杆之间的电线所具有的形状，并求它所受的最大张力和它的长度.

中心问题 建立并求解该电线的数学模型.
准备知识 导数，定积分，一阶微分方程

课 题 探 究

为了建立该电线的数学模型，我们作出下面两个简化假设：

1) 该电线完全是柔性的，即该电线内部各部分之间的相互作用力（即内力）只是拉力；

2) 该电线是没有弹性的，即不能伸长.

如果把该电线看成一条由许多链环连接起来的链，那么假设 2) 表明这条链是很牢固的，不能延展伸长；假设 1) 表明该链上的每一链环所受到的其他链环对它的内力作用只是拉力，不存在使它产生弯曲的内力. 可以把该电线看成一条由无穷多个很牢固的无限小的链环组成的链，这条链的中心线就是本课题要寻求的曲线——悬链线（**悬链线**是由自由悬挂在两个支点上的一条理想的有重量的均匀绳索所形成的曲线. 历史上，伽利略研究过这条曲线，他以为就是抛物线. 后来，莱布尼兹、惠更斯和约翰·伯努利找到了正确的答案）.

在我们的模型中有两个参数：

1) w—— 该电线的线重力密度.

我们知道，该电线的线密度就是其每单位长度的质量. 现该电线的线重力密度是其每单位长度所受的重力，故在 m-kg-s 单位制中，重力密度 w 的单

位是 N/m，它表示一条长度为 L（m）的电线所受的重力为 wL（N）（1 kg 的物体所受的重力为 $1\ kg \times 9.8\ m/s^2 = 9.8\ N$（牛顿），其中 $g = 9.8\ m/s^2$ 为重力加速度）．例如：直径为 1 cm 的铜线的线重力密度为 5 N/m.

2） H—— 该电线在电线杆处所受到的水平方向的拉力（见图 37-1）.

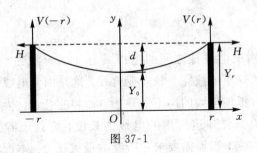

图 37-1

为了将该电线吊在两根电线杆之间，在两电线杆处该电线都受到水平方向的拉力 H（N），该拉力越大，该电线下垂的距离 d 越小.

为了建立悬链线的方程，我们先设立平面直角坐标系．设两电线杆相距 $2r$（m），电线杆高为 Y_r（m），由于该电线左右所受的拉力 H 是对称的，故该电线所形成的悬链线是轴对称的，设地面（看做直线）为 x 轴，该对称轴为 y 轴（如图 37-1），又由于重力的作用，该悬链线的最低点必在对称轴（即 y 轴）上，设它的坐标为 $(0, Y_0)$，则该电线下垂的距离 $d = Y_r - Y_0$.

设 (x, y) 表示该悬链线上的一点处的坐标．为求该悬链线的方程 $y = y(x)$，$x \in [-r, r]$，我们先对区间微元 $[x, x + dx]$ 上的一小段电线的受力情况进行分析（见图 37-2）.

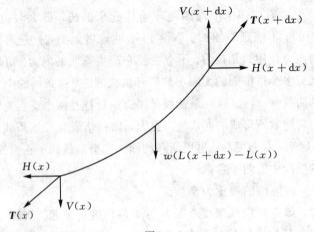

图 37-2

设 $L(x)$ 表示该悬链线从 0 到 x (m) 的弧长,则该一小段电线所受的重力为 $w(L(x+\mathrm{d}x)-L(x))$. 由于该吊着的电线最终是处于静止状态,故该一小段电线在水平方向运动的速度和加速度都为零,由牛顿第二定律知,它在水平方向所受的合力为零. 设 T 表示该链在 x 处所受的张力,该向量在水平方向和竖直方向的分力分别为 $H(x)$ 和 $V(x)$,即 $T(x)=(H(x),V(x))$. 由于该一小段电线在水平方向所受的力是抵消的,故 $H(x)=H(x+\mathrm{d}x)$ (见图 37-2),即 $H(x)=H$ ($x\in[-r,r]$).

同样,该一小段电线在竖直方向运动的速度和加速度也都为零,由牛顿第二定律知,该一小段电线在竖直方向所受的力的合力也为零,而在这竖直方向所受的力有 3 个,即在 $x+\mathrm{d}x$ 处向上的拉力 $V(x+\mathrm{d}x)$,在 x 处向下的拉力 $V(x)$,以及该一小段电线所受的重力 $w(L(x+\mathrm{d}x)-L(x))$,故有
$$V(x+\mathrm{d}x)=V(x)+w(L(x+\mathrm{d}x)-L(x)),$$
即
$$V(x+\mathrm{d}x)-V(x)=w(L(x+\mathrm{d}x)-L(x)),\quad x\in[-r,r].\ (37.1)$$
由此可得,竖直方向的拉力的变化率等于重力的变化率,即
$$\frac{\mathrm{d}V}{\mathrm{d}x}=\lim_{\Delta x\to 0}\frac{V(x+\Delta x)-V(x)}{\Delta x}=w\lim_{\Delta x\to 0}\frac{L(x+\Delta x)-L(x)}{\Delta x}$$
$$=w\frac{\mathrm{d}L}{\mathrm{d}x}.\tag{37.2}$$

如图 37-3 所示,为求 $V(x)$ ($x\in[-r,r]$),我们对在该悬链线上的点 (x,y) 处的受力情况进行分析. 由假设 1) 知,该电线在点 (x,y) 处只受到拉力的作用,故张力 $T(x)$ 就是拉力,它的方向就是悬链线 $y=y(x)$ 在点 (x,y) 处的切线的方向,设该切线的倾斜角为 α,则有
$$\frac{\mathrm{d}y}{\mathrm{d}x}=\tan\alpha,\quad \frac{V(x)}{H}=\tan\alpha$$
(这是因为 $H=H(x)=|T(x)|\cos\alpha$, $V(x)=|T(x)|\sin\alpha$),故有
$$\frac{\mathrm{d}y}{\mathrm{d}x}=\frac{V(x)}{H}.\tag{37.3}$$

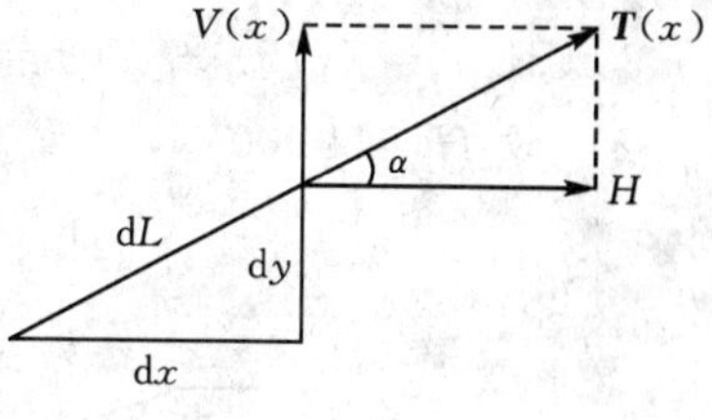

图 37-3

问题 37.1 1) 证明:$V(x)$ ($x\in[-r,r]$) 满足下列微分方程和初值条件
$$\begin{cases}\dfrac{\mathrm{d}V}{\mathrm{d}x}=w\sqrt{1+\dfrac{(V(x))^2}{H^2}},\\[2mm] V(0)=0.\end{cases}\tag{37.4}$$

2) 求方程(37.4)的解.

3) 证明：悬链线方程 $y = y(x)$ 满足微分方程

$$\frac{\mathrm{d}y}{\mathrm{d}x} = \mathrm{sh}\left(\frac{wx}{H}\right),\tag{37.5}$$

并求满足初值条件 $y(0) = Y_0$ 的特解(此解就是最低点为 $(0, Y_0)$ 的悬链线的方程).

$$\left(\text{提示：} \mathrm{sh}\, u = \frac{\mathrm{e}^u - \mathrm{e}^{-u}}{2},\ \mathrm{ch}\, u = \frac{\mathrm{e}^u + \mathrm{e}^{-u}}{2},\ \frac{\mathrm{d}\,\mathrm{ch}\, u}{\mathrm{d}u} = \mathrm{sh}\, u.\right)$$

4) 证明：3)中所求得的悬链线的下垂距离

$$d = \frac{H}{w}\left(\mathrm{ch}\left(\frac{wr}{H}\right) - 1\right).\tag{37.6}$$

由问题 37.1 我们已经解得了表述该电线形状的悬链线方程，下面再求该电线所受的最大张力和它的长度.

问题 37.2 证明：在该悬链线上点 x 处的张力 $T(x)$ 的大小为

$$|\boldsymbol{T}(x)| = H\,\mathrm{ch}\left(\frac{wx}{H}\right),$$

并求 $|\boldsymbol{T}(x)|$ 在区间 $[0, r]$ 上的最大值 $M = \max\{|\boldsymbol{T}(x)| : 0 \leqslant x \leqslant r\}$.

问题 37.3 求该悬链线从在 $x = 0$ 处的最低点到 $x = r$ 处电线杆的顶点之间的长度 $L(r)$.

探究题 37.1 已知两根电线杆相距 $150\,\mathrm{m}$，电线杆高度为 $30\,\mathrm{m}$，即 $y(\pm 75) = 30$，$w = 5\,\mathrm{N/m}$.

1) 设 $d = y(75) - y(0) = 10\,\mathrm{m}$，求 H (N).

2) 设 $H = 1\,000\,\mathrm{N}$，求该悬链线的长度 $2L(75)$（见图 37-4）.

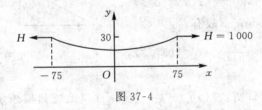

图 37-4

从直观上看，在图 37-1 中，水平方向的拉力 H 越大，则该悬链线下垂的距离 d 越小，也就是说，当 $H \to +\infty$ 时，$d \to 0$（或者说，如果 $d \to 0$ 时，所需的水平方向的拉力 H 也越来越大，趋近于 $+\infty$）. 下面要在数学上对此加以验证.

探究题 37.2 证明: 对于给定的 w 和 r 的值, 有 $\lim\limits_{H \to +\infty} d = 0$.

另一方面, 我们也可以想象, 对于给定的 w 和 r 的值, 当 H 越来越小时, d 将逐渐增大. 于是, 我们要问:

探究题 37.3 问: 当 $H \to 0$ 时, d 的变化趋势是什么, 最大张力 $M = \max\{|\boldsymbol{T}(x)| : 0 \leqslant x \leqslant r\}$ 的变化趋势又是如何?

对于给定的 w 和 r 的值, 由探究题 37.3 知, 当 H 值 (或 d 值) 变化时, 最大张力 $M = |\boldsymbol{T}(r)|$ 也随着变化. 另一方面, 由问题 37.1 知, 对每个 H 值 (或相应的由 (37.6) 确定的 d 值), 可以确定一条悬链线, 那么在所有的这些悬链线中, 是否存在由某个 H 值 (或相应的 d 值) 所确定的悬链线, 它的最大张力 $M = |\boldsymbol{T}(r)|$ 最小呢?

探究题 37.4 证明: 最大张力 $M = |\boldsymbol{T}(r)| = H\,\mathrm{ch}\left(\dfrac{wr}{H}\right)$ 作为 H 的函数存在最小值.

由探究题 37.4 可知, 从对电线的强度来考虑, 对于给定的 w 和 r 值, 在所有的悬链线中存在一个最优的 d 值 (或 H 值), 使最大张力 M 最小. 例如: 设 $w = 5$, $r = 75$, 用计算机软件可以求得最优的 d 值, 使对应的最大张力 M 最小, 从而对电线的强度要求也最小.

上述用双曲余弦函数来表述悬链线的形状是双曲函数最著名的应用, 双曲函数在科学技术中应用很广泛, 例如: 光线、电流或放射性物质等逐渐被吸收或衰变的现象也都可用双曲函数来表述. 建筑师为了优化结构的强度和稳定性, 也常常采用悬链线的形状, 例如: 拱门就是倒置的悬链线, 帐状屋顶也是悬链线的形状.

问 题 解 答

问题 37.1 1) 由平面曲线的弧长公式, 得

$$L(x) = \int_0^x \sqrt{1 + \left(\frac{\mathrm{d}y}{\mathrm{d}x}\right)^2}\,\mathrm{d}x, \tag{37.7}$$

于是, 由 (37.3) 和 (37.7) 得

$$\frac{\mathrm{d}L}{\mathrm{d}x} = \sqrt{1 + \left(\frac{\mathrm{d}y}{\mathrm{d}x}\right)^2} = \sqrt{1 + \frac{(V(x))^2}{H^2}}. \tag{37.8}$$

将(37.8)代入(37.2),得

$$\frac{\mathrm{d}V}{\mathrm{d}x} = w\sqrt{1 + \frac{(V(x))^2}{H^2}}. \tag{37.9}$$

由于悬链线 $y = y(x)$ 在 $x = 0$ 处的点的位置最低,即 $y = y(x)$ 在 $x = 0$ 处达到最小值,故 $\left.\frac{\mathrm{d}y}{\mathrm{d}x}\right|_{x=0} = 0$,由(37.3),得

$$V(0) = H \cdot \left.\frac{\mathrm{d}y}{\mathrm{d}x}\right|_{x=0} = 0. \tag{37.10}$$

因此,$V(x)$ $(x \in [-r,r])$ 满足(37.4).

2) 由(37.9),得

$$\frac{\mathrm{d}V}{\sqrt{1 + \frac{V^2}{H^2}}} = w\,\mathrm{d}x.$$

两边积分,得

$$H\,\mathrm{arcsh}\,\frac{V}{H} = wx + C.$$

将(37.10)代入上式,得 $C = 0$. 由此可得方程(37.4)的解为

$$V(x) = H\,\mathrm{sh}\left(\frac{wx}{H}\right), \quad x \in [-r,r]. \tag{37.11}$$

3) 由(37.3)和(37.11),得

$$\frac{\mathrm{d}y}{\mathrm{d}x} = \frac{V(x)}{H} = \mathrm{sh}\left(\frac{wx}{H}\right),$$

故

$$y = \frac{H}{w}\mathrm{ch}\left(\frac{wx}{H}\right) + C.$$

再将 $y(0) = Y_0$ 代入上式,得 $C = Y_0 - \frac{H}{w}$,因此,最低点为 $(0, Y_0)$ 的悬链线方程为

$$y = \frac{H}{w}\left(\mathrm{ch}\left(\frac{wx}{H}\right) - 1\right) + Y_0, \quad x \in [-r,r]. \tag{37.12}$$

4) 由(37.12),得

$$d = y(r) - y(0) = \frac{H}{w}\left(\mathrm{ch}\left(\frac{wr}{H}\right) - 1\right).$$

问题 37.2 由(37.11)和 $H(x) = H$,得

$$|\boldsymbol{T}(x)| = \sqrt{(V(x))^2 + (H(x))^2}$$

$$= \sqrt{H^2 \operatorname{sh}^2\left(\frac{wx}{H}\right) + H^2}$$

$$= H \operatorname{ch}\left(\frac{wx}{H}\right) \quad (\text{因 } \operatorname{ch}^2 u - \operatorname{sh}^2 u = 1).$$

当 $x > 0$ 时，我们有

$$\frac{\mathrm{d}|\boldsymbol{T}(x)|}{\mathrm{d}x} = w \operatorname{sh}\left(\frac{wx}{H}\right) > 0$$

$\Big($这是因为当 $x > 0$ 时，$(\mathrm{e}^{\frac{wx}{H}})^2 > 1$，且 $\mathrm{e}^{\frac{wx}{H}} > 0$，故有 $\mathrm{e}^{\frac{wx}{H}} > \mathrm{e}^{-\frac{wx}{H}}$，所以 $\operatorname{sh}\left(\frac{wx}{H}\right) > 0\Big)$，所以 $|\boldsymbol{T}(x)|$ 在闭区间 $[0, r]$ 上是单调递增的，因此，它在 $x = r$ 处取得最大值，即

$$M = H \operatorname{ch}\left(\frac{wr}{H}\right).$$

问题 37.3　由 $(37.7), (37.8)$ 和 (37.11)，得

$$L(r) = \int_0^r \sqrt{1 + \left(\frac{\mathrm{d}y}{\mathrm{d}x}\right)^2}\, \mathrm{d}x = \int_0^r \sqrt{1 + \frac{(V(x))^2}{H^2}}\, \mathrm{d}x$$

$$= \int_0^r \operatorname{ch}\left(\frac{wx}{H}\right)\, \mathrm{d}x = \frac{H}{w} \operatorname{sh}\left(\frac{wx}{H}\right)\Big|_0^r$$

$$= \frac{H}{w} \operatorname{sh}\left(\frac{wr}{H}\right).$$

38. 人体的药物含量

病人服用药物的方法可以是离散的（如每日早晨吃一片），也有连续的（如静脉注射），按治疗要求和药物的性能、作用而定. 人在用药（注射针剂或口服药片）后，药物在人体内发生化学反应，经代谢后，逐渐排出体外，因而其含量在不断变化. 课题 12 研究了一次用药后人体内血浆药物浓度的变化规律. 本课题将探讨一次用药后，人体内药物含量的变化规律.

中心问题 建立和求解一次静脉注射后，该药物在人体内的残留量 $Q(t)$ 满足的微分方程.

准备知识 一阶微分方程

课 题 探 究

单个剂量一次皮下和肌肉注射或口服给药后，药物以一个正比于当前病人体内该药物含量的固定比例从人体中排出. 如果设 Q 表示残留在病人体内的药物含量，则

$$\frac{\mathrm{d}Q}{\mathrm{d}t} = -kQ, \tag{38.1}$$

其中"$-$"号表示残留在人体内的药物含量 Q 是不断递减的. 由问题 29.1 的解知，该方程的解为

$$Q = Q_0 \mathrm{e}^{-kt}, \tag{38.2}$$

其中 $Q_0 = Q(0)$ 是 $t = 0$ 时病人体内的药物含量，常数 k 依赖于药物类型，因而人体内的药物含量是按指数规律衰减的. 在课题 29 中使用半衰期来传递相对衰减率的信息，其中半衰期是指 Q 衰减为原来的一半所花费的时间.

问题 38.1 丙戊酸是用来控制癫痫病的一种药物，它在人体内的半衰期约为 15 小时.

1) 设 Q 表示服用该药物 t 小时后仍残留在病人体内的药物含量，求方程

$\dfrac{\mathrm{d}Q}{\mathrm{d}t} = -kQ$ 的常数 k.

2) 多长时间后，原来服用剂量的 10% 仍残留在人体内？

当药物以静脉注射方式进入人体时，药物不仅以一个正比于当前病人体内该药物含量的固定比例从人体中排出，还要按静脉注射的速率进入人体. 于是，我们有

$$药物含量变化率 = 注入率 - 排出率.$$

问题 38.2 通过静脉注射，每小时给一病人注射 43.2 mg 的茶碱以缓解其急性哮喘. 该药品以一个正比于当前该药在人体内的残留量的固定速率从人体中排出，如果时间 t 以小时来计算，该固定的比例系数为 0.082. 假设一开始该病人体内不含有该药物.

1) 写出病人体内的茶碱含量 $Q(t)$ 所满足的微分方程.

2) 求解该微分方程，从长期来看，人体内该药物含量将会发生什么变化？

问题 38.3 从静脉给一病人以 0.5 mg/h 的速率注射华法林，一种抗血凝剂. 经过代谢后，华法林以每小时大约 2% 的速度从人体中排出. 设 Q 表示 t 小时后该药物在人体内的残留量（单位：mg）.

1) 写出 $Q(t)$ 所满足的微分方程.

2) 对于 Q 不同的初始值 $Q(0) = Q_0$，你能不通过求解微分方程，直接预期病人体内的华法林残留量如何随时间变化吗？

3) 求 1) 中微分方程的通解，与 $Q_0 = 20$，$Q_0 = 25$ 和 $Q_0 = 30$ 时的特解，从中你有什么发现？

探究题 38.1 通过静脉注射，每小时向病人注射某药物 r mg，而该药物又以一个正比于当前人体内该药物含量的固定比例从人体排出，假设该固定的比例系数为 $\alpha > 0$.

1) 求解 t 小时人体内该药物含量 $Q(t)$（单位：mg）所满足的微分方程，问：当 $t \to +\infty$ 时 Q 的极限值 Q_∞ 为多少？

2) 问：如果将 1) 中的 r 增加一倍，则对 Q_∞ 值有何影响？

3) 问：如果将 1) 中的 α 增加一倍，则对 Q_∞ 值有何影响？

问 题 解 答

问题 38.1 1) 由于半衰期约为 15 小时，故当 $t = 15$ 时，有

$$Q(15) = 0.5Q(0) = 0.5Q_0.$$

将上式代入(38.2)，得 $0.5Q_0 = Q_0 e^{-k \cdot 15}$，即

$$0.5 = e^{-k \cdot 15}.$$

两边取自然对数，得 $\ln 0.5 = -15k$，因此，

$$k = \frac{\ln 0.5}{-15} \approx 0.046 2.$$

2) 为求原来服用剂量的 10% 仍残留在人体内所花费的时间，我们取 $Q = 0.1Q_0$，代入(38.2)，来解时间 t. 由

$$0.1Q_0 = Q_0 e^{-0.046 2t},$$

得 $0.1 = e^{-0.046 2t}$，所以

$$\ln 0.1 = -0.046 2t,$$

因此，我们有

$$t = \frac{\ln 0.1}{-0.046 2} \approx 49.84,$$

即在 $t = 49.84$ 时，即服药约 50 小时后，残留在人体内的药物含量为原来服用剂量的 10%.

问题 38.2 1) 设 Q 表示开始静脉注射 t 小时后仍残留在人体内的茶碱含量，则药物含量变化率为 $\dfrac{\mathrm{d}Q}{\mathrm{d}t}$，排出率为 $0.082Q$. 又因每小时注入 43.2 mg 茶碱，即体内茶碱含量以每小时 43.2 mg 的固定速率增加，故注入率为 43.2 mg/h，所以 $Q(t)$ 满足微分方程

$$\frac{\mathrm{d}Q}{\mathrm{d}t} = 43.2 - 0.082Q. \tag{38.3}$$

2) 由(38.3)，得

$$\frac{\mathrm{d}Q}{\mathrm{d}t} = -0.082(Q - 526.8),$$

由于 $\dfrac{\mathrm{d}(526.8)}{\mathrm{d}t} = 0$，故有

$$\frac{\mathrm{d}(Q - 526.8)}{\mathrm{d}t} = -0.082(Q - 526.8).$$

利用(38.1)和(38.2)，得

$$Q - 526.8 = (Q_0 - 526.8)\mathrm{e}^{-0.082t},$$

即

$$Q = 526.8 + (Q_0 - 526.8)\mathrm{e}^{-0.082t}, \tag{38.4}$$

其中 $Q_0 = Q(0)$ 是 $t = 0$ 时病人体内的茶碱含量.

由 (38.4), 得

$$\lim_{t \to +\infty} Q(t) = 526.8,$$

因此, 由 (38.4) 可知, 当 $Q_0 < 526.8$ 时, 由于 $Q_0 - 526.8 < 0$, 故随着 t 的增大, $Q(t)$ 值递增, 且逐渐趋近于 526.8, 从长期来看, 人体内茶碱含量将趋近于 526.8, 即人体内茶碱的长期含量为 526.8 mg; 当 $Q_0 = 526.8$ 时, $Q(t) = 526.8$, 茶碱在体内的残留量将维持在 526.8 mg 不变; 当 $Q_0 > 526.8$ 时, 由于 $Q_0 - 526.8 > 0$, 故随着 t 的增大, $Q(t)$ 值递减, 且逐渐趋近于 526.8, 人体内茶碱的长期含量也是 526.8 mg.

问题 38.3 1) 由药物含量变化率 = 注入率 − 排出率, 得

$$\frac{\mathrm{d}Q}{\mathrm{d}t} = 0.5 - 0.02Q. \tag{38.5}$$

2) 由 (38.5) 可知, 如果 Q 值比较小, 那么 $0.02Q$ 就比较小, 华法林从人体排出的速率 $0.02Q$ 就低于其进入人体的速率 0.5, 因而注入率大于排出率, 故变化率 $\dfrac{\mathrm{d}Q}{\mathrm{d}t}$ 为正, 人体内华法林的残留量递增; 如果 Q 值足够大以至于 $0.02Q$ 大于 0.5, 那么注入率小于排出率, $\dfrac{\mathrm{d}Q}{\mathrm{d}t} = 0.5 - 0.02Q$ 为负, 因而人体内华法林的残留量递减.

对较小的 Q 值, 人体内华法林的残留量不断增加直到注入率等于排出率, 此时我们有

$$0.5 = 0.02Q,$$

所以 $Q = 25$, 即人体内的华法林残留量为 25 mg 时注入率等于排出率.

如果一开始, 在人体内华法林残留量为 25 mg, 那么排出率 0.5 恰好等于注入率 0.02×25, 因而排出量恰好等于注入量, 华法林在人体内的残留量将维持在 25 mg 不变 (注意: 当 $Q = 25$ 时, $\dfrac{\mathrm{d}Q}{\mathrm{d}t} = 0.5 - 0.02 \times 25 = 0$, 因而也可从导数为零的函数是常数来说明 $Q(t) = 25$).

因此, 当 $Q_0 < 25$ 时, 注入率大于排出率, 人体内华法林的残留量递增, 上升到 Q 值等于 25 时, 就维持在 25 mg 不变.

类似地, 当 $Q_0 > 25$ 时, 注入率小于排出率, 人体内华法林的残留量递

减，下降到 Q 值等于 25 时，就维持在 25 mg 不变.

3）由（38.5）知

$$\frac{\mathrm{d}Q}{\mathrm{d}t} = 0.5 - 0.02Q = -0.02(Q - 25),$$

$$\frac{\mathrm{d}(Q-25)}{\mathrm{d}t} = -0.02(Q - 25),$$

该方程的通解为

$$Q = 25 + C\mathrm{e}^{-0.02t}, \tag{38.6}$$

其中 C 为任一常数.

将初始条件：$t = 0$ 时，$Q = Q_0$，代入上式，得

$$Q_0 = 25 + C\mathrm{e}^0 = 25 + C,$$

由此得待定常数 $C = Q_0 - 25$，并求得特解：

$$Q = 25 + (Q_0 - 25)\mathrm{e}^{-0.02t}. \tag{38.7}$$

由（38.7）知，当 $Q_0 = 20$ 时，该方程的特解为 $Q = 25 - 5\mathrm{e}^{-0.02t}$；当 $Q_0 = 25$ 时，该方程的特解为 $Q = 25$，其图像为水平线；当 $Q_0 = 30$ 时，该方程的特解为 $Q = 25 + 5\mathrm{e}^{-0.02t}$.

图 38-1 给出了不同初始值下，3 个方程特解的图像，也就是人体内华法林残留量的变化图，图中可见，随着 $t \to +\infty$，3 条曲线的 Q 值都趋近于 25，即人体内华法林残留量都将趋近于均衡值 25 mg. 我们可以发现，从长期来讲，无论人体内华法林的初始量为多少，人体内华法林残留量都将趋于均衡值 25 mg（这是因为方程（38.5）的通解为

$$Q = 25 + C\mathrm{e}^{-0.02t},$$

而随着 $t \to +\infty$，$\mathrm{e}^{-0.02t} \to 0$，所以无论 Q_0 取什么值，即 C 取什么值，随着 $t \to +\infty$，都有 $Q \to 25$），因此，这稳定值 25 mg 就是在人体内华法林的长期含量.

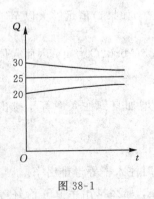

图 38-1

注意：通过求解 $\dfrac{\mathrm{d}Q}{\mathrm{d}t} = 0$，可以直接求出该均衡值：

$$\frac{\mathrm{d}Q}{\mathrm{d}t} = -0.02(Q - 25) = 0,$$

所以 $Q = 25$.

39. 公司净值

一个公司获取收益并支出工资，假设其收益是连续获取，其支付也是连续支出的，并且唯一影响其净值的是其收益与工资支出. 本课题将建立该公司净值如何变化的模型，并讨论微分方程 $\dfrac{\mathrm{d}y}{\mathrm{d}t}=k(y-A)$ 的均衡解的稳定性.

中心问题　建立和求解公司净值模型.
准备知识　一阶微分方程

课 题 探 究

问题 39.1　设某公司的净值 W 是时间 t（单位：年）的函数，每年以其净值的 5% 连续取其收益，每年固定的工资支出为 200（单位：百万元），且唯一影响其净值的是其收益与工资支付.

1）给出公司净值如何变化的模型，即写出净值 Q 所满足的微分方程.

2）假设公司的初始净值为 W_0 百万元，求解该微分方程.

3）问：对于 $W_0=3\,000,4\,000$ 和 $5\,000$，公司会破产吗？如果会的话，哪一年破产？

在问题 38.3 的解中，我们看到，微分方程 $\dfrac{\mathrm{d}Q}{\mathrm{d}t}=0.5-0.02Q$ 和初始条件 $Q_0=25$ 的特解 $Q=25$ 是一个对所有的自变量 t 均取常数 25 的解，我们称它为均衡解. 一般地，一个微分方程

$$\frac{\mathrm{d}y}{\mathrm{d}t}=k(y-A)$$

的**均衡解**就是一个对所有自变量 t 均取常数的解，其图像是一条水平线. 均衡解可以通过设函数 $y(t)$ 的导数为零直接求得，也就是说，设 $\dfrac{\mathrm{d}y}{\mathrm{d}t}=0$，则

$$\frac{\mathrm{d}y}{\mathrm{d}t}=k(y-A)=0,$$

由此即得该方程的均衡解为 $y = A$，A 称为**均衡值**.

均衡解按其稳定性又分为如下两类：

1）如果随着自变量 t 趋于正无穷，一个均衡解的初始条件的一个微小变化仍可以使所得的方程的解趋于均衡值，那么称该均衡解是**稳定的**.

例如：问题 38.3 中方程

$$\frac{\mathrm{d}Q}{\mathrm{d}t} = 0.5 - 0.02Q = -0.02(Q - 25)$$

的初始条件为 $Q_0 = 25$ 的特解 $Q = 25$ 是一个稳定的均衡解，这是因为当初始条件有微小变化时所得的特解 $Q(t) = 25 + (Q_0 - 25)\mathrm{e}^{-0.02t}$ 仍有当 $t \to +\infty$ 时，$Q(t) \to 25$，即 $\lim\limits_{t \to +\infty} Q(t) = 25$（实际上，在问题 38.3 中，对任一初始量 Q_0 所得的特解 $Q(t)$ 都有 $\lim\limits_{t \to +\infty} Q(t) = 25$）.

2）如果随着自变量 t 趋于正无穷，一个均衡解的初始条件的一个微小变化可以使所得的方程的解偏离均衡值，那么称该均衡解是**非稳定的**.

例如：问题 39.1 中方程

$$\frac{\mathrm{d}W}{\mathrm{d}t} = 0.05W - 200 = 0.05(W - 4\,000)$$

的初始条件为 $W_0 = 4\,000$ 的特解 $W = 4\,000$ 是一个均衡解. 由于只要初始净值 W_0 接近 $4\,000$ 但不等于 $4\,000$，所得的特解

$$W = 4\,000 + (W_0 - 4\,000)\mathrm{e}^{0.05t}$$

随着 $t \to +\infty$，它的值 $W(t)$ 都将越来越偏离 $4\,000$，因而这一均衡解是不稳定的.

问题 39.2 1）求下列微分方程的均衡解，并判定该均衡解是稳定的还是非稳定的：

① $\dfrac{\mathrm{d}y}{\mathrm{d}t} = -2(y - 20)$；② $\dfrac{\mathrm{d}y}{\mathrm{d}t} = 2(y - 10)$.

2）给出微分方程 $\dfrac{\mathrm{d}y}{\mathrm{d}t} = k(y - A)$ 的均衡解的稳定性的判定法则.

探究题 39.1 某公司连续每月赚取其公司资产的 2%，同时连续每月支出 0.08 百万元.

1）写出该公司的资产价值 $V(t)$（时间 t 的单位为月）所满足的微分方程.

2）求该微分方程的均衡解，对该公司而言，该均衡值有何重要意义？

3）求解 1）中的微分方程.

4) 如果 $t = 0$ 时，该公司的资产价值为 3 百万元，问：一年后其资产价值为多少，从长期来看，将会发生什么？

问 题 解 答

问题 39.1 1) 由于该公司的年收益为其净值的 5%，故有

$$收益率 = 5\% \ 净值 = 0.05W \ (百万元 / 年).$$

由于年工资支付为 200 百万元，故有

$$工资支出率 = 200 \ (百万元 / 年).$$

因为

$$净值变化率 = 收益率 - 工资支出率，$$

所以我们有

$$\frac{\mathrm{d}W}{\mathrm{d}t} = 0.05W - 200, \tag{39.1}$$

这一微分方程给出了公司净值如何变化的模型.

2) 由 (39.1)，得

$$\frac{\mathrm{d}W}{\mathrm{d}t} = 0.05(W - 4\,000),$$

于是，通解为

$$W = 4\,000 + C\mathrm{e}^{0.05t}, \tag{39.2}$$

其中 C 为任一常数. 假设 $t = 0$ 时，$W = W_0$，代入上式得

$$W_0 = 4\,000 + C\mathrm{e}^0 = 4\,000 + C,$$

故有 $C = W_0 - 4\,000$，将它代入 (39.2) 得特解

$$W = 4\,000 + (W_0 - 4\,000)\mathrm{e}^{0.05t}. \tag{39.3}$$

3) 由 (39.3) 知，如果 $W_0 = 4\,000$，那么 $W = 4\,000$，这是一个均衡解；如果 $W_0 = 5\,000$，那么

$$W = 4\,000 + 1\,000\,\mathrm{e}^{0.05t},$$

且随着 t 的增大，W 递增；如果 $W_0 = 3\,000$，那么

$$W = 4\,000 - 1\,000\,\mathrm{e}^{0.05t},$$

且随着 t 的增大，W 递减，并趋于 0，即 W 的值将会变为 0，该公司将会破产. 设 $W = 0$ 可解得 $t \approx 27.7$，即该公司将在 27.7 年时破产.

图 39-1 给出了以上 3 个特解的函数曲线，可以看到，如果初始净值 W_0 接近 4 000 百万元但不等于 4 000 百万元，那么 W 值将越来越偏离该值，当 $W_0 = 3\,000$ 时，W 值将会变为 0.

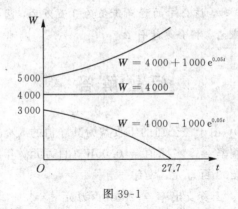

图 39-1

问题 39.2　1）　①　由 $\dfrac{\mathrm{d}y}{\mathrm{d}t} = -2(y-20)$ 知，$y = 20$ 为方程的均衡解，该方程的通解为

$$y = 20 + C\mathrm{e}^{-2t},$$

其中 C 为任一常数，满足初始条件 $y(0) = y_0$ 的特解为

$$y = 20 + (y_0 - 20)\mathrm{e}^{-2t},$$

故无论初值 y_0 取什么值，都有 $\lim\limits_{t \to +\infty} y(t) = 20$，因此，均衡解 $y = 20$ 是稳定的. 图 39-2（1）给出了 $y_0 = 10, 20$ 和 30 时的解曲线，随着 $t \to +\infty$，它们都趋于均衡.

②　由 $\dfrac{\mathrm{d}y}{\mathrm{d}t} = 2(y-10)$ 知，$y = 10$ 为方程的均衡解. 该方程的通解为

$$y = 10 + C\mathrm{e}^{2t},$$

其中 C 为任一常数，满足初始条件 $y(0) = y_0$ 的特解为

$$y = 10 + (y_0 - 10)\mathrm{e}^{2t},$$

故当 $y_0 > 10$ 时，随着 $t \to +\infty$，$y \to +\infty$；当 $y_0 < 10$ 时，随着 $t \to +\infty$，$y \to -\infty$（如图 39-2（2）所示）. 该均衡解是非稳定的.

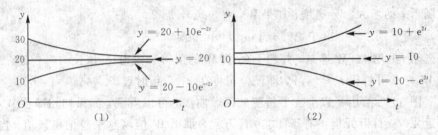

图 39-2

2) 由方程 $\dfrac{\mathrm{d}y}{\mathrm{d}t} = k(y-A)$ 知，$y = A$ 为方程的均衡解，该方程的通解为

$$y = A + C\mathrm{e}^{kt},$$

其中 C 为任一常数，满足初始条件 $y(0) = y_0$ 的特解为

$$y = A + (y_0 - A)\mathrm{e}^{kt}.$$

当 $k < 0$ 时，均衡解 $y = A$ 是稳定的，这是因为无论初值 y_0 取什么值，都有 $\lim\limits_{t \to +\infty} y(t) = A$.

当 $k > 0$ 时，均衡解 $y = A$ 是非稳定的，这是因为当 $y_0 > A$ 时，随着 $t \to +\infty$，$y \to +\infty$；当 $y_0 < A$ 时，随着 $t \to +\infty$，$y \to -\infty$。

因此，方程 $\dfrac{\mathrm{d}y}{\mathrm{d}t} = k(y-A)$ 的均衡解当 $k < 0$ 时是稳定的；当 $k > 0$ 时是非稳定的。

40. 物体上抛时上升快还是下降快

本课题探讨竖直上抛一物体时，究竟是从起点上升到最高点所需要的时间少，还是从最高点落到起点所需要的时间少.

中心问题 在受到与速度成正比的空气阻力的情况下，物体上抛时究竟是上升快还是下降快？

准备知识 定积分，一阶微分方程

课 题 探 究

首先讨论空气阻力忽略不计的情况.

问题 40.1 以初速度 v_0 上抛一个球（视为质点），该球做竖直上抛运动，取 x 轴上任意一点 A 为抛出点，y 轴的正方向为竖直向上的方向，如图 40-1 所示. 问：该球上升快还是下降快？

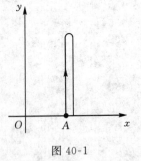

图 40-1

当考虑空气阻力时，阻力大小与球的物理性质有关，也与速度有关（当球的速度不同时，所受的空气阻力也不同. 当球的速度很高时，可以考虑所受空气阻力与速度平方成正比，如果速度再高，还可能与速度的三次方成正比）. 下面先讨论所受空气阻力与速度成正比的情况.

问题 40.2 以初速度 v_0 上抛一个球（如图 40-1），所受空气阻力与速度成正比，问：该球从起点上升到最高点所需要的时间少，还是从最高点落到起点所需要的时间少？

（提示：设该球在时刻 t 的速度为 $v(t)$，该球运动时同时受到重力 $-mg$

（"−"表示重力的方向与 y 轴正向相反）与空气阻力 $-kv$ 的作用（阻力大小为 kv，其中 $k > 0$ 为比例常数，"−"表示阻力的方向与速度的方向相反），故合外力为 $F = -kv - mg$，再根据牛顿第二定律 $F = m\dfrac{\mathrm{d}v}{\mathrm{d}t}$ 得，$v(t)$ 满足方程 $m\dfrac{\mathrm{d}v}{\mathrm{d}t} = -kv - mg$.）

在问题 40.2 的解法 2 中还可以看到，问题 40.2 中的空气阻力 kv 可以推广到空气阻力为速度 v 的函数 $f(v)$ 的更一般的情况，其中 $f(v)$ 满足下列条件：

1）如果 $v > 0$，则 $f(v) > 0$，如果 $v < 0$，则 $f(v) < 0$，也就是说，
$$vf(v) > 0 \quad (v \neq 0);$$

2）$f(v)$（$v \in (-\infty, +\infty)$）具有连续的一阶导数（这将保证满足初始条件 $v(0) = v_0$ 的微分方程：
$$m\frac{\mathrm{d}v}{\mathrm{d}t} = -mg - f(v), \quad v(0) = v_0 \qquad (40.1)$$
有唯一解）. 例如：$f(v) = kv$ 或者 $f(v) = kv^3$ 都满足这两个条件. 在这更一般的情况下，仍能得到相同的结论，即上升快，下降慢.

关于物体的竖直上抛和下落运动还有一个值得思考的问题：在物体竖直上抛的上升过程中，由于所受的外力（包括重力和空气阻力）的方向与运动方向相反，由牛顿第二定律知，物体做减速运动，因而上升的速度越来越小，到最高点时降低为零，那么物体下落时速度又如何变化呢？对于做自由落体运动的物体，在下落时未受阻力，以加速度 g 做匀加速运动，速度越来越大，当 $t \to +\infty$ 时，速度趋向于无穷大. 但是，在实际问题中，由于下落时受到阻力，当 $t \to +\infty$ 时，速度的变化趋势有所不同. 由于在球和跳伞者等许多物体下落过程中，所受的空气阻力都近似地与其运动速度的平方成正比，下面就在该情况下对下落时的速度变化趋势加以探讨.

探究题 40.1 设一球体下落后的下落速度为 $v(t)$，下落的初速度 $v(0) = 0$，该球体下落后，所受的空气阻力与速度平方 v^2 成正比（设比例系数为 k），求下落速度 $v(t)$，并求 $t \to +\infty$ 时速度的极限 $\lim\limits_{t \to +\infty} v(t)$（为了计算方便起见，可设 x 轴的正向为竖直向下的方向，物体沿 x 轴下落，起点为原点 O）.

物体在流体中下落的最大速度叫做**终极速度**，由以上讨论知，在自由落体运动的情况下，不存在终极速度. 但是，当物体下落时所受到的空气阻力与速度成正比或与速度的平方成正比时，物体下落时的加速度将随速度的增

大而减小，以致当速度足够大时，阻力会和重力平衡（即合外力为零）而物体将以匀速下降（这是因牛顿第一定律，在不受外力作用时，原来运动的物体仍保持原有速度做匀速直线运动），此匀速直线运动的速度就是 $\lim\limits_{t \to +\infty} v(t)$，它也是下落的最大速度，即终极速度.

探究题 40.2 问：能否不解球体下落速度 $v(t)$ 所满足的微分方程

$$m \frac{\mathrm{d}v}{\mathrm{d}t} = mg - kv^2, \tag{40.2}$$

直接求终极速度 $\lim\limits_{t \to +\infty} v(t)$？

在方程（40.2）中，比例系数 k 为常数，但是，对不同的物体，k 值是不同的，因而对不同的物体，其终极速度往往不相同. 在[18]表1中，列出了由实验测得的一些球体下落时的终极速度（见表40.1）.

表 40.1

物体	质量 /kg	终极速度 /(m/s)	物体	质量 /kg	终极速度 /(m/s)
足球	0.41	45	网球	0.06	36
棒球	0.15	42	篮球	0.6	20
高尔夫球	0.05	40	乒乓球	0.003	9
垒球	0.18	80			

问 题 解 答

问题 40.1 设该球体的质量为 m，g 为重力加速度，该球在运动时只受到重力 mg 的作用，由于重力的方向与 y 轴的正向相反，故该球所受的外力为 $F = -mg$. 根据牛顿第二定律 $F = m \dfrac{\mathrm{d}v}{\mathrm{d}t}$，得

$$m \frac{\mathrm{d}v}{\mathrm{d}t} = -mg,$$

即 $\dfrac{\mathrm{d}v}{\mathrm{d}t} = -g$，故有

$$v(t) = -gt + C_1,$$

其中 C_1 为待定常数. 将 $v(0) = v_0$ 代入上式，可得 $C_1 = v_0$，所以有

$$v(t) = - gt + v_0. \tag{40.3}$$

将 $v(t) = \dfrac{\mathrm{d}y}{\mathrm{d}t}$ 代入上式, 得

$$\frac{\mathrm{d}y}{\mathrm{d}t} = - gt + v_0,$$

故有

$$y(t) = -\frac{1}{2}gt^2 + v_0 t + C_2,$$

其中 C_2 为待定常数. 将 $y(0) = 0$ 代入上式, 可得 $C_2 = 0$, 所以有

$$y(t) = -\frac{1}{2}gt^2 + v_0 t. \tag{40.4}$$

设该球从起点上升到最高点所需要的时间为 t_1, 由于该球在最高点的时刻 t_1 时速度为 0, 故 $v(t_1) = 0$, 将它代入 (40.3), 得

$$t_1 = \frac{v_0}{g}.$$

下面利用 (40.4) 求该球落回起点的时间. 解方程

$$y(t) = -\frac{1}{2}gt^2 + v_0 t = 0,$$

得 $t = 0, \dfrac{2v_0}{g}$, 其中 $t = 0$ 是起始时刻, $t = \dfrac{2v_0}{g}$ 是落回起点的时刻, 也即从上抛到落回起点所需要的总时间, 故该球从最高点落回起点所需要的时间为

$$\frac{2v_0}{g} - t_1 = \frac{2v_0}{g} - \frac{v_0}{g} = \frac{v_0}{g} = t_1.$$

因此, 在空气阻力忽略不计的情况下, 该球在做竖直上抛运动的过程中, 上升与下降所需要的时间相同.

问题 40.2 设该球在时刻 t 的速度为 $v(t)$, 它运动时受到重力 mg 与空气阻力 kv 的作用, 由于重力的方向与 y 轴正向相反以及空气阻力的方向与速度 v 的方向相反, 故该球所受的合外力为 $F = - kv - mg$. 由牛顿第二定律知, $v(t)$ 满足微分方程

$$m\frac{\mathrm{d}v}{\mathrm{d}t} = - kv - mg, \tag{40.5}$$

以及初值条件 $v(0) = v_0$.

下面有两种解法.

[解法 1] 先求出该球的运动方程 $y = y(t)$, 然后再比较上升和下降所需要的时间.

由 (40.5), 得一阶线性微分方程

$$\frac{\mathrm{d}v}{\mathrm{d}t} + \frac{k}{m}v = -g, \tag{40.6}$$

方程(40.6)的通解为

$$v(t) = \mathrm{e}^{-\int \frac{k}{m}\mathrm{d}t}\left(\int -g\mathrm{e}^{\int \frac{k}{m}\mathrm{d}t}\mathrm{d}t + C\right) = \mathrm{e}^{-\frac{k}{m}t}\left(-\frac{mg}{k}\mathrm{e}^{\frac{k}{m}t} + C\right). \tag{40.7}$$

将 $t = 0$ 代入(40.7)，由 $v(0) = v_0$，得

$$v_0 = -\frac{mg}{k} + C,$$

故 $C = v_0 + \frac{mg}{k}$. 因此，由(40.7)得

$$v(t) = \left(v_0 + \frac{mg}{k}\right)\mathrm{e}^{-\frac{k}{m}t} - \frac{mg}{k}. \tag{40.8}$$

将 $v(t) = \frac{\mathrm{d}y}{\mathrm{d}t}$ 代入上式，得

$$\frac{\mathrm{d}y}{\mathrm{d}t} = \left(v_0 + \frac{mg}{k}\right)\mathrm{e}^{-\frac{k}{m}t} - \frac{mg}{k},$$

两边积分，得

$$y(t) = \left(v_0 + \frac{mg}{k}\right)\left(-\frac{m}{k}\right)\mathrm{e}^{-\frac{k}{m}t} - \frac{mg}{k}t + C_1.$$

由于 $y(0) = 0$，由上式可得，$C_1 = \left(v_0 + \frac{mg}{k}\right)\frac{m}{k}$，故

$$y(t) = \left(v_0 + \frac{mg}{k}\right)\frac{m}{k}(1 - \mathrm{e}^{-\frac{k}{m}t}) - \frac{mg}{k}t. \tag{40.9}$$

下面求该球从起点上升到最高点所需要的时间(设为 t_1).

由于 $v(t_1) = 0$，由(40.8)得

$$\left(v_0 + \frac{mg}{k}\right)\mathrm{e}^{-\frac{k}{m}t_1} - \frac{mg}{k} = 0,$$

$$\mathrm{e}^{-\frac{k}{m}t_1} = \frac{\dfrac{mg}{k}}{v_0 + \dfrac{mg}{k}} = \frac{mg}{v_0 k + mg},$$

$$-\frac{k}{m}t_1 = \ln\left(\frac{mg}{v_0 k + mg}\right),$$

由此得

$$t_1 = \frac{m}{k}\ln\left(\frac{v_0 k + mg}{mg}\right). \tag{40.10}$$

设该球从最高点落回起点所需要的时间为 t_2，则 $y(t_2) = 0$. 但是，很难由方程 $y(t) = 0$ 解出 t_2. 于是，我们通过判别 $y(2t_1)$ 的值的正负号，来比较

t_1 与 t_2 的大小. 如果 $y(2t_1) > 0$, 则表明经过时间间隔 $2t_1$, 该球仍在起点的上方, 即 $t_1 < t_2$. 同样, 如果 $y(2t_1) < 0$ (或 $= 0$), 则 $t_1 > t_2$ (或 $t_1 = t_2$).

由 (40.9) 和 (40.10), 得

$$y(2t_1) = \left(v_0 + \frac{mg}{k}\right)\frac{m}{k}\left[1 - \left(\frac{mg}{v_0 k + mg}\right)^2\right] - \frac{2m^2 g}{k^2}\ln\frac{mg + kv_2}{mg}$$

$$= \frac{m^2 g}{k^2}\left(\frac{mg + kv_0}{mg} - \frac{mg}{mg + v_0 k} - 2\ln\frac{mg + kv_0}{mg}\right). \tag{40.11}$$

下面证明 $y(2t_1) > 0$. 设函数

$$f(x) = x - \frac{1}{x} - 2\ln x, \quad x \in [1, +\infty),$$

由于

$$f'(x) = 1 + \frac{1}{x^2} - \frac{2}{x} = \left(1 - \frac{1}{x}\right)^2 > 0, \quad 对 x \in (1, +\infty),$$

故 $f(x)$ 在 $[1, +\infty)$ 上是单调递增的, 即对 $x_1, x_2 \in [1, +\infty)$, 当 $x_1 < x_2$ 时, 有 $f(x_1) < f(x_2)$. 又因 $f(1) = 0$, 故

$$f(x) > 0, \quad x \in (1, +\infty). \tag{40.12}$$

由 (40.11) 知,

$$y(2t_1) = \frac{m^2 g}{k^2}f\left(\frac{mg + kv_0}{mg}\right),$$

而 $\frac{mg + kv_0}{mg} > 1$, 故由 (40.12) 知, $y(2t_1) > 0$, 即 $t_1 < t_2$, 这就证明了上升比下降所需要的时间少.

[解法 2]　该解法可以推广到 (40.1) 空气阻力为 $f(v)$ 的情况.

设该球从起点上升到最高点所需要的时间为 t_1, 则 $v(t) > 0$, 对 $0 \leqslant t < t_1$, 且 $v(t_1) = 0$.

在区间 $[0, t_1]$ 上, 对方程 (40.5) 分离变量, 再积分, 得

$$\int_{v_0}^{v(t)} \frac{m\,\mathrm{d}v}{kv + mg} = -\int_0^t \mathrm{d}t = -t.$$

因为 $v(t_1) = 0$, 所以有

$$t_1 = -\int_{v_0}^0 \frac{m\,\mathrm{d}v}{kv + mg} = \int_0^{v_0} \frac{m\,\mathrm{d}v}{kv + mg}. \tag{40.13}$$

由于当 $t \geqslant t_1$ 时, 该球处于从最高点下降的过程中, 故 $v(t) < 0$ ($t \in [t_1, +\infty)$). 在区间 $[t_1, +\infty)$ 上, 对方程 (40.5) 分离变量, 再积分, 得

$$\int_0^{v(t)} \frac{m\,\mathrm{d}v}{kv + mg} = -\int_{t_1}^t \mathrm{d}t = -(t - t_1). \tag{40.14}$$

在 (40.14) 中, 令 $t = 2t_1$, 得

$$t_1 = \int_{v(2t_1)}^0 \frac{m\,dv}{kv + mg}. \tag{40.15}$$

由 (40.13) 和 (40.15)，得

$$\int_0^{v_0} \frac{m\,dv}{kv + mg} = \int_{v(2t_1)}^0 \frac{m\,dv}{kv + mg}, \tag{40.16}$$

其中左、右两边的被积函数 $\dfrac{m}{kv + mg} > 0$（这是因为上升时 $v(t) \geqslant 0$，对 $0 \leqslant t \leqslant t_1$，故有 $kv + mg > 0$，而下降时该球所受到的作用力 $-kv - mg < 0$（否则该球不会下降，反而会上升），故有 $kv + mg > 0$），将上式两边积分，得

$$\frac{m}{k} \ln(kv + mg) \Big|_0^{v_0} = \frac{m}{k} \ln(kv + mg) \Big|_{v(2t_1)}^0.$$

将上式整理后，得

$$\frac{kv_0 + mg}{mg} = \frac{mg}{kv(2t_1) + mg} = 1 + \frac{-kv(2t_1)}{kv(2t_1) + mg},$$

故有

$$\frac{v_0}{mg} = \frac{-v(2t_1)}{kv(2t_1) + mg}. \tag{40.17}$$

(40.17) 右边的分母 $kv(2t_1) + mg > 0$，但因 $v(2t_1) < 0$，故有

$$mg > kv(2t_1) + mg,$$

因而 (40.17) 左边的分子 v_0 必须大于 $-v(2t_1)$，即

$$v_0 = v(0) > -v(2t_1). \tag{40.18}$$

当初始时刻 $t = 0$ 改为该球上升过程中的任一时刻 $t = \tau$（其中 $0 \leqslant \tau \leqslant t_1$）时，上升到最高点所需要的时间为 $t_1 - \tau$，该球在时刻 τ 的速度为 $v(\tau)$，在时刻 t_1 之后再过时间 $t_1 - \tau$ 的时刻（即时刻 $2t_1 - \tau$）的速度为 $v(2t_1 - \tau)$，与 (40.18) 同样可以证明

$$v(\tau) > -v(2t_1 - \tau), \tag{40.19}$$

其中 $0 \leqslant \tau \leqslant t_1$. 利用 $\dfrac{dy}{dt} = v(t)$，$y(0) = 0$，将 (40.19) 积分，得

$$y(t_1) = \int_0^{t_1} v(\tau)\,d\tau > -\int_0^{t_1} v(2t_1 - \tau)\,d\tau$$

$$= y(2t_1 - \tau) \Big|_0^{t_1} = y(t_1) - y(2t_1),$$

由此得，$y(2t_1) > 0$，这就证明了该球上升快，下降慢.

注意：在将解法 2 推广到方程 (40.1) 中空气阻力为 $f(v)$ 的一般情况时，只要将解中的 "kv" 都改为 "$f(v)$" 即可.

41. 球体、球壳、圆柱体、空心圆柱体中哪个滚得快

本课题探究让质量均匀分布的球体、球壳、圆柱体、空心圆柱体从斜面上由静止开始自由滚下,其中哪个滚得快的问题.

中心问题 求上述几何体从斜面上由静止开始自由滚下时所需的时间.
准备知识 定积分,一阶微分方程

课 题 探 究

我们先介绍一些力学中刚体定轴转动的有关知识. 在日常生活中,人们常常看到转动着的物体. 例如:工作着的电扇的叶片,在关闭电源后,经过一段时间才停止转动. 又如:转动的飞轮,撤去动力之后,仍继续转动,经过较长时间才停下来,如果转轴处的摩擦越小,则维持转动的时间越长. 可以想象,如果转轴处没有丝毫摩擦,则飞轮将不停地转动. 是什么原因维持物体的转动呢?原来,转动的物体也具有保持静止或匀速转动状态的特性,叫做转动惯性.

不同物体的转动惯性的大小不同. 我们来观察一个实验:取两个半径、质量、高都相同的圆柱体,一个是均质实心圆柱体,另一个是质量分布在外层的空心圆柱体. 让它们从斜面上由静止开始自由滚下(图 41-1),可以发现,均质实心圆柱体滚得快,即改变转动状态(由静止变为转动)容易,也就是它保持原有转动状态的本领小,即转动惯性小,而空心圆柱体滚得慢,即改变转动状态较难,也就是它保持原有转动状态的本领大,即转动惯性大.

可见,物体转动惯性的大小,取决于物体的质量和质量分布的情况. 在生产实际中,根据不同的要

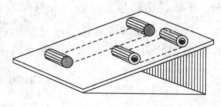

图 41-1

求，对机器上转动部分的转动惯性大小的要求也不一样. 例如：要想机器启动快，就要尽量设法减小机器的转动惯性；但在另外一些情况下，为了使机器运转平稳，就要装有转动惯性很大的飞轮，为了增大机器上的飞轮的转动惯性，一般都把它做得比较重，而且边缘厚，中间薄，或者中间只有几根辐条.

如何定量地量度刚体的转动惯性有多大呢？下面从理论上进行分析.

刚体是由其上的许多小质元所组成的. 刚体的定轴转动，可以看做是刚体上的许多小质元在做圆周运动，圆心都在转轴上.

设某一小质元的质量为 m_i，线速度为 v_i，其动能为 $\frac{1}{2}m_i v_i^2$，而整个刚体的动能是无数个小质元动能的总和，即

$$E = \sum \frac{1}{2} m_i v_i^2.$$

由于转动中角速度 ω 和线速度 v 之间的关系是 $v = r\omega$，故上式可以写为

$$E = \sum \frac{1}{2} m_i r_i^2 \omega_i^2,$$

其中 r_i 为小质元到转轴的距离. 对于刚体，各小质元的角速度 ω_i 相等，设为 ω，所以得

$$E = \frac{1}{2} \left(\sum m_i r_i^2 \right) \omega^2. \tag{41.1}$$

我们把刚体定轴转动的动能与平动的动能 $\frac{1}{2}mv^2$ 相比较，可以看出，角速度 ω 与线速度 v 相当，$\sum m_i r_i^2$ 与平动中的 m 相当. 由于质量 m 是平动惯性大小的量度，所以，$\sum m_i r_i^2$ 是转动中惯性大小的量度，叫做**转动惯量**，用符号 I 表示，其大小等于刚体中每个小质元的质量与这一质元到转轴距离的平方的乘积的总和，即

$$I = \sum m_i r_i^2. \tag{41.2}$$

因此，转动惯量与质量有关，而且与质量的分布也有关，质量越大，质量分布离轴越远，转动惯量就越大.

由于刚体的质量可以认为是连续分布的，所以(41.2)的求和将变为求积分. 下面讨论质量分布的两种典型的情况：面质量分布和体质量分布.

1) 面质量分布：设刚体 D 的质量分布仅在平面内，如果是均匀分布，设单位面积的质量为 ρ（称为面密度），则

$$I = \int r^2 \, \mathrm{d}m = \iint\limits_D r^2 \rho \, \mathrm{d}\sigma,$$

其中 $\mathrm{d}\sigma$ 表示相应于 $\mathrm{d}m$ 的面积元，r 是面积元与转轴之间的距离.

下面我们利用上式来求一个质量为 m，外半径为 R_2，内半径为 R_1 的均质圆环 D（如图 41-2 所示），绕通过圆心 C 并与圆面垂直的转轴转动的转动惯量.

在圆环 D 上取一内半径为 r 和外半径为 $r + \mathrm{d}r$ 的小圆环，如图 41-3 所示. 该小质元的质量为

$$\mathrm{d}m = \rho(2\pi r)\mathrm{d}r,$$

其中 ρ 为圆环的面密度.

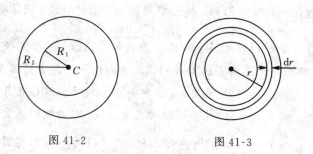

图 41-2   图 41-3

圆环 D 绕通过 C 点并与圆面垂直的转轴转动的转动惯量

$$I = \int r^2 \mathrm{d}m = \int_{R_1}^{R_2} 2\pi\rho r^3 \mathrm{d}r = \frac{\pi}{2}\rho(R_2^4 - R_1^4)$$

$$= \frac{1}{2}\rho\pi(R_2^2 - R_1^2)(R_1^2 + R_2^2).$$

由于圆环的面积为 $\pi(R_2^2 - R_1^2)$，质量 $m = \rho\pi(R_2^2 - R_1^2)$，故所求的转动惯量为

$$I = \frac{1}{2}m(R_1^2 + R_2^2). \tag{41.3}$$

在 (41.3) 中，当 $R_2 = R$，$R_1 = 0$（即圆环 D 为半径为 R 的圆）时，有

$$I = \frac{1}{2}mR^2; \tag{41.4}$$

当 $R_2 = R$，$R_1 \rightarrow R$（即圆环 D 为半径为 R 的圆周）时，有

$$I = mR^2. \tag{41.5}$$

2）体质量分布：设刚体的质量分布于体积 V 内，如果是均匀分布，设单位体积的质量为 ρ（称为体密度），则

$$I = \int r^2 \mathrm{d}m = \iiint_V r^2 \rho \mathrm{d}V. \tag{41.6}$$

由于转动惯量是转动中惯性大小的量度，为解决本课题，我们先计算圆柱体、空心圆柱体、球体、球壳的转动惯量.

问题 41.1 1）求质量为 m，底圆半径为 R，高为 H 的均质圆柱体（或空心圆柱体）转轴沿中心轴的转动惯量.

2）求质量为 m，半径为 R 的均质球体（或球壳）转轴沿直径的转动惯量.

由问题 41.1 的解可知，对质量同为 m，半径同为 R 的均质球体、圆柱体、球壳、空心圆柱体转轴沿中心轴的转动惯量依次为 $\frac{2}{5}mR^2$，$\frac{1}{2}mR^2$，$\frac{2}{3}mR^2$，mR^2，因此，它们从斜面上由静止开始自由滚下（即摩擦力忽略不计），滚动快慢的次序也按同样次序排列，转动惯量越小，滚得越快，球体滚得最快.

探究题 41.1 如图 41-4 所示，半径为 R 的均质圆盘，挖去直径为 R 的一块小圆盘（它的圆周通过大圆盘的圆心 O 点，并内切于大圆盘的圆周）后，所剩质量为 m，求所剩部分对于经过 O 点且与圆盘垂直的转轴的转动惯量. 问：它的转动惯量与质量同为 m 的外半径为 R、内半径为 $\frac{R}{2}$ 的均质圆环的转动惯量相比，哪个大？

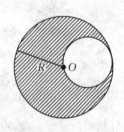

图 41-4

下面我们进一步讨论，当这 4 种刚体的质量和半径都不相同时情况如何？为此，需要进一步计算它们分别从斜面上滚下时所需的时间.

设几何体 D 是一个实（或空心）球体或实（或空心）圆柱体，它的质量为 m，半径为 R，转动惯量（转轴沿中心轴）为 I. 如果斜面的垂直高度为 h（见图 41-5），那么几何体 D 在斜面顶部时的重力势能为 mgh（取斜面底部高度为重力势能零点）. 假设它滚到斜面底部时的速度为 v，且 $v = |v|$，角速度为 ω，则 $v = \omega R$，它到达底部时的动能由两部分组成：平动（沿斜面向下平移）的动能 $\frac{1}{2}mv^2$ 和定轴转动的动能 $\frac{1}{2}I\omega^2$（这可由（41.1）和（41.2）推得）. 假设几何体 D 从斜面上由静止开始自由滚下，摩擦力可以忽略不计，则由能量守恒定律得

$$mgh = \frac{1}{2}mv^2 + \frac{1}{2}I\omega^2. \quad (41.7)$$

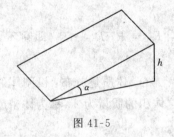

图 41-5

问题 41.2 1）求几何体 D 从图 41-5 所示的斜面上滚下时所需的时间 T.

（提示：① 利用（41.7），证明：

$$v^2 = \frac{2gh}{1+I^*}, \tag{41.8}$$

其中 $I^* = \dfrac{I}{mR^2}$；

② 设在时刻 t，几何体 D 离起点的垂直距离为 $y(t)$，它的速度为 $v(t)$，$|v(t)| = v(t)$，证明：

$$(v(t))^2 = \frac{2gy(t)}{1+I^*}, \quad t \in [0, T], \tag{41.9}$$

利用 (41.9) 证明：$y(t)$ 满足微分方程

$$\frac{\mathrm{d}y}{\mathrm{d}t} = \sqrt{\frac{2g}{1+I^*}}(\sin\alpha)\sqrt{y}, \tag{41.10}$$

其中 α 是斜面的倾斜角；

③ 通过解微分方程 (41.10)，证明：$T = \sqrt{\dfrac{2h(1+I^*)}{g\sin^2\alpha}}$.）

2) 让质量均匀分布的球体、球壳、圆柱体、空心圆柱体从斜面上由静止开始自由滚下，其中哪个滚得最快？

问 题 解 答

问题 41.1 1) 类似于计算圆环的转动惯量，用微元法. 求质量为 m，外半径为 R_2，内半径为 R_1，高为 H 的均质中空圆柱体转轴沿中心轴的转动惯量 $I = \displaystyle\int r^2 \mathrm{d}m$，只要在该中空圆柱体上取一内半径为 r $(R_1 \leqslant r < R_2)$ 和外半径为 $r + \mathrm{d}r$ 的小中空圆柱体，该小质元的质量为

$$\mathrm{d}m = \rho(2\pi r)H\mathrm{d}r,$$

其中 ρ 为中空圆柱体的体密度，则有

$$I = \int r^2 \mathrm{d}m = \int_{R_1}^{R_2} 2\pi\rho H r^3 \mathrm{d}r = \frac{\pi}{2}\rho H(R_2^4 - R_1^4), \tag{41.11}$$

故有

$$I = \frac{1}{2}\rho\pi(R_2^2 - R_1^2)H(R_1^2 + R_2^2) = \frac{1}{2}m(R_1^2 + R_2^2).$$

在上式中，取 $R_2 = R$，$R_1 = 0$，即得所求的圆柱体的转动惯量 $I = \dfrac{1}{2}mR^2$；取 $R_2 = R$，$R_1 \to R$，即得所求的空心圆柱体（即圆柱壳体）的转动惯量 $I = mR^2$.

2) 如图 41-6 所示，半圆 $y = \sqrt{R^2 - x^2}$，$x \in [-R, R]$，绕 x 轴旋转一周形成半径为 R 的球体. 下面求转轴为 x 轴时该均质球体的转动惯量 I.

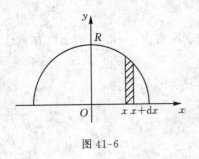

图 41-6

在球体上取由 x 到 $x + \mathrm{d}x$ 的小球台（它由图 41-6 中阴影部分绕 x 轴旋转一周而形成），由 (41.11) 知，该小质元的转动惯量为

$$\mathrm{d}I = \frac{\pi}{2}\rho\,\mathrm{d}x(\sqrt{R^2 - x^2})^4$$
$$= \frac{\pi}{2}\rho(R^2 - x^2)^2\,\mathrm{d}x,$$

故

$$I = \int_{-R}^{R}\mathrm{d}I = \int_{-R}^{R}\frac{\pi}{2}\rho(R^2 - x^2)^2\,\mathrm{d}x = \pi\rho\frac{8}{15}R^5$$
$$= \frac{2}{5}mR^2 \quad (\text{因 } m = \frac{4}{3}\pi R^3\rho). \tag{41.12}$$

设半径为 R 的均质球壳是由半圆 $y = \sqrt{R^2 - x^2}$ $(x \in [-R, R])$ 绕 x 轴旋转一周所形成的，求转轴为 x 轴时它的转动惯量 I，可以先求外半径为 R，内半径为 R_1 的中空球体的转动惯量 I_{R_1}，再求 $R_1 \to R$ 时的极限 $\lim\limits_{R_1 \to R} I_{R_1}$ 而得. 由 (41.2) 可知，转动惯量具有可加性，因而 I_{R_1} 等于半径为 R 的均质球体的转动惯量减去它所包含的半径为 R_1 的球体部分的转动惯量，由 (41.12)，得

$$I_{R_1} = \frac{2}{5}\left(\frac{4}{3}\pi R^3\rho\right)R^2 - \frac{2}{5}\left(\frac{4}{3}\pi R_1^3\rho\right)R_1^2 = \frac{8}{15}\pi\rho(R^5 - R_1^5)$$
$$= \frac{m}{\frac{4}{3}\pi(R^3 - R_1^3)\rho}\cdot\frac{8}{15}\pi\rho(R^5 - R_1^5) \quad (\text{因 } m = \frac{4}{3}\pi(R^3 - R_1^2)\rho)$$
$$= \frac{2m(R^5 - R_1^5)}{5(R^3 - R_1^3)}.$$

因此，

$$I = \lim_{R_1 \to R} I_{R_1} = \lim_{R_1 \to R}\frac{2m(R^5 - R_1^5)}{5(R^3 - R_1^3)} = \lim_{R_1 \to R}\frac{2m(-5R_1^4)}{5(-3R_1^2)} \quad (\text{由洛必达法则})$$
$$= \frac{2}{3}mR^2.$$

问题 41.2 1) 设 $I^* = \dfrac{I}{mR^2}$，由于 $v = \omega R$，由 (41.7) 可知，

$$mgh = \frac{1}{2}mv^2 + \frac{1}{2}I\omega^2 = \frac{1}{2}v^2\left(m + \frac{I}{R^2}\right) = \frac{1}{2}v^2(m + mI^*),$$

故

$$v^2 = \frac{2gh}{1 + I^*}. \tag{41.13}$$

设 $y(t)$ 是在时刻 t 几何体 D 离起点的垂直距离，则 $y(0) = 0$，$y(T) = h$，设在时刻 t 它的速度为 $\mathbf{v}(t)$，$|\mathbf{v}(t)| = v(t)$. 与(41.13)一样，可以证明：

$$(v(t))^2 = \frac{2gy(t)}{1 + I^*}$$

(只要用 $v(t)$ 和 $y(t)$ 分别替代(41.13)中的 v 和 h)，故有

$$v(t) = \sqrt{\frac{2gy}{1 + I^*}}.$$

又因 $\dfrac{\mathrm{d}y}{\mathrm{d}t}$ 是速度向量 $\mathbf{v}(t)$ 在竖直方向的分速度，故有

$$\frac{\mathrm{d}y}{\mathrm{d}t} = |\mathbf{v}(t)| \sin\alpha = v(t)\sin\alpha = \sqrt{\frac{2gy}{1 + I^*}}\sin\alpha$$

$$= \sqrt{\frac{2g}{1 + I^*}}(\sin\alpha)\sqrt{y}. \tag{41.14}$$

用分离变量法解微分方程(41.14)：

$$\frac{\mathrm{d}y}{\sqrt{y}} = \sqrt{\frac{2g}{1 + I^*}}(\sin\alpha)\mathrm{d}t,$$

$$2\sqrt{y} = t\sqrt{\frac{2g}{1 + I^*}}\sin\alpha + C. \tag{41.15}$$

在(41.15)中，令 $t = 0$，由 $y(0) = 0$，得 $C = 0$. 将 $C = 0$ 代入(41.15)，得

$$2\sqrt{y} = t\sqrt{\frac{2g}{1 + I^*}}\sin\alpha. \tag{41.16}$$

在(41.16)中，令 $t = T$，由 $y(T) = h$，得

$$2\sqrt{h} = T\sqrt{\frac{2g}{1 + I^*}}\sin\alpha,$$

因此，

$$T = \sqrt{\frac{2h(1 + I^*)}{g\sin^2\alpha}}. \tag{41.7}$$

2) 由(41.17)知，T 的值的大小只与 I^*，h 和 α 的值有关，与 m 和 R 的值无关，而均质球体、圆柱体、球壳、空心圆柱体的 $I^* = \dfrac{I}{mR^2}$ 的值依次为 $\dfrac{2}{5}$，$\dfrac{1}{2}$，$\dfrac{2}{3}$，1，因此，球体滚得最快，接下来依次为圆柱体、球壳、空心圆柱体.

42. 伽利略实验的数学模型

1608 年，意大利天文学家、物理学家、数学家、哲学家伽利略（Galileo Galilei，1564—1642）做了一个平抛运动的力学实验，他将一个带有浅槽的斜面放在离地面的高度约为 0.778 m 的桌面上（这里我们将他所用的长度单位 punto ≈ 0.94 mm 折算成米），然后让一个直径约 2 cm 的铜球从斜面的浅槽上面由静止开始以不同的高度 h，重复地让铜球从斜面滚下，铜球滚到桌面后，很快就滚出了水平的桌面，接着就做平抛运动，沿抛物线下落到水平的地面（见图 42-1）.

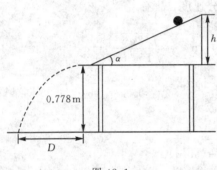

图 42-1

在每次实验中，伽利略都仔细地测量了铜球的起始高度的 h 值，以及铜球落地时从桌子底部到落地点的距离 D 的值，图 42-2 描述了 h 分别为 0.282,0.564, 0.752,0.940（m）时，他所测得的 D 值.

本课题将探讨如何建立伽利略实验的数学模型，并将由模型预测的 D 值与伽利略实验的观测值加以对比，来检验模型的合理性和适用性，是否大体上与实际相符合.

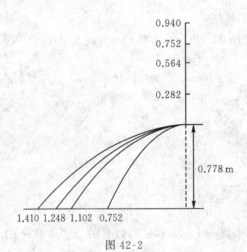

图 42-2

中心问题 求铜球滚到斜面底部时的速度，再根据平抛运动求它落地点的水平距离 D.

准备知识 一阶微分方程

课 题 探 究

我们首先分析铜球在斜面上的受力情况，由此求得铜球沿斜面滚下的运动速度，从而求得它滚到斜面底部时的速度．

设铜球的质量为 m，g 为重力加速度，则它受到方向竖直向下的重力 mg 的作用．如图 42-3 所示，设斜面的倾斜角为 α，将该重力分解成两个分力：一个是平行于斜面的分力 $mg\sin\alpha$，一个是垂直于斜面的分力 $mg\cos\alpha$．后者恰好与斜面对铜球的作用力抵消，而因铜球的运动方向与斜面平行，故仅有前者 $mg\sin\alpha$ 才使铜球获得加速度．

设铜球在浅槽上面（离桌面高度为 h 处）刚释放，让它滚下的时刻为 $t = 0$．如果斜面与铜球没有摩擦，那么铜球沿斜面滑下，只是平动，没有滚动．正是斜面和铜球相互接触而出现的摩擦力才使铜球产生滚动，该摩擦力的方向与斜面平行，但与铜球运动的方向相反，设其大小为 $f(t)$，则在时刻 t，作用在该铜球上的合外力的方向与斜面平行，其大小为 $mg\sin\alpha - f(t)$．

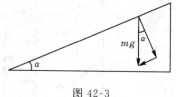

图 42-3

沿斜面设立坐标轴，其原点 O 为释放铜球的起点，其正方向为铜球运动的方向，设 $s(t)$ 为铜球与斜面的接触点的坐标，则 $s(0) = 0$，且 $s(t)$ 表示在 $[0,t]$ 这段时间内铜球移动的距离，因而铜球运动的加速度为 $a(t) = s''(t)$．由牛顿第二定律知，铜球所受的合外力 $mg\sin\alpha - f(t)$ 等于铜球的质量 m 乘以加速度 $a(t)$，即

$$ma(t) = mg\sin\alpha - f(t). \tag{42.1}$$

下面先研究铜球沿斜面滚下时转动的情况．设铜球的半径为 R，则

$$s = R\theta, \tag{42.2}$$

其中 θ 为铜球转动的角度．设 $\omega = \dfrac{\mathrm{d}\theta}{\mathrm{d}t}$，$\beta = \dfrac{\mathrm{d}\omega}{\mathrm{d}t} = \dfrac{\mathrm{d}^2\theta}{\mathrm{d}t^2}$，则 ω 和 β 分别为铜球转动的角速度和角加速度．将 (42.2) 两边求导一次、二次，得

$$v(t) = s'(t) = R\omega, \quad a(t) = v'(t) = R\beta(t) = R\theta''(t). \tag{42.3}$$

由课题 41 知，维持刚体的转动状态，原因是因为刚体具有转动惯性，而且转动惯量越大的物体，转动惯性也越大，然而，改变刚体转动状态的原因是什么呢？

例如：开门的过程是门从静止到转动，是转动状态在变化，要把门打开，必须对门施加力的作用,但并不是只要用力就能把门推开,如图 42-4 所示,冲着转轴推门,无论用多大的力(即 f 的值再大),也不能使门转动.因此,改变物体的转动状态,只有力还不行,还要看力的方向和力作用在什么地方.大量实践表明,改变刚体转动状态,不仅与力的大小有关,而且还与力的作用线到转轴的距离有关,加在刚体上的力越大,力的作用线到转轴的距离越大,则刚体转动状态改变得越显著.力 f 的大小 f 与力的作用线与转轴的距离(也称**力臂**)d(如图 42-5 所示)的乘积称为力 f 对转轴的**力矩**,记为 M,于是,我们有

$$M = fd. \tag{42.4}$$

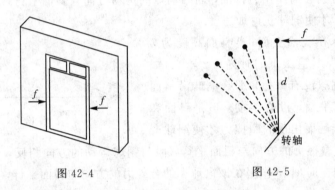

图 42-4 　　　　　　　　　　图 42-5

一个刚体只要受到力矩的作用,就会改变其转动状态,即产生角加速度.什么时刻受到力矩作用,什么时刻就有角加速度,什么时刻不受到力矩作用,什么时刻就没有角加速度.刚体的角加速度与它所受的合外力矩成正比,与刚体的转动惯量成反比,即

$$M = I\beta, \tag{42.5}$$

这是刚体绕定轴转动的基本定律,称为**转动定律**.

由于重力和斜面对铜球的支持力的作用线都通过转轴,无力矩,所以作用在铜球上的外力矩为 fR(其中 f 是摩擦力,球半径 R 是铜球与斜面的接触点到球心的距离,即力臂).由问题 41.1,2)的解知,该铜球转轴沿直径的转动惯量为 $I = \dfrac{2}{5}mR^2$,故由(42.4),(42.5) 和(42.3) 可得

$$fR = I\beta = \frac{2}{5}mR^2 \cdot \frac{a(t)}{R} = \frac{2}{5}mRa(t),$$

所以

$$f = \frac{2}{5}ma(t). \tag{42.6}$$

将(42.6)代入(42.1),得

$$a(t) = \frac{5g}{7}\sin\alpha. \tag{42.7}$$

下面用(42.7)求铜球滚到斜面底部时的速度.

问题 42.1 设图 42-1 中的铜球沿斜面向下运动的速度为 $v(t)$，$v(0) = 0$，铜球从斜面顶部滚下，滚到底部时所需的时间为 T，求 $v(T)$.

在以上的讨论中，我们利用转动定律，求得了铜球滚到斜面底部时的速度 $v(T)$. 当该铜球滚到斜面底部时，就没有了向下的运动，而在水平的桌面上转变了运动的方向，沿水平方向继续滚动. 为了简化模型，我们假设它离开桌面时的速度仍为 $v(T)$，于是，它在离开桌面后，作初速度方向为水平的、大小为 $v_0 = v(T)$ 的平抛运动，下面来求计算它的落地点位置的公式.

问题 42.2 如图 42-6 所示，设铜球在点 $(0, y_0)$（其中 $y_0 = 0.778$），以初速度 $v_0 = v(T)$ 做平抛运动，求落地点的水平距离 D（其中 x 轴沿着地面，其正方向为初速度 v_0 的方向）.

由问题 42.2 的解可知

$$D = 1.491\sqrt{h}. \tag{42.8}$$

将 $h = 0.282, 0.564, 0.752, 0.940$ 代入 (42.8)，可以得到相应的 D 值（见表 42-1）.

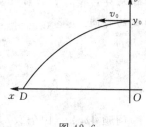

图 42-6

表 42-1

h	理论的 D 值	伽利略的 D 值	差
0.282	0.792	0.752	0.040
0.564	1.120	1.102	0.018
0.752	1.293	1.248	0.045
0.940	1.446	1.410	0.036

从表 42-1 中我们看到，在伽利略实验中，每次试验所得的观测值都比理论的 D 值要小，其原因是多方面的，由于实验所用的铜球的形状不是精确的球形，其质量也不完全是均匀分布的，斜面上的浅槽也不非常平整，使得铜球沿浅槽滚下时，其转轴不能保持水平位置，这些因素都使铜球沿斜面滚下的速度放慢，从而使它到达斜面底部时的速度比模型预测的值要低，当铜球

到达斜面底部时,铜球与桌面的碰撞,也吸收去它的少量的动能,使其速度 $v(T)$ 又稍下降,即铜球做平抛运动(如图 42-6 所示)时的初速度要比我们假设的初速度 $v(T)$ 稍小,因而理论的 D 值一致地要比试验的观测值大. 另一方面,从表 42-1 中也可看到,理论的 D 值与试验的观测值之差不大,因而我们所建立的数学模型 $D = 1.491\sqrt{h}$ 基本上是符合伽利略实验的实际情况的. 我们也会注意到,刚体定轴转动动力学(包括转动惯量的概念等)是在伽利略实验之后一百多年才由欧拉等人提出并开始研究的,所以在伽利略的笔记本上所记录的这些数据确实是真实的实测数据,而不是推算出来的数据.

在本课题中,建立数学模型时最关键的一步,是利用转动定律,求出铜球滚到斜面底部时的速度 $v(T)$,那么,是否还有其他的方法同样可以求得 $v(T)$ 呢?

探究题 42.1 设图 42-1 中的铜球沿斜面向下运动的速度为 $v(t)$,试用能量守恒定律,求铜球滚到斜面底部时的速度 $v(T)$,其中 T 为它从顶部滚到底部所需的时间.

问 题 解 答

问题 42.1 由(42.7),得

$$v'(t) = \frac{5g}{7}\sin\alpha.$$

将上式积分,再由初始条件 $v(0) = 0$,可得

$$v(t) = \left(\frac{5g}{7}\sin\alpha\right)t. \tag{42.9}$$

将上式再积分,再由初始条件 $s(0) = 0$,得

$$s(t) = \left(\frac{5g}{14}\sin\alpha\right)t^2. \tag{42.10}$$

由于 $s(T) = \dfrac{h}{\sin\alpha}$,由(42.10),得 $\left(\dfrac{5g}{14}\sin\alpha\right)T^2 = \dfrac{h}{\sin\alpha}$,所以

$$T = \sqrt{\frac{14h}{5g}}\frac{1}{\sin\alpha}.$$

将上式代入(42.9),得

$$v(T) = \left(\frac{5g}{7}\sin\alpha\right)\sqrt{\frac{14h}{5g}}\frac{1}{\sin\alpha} = \sqrt{\frac{10}{7}gh}. \tag{42.11}$$

问题 42.2 在如图 42-6 所示的平面直角坐标系下，设铜球做平抛运动的运动方程为

$$x = x(t), \quad y = y(t).$$

由牛顿第二定律可得

$$x''(t) = 0, \quad x'(0) = v_0 = v(T), \quad x(0) = 0,$$
$$y''(t) = -g, \quad y'(0) = 0, \quad y(0) = y_0 = 0.778.$$

将上述方程各积分两次，得

$$x'(t) = v_0, \quad x(t) = v_0 t,$$
$$y'(t) = -gt, \quad y(t) = -\frac{1}{2}gt^2 + y_0.$$

设做平抛运动的铜球的落地时刻为 T_1，则 $y(T_1) = 0$，故 $T_1 = \sqrt{\dfrac{2y_0}{g}}$，所以

$$D = x(T_1) = v_0 \sqrt{\frac{2y_0}{g}} = v(T)\sqrt{\frac{2y_0}{g}}.$$

再将 (42.11) 代入上式，得

$$D = \sqrt{\frac{10}{7}gh}\sqrt{\frac{2y_0}{g}} = \sqrt{\frac{20}{7}y_0 h}.$$

再将伽利略实验中桌子的高度 $y_0 = 0.778$（m）代入，得

$$D = 1.491\sqrt{h}.$$

43. 球体的浮力问题与牛顿法

古希腊数学家、力学家阿基米德（Archimedes，公元前 287— 前 212）在他的著作《论浮体》中提出了浮力定律（现称**阿基米德原理**）：物体在流体中所受的浮力等于该物体排开同体积流体的重量.

本课题将探讨一个球体在水（假设水的密度为 1）中能上浮多高（也即浸没在水中的部分下沉多深）的问题，以及高次方程的各种近似解法.

中心问题 求解球体的浮力问题.

准备知识 导数，定积分

课 题 探 究

问题 43.1 1）求如图 43-1 所示的一个半径为 1，密度为 δ 的球下沉于水面之下有多深？

2）设 1）中的 $\delta = \dfrac{7}{10}$，求下沉深度的近似值.

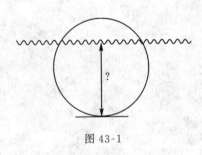

图 43-1

由问题 43.1，2）的解知，该问题归结为求方程 $r^3 - 3r^2 + \dfrac{14}{5} = 0$ 的根，即求函数 $f(r) = r^3 - 3r^2 + \dfrac{14}{5}$ 的零点. 这也可以用牛顿法来求近似解.

求函数 $f(x)$ 的零点（即方程 $f(x) = 0$ 的根）x^* 的牛顿法的最早版本出现在 1736 年他的著作《流数术》中. 设 $f(x)$ 是可导的函数，x_0 是零点 x^* 的某个预测值，牛顿用 $f(x)$ 的线性近似（即切线近似）来代替 $f(x)$：

$$f(x) \approx f(x_0) + f'(x_0)(x - x_0).$$

要使上式左边为零，最好是使它的右边为零，而使 $f(x_0) + f'(x_0)(x - x_0)$

$= 0$ 的点 x，就是 $y = f(x)$ 在点 $x = x_0$ 处的切线与 x 轴的交点，设为 $x = x_1$，即

$$f(x_0) + f'(x_0)(x_1 - x_0) = 0.$$

由上式解得

$$x_1 = x_0 - \frac{f(x_0)}{f'(x_0)}.$$

于是，我们把 x_1 作为零点 x^* 的新的预测值，再计算曲线 $y = f(x)$ 在点 x_1 处的高度和切线斜率 —— $f(x_1)$ 和 $f'(x_1)$，再用点 x_1 处的切线，与 x 轴相交，得到新的交点 x_2，

$$x_2 = x_1 - \frac{f(x_1)}{f'(x_1)}.$$

继续做下去，可以得到 x^* 的预测值 x_n，再由点 x_n 处的切线，求出它与 x 轴的交点

$$x_{n+1} = x_n - \frac{f(x_n)}{f'(x_n)}. \tag{43.1}$$

迭代公式(43.1) 通常称为**牛顿公式**. 牛顿法就是用牛顿公式进行迭代，得到 x^* 的近似值序列 $x_1, x_2, \cdots$，如果数列 $\{x_n\}$ 收敛于 x^*，那么我们就可以得到任意给定的精确度的 x^* 的近似值，如图 43-2 所示. 我们把由函数 $f(x)$ 定义的函数

$$N(x) = x - \frac{f(x)}{f'(x)}$$

称为**牛顿函数**，于是，(43.1) 可以改写为

$$x_{n+1} = N(x_n), \quad n = 0, 1, 2, \cdots.$$

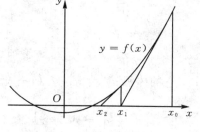

图 43-2

探究题 43.1 用牛顿法求函数 $f(r) = r^3 - 3r^2 + \dfrac{14}{5}$ 的零点，当初值 r_0 分别取 $1.866\,93, 1.866\,95, 1.866\,96$ 时，用牛顿公式进行迭代，从所得结果你发现了什么？

由探究题 43.1 的解可知，用牛顿法求解时，对初值有敏感性，即使初值只有微小的差异，经过迭代所得的解仍可能完全不同.

历史上，第 1 个发现有关初值条件的敏感相关性的是法国数学家庞加莱 (Henri Poincaré, 1854—1912)，1892 年他在研究三体问题中指出，在某些物理情境中，初值条件的很小的差别，都会产生结果的巨大差别. 1671 年牛顿

在完成他的著作《流数术》时，虽然叙述了求方程近似解的牛顿法，但是他还没有讨论有关初值的敏感相关性. 要解释上述的牛顿函数 $N(r)$ 对初值 r_0 的敏感相关性需要用到动力系统理论(庞加莱以三体问题为背景的关于常微分方程定性理论的一系列课题，就是动力系统理论的出发点)，详见[19].

问 题 解 答

问题 43.1 1) 设该球体的体积为 V (立方单位)，则 $V = \dfrac{4\pi}{3}$，该球体的重量为 δV. 由阿基米德原理知，该球体在水中排开水的重量也为 δV，而水的密度为 1，故所排开的水的体积为 δV (立方单位).

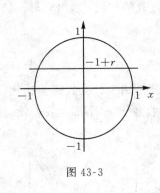

图 43-3

如图 43-3 所示，设该球体底端处的坐标为 $(0, -1)$，水平面截 y 轴于点 $(0, -1+r)$，则该球下沉于水面之下为 r (长度单位). 现在的问题是求使得该球在截面 $y = -1$ 和 $y = -1+r$ 之间部分的体积为 $\delta V = \dfrac{4\pi}{3}\delta$ 的 r 值.

我们把截面 $y = -1$ 和 $y = -1+r$ 之间的球体看成曲线 $x = \sqrt{1-y^2}$ ($y \in [-1, -1+r]$) 绕 y 轴一周形成的旋转体，由旋转体体积的公式知，它的体积 δV 为 $\pi\displaystyle\int_{-1}^{-1+r}(1-y^2)\mathrm{d}y$，故

$$\frac{4\pi}{3}\delta = \delta V = \pi\int_{-1}^{-1+r}(1-y^2)\mathrm{d}y = \pi\left(y - \frac{y^3}{3}\right)\Big|_{-1}^{-1+r}$$

$$= \pi\left[(-1+r) - \frac{(-1+r)^3}{3} + 1 - \frac{1}{3}\right]$$

$$= \pi\left(r^2 - \frac{r^3}{3}\right),$$

即

$$r^3 - 3r^2 + 4\delta = 0, \tag{43.2}$$

也就是说，所求的 r 值为 3 次方程(43.2)的解. 显然，当 $\delta = \dfrac{1}{2}$ 时，有 $\delta V = \dfrac{1}{2}V$，即半个球浸没在水中，此时，$r = 1$. 因此，当 $\delta < \dfrac{1}{2}$ 时，该球浸没在水中的部分不到半个球，即 $r < 1$；当 $\delta > \dfrac{1}{2}$ 时，浸没在水中的部分超过半个

球，即 $1 < r \leqslant 2$.

2) 当 $\delta = \dfrac{7}{10}$ 时，方程 (43.2) 为

$$r^3 - 3r^2 + \frac{14}{5} = 0. \tag{43.3}$$

由函数 $y = r^3 - 3r^2 + \dfrac{14}{5}$ 的图像（图 43-4）可见，方程 (43.3) 在区间 $(-1,0)$，$(1,2)$ 和 $(2,3)$ 中各有一个根. 用二分法可以求得方程 (43.3) 的 3 个近似解（精确到小数 6 位）：$-0.852\,523$，$1.273\,485$，$2.579\,038$. 由于 $\delta = \dfrac{7}{10} > \dfrac{1}{2}$，而 $1 < 1.273\,485 < 2$，故 $r = 1.273\,485$ 为所求的近似解.

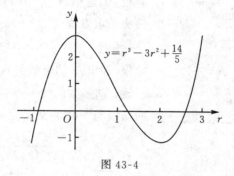

图 43-4

注意：利用求解三次方程的卡尔丹 - 塔塔利亚公式，也可以得到方程 (43.3) 的 3 个根：

$$r_j = 1 + 2\cos\frac{2j\pi + \arccos(-2/5)}{3}, \quad j = 0,1,2,$$

其中 $r_1 \approx -0.852\,523$，$r_2 \approx 1.273\,485$，$r_0 \approx 2.579\,038$.

44. 牛顿法迭代过程的收敛性与稳定性

我们知道,用牛顿公式(43.1)

$$x_{n+1} = x_n - \frac{f(x_n)}{f'(x_n)}, \quad n = 0,1,2,\cdots, \tag{44.1}$$

可以求函数 $f(x)$ 的零点(即方程 $f(x) = 0$ 的根)的近似解. 如图44-1所示,可以用牛顿法来求方程

$$x^2 - 2 = 0$$

的根(即求 $\sqrt{2}$ 的近似值),设 x_0 是任意一个正数,则函数曲线 $y = x^2 - 2$ 在点 $x = x_0$ 的切线与 x 轴的交点为

$$x_1 = x_0 - \frac{f(x_0)}{f'(x_0)} = x_0 - \frac{x_0^2 - 2}{2x_0}$$

$$= \frac{1}{2}\left(x_0 + \frac{2}{x_0}\right). \tag{44.2}$$

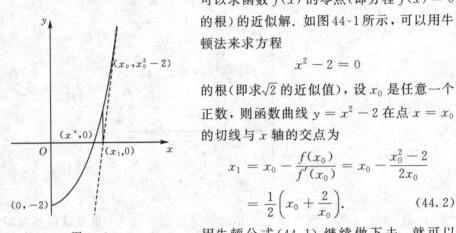

图 44-1

用牛顿公式(44.1)继续做下去,就可以得到

$$x_{n+1} = x_n - \frac{f(x_n)}{f'(x_n)} = \frac{1}{2}\left(x_n + \frac{2}{x_n}\right), \quad n = 0,1,2,\cdots. \tag{44.3}$$

例如:取 $x_0 = 1.5$ $(x_0^2 = 2.25)$,则有

$$x_1 = \frac{1}{2}\left(1.5 + \frac{2}{1.5}\right) \approx 1.416\ 7 \quad (x_1^2 = 2.007),$$

$$x_2 = \frac{1}{2}\left(1.416\ 7 + \frac{2}{1.416\ 7}\right) \approx 1.414\ 215 \quad (x_2^2 = 2.000\ 004).$$

可以看到,当 $x_0 = 1.5$ 时,x_0^2, x_1^2, x_2^2 逐渐趋近于 2. 实际上,对任意的正数 x_0,都有 $x_0^2, x_1^2, x_2^2, \cdots$ 趋于 2. 这是因为对 $x_0 > 0$ 总有 $x_0^2 > 2$,或 $x_0^2 = 2$,或 $x_0^2 < 2$. 如果 $x_0^2 > 2$,则表明 x_0 取得太大,且有 $x_0 > \frac{2}{x_0}$ 和 $\left(\frac{2}{x_0}\right)^2 < 2$,故平均数 $\frac{1}{2}\left(x_0 + \frac{2}{x_0}\right)$ 小于 x_0 且大于 $\frac{2}{x_0}$,可以作为平方是 2 的数 x^* 的比 x_0 或

$\dfrac{2}{x_0}$ 更好的近似，这结论对 $x_0^2 < 2$ 的情况也同样成立．因此，$x_1 = \dfrac{1}{2}\left(x_0 + \dfrac{2}{x_0}\right)$ 确实是比 x_0 更好地近似于 x^*，然后，$x_2 = \dfrac{1}{2}\left(x_1 + \dfrac{2}{x_1}\right)$ 又是一个比 x_1 更好的近似值，$x_3 = \dfrac{1}{2}\left(x_2 + \dfrac{2}{x_2}\right)$ 又比 x_2 更好……用 (44.3) 继续做下去，可以得到 $\sqrt{2}$ 的越来越精确的近似值．

如图 44-2 所示，用牛顿法求 $\dfrac{1}{x} - 2 = 0$ 的解 $x^* = \dfrac{1}{2}$．这里 $f(x) = \dfrac{1}{x} - 2$，$f'(x) = -\dfrac{1}{x^2}$，(4.1) 可以写成

$$x_{n+1} = x_n - \frac{(1/x_n) - 2}{-1/x_n^2} = 2x_n - 2x_n^2.$$

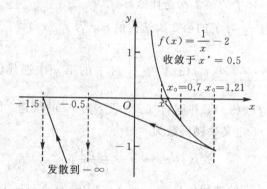

图 44-2

如图 44-2 所示，初值 x_0 取不同的值时，敛散性是不同的：

$$x_0 = 0.70,\ x_1 = 0.42,\ x_2 = 0.487,\ x_3 = 0.499\,7,\ x_4 = 0.499\,999\,8;$$

$$x_0 = 1.21,\ x_1 = -0.5,\ x_2 = -1.5,\ x_3 = -7.5,\ x_4 = -127.5.$$

取 $x_0 = 0.70$ 时，很快收敛于 $x^* = \dfrac{1}{2}$，而取 $x_0 = 1.21$ 时，$\{x_n\}$ 发散到 $-\infty$．

在牛顿法中，迭代初值 x_0 取什么值时，数列 $\{x_n\}$ 收敛（即迭代过程收敛），且收敛于 $f(x)$ 的零点 x^*？x_0 取什么值时，数列 $\{x_n\}$ 发散（即迭代过程发散）？本课题将探讨牛顿法迭代过程的收敛性和稳定性问题．

中心问题 探讨函数 $f(x)$ 的零点与它的牛顿函数 $N_f(x)$ 的不动点之间的关系，给出不动点的稳定性的判定法则．

准备知识 导数

课 题 探 究

为了探讨上述的收敛性和稳定性，下面先介绍函数的迭代和不动点等概念.

假定在计算器上按上数 0.5 后，反复按 x^2 键，得到数列

$$0.5,\ 0.25,\ 0.062\,5,\ 0.003\,906\,25,\ 0.000\,015\,258\,789,\ \cdots,\ \ (44.4)$$

也就是说，设 $f(x) = x^2$ 和 $x_0 = 0.5$，那么数列 (44.4) 就是由

$$x_0,\ f(x_0),\ f(f(x_0)),\ f(f(f(x_0))),\ \cdots$$

组成的一个数列，数列中的这些数称为 x_0 对 f 的**迭代值**. 一般地，设 x_0 是函数 f 的定义域中的一个值，则

$f(x_0)$ 为 x_0 对 f 的第 1 次迭代值，

$f(f(x_0))$ 为 x_0 对 f 的第 2 次迭代值，记为 $f^2(x_0)$，

……

$f^n(x_0) = \underbrace{f \circ f \circ \cdots \circ f}_{n \text{次}}(x_0)$ 为 x_0 对 f 的第 n 次迭代值，其中我们用

$f \circ g(x)$ 来表示 $f(g(x))$，并称 $\{f^n(x_0)\}_{n=0}^{\infty}$ 为 x_0 的**轨道**. 例如：给定一个可导的函数 $f(x)$，定义牛顿函数为

$$N_f(x) = x - \frac{f(x)}{f'(x)}, \tag{44.5}$$

则初值 x_0 对 $N_f(x)$ 的迭代值：$x_1 = N_f(x_0)$，$x_2 = N_f(x_1)$，… 就是用牛顿法解方程 $f(x) = 0$ 所产生的迭代值 (见 (44.1))，它们构成 x_0 的轨道 $\{N_f^n(x_0)\}_{n=0}^{\infty}$.

一个点的迭代值与它本身相同的点称为**不动点**，不动点是研究本课题的重要概念.

设 p 属于函数 f 的定义域，如果 $f(p) = p$，则称 p 是 f 的一个**不动点**.

如图 44-3 所示，属于 f 的定义域的一个点 p 是不动点当且仅当 f 的图像与直线 $y = x$ 在点 (p, p) 处相切或相交.

例如：由图 44-4 可以看到，函数 $f(x) = \sin x$ 的图像与直线 $y = x$ 仅在原点 O 相切，故 0 是 $f(x) = \sin x$ 唯一的不动点.

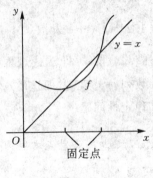

图 44-3

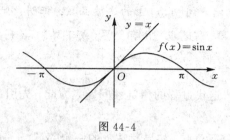

图 44-4

为了研究函数 $f(x)$ 的零点与 $N_f(x)$ 的不动点之间的关系，我们引入 m 重零点的概念.

如果

$$f(x) = (x - x^*)^m g(x),$$

其中 $g(x^*) \neq 0$，则称 x^* 为函数 $f(x)$ 的 m **重零点**.

当 $f(x)$ 是多项式函数时，由余数定理（用一次多项式 $x - c$ 去除多项式 $f(x)$，所得的余式就是常数 $f(c)$）可知，$f(x)$ 的 m 重零点就是多项式 $f(x)$ 的 m 重根（其中当 $m = 1$ 时，为单根，当 $m > 1$ 时，为重根），且多项式 $f(x)$ 可以因式分解成

$$f(x) = (x - x^*)^m g(x),$$

其中 $g(x)$ 是多项式且 $g(x^*) \neq 0$. 因此，多项式函数的零点都是有限重数的零点.

问题 44.1 设 $f(x)$ 是可导的函数，证明：

1）$f(x)$ 的有限重数的零点都是 $N_f(x)$ 的不动点；

（提示：当 x^* 是重数 $\geqslant 2$ 的零点时，$N_f(x)$ 在 $x = x^*$ 处无定义，需要将 $N_f(x)$ 的定义扩充到 x^* 处，并保持 $N_f(x)$ 的连续性.）

2）$N_f(x)$ 的不动点都是 $f(x)$ 的零点.

设初值 x_0 的轨道 $\{N_f^n(x_0)\}_{n=0}^{\infty}$ 收敛于 p，由问题 44.1，2）知，探讨 p 是否为 N_f 的不动点有助于解决 p 是否为 $f(x)$ 的零点的问题，下面就比 N_f 更一般的连续函数 f 来讨论这个问题.

问题 44.2 设函数 $f(x)$ 在点 p 处连续，x 属于 f 的定义域，证明：如果当 $n \to \infty$ 时 $f^n(x) \to p$，那么 p 是 f 的一个不动点.

关于初值 x_0 的迭代过程是否收敛（即 $\{f^n(x_0)\}_{n=0}^{\infty}$ 是否收敛）的问题，下面仅讨论一个判定条件（不是必要条件）.

问题 44.3 设 f 是闭区间 $[a,b]$ 上的连续函数. 证明:如果 $\{f^n(x_0)\}_{n=0}^{\infty}$ 是单调有界(即单调递增(或递减)且有上界(或下界))数列,那么存在一个不动点 p 使得当 $n \to \infty$ 时,$f^n(x_0) \to p$.

下面讨论牛顿法迭代过程的稳定性问题,为此,先引入稳定的不动点的概念.

设 p 是 f 的一个不动点,如果存在 p 的一个邻域 $(p-\varepsilon, p+\varepsilon)$,使得对 f 的定义域和 $(p-\varepsilon, p+\varepsilon)$ 的交集中的每一点 x,都有当 $n \to \infty$ 时,$f^n(x) \to p$,那么称点 p 是 f 的**稳定的不动点**.

给定一个不动点,如何来判定它是否稳定的呢?下面给出一个判定法则.

问题 44.4 设函数 $f(x)$ 在不动点 p 处是可导的,证明:如果 $|f'(p)| < 1$,那么 p 是稳定的.

(提示:据导数的定义证明,存在一个正常数 $A < 1$ 和点 p 的开邻域 $U = (p-\varepsilon, p+\varepsilon)$,使得对 $x \in U$ 和 $x \neq p$,有

$$|f(x) - p| \leqslant A|x - p|,$$

直观地说,当 x 靠近 p 时,$f(x)$ 更靠近 p,再用数学归纳法证明

$$|f^n(x) - p| \leqslant A^n|x - p|, \quad 对 \ n \geqslant 1,$$

从而对 U 中任一给定的点 x,都有当 $n \to \infty$ 时,$f^n(x) \to p$.)

在图 44-1 所示的例子中,对于 $f = x^2 - 2$,由 (44.3) 知,它的牛顿函数为

$$N_f(x) = \frac{1}{2}\left(x + \frac{2}{x}\right).$$

设 $p = \sqrt{2}$,则 $N_f(p) = N_f(\sqrt{2}) = \sqrt{2}$,

$$N_f'(p) = \left(\frac{1}{2} - \frac{1}{x^2}\right)\Big|_{x=\sqrt{2}} = 0, \quad |N_f'(p)| < 1,$$

由问题 44.4 的结论知,$p = \sqrt{2}$ 是稳定的不动点.

设 x^* 是函数 $f(x)$ 的有限重数的零点,由问题 44.1,1) 知,x^* 是 $N_f(x)$ 的不动点. 下面来探讨它的稳定性.

探究题 44.1 设 x^* 是 $f(x)$ 的一个 m 重零点,$N_f(x)$ 可导,问:x^* 是否为 $N_f(x)$ 的稳定的不动点?

由探究题 44.1 的解可知, $f(x)$ 的 m 重零点 x^* 都是稳定的. 因此, 如果初值 x_0 的轨道 $\{N_f(x_0)\}_{n=0}^{\infty}$ 是收敛的, 且当 $n \to \infty$ 时, $N_f^n(x_0) \to x^*$, 则存在 x^* 的一个邻域, 使得取自该邻域内的初值 x, 都有 $N_f^n(x) \to x^*$, 这反映了 $f(x)$ 的 m 重零点 x^* 的稳定性. 特别地, 当 $f(x)$ 是多项式函数时, 它的每个零点都是有限重数的零点, 故都是稳定的不动点. 例如: 探究题 43.1 中多项式函数 $f(r) = r^3 - 3r^2 + \frac{14}{5}$ 的 3 个零点 r_1, r_2, r_3 都是稳定的不动点, 因而对每个零点 r_i, 都存在一个邻域 $(r_i - \varepsilon, r_i + \varepsilon)$, 使得取自该邻域的每个初值, 迭代过程都收敛, 都收敛于 r_i, $i = 1, 2, 3$.

问 题 解 答

问题 44.1 1) 设 x^* 是 $f(x)$ 的有限重数 (设为 m) 的零点, 则 $f(x)$ 可以写成

$$f(x) = (x - x^*)^m g(x), \tag{44.6}$$

其中 $g(x^*) \neq 0$.

如果 $m = 1$, 则 $N_f(x)$ 在 $x = x^*$ 处有定义. 如果 $m \geqslant 2$, 则因 $f'(x^*) = 0$, $N_f(x)$ 在 $x = x^*$ 处无定义, 但是, 由 (44.6) 可得

$$N_f(x) = x - \frac{(x - x^*)^m g(x)}{m(x - x^*)^{m-1} g(x) + (x - x^*)^m g'(x)}. \tag{44.7}$$

除了点 $x = x^*$ 外, 我们能在 (44.7) 右边的分式中消去 $(x - x^*)^{m-1}$, 得

$$N_f(x) = x - \frac{(x - x^*) g(x)}{m g(x) + (x - x^*) g'(x)}. \tag{44.8}$$

在 (44.8) 中, $N_f(x)$ 的定义已扩充到 $x = x^*$, 并保持连续性.

实际上, (44.8) 对 $m = 1$ 也成立, 只要令式中的 $m = 1$. 由 (44.8) 知, 如果 x^* 是 $f(x)$ 的有限重数的零点, 那么

$$N_f(x^*) = x^*,$$

即 $f(x)$ 的有限重数的零点都是 $N_f(x)$ 的不动点.

2) 如果 x^* 是 $N_f(x)$ 的不动点, 则由 (44.5) 知, $f(x^*) = 0$, 故 x^* 是 $f(x)$ 的零点.

问题 44.2 由假设, 当 $n \to \infty$ 时, $f^n(x) \to p$, 故 $f^{n+1}(x) \to p$. 因 $f^n(x) \to p$, 且 $f(x)$ 在点 p 处连续, 故有 $f(f^n(x)) \to f(p)$. 但是, $f^{n+1}(x) = f(f^n(x))$, 因此, $f^{n+1}(x) \to f(p)$. 于是, 由数列 $\{f^n(x)\}_{n=0}^{\infty}$ 的极限的唯

一性可得，$f(p) = p$. 因此，p 是 f 的一个不动点.

问题 44.3　由于单调有界的数列一定是收敛的，故数列 $\{f^n(x_0)\}_{n=0}^{\infty}$ 收敛，设其极限为 p，由问题 44.2 知，p 是 f 的一个不动点，使得当 $n \to \infty$ 时，$f^n(x_0) \to p$.

问题 44.4　因为 $|f'(p)| < 1$，故由导数的定义知，存在一个正常数 $A < 1$ 和点 p 的开邻域 $U = (p - \varepsilon, p + \varepsilon)$，使得对 $x \in U$ 和 $x \neq p$，有

$$\left| \frac{f(x) - f(p)}{x - p} \right| \leqslant A,$$

即

$$|f(x) - f(p)| \leqslant A|x - p|, \quad \text{对所有的 } x \in U.$$

又因 $f(p) = p$，故对 $x \in U$，有

$$|f(x) - p| = |f(x) - f(p)| \leqslant A|x - p|, \tag{44.9}$$

所以由 (44.9) 和 $0 < A < 1$，得 $f(x) \in U$（直观地说，当 x 靠近 p 时，$f(x)$ 更靠近 p）. 下面证明对 U 中任一给定的点 x，都有当 $n \to \infty$ 时，$f^n(x) \to p$，即 p 是 f 的稳定的不动点.

如果对 $x \in U$ 存在某个 n，使得 $f^n(x) = p$，则当 $n \to \infty$ 时，$f^n(x) \to p$，所以不妨假设 $f^n(x) \neq p$，对所有的 $n \in \mathbf{N}$. 下面用数学归纳法证明

$$|f^n(x) - p| \leqslant A^n|x - p|, \quad \text{对 } n \geqslant 1. \tag{44.10}$$

由 (44.9) 知，(44.10) 对 $n = 1$ 成立. 假设 (44.10) 对给定的 $n \, (> 1)$ 成立，则因 $0 < A^n < A < 1$，故 $f^n(x) \in U$，所以在 (44.9) 中的 x，可将 $f^n(x)$ 代入，得

$$|f(f^n(x)) - p| \leqslant A|f^n(x) - p|.$$

再由 (44.10)，得

$$\begin{aligned}
|f^{n+1}(x) - p| = |f(f^n(x)) - p| &\leqslant A|f^n(x) - p| \\
&\leqslant A(A^n|x - p|) = A^{n+1}|x - p|.
\end{aligned}$$

由归纳法原理知，(44.10) 对所有的正整数 n 成立. 当 $n \to \infty$ 时，由于 $A^n \to 0$，故有 $f^n(x) \to p$，对每个 $x \in U$.

45. 牛顿法的连续形式

用牛顿公式(43.1)

$$x_{n+1} = x_n - \frac{f(x_n)}{f'(x_n)}, \quad n = 0,1,2,\cdots \tag{45.1}$$

求函数 $f(x)$ 零点的近似解的牛顿法, 其迭代过程的收敛性与初值 x_0 的取值有关. 虽然问题 44.4 给出了一个判定不动点的稳定性的法则, 但是, 初值 x_0 也只有取自该不动点(即零点)的一个充分小的邻域, 才能保证收敛于该零点. 在探究题 43.1 中, 我们也看到, 即使多项式函数 $f(r) = r^3 - 3r^2 + \frac{14}{5}$ 的 3 个零点都是稳定的不动点(据探究题 44.1), 但是当初值 r_0 分别取 1.866 93, 1.866 95, 1.866 96(都远离 3 个零点 $r_1 \approx -0.852\,523$, $r_2 \approx 1.273\,485$, $r_3 \approx 2.579\,038$)时, 虽它们非常靠近, 但迭代结果仍收敛于完全不同的值. 在课题 44 图 44-2 的例中, 用牛顿法求 $f(x) = \frac{1}{x} - 2$ 的零点时, 取不同的初值, 敛散性也不同. 本课题将导出牛顿法的连续形式, 将求函数 $f(x)$ 的零点的近似值问题转化为求微分方程 $\frac{\mathrm{d}x}{\mathrm{d}t} = -\frac{f(x)}{f'(x)}$ 具有初值条件 $x(0) = x_0$ 的初值问题, 这种解法不受初值 x_0 取值不同的影响.

中心问题 证明对满足适当条件的函数 $f(x)$, 上述初值问题有唯一解 $x(t)$, 使得 $\lim\limits_{t \to +\infty} x(t)$ 就是 $f(x)$ 的一个零点.

准备知识 一阶微分方程

课 题 探 究

如图 45-1 所示, 函数 $f(x) = x^{\frac{1}{3}}$ 具有一个零点 $x - 0$, 它的牛顿公式为

$$x_{n+1} = x_n - \frac{f(x_n)}{f'(x_n)} = x_n - \frac{x_n^{1/3}}{\frac{1}{3}x_n^{-2/3}} = x_n - 3x_n = -2x_n,$$

$$n = 0,1,2,\cdots. \tag{45.2}$$

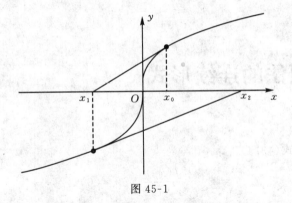

图 45-1

如果用任一非零数 x_0 作为初值, 代入上式, 那么就有

$$x_1 = -2x_0, \quad x_2 = -2x_1 = 2^2 x_0, \quad \cdots, \quad x_n = (-1)^n 2^n x_0, \quad \cdots, \quad (45.3)$$

因而数列 $\{x_n\}$ 发散, 即迭代过程发散. 由(45.3)和(45.2)可以看到, 在 x 轴上, x_n 和 x_{n+1} 位于原点 O 的两侧, 而且随着 n 的增大, $|x_{n+1} - x_n|$ 越来越大. 于是, 我们设法修改迭代公式(45.1), 用一个小正数 h 乘 $\dfrac{f(x_n)}{f'(x_n)}$, 来减小 $|x_{n+1} - x_n|$, 即将(45.1)改成

$$x_{n+1} = x_n - h \frac{f(x_n)}{f'(x_n)}. \tag{45.4}$$

例如: 取 $h = \dfrac{1}{6}$, 那么(45.2)就修改成

$$x_{n+1} = x_n - 3h x_n = \frac{1}{2} x_n, \tag{45.5}$$

用(45.5)进行迭代, 就有 $\lim\limits_{n \to \infty} x_n = 0$, 迭代过程收敛.

受(45.4)的启发, 我们研究

$$x(t+h) = x(t) - h \frac{f(x(t))}{f'(x(t))}, \tag{45.6}$$

其中函数 $x(t)$ 的自变量 $t > 0$ 不限制于整数. 注意: 当 t 取非负整数时, (45.6)就简化为(45.4), 若再设 $h = 1$, 则进一步简化为(45.1).

将(45.6)改写成

$$\frac{x(t+h) - x(t)}{h} = -\frac{f(x(t))}{f'(x(t))},$$

再令 $h \to 0$, 取极限, 得到如下的初值问题:

$$\frac{\mathrm{d}x}{\mathrm{d}t} = -\frac{f(x)}{f'(x)}, \quad x(0) = x_0. \tag{45.7}$$

具有初值条件 $x(0) = x_0$ 的微分方程 $\dfrac{\mathrm{d}x}{\mathrm{d}t} = -\dfrac{f(x)}{f'(x)}$ 的初值问题称为**牛顿法的连续形式**.

下面我们探讨如何通过解微分方程的初值问题(45.7)来求函数 $f(x)$ 的零点.

问题 45.1 设 x^* 是函数 $f(x)$ 的一个零点, $f(x)$ 和 $f'(x)$ 在开区间 I (x^* 是 I 的一个端点)内是连续的和非零的,证明:对任一初值 $x_0 \in I$,(45.7)有唯一解 $x(t)$,使得 $\lim\limits_{t \to +\infty} x(t) = x^*$.

(提示:考虑逆问题: $\dfrac{\mathrm{d}t}{\mathrm{d}x} = -\dfrac{f(x)}{f'(x)}$, $t(x_0) = 0$.)

根据问题 45.1 的结论,我们可以通过解(45.7)求出 $x(t)$,然后再令 $t \to +\infty$,解出函数 $f(x)$ 的零点 x^*.

问题 45.2 利用(45.7),求下列函数的零点:

1) $f(x) = x^{\frac{1}{3}}$;   2) $f(x) = \dfrac{4x - 7}{x - 2}$.

探究题 45.1 利用(45.7),求函数 $f_c(x) = \left| \dfrac{c(x-1) + 1}{x} \right|^{\frac{1}{c-1}}$ ($c = 2, 3, 4$) 的零点.

在[20]中,讨论了此探究题 45.1 更一般的情况,将 c 的取值范围扩大为 $c > 1$,可以证明,函数 $f_c(x)$ ($c > 1$) 的牛顿公式为

$$x_{n+1} = cx_n(1 - x_n), \quad n = 0, 1, 2, \cdots, \tag{45.8}$$

因而对于给定的初值 x_0,由(45.8)产生的数列 $\{x_n\}$ 恰好是在逻辑斯蒂映射 $x \mapsto cx(1-x)$ 下 x_0 的轨道,在课题 65 中,探究题 65.1 就研究了函数 $Q_c(x) = c(1-x)x$ ($x \in (0,1)$) 的 x_0 的轨道 $\{Q_c^n(x_0)\}_{n=0}^{\infty}$ 即

$$x_0, Q_c(x_0), Q_c(Q_c(x_0)), Q_c(Q_c(Q_c(x_0))), \cdots$$

的收敛性问题.

一般来说,要通过解微分方程初值问题(45.7)求函数 $x(t)$ 的表达式不是太容易的. 但是,当我们用牛顿法来求函数 $f(x)$ 的零点遇到麻烦时(例如:迭代过程发散时),牛顿法的连续形式还给我们提供了一种新思路,就是用微分方程初值问题的数值解法来求该零点的近似值,其中欧拉法就是数值解法中最简单的解法之一. 解初值问题 $\dfrac{\mathrm{d}x}{\mathrm{d}t} = f(t, x)$, $x(t_0) = x_0$ 的**欧拉法**是

由递推公式

$$x_{n+1} = x_n + hf(t_n, x_n), \quad n = 0, 1, 2, \cdots \tag{45.9}$$

确定的,其中 $t_n = t_0 + nh$,h 是一固定数,称为**步长**. 欧拉法是收敛的,在计算过程中 h 的大小可以改变,适当选择步长 h,可以加快收敛速度. 当我们取 $f(t, x) = -\dfrac{f(x)}{f'(x)}$ 代入 (45.9),就得到迭代公式 (45.4),特别,当步长 h 取固定数 1 时,得到的就是牛顿公式 (45.1). 牛顿法的连续形式的另一个优点是常微分方程初值问题的数值解法还可有多种方法(例如:逆欧拉法、隐式欧拉法、泰勒级数法、梯形法和龙格 - 库塔法等)供解题时灵活选用,这样可以提高计算精度和稳定性以及减少计算量.

问 题 解 答

问题 45.1 由于 $f(x)$ 和 $f'(x)$ 在开区间 I 内是连续的和非零的,故它们各自在 I 内都保持同号,因而 $\dfrac{dx}{dt} = -\dfrac{f(x)}{f'(x)}$ 在 I 内保持同号,所以函数 $x(t)$ 在 I 内是单调递增或递减的,因而它具有反函数 $t(x)$,且其导数

$$\frac{dt}{dx} = \frac{1}{\dfrac{dx}{dt}} = -\frac{f'(x)}{f(x)}.$$

由于 $x(0) = x_0$,故 $t(x_0) = 0$. 于是,我们得到原初值问题的逆问题

$$\frac{dt}{dx} = -\frac{f'(x)}{f(x)}, \quad t(x_0) = 0, \tag{45.10}$$

这个初值问题可以用分离变量法求得唯一解.

由 (45.10),得

$$dt = -\frac{f'(x)}{f(x)} dx = -\frac{df(x)}{f(x)}.$$

两边同时积分,得

$$t(x) = -\ln|f(x)| + C.$$

将 $t(x_0) = 0$ 代入上式,待定常数 C,得

$$C = \ln|f(x_0)|.$$

由此得初值问题 (45.10) 的唯一解

$$t(x) = -\ln|f(x)| + \ln|f(x_0)|. \tag{45.11}$$

由于 x^* 是 $f(x)$ 的一个零点,故有 $\lim\limits_{x \to x^*} |f(x)| = 0$,再由 (45.11) 知,

$$\lim_{x \to x^*} t(x) = +\infty.$$

由于 $x(t)$ 是 $t(x)$ 的反函数，故它是 (45.7) 的唯一解，且由 $\lim_{x \to x^*} t(x) = +\infty$ 知，$\lim_{t \to +\infty} x(t) = x^*$.

注意：由 (45.11) 得

$$t(x) = \ln\left|\frac{f(x_0)}{f(x)}\right|,$$

又因在开区间 I 内 $f(x)$ 与 $f(x_0)$ 同号，因而 $t = \ln\frac{f(x_0)}{f(x)}$，故有

$$f(x) = f(x_0)\mathrm{e}^{-t}.$$

这表明当 $t \to +\infty$ 时，f 的值沿着 (45.7) 的解曲线 $x(t)$ 是按指数规律递减并趋于零的（如图 45-2 所示）.

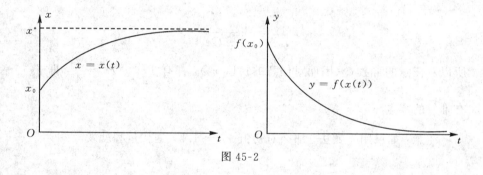

图 45-2

问题 45.2 1) 由 (45.7) 得

$$\frac{\mathrm{d}x}{\mathrm{d}t} = -\frac{x^{\frac{1}{3}}}{\frac{1}{3}x^{-\frac{2}{3}}} = -3x, \quad x(0) = x_0. \tag{45.12}$$

解微分方程 (45.12)，得

$$x(t) = x_0\mathrm{e}^{-3t}.$$

因此，对任意的初值 x_0，都有 $\lim_{t \to +\infty} x(t) = 0$，即 $f(x)$ 有唯一的零点 $x^* = 0$.

2) 由 (45.7) 得

$$\frac{\mathrm{d}x}{\mathrm{d}t} = -\frac{\dfrac{4x-7}{x-2}}{\dfrac{4(x-2)-(4x-7)}{(x-2)^2}} = (x-2)(4x-7), \quad x(0) = x_0. \tag{45.13}$$

由 (45.13) 得

$$\frac{\mathrm{d}x}{(x-2)(4x-7)} = \frac{\mathrm{d}x}{x-2} - \frac{4\mathrm{d}x}{4x-7} = \frac{\mathrm{d}x}{x-2} - \frac{\mathrm{d}x}{x-\dfrac{7}{4}} = \mathrm{d}t.$$

故有

$$t = \ln|x-2| - \ln\left|x-\frac{7}{4}\right| + \ln|C|,$$

$$C\mathrm{e}^{-t} = \frac{x-\dfrac{7}{4}}{x-2},$$

$$(x-2)C\mathrm{e}^{-t} = x - \frac{7}{4},$$

$$x(1-C\mathrm{e}^{-t}) = \frac{7}{4} - 2C\mathrm{e}^{-t}.$$

因而

$$x(t) = \frac{\dfrac{7}{4} - 2C\mathrm{e}^{-t}}{1 - C\mathrm{e}^{-t}}.$$

所以对任意的常数 C（因而对任意的初值 x_0），都有 $\lim\limits_{t\to+\infty} x(t) = \dfrac{7}{4}$，即 $f(x)$

有唯一的零点 $x^* = \dfrac{7}{4}$.

注意：如果用牛顿法，那么对初值 $x_0 = 1.5$，迭代过程就发散.

46. 累次指数

数 $b^{(b^b)}$ 不一定与数 $(b^b)^b$ 相等. 例如: $3^3 = 27$, 故 $3^{(3^3)} = 3^{27} = 7\,625\,597\,484\,987$, 但 $(3^3)^3 = 3^{3 \cdot 3} = 3^9 = 19\,683$, 或者 $(3^3)^3 = 27^3 = 19\,683$. 因此, 指数不满足结合律. 于是, 我们定义 b^{b^b} 为 $b^{(b^b)}$, 而不是定义为 $(b^b)^b$. 由这累次指数的定义, 可以得到一个数列

$$b, b^b, b^{b^b}, b^{b^{b^b}}, b^{b^{b^{b^b}}}, \cdots. \tag{46.1}$$

按课题 44, 用函数迭代的语言, 设 $g(x) = b^x$, $x_0 = 1$, 则

$$g(1) = b, g^2(1) = b^b, g^3(1) = b^{b^b}, \cdots,$$

于是, 数列 (46.1) 又可看成 $x_0 = 1$ 对 g 的轨道 $\{g^n(1)\}_{n=0}^{\infty}$.

由于 g 是连续函数, 由问题 44.2 知, 如果数列 (46.1) 收敛于 p, 那么 p 是 g 的一个不动点, 即有 $g(p) = p$, 也就是说, p 是方程 $x = b^x$ 的解. 本课题将探究方程

$$x = b^x \tag{46.2}$$

的可解性问题.

中心问题 求使方程 $x = b^x$ 有解的最大的 b 值.
准备知识 导数, 函数 f 的不动点(见课题 44)

课 题 探 究

问题 46.1 1) 从指数函数 $y = b^x (0 < b < 1)$ 的图像(见图 46-1), 你对方程 (46.2) 的求解发现了什么? 证明你的结论.

2) 当 $b = 3$ 时, 方程 $x = b^x$ 是否有解?

从问题 46.1 的解可以看到, 方程 $x = b^x$ 当 $0 < b < 1$ 时, 有解; 当 $b = 3$ 时, 无

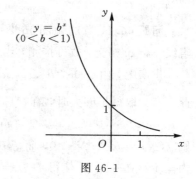

图 46-1

解. 于是, 我们要问, 使方程 $x = b^x$ 有解的最大的 b 值是多少?

问题 46.2 求使方程 $x = b^x$ 有解的最大的 b 值.

（提示：1）证明：方程 $\dfrac{\ln x}{x} = \ln b$ 与方程 $x = b^x$ 等价;

2）证明：$\dfrac{\ln x}{x}$ 的最大值是 $\dfrac{1}{e}$;

3）证明：$b = e^{\frac{1}{e}} \approx 1.444\,67$ 是使方程 $x = b^x$ 有解的最大的 b 值.)

在课题 44 中, 我们引入了稳定的不动点的概念. 由于 $g'(x) = (b^x)' = (\ln b)b^x$, 故由问题 44.4 知, 设 p 是 $g(x)$ 的不动点, 如果 $|(\ln b)b^p| < 1$, 那么 p 是稳定的. 注意：如果 $|(\ln b)b^p| = 1$, 那么 p 可能是稳定的, 也可能是非稳定的.

探究题 46.1 求方程组

$$x = b^x, \quad |b^* \ln b| = 1$$

的解.

关于累次指数, 在[21]中, 还讨论了下列两个问题：

1）两个数 $9^{9^{9^{9^9}}}$ 和 $9!!!!$ 中哪个大?

2）用 5 个数字或记号可以构成的数中, 哪一个最大?

[21]给出了解答：1）$9^{9^{9^{9^9}}} > 9!!!!$; 2）$9^{9^{!}}!!!$ 最大.

关于累次指数, 在[22]中还提出了更多的问题, 有兴趣的读者可以进一步查阅.

问 题 解 答

问题 46.1 1）由图 46-2 可见, 指数函数 $y = b^x (0 < b < 1)$ 的图像与直线 $y = x$ 相交, 故可推测, 当 $0 < b < 1$ 时, 方程 $x = b^x$ 有解.

事实上, 由于 $0 < b < 1$, 故 $\lim\limits_{x \to +\infty} b^x = 0$, 另一方面, $\lim\limits_{x \to +\infty} x = +\infty$, 因此, 当 x 取得足够大时, 有 $b^x < x$, 设 $x = N$ 时, $b^N < N$. 令

$$f(x) = b^x - x,$$

则 $f(N) = b^N - N < 0$, 而 $f(0) = b^0 - 0 = 1 > 0$, 由零点定理, 在 $(0, N)$ 内至少存在一点 ξ, 使得 $f(\xi) = 0$, 即 $b^\xi = \xi$, 因此, 方程 $x = b^x (0 < b < 1)$

有解.

2) 设 $f(x) = 3^x - x$, 只要证对所有的 $x \in \mathbf{R}$, $f(x) > 0$. 当 $x \leqslant 0$ 时, 显然, $f(x) > 0$, 故只要再证在区间 $[0, +\infty)$ 上, $f(x)$ 是单调递增函数. 由于

$$f'(x) = 3^x \ln 3 - 1 > 0,$$

$$对 x \in (0, +\infty),$$

故在 $[0, +\infty)$ 上, $f(x)$ 是单调递增的, 而 $f(0) = 1 > 0$, 因此,

$$f(x) > 0, \quad 对 x \in [0, +\infty),$$

即方程 $x = 3^x$ 无解.

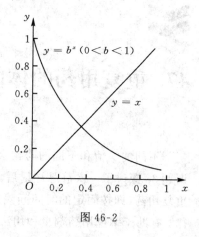

图 46-2

问题 46.2 由于 0 不是方程 $x = b^x$ 的解, 且由 $x = b^x$ 两边取对数, 得 $\ln(b^x) = x \ln b$, 故方程 $\dfrac{\ln x}{x} = \ln b$ 与方程 $x = b^x$ 等价.

设 $f(x) = \dfrac{\ln x}{x}$, 则

$$f'(x) = \frac{(\ln x)' x - \ln x}{x^2} = \frac{1 - \ln x}{x^2}.$$

解 $f'(x) = \dfrac{1 - \ln x}{x^2} = 0$, 得 $x = e$, 而 $f''(e) = -e^{-3} < 0$, 故 $x = e$ 是 $f(x)$ 的最大值点, $f(x) = \dfrac{\ln x}{x}$ 的最大值为 $\dfrac{1}{e}$, 所以, 当 $\ln b > \dfrac{1}{e}$ 时, 方程 $\dfrac{\ln x}{x} = \ln b$ 无解, 即方程 $x = b^x$ 无解, 而 $\ln b > \dfrac{1}{e}$ 等价于 $b > e^{\frac{1}{e}}$, 因此, 当 $b > e^{\frac{1}{e}}$ 时, 方程 $x = b^x$ 无解, 而 $b = e^{\frac{1}{e}}$ 时, $x = e$ 是方程 $\dfrac{\ln x}{x} = \ln b$ 的解 (见图 46-3), 也就是说, $b = e^{\frac{1}{e}}$ 是使方程 $x = b^x$ 有解的最大的 b 值.

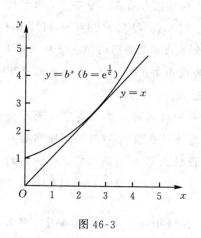

图 46-3

47. 重复用药的体内药物含量问题

不同的病情和不同的药物会有不同的用药次数,疗程长短也是不同的. 课题38探讨了一次静脉注射后,人体内药物含量的变化规律. 本课题将探讨重复用药(即按固定的时间间隔定期用药)过程中人体内药物含量的变化规律,有助于掌握用药剂量和用法,合理用药.

中心问题　求定期给一病人服用某一剂量的某药物人体内该药物的含量的最大稳定值和最小稳定值.

准备知识　极限,等比级数

课 题 探 究

问题 47.1　1) 假设为进入疟疾流行区的人员预防疟疾,在每日同一时间给一个人服用 50 mg 奎宁. 服用第 1 剂药后,人体内含有 50 mg 奎宁. 由于代谢,一日后其 77% 将排出体外,人体内仅残留 23%,即 $50 \times 23\% = 11.5$ mg 仍留在体内. 服用第 2 剂药后,人体内奎宁含量为第 2 剂药的 50 mg 加上第 1 剂药的残留量 11.5 mg,即 61.5 mg. 设 d_n 为服用第 n 剂药后,人体内的奎宁含量(单位:mg),求 $d_n (n = 1, 2, \cdots)$ 的表达式.

2) 如果长期每日服用 50 mg 奎宁,求一剂服用后人体内奎宁的长期含量(即求当 $n \to \infty$ 时,人体内奎宁含量 d_n 趋近于什么值),以及一剂服用后而下一剂服用之前人体内奎宁的长期含量(即设服用第 n 剂药之前,人体内的奎宁含量为 c_n,则 $c_n + 50 = d_n$,求当 $n \to \infty$ 时,c_n 趋近于什么值).

问题 47.2　在问题 47.1 的解中可见,如果每 24 小时服用 50 mg 奎宁,那么在刚服用一剂后人体内奎宁的长期含量(即最大稳定值)约为 65 mg,而在即将服用下一剂药前,人体内的长期含量(即最小稳定值)约为 15 mg. 我们取最大稳定值与最小稳定值的平均值(即 $\dfrac{65 + 15}{2} = 40$ (mg))来估计人体内奎

宁的长期含量,再以每千克体重所含奎宁毫克数来度量人体内奎宁浓度,即

人体内奎宁平均浓度 = 人体内奎宁的长期含量 ÷ 体重.

为使该药物有效,人体内奎宁平均浓度不得低于 $0.4\ \mathrm{mg/kg}$,而平均浓度超过 $3\ \mathrm{mg/kg}$ 时将对人体不利.

1) 对于一个体重为 $70\ \mathrm{kg}$ 的人,给出其体内奎宁的平均浓度. 这一处方对他安全和有效吗?

2) 这一处方对什么范围内的体重是安全和有效的?

问题 47.3 1) 假设某种药物在人体内每 4 小时排出其 $\dfrac{1}{4}$,如果一次注射 $100\ \mathrm{mg}$ 该种药物,那么在 4 小时后,其 $\dfrac{1}{4}$ 将排出体外,残留 $\dfrac{3}{4}$,即 $75\ \mathrm{mg}$ 仍在血液中. 现在假设在第一次注射 $100\ \mathrm{mg}$ 该种药物(即 $d_1 = 100$)后,每隔 4 小时再注射 $100\ \mathrm{mg}$,问:第 $4n$ 小时再注射 $100\ \mathrm{mg}$ 后人体内药物含量 d_n 是多少,当 $n \to \infty$ 时,人体内药物含量趋近于什么值(即求最大稳定值)?

2) 如果将 1) 中的 $d_1 = 100$ 改为 $d_1 = 1\,000$(即第一次注射 $1\,000\ \mathrm{mg}$,以后每次仍注射 $100\ \mathrm{mg}$),情况如何,你有什么发现?

3) 如果将 1) 中的每次注射量 $100\ \mathrm{mg}$ 改为 $50\ \mathrm{mg}$,情况如何,你又有什么发现?

探究题 47.1 某患者每日需注射一次,注入 10 个单位的某种药物,药物的半衰期(即药物含量减少到半数的时间)约为 6 小时. 于是,在注射 6 小时后,人体内药物含量为 $\dfrac{1}{2} \times 10$,12 小时为 $\left(\dfrac{1}{2}\right)^2 \times 10$,18 小时后为 $\left(\dfrac{1}{2}\right)^3 \times 10$,24 小时后为 $\left(\dfrac{1}{2}\right)^4 \times 10$,即 1 日之后,药物含量为

$$a_1 = \left(\frac{1}{2}\right)^4 \times 10.$$

此时,又注射一次,人体内的药物含量为

$$b_1 = 10 + a_1 = 10 + \left(\frac{1}{2}\right)^4 \times 10.$$

同样,6 小时后,人体内药物含量 $\dfrac{1}{2}b_1$,12 小时后为 $\left(\dfrac{1}{2}\right)^2 b_1$,18 小时后为 $\left(\dfrac{1}{2}\right)^3 b_1$,24 小时后为 $\left(\dfrac{1}{2}\right)^4 b_1$,即 2 日之后,药物含量为

$$a_2 = \left(\frac{1}{2}\right)^4 b_1 = \left(\frac{1}{2}\right)^4 \times 10 + \left(\frac{1}{2}\right)^{2\times4} 10.$$

1) 问：n 日之后，在注射之前，人体内药物含量为多少？

2) 对 1) 的计算结果加以分析.

问 题 解 答

问题 **47.1**　1)　［解法 1］（用等比级数）

$d_1 = $ 第 1 剂药量 $= 50$，

$d_2 = $ 第 2 剂药量＋第 1 剂药的残留量

$= 50 + 50 \times 0.23 = 61.5$，

$d_3 = $ 第 3 剂药量＋之前药物的残留量

$= 50 + 61.5 \times 0.23 = 64.145$，

由于 $d_3 = $ 第 3 剂药量＋第 2 剂药的残留量＋第 1 剂药 2 日后的残留量，故有

$$d_3 = 50 + 50 \times 0.23 + 50 \times (0.23)^2.$$

同样可得

$$d_4 = 50 + 50 \times 0.23 + 50 \times (0.23)^2 + 50 \times (0.23)^3 = 64.753,$$

$$d_5 = 50 + 50 \times 0.23 + 50 \times (0.23)^2 + 50 \times (0.23)^3 + 50 \times (0.23)^4$$

$$= 64.893,$$

$$d_6 = 50 + 50 \times 0.23 + 50 \times (0.23)^2 + 50 \times (0.23)^3 + 50 \times (0.23)^4$$

$$+ 50 \times (0.23)^5$$

$$= 64.925,$$

$$\cdots,$$

$$d_{10} = 50 + 50 \times 0.23 + 50 \times (0.23)^2 + \cdots + 50 \times (0.23)^9 = 64.935,$$

一般地，我们有

$$d_n = 50 + 50 \cdot 0.23 + 50 \cdot (0.23)^2 + \cdots + 50 \cdot (0.23)^{n-1}.$$

这是一个首项为 50，公比为 0.03 的等比级数，由等比级数的求和公式知

$$d_n = \frac{50[1 - (0.23)^n]}{1 - 0.23}, \quad n = 1, 2, \cdots. \tag{47.1}$$

［解法 2］（用等比差数列）

$$d_1 = 50,$$

$$d_2 = 0.23d_1 + 50,$$

$$d_3 = 0.23d_2 + 50,$$

一般地，有

$$d_n = 0.23d_{n-1} + 50.$$

因此，数列 $\{d_n\}$ 为等比差数列①，其通项为

$$d_n = \left(50 - \frac{50}{1-0.23}\right)(0.23)^{n-1} + \frac{50}{1-0.23}$$

$$= \frac{50[1-(0.23)^n]}{1-0.23}, \quad n = 1, 2, \cdots.$$

2) 由(47.1)，得

$$\lim_{n \to \infty} d_n = \frac{50}{1-0.23} \approx 64.935.$$

因此，服用该药后，人体内奎宁的
长期含量为 64.935 mg. 由图 47-1
可见，人体内奎宁含量逐渐趋于
一个稳态，服用 10 剂后，$d_n =$
64.935，即保留小数 3 位，人体内
奎宁含量 d_n 已与长期值 $\lim\limits_{n\to\infty} d_n$ 相
同，从实践角度来讲，这两个值基
本上已无差异.

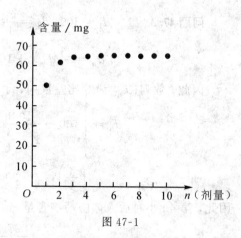

图 47-1

$$\lim_{n \to \infty} c_n = \lim_{n \to \infty} (d_n - 50) \approx 64.935 - 50 = 14.935.$$

注　当 n 足够大，人体内该药物含量处于稳态时，该药物含量将在最大
值(刚服下一剂药后，达到其最大值 $d_n = \lim\limits_{n\to\infty} d_n$)与最小值(在即将服用下一
剂药前，达到其最小值 $c_n = \lim\limits_{n\to\infty} c_n$)之间波动. 稳态时，在服用一剂药的间隔
期间，其排出的药量等于所服用的药量(这是因为在这固定的间隔期间排出
的药量等于刚服用一剂后人体内药物含量 d_n 减去将服用下一剂药前的药物
含量 c_n，而 $d_n - c_n$ 等于所服用的药量). 一般地，我们同样可以证明：在固定
时间间隔内，一次服用某药物，如果在一个时间间隔后，将残留某一比率 $r\%$
的药量，那么在稳态时，两次服药间隔内排出的药量等于一次服药的量.

问题 47.2　1) 其体内奎宁的平均浓度为 $\frac{40}{70} \approx 0.571$ mg/kg，这一处方

———————

① 一般地，递推关系式为 $d_n = d_{n-1}q + c$ $(q \neq 1, c \neq 0)$ 的数列 $\{d_n\}$ 叫做**等比差数
列**，其通项可以按如下方法得到.

因为 $d_n - \dfrac{c}{1-q} = q\left(d_{n-1} - \dfrac{c}{1-q}\right)$，所以数列 $\left\{d_n - \dfrac{c}{1-q}\right\}$ 为等比数列，由此可得，
数列 $\{d_n\}$ 的通项为

$$d_n = \left(d_1 - \frac{c}{1-q}\right)q^{n-1} + \frac{c}{1-q}.$$

对他是安全和有效的.

2) 设体重为 $w\,\mathrm{kg}$，解 $0.4 \leqslant \dfrac{40}{w} \leqslant 3$，得 $w \in [13.33, 100]$，故这一处方对 $13.33 \sim 100\,\mathrm{kg}$ 范围内的体重是安全和有效的.

问题47.3 1) $d_1 = 100, d_2 = \dfrac{3}{4}d_1 + 100, d_3 = \dfrac{3}{4}d_2 + 100$，一般地，有

$$d_n = \frac{3}{4}d_{n-1} + 100, \quad d_1 = 100. \tag{47.2}$$

因此，数列 $\{d_n\}$ 为等比差数列，于是，其通项为

$$d_n = \left(100 - \frac{100}{1-\dfrac{3}{4}}\right)\left(\frac{3}{4}\right)^{n-1} + \frac{100}{1-\dfrac{3}{4}}$$

$$= \left(\frac{3}{4}\right)^{n-1}(-300) + 400. \tag{47.3}$$

因此，第 $4n$ 小时后人体内药物含量

$$d_n = 400 - \left(\frac{3}{4}\right)^{n-1} \cdot 300. \tag{47.4}$$

表 47-1 和图 47-2 中列举了 $d_1, d_2, \cdots, d_{20}$ 的数值，从中可以看到，在最初 n 个 4 小时，人体内药物含量迅速增加，随后逐渐趋近于 $400\,\mathrm{mg}$. 由于

$$\lim_{n \to \infty} d_n = \lim_{n \to \infty}\left[400 - \left(\frac{3}{4}\right)^{n-1} \cdot 300\right] = 400,$$

因此，当 $n \to \infty$ 时，人体内药物含量 d_n 趋近于最大稳定值 $400\,\mathrm{mg}$（有时，医生在用药时需要知道，患者用药数月后，人体内药物含量的长期的变化趋势，以及预期将能达到的最大稳定值）.

表 47-1

n	0	1	2	3	4
d_n	100.00	175.00	231.25	273.44	305.08
n	5	6	7	8	9
d_n	328.81	346.61	359.95	369.97	377.47
n	10	11	12	13	14
d_n	383.11	387.33	390.50	392.87	394.65
n	15	16	17	18	19
d_n	395.99	396.99	397.74	398.31	398.73

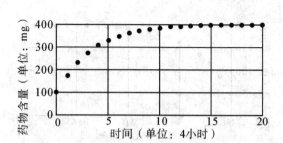

图 47-2

2) 将 (47.2) 中 $d_1 = 100$ 改为 $d_1 = 1\,000$，数列 $\{d_n\}$ 的通项改为

$$d_n = 400 + \left(\frac{3}{4}\right)^{n-1} \cdot 600, \tag{47.5}$$

由其图像（参见图 47-3）可见，当 $n \to \infty$ 时，d_n 也趋近于稳定值 400 mg. 事实上，由 (47.5)，知

$$\lim_{n \to \infty} d_n = \lim_{n \to \infty}\left[400 + \left(\frac{3}{4}\right)^{n-1} \cdot 600\right] = 400.$$

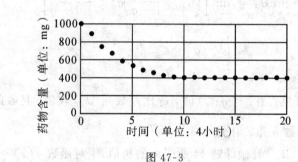

图 47-3

我们发现，最大稳定值 $\lim\limits_{n \to \infty} d_n$ 的大小与初始值 d_1 无关，在该模型中，都是 400 mg.

3) 如果将 1) 中的每次注射量改为 50 mg，则 (47.2) 改为

$$d_n = \frac{3}{4} d_{n-1} + 50, \quad d_1 = 50,$$

数列 $\{d_n\}$ 的通项为

$$d_n = 200 - \left(\frac{3}{4}\right)^{n-1} \cdot 150,$$

其图像参见图 47-4. 当 $n \to \infty$ 时，d_n 趋近于最大稳定值

$$\lim_{n \to \infty} d_n = \lim_{n \to \infty}\left[200 - \left(\frac{3}{4}\right)^{n-1} \cdot 150\right] = 200.$$

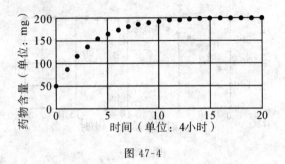

图 47-4

由此可见，该最大稳定值的大小与每次注射量有关.

一般地，设数列 $\{d_n\}$ 为等比差数列，其递推关系式为

$$d_n = d_{n-1}q + c, \quad n \geqslant 1, \tag{47.6}$$

其中 $q \neq 1$（否则，$\{d_n\}$ 为等差数列）和 $c \neq 0$（否则，$\{d_n\}$ 为等比数列），且 $d_1 \neq \dfrac{c}{1-q}$（否则，由通项公式知，$\{d_n\}$ 为常数列 $\left\{\dfrac{c}{1-q}, \dfrac{c}{1-q}, \cdots\right\}$），则有

$$\lim_{n \to \infty} d_n = \lim_{n \to \infty}\left[\left(d_1 - \frac{c}{1-q}\right)q^{n-1} + \frac{c}{1-q}\right]$$

$$= \begin{cases} \dfrac{c}{1-q}, & 0 < q < 1, \\ \pm\infty, & q > 1. \end{cases} \tag{47.7}$$

由 (47.7) 可见，当 $0 < q < 1$ 时，等比差数列 $\{d_n\}$ 收敛，且收敛于 $\dfrac{c}{1-q}$，该极限值仅与参数 q 和 c 有关.

如果将数列 $\{d_n\}$ 看做课题 44 所引入的初值 d_1 对函数 $f(x) = qx + c$ 的轨道 $\{f^n(d_1)\}_{n=0}^{\infty}$，即

$$d_1, f(d_1), f(f(d_1)), f(f(f(d_1))), \cdots,$$

那么若当 $n \to \infty$ 时，$f^n(d_1) \to p$，则 p 是 f 的一个不动点（即有 $f(p) = p$），也就是说，$\lim\limits_{n \to \infty} d_n = \lim\limits_{n \to \infty} f^{n-1}(d_1) = p$ 是 f 的不动点，即 $\lim\limits_{n \to \infty} d_n$ 是方程 $f(x) = x$ 的根，也就是方程

$$qx + c = x \tag{47.8}$$

的根，而方程 (47.8) 的根为 $x = \dfrac{c}{1-q}$. 这样，可以通过求函数 $f(x) = qx + c$ 的不动点，直接求得稳定值 $\lim\limits_{n \to \infty} d_n$. 实际上，这也相当于对 (47.6) 两边取极限，如果 $\lim\limits_{n \to \infty} d_n = p$，则有 $p = p \cdot q + c$，故有

$$\lim_{n \to \infty} d_n = p = \frac{c}{1-q}.$$

在许多实际问题中，不动点是一个重要的概念，虽然它只是表述了一个理想的状态，通常不可能真正达到它，但是它能反映一个模型的长期的变化趋势. 在本药物含量模型中，(47.6)中的参数 q 表示在一个周期后药物在人体内的残留量的分数，因而 $0 < q < 1$，这表明当 $n \to \infty$ 时，$\{d_n\}$ 是收敛的，且收敛于 $\frac{c}{1-q}$；参数 c 表示每次注射量. 在本题中，$q = \frac{3}{4}$，故不动点的值为

$$p = \frac{c}{1-\frac{3}{4}} = 4c,$$

当 $c = 100$ 时，有 $p = 400$，当 $c = 50$ 时，有 $p = 200$. 如果医生需求将患者的长期的最大稳定值为 120 mg，则每次注射量应为 $c = \frac{p}{4} = \frac{120}{4} = 30$（mg）.

如果另一种药物在一个周期后，仅将其 $\frac{1}{6}$ 排出体外，而残留 $\frac{5}{6}$，则 $q = \frac{5}{6}$，而不动点的值为

$$p = \frac{c}{1-\frac{5}{6}} = 6c,$$

这表明长期的最大稳定值为每次注射量的 6 倍.

由此可见，本模型有助于医生决定用什么药物及其用量用法，使人体内的药物的长期的稳定值达到所期望的水平.

48. 广义几何数列

对任一数列 $\{b_n\}$，可以如下定义一个新数列 $\{c_n\}$，设

$$c_n = \prod_{i=1}^{n} b_i = b_1 b_2 \cdots b_n = c_{n-1} b_n,$$

则

$$\{c_n\} = \{b_1, b_1 b_2, b_1 b_2 b_3, \cdots, b_1 b_2 \cdots b_n, \cdots\},$$

我们把数列 $\{c_n\}$ 称为**广义几何数列**. 显然，如果令 $b_i = a$，对所有的 i，则 $c_n = a^n$，此时，该广义几何数列就是通常的几何数列. 因为 a^n 和 c_n 都是 n 个实数的积，所以，广义几何数列 $\{c_n\}$ 与几何数列 $\{a^n\}$ 有相似性. 对几何数列 $\{a^n\}$，我们最感兴趣的是 $0 < a < 1$ 时的情况，类似地，对广义几何数列，我们假设 $0 < b_i < 1$ 和 $\lim\limits_{i \to \infty} b_i \leqslant 1$. 本课题将探讨广义几何数列 $\{c_n\} = \left\{\prod\limits_{i=1}^{n} b_i\right\}$ 的敛散性（其中 $0 < b_i < 1$，$\lim\limits_{i \to \infty} b_i = 1$（或 < 1））.

中心问题 对任一实数 c（$0 \leqslant c < 1$），求极限为 c 的广义几何数列.
准备知识 数列的极限

课 题 探 究

问题 48.1 设 $0 < b_i < 1$，$i = 1, 2, \cdots$，$\lim\limits_{i \to \infty} b_i = 1$，讨论广义几何数列 $\{c_n\} = \left\{\prod\limits_{i=1}^{n} b_i\right\}$ 当 $n \to \infty$ 时的敛散性.

由问题 48.1 的解知，如果 $0 < b_i < 1$ 且 $\lim\limits_{i \to \infty} b_i = 1$，那么当 $n \to \infty$ 时，广义几何数列 $\{c_n\} = \left\{\prod\limits_{i=1}^{n} b_i\right\}$ 收敛，若设 $\lim\limits_{n \to \infty} c_n = c$，则 $0 \leqslant c < 1$. 于是，我们要问，c 究竟可以取到什么值呢？下面先观察两个实例.

问题 48.2 *讨论下列广义几何数列 $\{c_n\} = \left\{\prod\limits_{i=1}^{n} b_i\right\}$ 的极限 $\lim\limits_{n \to \infty} c_n$ 的取值范围：*

1) $\{b_i\} = \left\{\dfrac{1}{2}, \dfrac{2}{3}, \dfrac{3}{4}, \cdots, \dfrac{i}{i+1}, \cdots\right\}$;

2) $\{b_i\} = \left\{0.9, 0.99, 0.999, \cdots, 1 - \dfrac{1}{10^i}, \cdots\right\}$.

在问题 48.2 的两个实例中，已经看到，$c = \lim\limits_{n \to \infty} c_n$ 的值可能为零，也可能为大于零的数. 那么，对任意的实数 $c\,(0 \leqslant c < 1)$，是否总有极限为 c 的广义几何数列存在呢？

问题 48.3 问：对任一实数 $c\,(0 \leqslant c < 1)$，是否存在一个数列 $\{b_i\}$（其中 $0 < b_i < 1$，$i = 1, 2, \cdots$，且 $\lim\limits_{i \to \infty} b_i = 1$）使得广义几何数列 $\{c_n\} = \left\{\prod\limits_{i=1}^{n} b_i\right\}$ 的极限 $\lim\limits_{n \to \infty} c_n = c$.

由问题 48.2 的解可以看到，$c = \lim\limits_{n \to \infty} c_n$ 的值的大小与 $\{b_i\}$ 收敛于 1 的速度快慢有关，当 $\{b_i\}$ 缓慢地趋近于 1 时，有可能 $c = 0$（例如：问题 48.2,1)），而当 $\{b_i\}$ 收敛于 1 的速度足够快时，就有可能 $c > 0$（例如：问题 48.2,2)）. 在[24,第 192 页]中，还证明了以下的定理，给出了一个广义几何数列是否收敛于零的充分必要条件：

对 $0 < s_i < 1$，$\prod\limits_{i=1}^{\infty}(1 - s_i) > 0$ 当且仅当 $\sum\limits_{i=1}^{\infty} s_i$ 收敛，否则 $\prod\limits_{i=1}^{\infty}(1 - s_i) = 0$.

我们可以用问题 48.2 的两个实例对上述定理进行验证. 设 $s_i = \left(\dfrac{1}{10}\right)^i$，$i = 1, 2, \cdots$，则 $0 < s_i < 1$，且 $\sum\limits_{i=1}^{\infty} s_i = s = \dfrac{1}{9} < 1$，以及 $0 < 1 - s_i < 1$ 且 $\lim\limits_{i \to \infty}(1 - s_i) = 1$，由上述定理知，广义几何数列 $\left\{\prod\limits_{i=1}^{n}(1 - s_i)\right\}$ 的极限 $\prod\limits_{i=1}^{\infty}(1 - s_i) > 0$，这与问题 48.2,2) 的解一致. 另一方面，若设 $\{s_i\}$ 是调和数列：$\dfrac{1}{2}, \dfrac{1}{3}, \dfrac{1}{4}, \dfrac{1}{5}, \cdots$，则调和级数 $\sum\limits_{i=1}^{\infty} s_i$ 是发散的，由上述定理知，广义几何数列 $\left\{\prod\limits_{i=1}^{n}(1 - s_i)\right\}$ 的极限 $\prod\limits_{i=1}^{\infty}(1 - s_i) = 0$，而 $1 - s_i = 1 - \dfrac{1}{i+1} = \dfrac{i}{i+1} = b_i$,

故 $\prod\limits_{i=1}^{\infty} b_i = 0$，与问题 48.2,1) 的解也一致.

探究题 48.1 当问题 48.1 中的数列 $\{b_i\}$ 收敛于 $b \neq 1$ 时，情况如何？

探究题 48.2 假设有某个 i 使得 $1 < b_i$，而广义几何数列 $\{c_n\} = \left\{\prod\limits_{i=1}^{\infty} b_i\right\}$ 的其他条件不变，证明与问题 48.1 和问题 48.3 类似的结论.

有兴趣的读者还可以进一步探究：对于收敛的广义几何数列 $\{c_n\} = \left\{\prod\limits_{i=1}^{n} b_i\right\}$，数列 $\{b_i\}$ 是否必须收敛？

问 题 解 答

问题 48.1 因为 $0 < b_i < 1$，所以数列 $\{c_n\}$ 是单调递减数列，且有下界 0，而单调有界的数列一定是收敛的，设 $\{c_n\}$ 收敛于 c，显然，$0 \leqslant c < 1$.

问题 48.2 1) 因为

$$c_n = \prod_{i=1}^{n} b_i = \frac{1}{2} \cdot \frac{2}{3} \cdot \frac{3}{4} \cdot \cdots \cdot \frac{n-1}{n} \cdot \frac{n}{n+1} = \frac{1}{n+1},$$

所以 $\lim\limits_{n \to \infty} c_n = \lim\limits_{n \to \infty} \frac{1}{n+1} = 0$.

2) 由于 $0 < b_i = 1 - \frac{1}{10^i} < 1$，$\lim\limits_{i \to \infty} b_i = 1$，由问题 48.1 的结论知，广义几何数列 $\{c_n\}$ 收敛，其中

$$c_n = \prod_{i=1}^{n} b_i = (0.9)(0.99)(0.999)\cdots\left(1 - \frac{1}{10^n}\right). \tag{48.1}$$

设 $\lim\limits_{n \to \infty} c_n = p$，则 $0 \leqslant p < 1$. 由 (48.1) 知，$c_1 = 0.9$，以及

$$c_2 = (0.9)(0.99) = \left(1 - \frac{1}{10}\right)\left(1 - \frac{1}{10^2}\right) = 1 - \frac{1}{10} - \frac{1}{10^2} + \frac{1}{10^3}$$

$$> 1 - \frac{1}{10} - \frac{1}{10^2} = 1 - \sum_{i=1}^{2} \frac{1}{10^i}.$$

用数学归纳法可以证明，

$$c_n = c_{n-1}\left(1 - \frac{1}{10^n}\right) > \left(1 - \sum_{i=1}^{n-1} \frac{1}{10^i}\right)\left(1 - \frac{1}{10^n}\right)$$

$$= 1 - \sum_{i=1}^{n-1} \frac{1}{10^i} - \frac{1}{10^n} + \sum_{i=n+1}^{2n-1} \frac{1}{10^i} > 1 - \sum_{i=1}^{n-1} \frac{1}{10^i} - \frac{1}{10^n}$$

$$= 1 - \sum_{i=1}^{n} \frac{1}{10^i}, \tag{48.2}$$

所以 $c_n > 1 - \sum_{i=1}^{\infty} \frac{1}{10^i} = 1 - \frac{1}{10}\left(\dfrac{1}{1 - \dfrac{1}{10}}\right) = 1 - \frac{1}{9} = \frac{8}{9}$，因此，

$$\frac{8}{9} \leqslant \lim_{n \to \infty} c_n < 1. \tag{48.3}$$

问题 48.3 设 $\{c_n\}$ 为由 (48.1) 定义的广义几何数列，$\lim\limits_{n \to \infty} c_n = p$，则由问题 48.2,2) 的解知，$\dfrac{8}{9} \leqslant p < 1$.

下面先对 $0 < c < p$，寻找一个数列 $\{p_i\}$，使得它所定义的广义几何数列 $\{q_n\} = \left\{\sum\limits_{i=1}^{n} p_i\right\}$ 的极限为 c. 设 $\{p_i\} = \left\{\dfrac{c}{p}, 0.9, 0.99, 0.999, \cdots\right\}$，则 $0 < p_i < 1$，且 $\lim\limits_{i \to \infty} p_i = 1$，而

$$q_n = \prod_{i=1}^{n} p_i = \frac{c}{p} \cdot \prod_{i=1}^{n-1} b_i = \frac{c}{p} \cdot c_{n-1},$$

因此，$\lim\limits_{n \to \infty} q_n = \lim\limits_{n \to \infty} \dfrac{c}{p} c_{n-1} = \dfrac{c}{p} \lim\limits_{n \to \infty} c_{n-1} = \dfrac{c}{p} \cdot p = c$.

现在设 $p < c < 1$，我们通过删去问题 48.2,2) 的数列 $\{b_i\}$ 的前 $k-1$ 项，构成一个新的数列

$$\{s_i\} = \left\{1 - \frac{1}{10^k}, 1 - \frac{1}{10^{k+1}}, 1 - \frac{1}{10^{k+2}}, \cdots\right\},$$

设 $t_n = \prod\limits_{i=1}^{n} s_i$，类似于 (48.2) 和 (48.3)，可以证明

$$\lim_{n \to \infty} t_n = l > \left(1 - \frac{1}{10^k}\right) - \sum_{i=k+1}^{\infty} \frac{1}{10^i} = \left(1 - \frac{1}{10^k}\right) - \frac{1}{10^k \cdot 9}$$

$$= 1 - \frac{1}{10^k} \cdot \frac{10}{9} = 1 - \frac{1}{10^{k-1} \cdot 9}.$$

只要取 k 足够大，就可使 $1 - \dfrac{1}{10^k \cdot 9} > c$，从而使 $l > c$，类似于前面 $0 < c < p$ 的情况，只要在数列 $\{s_i\}$ 的前面增加一项 $\dfrac{c}{l}$，将它改为 $\left\{\dfrac{c}{l}, s_1, s_2, \cdots\right\}$，则它所定义的广义几何数列的极限为 $\dfrac{c}{l} \cdot l = c$，即为所求.

49. $\ln N \; (N = 2, 3, \cdots)$ 的级数展开

由 $\ln(1+x)$ 的麦克劳林级数展开式

$$\ln(1+x) = x - \frac{x^2}{2} + \frac{x^3}{3} - \frac{x^4}{4} + \cdots + (-1)^{n-1} \frac{x^n}{n} + \cdots \quad (49.1)$$

(收敛域为 $(-1,1]$) 知,

$$\ln 2 = 1 - \frac{1}{2} + \frac{1}{3} - \cdots - \frac{1}{2n} + \frac{1}{2n+1} - \cdots. \quad (49.2)$$

但是,对 $x = 2, 3, \cdots$,它们不属于收敛域,因此,对于 $\ln 3, \ln 4, \cdots$ 就不能继续使用 (49.1) 进行展开.

本课题将探讨 $\ln N \; (N = 2, 3, 4, \cdots)$ 的级数展开式,用定积分和多项式的长除法来求 $\ln N$ 的级数展开式.

中心问题　求 $\ln N \; (N = 3, 4)$ 的级数展开式.

准备知识　定积分,无穷级数

课 题 探 究

所谓多项式长除法就是多项式竖式除法,在多项式除以多项式中,用竖式演算来求商式和余式.下面通过一个实例来阐明该方法(注意:为了我们的计算需要,将多项式写成按字母 x 的升幂排列),计算:$(1+2x) \div (1+x+x^2)$.

$$
\begin{array}{r}
1 + x - 2x^2 \\
1 + x + x^2 \overline{\smash{\big)}\, 1 + 2x } \\
\underline{1 + x + x^2} \\
x - x^2 \\
\underline{x + x^2 + x^3} \\
-2x^2 - x^3 \\
\underline{-2x^2 - 2x^3 - 2x^4} \\
x^3 + 2x^4
\end{array}
$$

由此得,商式 $1 + x - 2x^2$,余式 $x^3 + 2x^4$,这结果可以表示为

$$(1 + 2x) \div (1 + x + x^2) = (1 + x - 2x^2) \cdots\cdots (x^3 + 2x^4).$$

同样,用长除法可得

$$(x^3 + 2x^4) \div (1 + x + x^2) = (x^3 + x^4 - 2x^5) \cdots\cdots (x^6 + 2x^7)$$

(由于 $x^3 + 2x^4 = x^3(1 + 2x)$,这里的商式和余式也可由 $(1 + 2x) \div (1 + x + x^2)$ 的商式和余式各乘以 x^3 而得到).

下面我们先对熟悉的 $\ln 2$ 用定积分和长除法来求它的级数展开式,然后再推广到 $\ln 3, \ln 4, \cdots$.

问题 49.1 1) 证明: $\ln 2 = \int_0^1 \dfrac{1}{1 + x} dx$.

2) 证明:

$$\int_0^1 \frac{1}{1 + x} dx = \left(1 - \frac{1}{2}\right) + \left(\frac{1}{3} - \frac{1}{4}\right) + \cdots + \left(\frac{1}{2k - 1} - \frac{1}{2k}\right)$$
$$- \int_0^1 \frac{x^{2k}}{1 + x} dx.$$

(提示:将 1 除以 $(1 + x)$,然后将所得余式再除以 $(1 + x)$ …… 对余式反复用长除法除以 $(1 + x)$,直到余式为 x^{2k} 为止.)

3) 设 (49.2) 右边的级数的部分和为 S_n,证明:

$$\ln 2 = \lim_{n \to \infty} S_n = 1 - \frac{1}{2} + \frac{1}{3} - \cdots - \frac{1}{2n} + \frac{1}{2n + 1} - \cdots.$$

问题 49.2 1) 证明: $\ln 3 = \int_0^1 \dfrac{1 + 2x}{1 + x + x^2} dx$.

2) 证明:

$$\int_0^1 \frac{1 + 2x}{1 + x + x^2} = \left(1 + \frac{1}{2} - \frac{2}{3}\right) + \left(\frac{1}{4} + \frac{1}{5} - \frac{2}{6}\right) + \cdots$$
$$+ \left(\frac{1}{3k - 2} + \frac{1}{3k - 1} - \frac{2}{3k}\right) + \int_0^1 \frac{x^{3k} + 2x^{3k+1}}{1 + x + x^2} dx.$$

$$(49.3)$$

3) 求 $\ln 3$ 的级数展开式.

探究题 49.1 1) 求 $\ln 4$ 的级数展开式.

2) 猜测: $\ln N$ 的级数展开式.

通过以上讨论,我们给出了一个算法,对任意给定的正整数 N,都能用定积分和长除法,求得 $\ln N$ 的级数展开式. 但是,仍用长除法来证明问题 49.3,2) 中一般情形下 $\ln N$ 的级数展开式,表述并不容易. 在附录 2 中,用关于积分和导数的两个中值定理给出了 $\ln N$ 的级数展开式的证明(参见[26]).

问 题 解 答

问题 49.1 1) $\displaystyle\int_0^1 \frac{1}{1+x}\mathrm{d}x = \int_1^2 \frac{\mathrm{d}u}{u}$ （令 $u = 1+x$）

$$= \ln|u|\,\Big|_1^2 = \ln 2. \tag{49.4}$$

2) 由于

$$1 \div (1+x) = (1-x)\cdots\cdots x^2,$$

$$x^2 \div (1+x) = (x^2 - x^3)\cdots\cdots x^4,$$

$$\cdots,$$

$$x^{2k-2} \div (1+x) = (x^{2k-2} - x^{2k-1})\cdots\cdots x^{2k},$$

故

$$\int_0^1 \frac{1}{1+x}\mathrm{d}x = \int_0^1 \left[(1-x) + (x^2 - x^3) + \cdots + (x^{2k-2} - x^{2k-1}) + \frac{x^{2k}}{1+x} \right]\mathrm{d}x$$

$$= \left(1 - \frac{1}{2}\right) + \left(\frac{1}{3} - \frac{1}{4}\right) + \cdots + \left(\frac{1}{2k-1} - \frac{1}{2k}\right) + \int_0^1 \frac{x^{2k}}{1+x}\mathrm{d}x. \tag{49.5}$$

3) 由(49.4)和(49.5)，得

$$|\ln 2 - S_{2k}| = \left| \int_0^1 \frac{x^{2k}}{1+x}\mathrm{d}x \right| \leqslant \int_0^1 x^{2k}\mathrm{d}x = \frac{x^{2k+1}}{2k+1}\Big|_0^1 = \frac{1}{2k+1},$$

而

$$|\ln 2 - S_{2k+1}| \leqslant |\ln 2 - S_{2k}| + |S_{2k} - S_{2k+1}|$$

$$\leqslant \frac{1}{2k+1} + \frac{1}{2k+1} = \frac{2}{2k+1},$$

故对 $n = 2k$ 或 $2k+1$，都有

$$|\ln 2 - S_n| \leqslant \frac{2}{n},$$

所以 $\displaystyle\lim_{n\to\infty}(\ln 2 - S_n) = 0$，因此，$\ln 2 = \displaystyle\lim_{n\to\infty} S_n$，即(38.2)成立.

问题 49.2 1) $\displaystyle\int_0^1 \frac{1+2x}{1+x+x^2}\mathrm{d}x = \int_1^3 \frac{\mathrm{d}u}{u}$ （令 $u = 1+x+x^2$）

$$= \ln|u|\,\Big|_1^3 = \ln 3. \tag{49.6}$$

2) 由长除法，得

$$\frac{1+2x}{1+x+x^3} = (1+x-2x^2) + (x^3+x^4-2x^5) + \cdots$$
$$+ (x^{3k-3}+x^{3k-2}-2x^{3k-1}) + \frac{x^{3k}+2x^{3k+1}}{1+x+x^2},$$

由此即得 (49.3).

3) 用部分和的记号,由 (49.3) 和 (49.6),得

$$|\ln 3 - S_{3k}| = \left|\int_0^1 \frac{x^{3k}+2x^{3k+1}}{1+x+x^2}\mathrm{d}x\right| \leqslant \int_0^1 (x^{3k}+2x^{3k+1})\mathrm{d}x$$
$$= \left.\left(\frac{x^{3k+1}}{3k+1} + \frac{2x^{3k+2}}{3k+2}\right)\right|_0^1 \leqslant \frac{3}{3k+1},$$

而

$$|\ln 3 - S_{3k+1}| \leqslant |\ln 3 - S_{3k}| + |S_{3k} - S_{3k+1}|$$
$$\leqslant \frac{3}{3k+1} + \frac{1}{3k+1} = \frac{4}{3k+1},$$
$$|\ln 3 - S_{3k+2}| \leqslant |\ln 3 - S_{3k}| + |S_{3k} - S_{3k+1}| + |S_{3k+1} - S_{3k+2}|$$
$$\leqslant \frac{3}{3k+1} + \frac{1}{3k+1} + \frac{1}{3k+2} \leqslant \frac{5}{3k+1},$$

故对 $n = 3k$,或 $3k+1$,或 $3k+2$,都有

$$|\ln 3 - S_n| \leqslant \frac{5}{n-1}, \quad n \geqslant 2.$$

因此,

$$\ln 3 = 1 + \frac{1}{2} - \frac{2}{3} + \frac{1}{4} + \frac{1}{5} - \frac{2}{6} + \frac{1}{7} + \frac{1}{8} - \frac{2}{9} + \cdots$$
$$+ \frac{1}{3k-2} + \frac{1}{3k-1} - \frac{2}{3k} + \cdots.$$

50. 欧拉常数

由极限

$$\lim_{n\to\infty}\left(\frac{1}{1}+\frac{1}{2}+\frac{1}{3}+\cdots+\frac{1}{n}-\ln n\right) \tag{50.1}$$

定义的常数是由欧拉于 1740 年首先指出的,它是数学上一个重要的常数,称为**欧拉常数**,记为 γ. 本课题将探讨极限(50.1)的存在性. 至于它是有理数还是无理数,迄今还未有结论.

中心问题 利用对数不等式,证明级数 $\displaystyle\sum_{n=1}^{\infty}\left(\frac{1}{n}-\ln\frac{n+1}{n}\right)$ 收敛.

准备知识 定积分,数项级数

课 题 探 究

问题 50.1 设

$$T_n = \frac{1}{1}+\frac{1}{2}+\frac{1}{3}+\cdots+\frac{1}{n}-\ln n,$$

$$S_n = \frac{1}{1}+\frac{1}{2}+\frac{1}{3}+\cdots+\frac{1}{n}-\ln(n+1),$$

证明:如果极限 $\displaystyle\lim_{n\to\infty}S_n$ 存在,那么极限 $\displaystyle\lim_{n\to\infty}T_n$ 也存在,且 $\displaystyle\lim_{n\to\infty}T_n = \lim_{n\to\infty}S_n$.

问题 50.2 1) 计算 $S_n(n=1,2,\cdots,9)$ 的值,你有什么发现?

2) 利用函数 $y=\dfrac{1}{x}$ 的图像给出 S_n 的几何解释,并证明:极限 $\displaystyle\lim_{n\to\infty}S_n$ 存在(即 $\displaystyle\lim_{n\to\infty}T_n$ 存在).

下面探讨极限(50.1)的存在性的另一个证法. 由于

$$S_n = \frac{1}{1}+\frac{1}{2}+\cdots+\frac{1}{n}-\ln(n+1)$$

$$= \sum_{k=1}^{n} \frac{1}{k} - \ln\left(\frac{2}{1} \cdot \frac{3}{2} \cdot \cdots \cdot \frac{n+1}{n} \right)$$

$$= \sum_{k=1}^{n} \left(\frac{1}{k} - \ln \frac{k+1}{k} \right),$$

故

$$\lim_{n \to \infty} S_n = \sum_{n=1}^{\infty} \left(\frac{1}{n} - \ln \frac{n+1}{n} \right).$$

因此，要证极限(50.1)存在，只要证级数 $\sum\limits_{n=1}^{\infty} \left(\dfrac{1}{n} - \ln \dfrac{n+1}{n} \right)$ 收敛.

由课题 26，(26.5)知，

$$\frac{x-1}{x} < \ln x, \quad \text{对 } x > 0, \ x \neq 1. \tag{50.2}$$

探究题 50.1 利用对数不等式(50.2)，证明级数 $\sum\limits_{n=1}^{\infty} \left(\dfrac{1}{n} - \ln \dfrac{n+1}{n} \right)$ 收敛.

问 题 解 答

问题 50.1 由于

$$\lim_{n \to \infty} (T_n - S_n) = \lim_{n \to \infty} (\ln(n+1) - \ln n) = \lim_{n \to \infty} \ln\left(1 + \frac{1}{n} \right),$$

而

$$\lim_{x \to +\infty} \ln\left(1 + \frac{1}{x} \right) = \lim_{x \to 0} \ln(1+x) = 0,$$

故 $\lim\limits_{n \to \infty} (T_n - S_n) = 0$. 因此，

$$\lim_{n \to \infty} T_n = \lim_{n \to \infty} (T_n - S_n) + \lim_{n \to \infty} S_n = \lim_{n \to \infty} S_n,$$

这表明，如果 $\lim\limits_{n \to \infty} S_n$ 存在，那么 $\lim\limits_{n \to \infty} T_n$ 也存在，且两者相等.

问题 50.2 1) $S_1 = 1 - \ln 2 \approx 1 - 0.6931 = 0.3069$,

$$S_2 = \frac{3}{2} - \ln 3 \approx 1.5 - 1.0986 = 0.4014,$$

$$S_3 = \frac{11}{6} - \ln 4 \approx 1.8333 - 1.3863 = 0.4470,$$

$$S_4 = \frac{25}{12} - \ln 5 \approx 2.0833 - 1.6094 = 0.4739,$$

$$S_5 = \frac{137}{60} - \ln 6 \approx 2.283\,3 - 1.781\,8 = 0.491\,5,$$

$$S_6 = \frac{137}{60} + \frac{1}{6} - \ln 7 \approx 2.283\,3 + 0.166\,7 - 1.945\,9 = 0.504\,1,$$

$$S_7 \approx 2.45 + \frac{1}{7} - \ln 8 \approx 2.45 + 0.142\,9 - 2.079\,4 = 0.513\,5,$$

$$S_8 \approx 2.592\,9 + \frac{1}{8} - \ln 9 \approx 2.592\,9 + 0.125 - 2.197\,2 = 0.520\,7,$$

$$S_9 \approx 2.717\,9 + \frac{1}{9} - \ln 10 \approx 2.717\,9 + 0.111\,1 - 2.302\,6 = 0.526\,4.$$

由以上计算可以发现，数列 $\{S_n\}$ 呈单调上升的趋势，且 0.6 可能是一个上界. 因此，我们可以从数列 $\{S_n\}$ 单调递增且有上界来证明 $\lim\limits_{n \to \infty} S_n$ 的存在性.

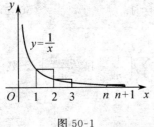

图 50-1

2）如图 50-1 所示，区间 $[1, n+1]$ 上的曲边梯形的面积为

$$\int_1^{n+1} \frac{1}{x}\mathrm{d}x = \ln x \Big|_1^{n+1} = \ln(n+1),$$

S_n 可用 n 个面积分别为 $1 \times 1, \frac{1}{2} \times 1, \cdots, \frac{1}{n} \times 1$ 的矩形的面积之和减去面积为 $\ln(n+1)$ 的曲边梯形的面积来表示，即用曲线 $y = \frac{1}{x}$ 上方的 n 个底为 1、高分别为 $1 - \frac{1}{2}, \frac{1}{2} - \frac{1}{3}, \frac{1}{3} - \frac{1}{4}, \cdots, \frac{1}{n} - \frac{1}{n+1}$ 的小曲边三角形的面积之和来表示.

随着 n 的增大，表示 S_n 的小曲边三角形的个数也随之增多，因而表示它们的面积之和的 S_n 也随之增大，即数列 $\{S_n\}$ 是单调递增的. 又因为 n 个底为 1、高分别为 $1 - \frac{1}{2}, \frac{1}{2} - \frac{1}{3}, \frac{1}{3} - \frac{1}{4}, \cdots, \frac{1}{n} - \frac{1}{n+1}$ 的小曲边三角形的面积，分别小于底为 1、高分别为 $1 - \frac{1}{2}, \frac{1}{2} - \frac{1}{3}, \frac{1}{3} - \frac{1}{4}, \cdots, \frac{1}{n} - \frac{1}{n+1}$ 的小矩形的面积，故

$$S_n < \left(1 - \frac{1}{2}\right) + \left(\frac{1}{2} - \frac{1}{3}\right) + \left(\frac{1}{3} - \frac{1}{4}\right) + \cdots + \left(\frac{1}{n} - \frac{1}{n+1}\right)$$

$$= 1 - \frac{1}{n+1} < 1,$$

即 $\{S_n\}$ 是有上界的，因此，$\lim\limits_{n \to \infty} S_n$ 存在，即 $\lim\limits_{n \to \infty} T_n$ 也存在.

注意：由于 $\left(\frac{1}{x}\right)'' = \frac{2}{x^3} > 0 \ (x \in [1, +\infty))$，曲线 $y = \frac{1}{x}$ 是凹的，故 n

个底为1、高分别为 $1-\dfrac{1}{2}$，$\dfrac{1}{2}-\dfrac{1}{3}$，$\dfrac{1}{3}-\dfrac{1}{4}$，$\cdots$，$\dfrac{1}{n}-\dfrac{1}{n+1}$ 的小曲边三角形的

面积，分别大于底为1、高分别为 $1-\dfrac{1}{2}$，$\dfrac{1}{2}-\dfrac{1}{3}$，$\dfrac{1}{3}-\dfrac{1}{4}$，$\cdots$，$\dfrac{1}{n}-\dfrac{1}{n+1}$ 的小

三角形的面积，故

$$S_n > \frac{1}{2}\left[\left(1-\frac{1}{2}\right)+\left(\frac{1}{2}-\frac{1}{3}\right)+\left(\frac{1}{3}-\frac{1}{4}\right)+\cdots+\left(\frac{1}{n}-\frac{1}{n+1}\right)\right]$$

$$= \frac{1}{2}\left(1-\frac{1}{n+1}\right),$$

因此，$\gamma = \lim\limits_{n\to\infty} S_n \geqslant \dfrac{1}{2} = 0.5$，而经计算

$$\gamma = 0.577\,215\,664\,901\,532\,860\,606\,512\,090\,082\cdots.$$

51. π 的解析表达式

圆周率 π 是一个无理数，是无限不循环小数. 历史上，人们无法以当时已知的有理数准确地表示它，但却能不断地以有理数越来越精确地逼近它，求更精确的圆周率成为古代数学的一个热门课题.

相传我国古代就有"周三经一"的说法，公元 3 世纪我国魏晋时代数学家刘徽在《九章算术》注文中，提出割圆术作为计算圆周长、圆面积和圆周率的基础，他从圆内接正六边形出发，将边数逐次加倍，并计算逐次得到的正多边形的周长和面积，用圆内接正多边形来逐步逼近圆，他一直算到圆内接正 192 边形，求出了 π 的近似值 3.14. 南北朝时期祖冲之又沿用了刘徽的割圆术算出了圆周率数值的上下限：

$$3.141\ 592\ 6\ (朒数) < \pi < 3.141\ 592\ 7\ (盈数).$$

《隋书·律历志》还记载了祖冲之以分数形式确定的 π 的近似值：约率 $\frac{22}{7}$，密率 $\frac{355}{113}$（在现代数论中，如果将 π 表示成连分数，其渐近分数是

$$\frac{3}{1}, \frac{22}{7}, \frac{333}{106}, \frac{355}{113}, \frac{103}{33}, \frac{993}{102}, \frac{104}{33}, \frac{348}{215}, \cdots.$$

第 4 项正是密率）.

圆周率计算的重大突破，起始于寻求 π 的解析表达式. 1579 年，韦达从圆内接正多边形与圆周率的关系的分析中得出如下关系式：

$$\frac{2}{\pi} = \sqrt{\frac{1}{2}} \cdot \sqrt{\frac{1}{2} + \frac{1}{2}\sqrt{\frac{1}{2}}} \cdot \sqrt{\frac{1}{2} + \frac{1}{2}\sqrt{\frac{1}{2} + \frac{1}{2}\sqrt{\frac{1}{2}}}} \cdot \cdots.$$

虽然此公式在计算上要多次开平方而不方便，但他开创了一条用解析式计算圆周率 π 的值的道路. 1671 年，格雷果里（J. Gregory）得到了反正切函数的幂级数展开式

$$\arctan x = x - \frac{x^3}{3} + \frac{x^5}{5} - \frac{x^7}{7} + \cdots + (-1)^{n-1}\frac{x^{2n-1}}{2n-1} + \cdots$$

$$(|x| \leqslant 1), \qquad (51.1)$$

（由于这个级数在计算 π 的历史上起过重大作用，故以格雷果里命名），由此他给出了计算 π 值的无穷级数

$$\frac{\pi}{4} = 1 - \frac{1}{3} + \frac{1}{5} - \frac{1}{7} + \frac{1}{9} - \frac{1}{11} + \cdots,$$

他首创了用无穷级数计算 π 值的新方法(人们将此级数命名为**格雷果里级数**). 1676 年,牛顿也给出了类似的级数

$$\frac{\pi}{6} = \frac{1}{2} + \frac{1}{2 \cdot 3} \cdot \frac{1}{2^3} + \frac{1 \cdot 3}{2 \cdot 4 \cdot 5} \cdot \frac{1}{2^5} + \frac{1 \cdot 3 \cdot 5}{2 \cdot 4 \cdot 6 \cdot 7} \cdot \frac{1}{2^7} + \cdots.$$

1706 年,梅钦(J. Machin)用(51.1)得到计算 π 值的**梅钦公式**

$$\frac{\pi}{4} \approx 4 \arctan \frac{1}{5} - \arctan \frac{1}{239},$$

从而使计算 π 值的精确度迅速提高. 他用此公式将 π 值的计算首次突破 100 位大关.

π 的解析表达式还有很多,其中有理数无穷乘积的表达式

$$\frac{\pi}{2} = \frac{2}{1} \cdot \frac{2}{3} \cdot \frac{4}{3} \cdot \frac{4}{5} \cdot \frac{6}{5} \cdot \frac{6}{7} \cdot \cdots \cdot \frac{2n}{2n-1} \cdot \frac{2n}{2n+1} \cdot \cdots \quad (51.2)$$

称为**沃利斯积**,这个公式最早由英国数学家、物理学家沃利斯(John Wallis, 1616—1703)得到,并于 1655 年发表,这不仅是数学史上较早的无穷乘积的例子,也是第一个将 π 表为容易计算的有理数列的极限的公式(对 π 的计算,现在已有快得多的计算方法). 他是通过计算四分之一单位圆的面积,而得到(51.2)的. 他计算由坐标轴、过点 x 的 x 轴的垂线和曲线

$$y = (1-x^2)^0, \ y = (1-x^2)^1, \ y = (1-x^2)^2, \ y = (1-x^2)^3, \ \cdots$$

之一围成的区域的面积,得到的结果分别为

$$x, \ x - \frac{1}{3}x^3, \ x - \frac{2}{3}x^3 + \frac{1}{5}x^5, \ x - \frac{3}{3}x^3 + \frac{3}{5}x^5 - \frac{1}{7}x^7, \ \cdots,$$

但表示圆的函数是 $y = (1-x^2)^{\frac{1}{2}}$,指数为 $\frac{1}{2}$,而不是整数,沃利斯利用复杂的插值法算出了它的面积,并进而得到了表达式

$$\frac{\pi}{2} = \frac{2 \cdot 2 \cdot 4 \cdot 4 \cdot 6 \cdot 6 \cdot 8 \cdot 8 \cdot \cdots}{1 \cdot 3 \cdot 3 \cdot 5 \cdot 5 \cdot 7 \cdot 7 \cdot 9 \cdot \cdots} = \lim_{n \to \infty} \prod_{k=1}^{n} \frac{(2k)^2}{(2k-1)(2k+1)}.$$

沃利斯的工作直接引导牛顿发现了有理幂的二次式定理[①],牛顿二项式

---

① 牛顿的工作就是将二项式定理 $(1+x)^n = \sum_{k=0}^{n} \binom{n}{k} x^k$ 推广到 n 不再是正整数的情况,当 n 不是正整数时,二项式函数 $(1+x)^a$(a 为常数)的展开式为

$$\sum_{n=0}^{\infty} \frac{\alpha(\alpha-1)\cdots(\alpha-n+1)}{n!} x^n \quad (|x| < 1),$$

它不再是有限和,而是一个无穷的函数项级数.

定理的推导记录在他 1664—1665 年间的一本读书笔记上,从中可以清楚地看出他是通过推广沃利斯插值法而得到这项发现的. 二项式定理作为有力的代数工具在微积分的创立中发挥了重要的作用.

欧拉也提出了一个重要的 π 的无穷级数表达式

$$\sum_{n=1}^{\infty} \frac{1}{n^2} = \frac{\pi^2}{6},$$

称为**欧拉公式**.

本课题将推导沃利斯公式和欧拉公式.

中心问题   计算 $I_n = \displaystyle\int_0^{\frac{\pi}{2}} \sin^n x \, \mathrm{d}x$,从而导出沃利斯公式.

准备知识   定积分,无穷级数

课 题 探 究

问题 51.1   证明:积分公式

$$\int \sin^n x \, \mathrm{d}x = -\frac{1}{n} \sin^{n-1} x \cos x + \frac{n-1}{n} \int \sin^{n-2} x \, \mathrm{d}x, \qquad (51.3)$$

其中 $n\,(\geqslant 2)$ 是整数. 此公式为计算 $\displaystyle\int \sin^n x \, \mathrm{d}x$ 的缩减公式.

问题 51.2   计算:$I_n = \displaystyle\int_0^{\frac{\pi}{2}} \sin^n x \, \mathrm{d}x$.

(提示:把 n 分成奇数、偶数两种情况分别计算.)

问题 51.3   1) 证明:$I_{2n+2} \leqslant I_{2n+1} \leqslant I_{2n}$.

2) 证明:$\displaystyle\lim_{n \to \infty} \frac{I_{2n+1}}{I_{2n}} = 1$.

3) 证明:

$$\lim_{n \to \infty} \frac{2}{1} \cdot \frac{2}{3} \cdot \frac{4}{3} \cdot \frac{4}{5} \cdot \frac{6}{5} \cdot \frac{6}{7} \cdots \frac{2n}{2n-1} \cdot \frac{2n}{2n+1} = \frac{\pi}{2},$$

将上式写成无穷乘积的形式就是 (51.2).

欧拉公式的证法很多,可以利用复变函数论来证(见[27]),也可以利用微积分来证明. 下面先用计算 I_n 的沃利斯公式(见问题 51.2 的解答)来证.

探究题 51.1 1) 将证明 $\sum\limits_{n=1}^{\infty}\dfrac{1}{n^2}=\dfrac{\pi^2}{6}$ 归结为证明

$$\sum_{n=0}^{\infty}\frac{1}{(2n+1)^2}=\frac{\pi^2}{8} \tag{51.4}$$

的问题.

2) 利用 $\arcsin x$ 在 $x=0$ 处的泰勒展开式①

$$\arcsin x=x+\sum_{n=1}^{\infty}\frac{1\cdot 3\cdot 5\cdot\cdots\cdot(2n-1)}{2\cdot 4\cdot 6\cdot\cdots\cdot(2n)}\cdot\frac{x^{2n+1}}{2n+1}$$

$$(|x|\leqslant 1), \tag{51.5}$$

证明

$$t=\sin t+\sum_{n=1}^{\infty}\frac{1}{2n+1}\cdot\frac{1\cdot 3\cdot 5\cdot\cdots\cdot(2n-1)}{2\cdot 4\cdot 6\cdot\cdots\cdot(2n)}\sin^{2n+1}t$$

$$\left(-\frac{\pi}{2}\leqslant t\leqslant\frac{\pi}{2}\right), \tag{51.6}$$

对上式两边在区间 $\left[0,\dfrac{\pi}{2}\right]$ 上逐项求积分,然后再用沃利斯公式

$$I_{2n+1}=\int_0^{\frac{\pi}{2}}\sin^{2n+1}t\,\mathrm{d}t=\frac{2\cdot 4\cdot 6\cdot\cdots\cdot(2n)}{3\cdot 5\cdot 7\cdot\cdots\cdot(2n+1)},\quad n=1,2,\cdots \tag{51.7}$$

证明欧拉公式.

在[28]第 196～197 页中,给出了用二重积分证明欧拉公式的方法,步骤如下:

1) 证明: $\displaystyle\int_0^1\int_0^1\frac{\mathrm{d}x\,\mathrm{d}y}{1-xy}=\sum_{n=1}^{\infty}\frac{1}{n^2}$.

2) 计算 $\displaystyle\int_0^1\int_0^1\frac{\mathrm{d}x\,\mathrm{d}y}{1-xy}$ 求得其值为 $\dfrac{\pi^2}{6}$(计算时先用按逆时针方向旋转 $\dfrac{\pi}{4}$ 将 x 轴和 y 轴分别转到 u 轴和 v 轴,通过变量替换计算该二重积分,再根据积分区域的特性分块计算新的积分. 积分时如果遇到 $\dfrac{\cos\theta}{1+\sin\theta}$,可以利用半角公式

$$\frac{\cos\theta}{1+\sin\theta}=\frac{\sin\left(\frac{\pi}{2}-\theta\right)}{1+\cos\left(\frac{\pi}{2}-\theta\right)}=\frac{2\sin\left(\frac{1}{2}\left(\frac{\pi}{2}-\theta\right)\right)\cos\left(\frac{1}{2}\left(\frac{\pi}{2}-\theta\right)\right)}{2\cos^2\left(\frac{1}{2}\left(\frac{\pi}{2}-\theta\right)\right)}).$$

---

① (51.5) 可由 $(1-x^2)^{-\frac{1}{2}}$ $(|x|\leqslant 1)$ 的二项式级数导出.

有兴趣的读者可以自行探讨.

利用傅里叶级数也可以证明欧拉公式. 在区间 $[-\pi,\pi]$ 上, 偶函数 $f(x) = x^2$ 可以展开为余弦级数

$$x^2 = \frac{a_0}{2} + \sum_{n=1}^{\infty} a_n \cos nx,$$

其中

$$\frac{a_0}{2} = \frac{1}{\pi} \int_0^{\pi} f(x)\,\mathrm{d}x = \frac{1}{\pi} \int_0^{\pi} x^2\,\mathrm{d}x = \frac{\pi^2}{3},$$

$$a_n = \frac{2}{\pi} \int_0^{\pi} f(x) \cos nx\,\mathrm{d}x = \frac{2}{\pi} \int_0^{\pi} x^2 \cos nx\,\mathrm{d}x$$

$$= \frac{2}{\pi} x^2 \frac{\sin nx}{n} \Big|_0^{\pi} - \frac{4}{n\pi} \int_0^{\pi} x \sin nx\,\mathrm{d}x$$

$$= \frac{4}{n\pi} x \frac{\cos nx}{n} \Big|_0^{\pi} - \frac{4}{n^2\pi} \int_0^{\pi} \cos nx\,\mathrm{d}x = (-1)^n \frac{4}{n^2} \quad (n > 0).$$

因此,

$$x^2 = \frac{\pi^2}{3} + 4 \sum_{n=1}^{\infty} (-1)^n \frac{\cos nx}{n^2} \quad (-\pi \leqslant x \leqslant \pi). \tag{51.8}$$

在 (51.8) 中, 令 $x = \pi$ 或 $x = 0$, 即得

$$\frac{\pi^2}{6} = \sum_{n=1}^{\infty} \frac{1}{n^2}, \quad \frac{\pi^2}{12} = \sum_{n=1}^{\infty} \frac{(-1)^{n-1}}{n^2}.$$

问 题 解 答

问题 51.1　设 $u = \sin^{n-1} x$, $\mathrm{d}v = \sin x\,\mathrm{d}x$, 则

$$\mathrm{d}u = (n-1) \sin^{n-2} x \cos x\,\mathrm{d}x, \quad v = -\cos x.$$

用分部积分法, 得

$$\int \sin^n x\,\mathrm{d}x = -\sin^{n-1} x \cos x + (n-1) \int \sin^{n-2} x \cos^2 x\,\mathrm{d}x$$

$$= -\sin^{n-1} x \cos x + (n-1) \int \sin^{n-2} x (1 - \sin^2 x)\,\mathrm{d}x,$$

故

$$n \int \sin^n x\,\mathrm{d}x = -\sin^{n-1} x \cos x + (n-1) \int \sin^{n-2} x\,\mathrm{d}x,$$

由此即得 (51.3).

问题 51.2　由 (51.3), 得

$$\int_0^{\frac{\pi}{2}} \sin^n x \ \mathrm{d}x = \frac{n-1}{n} \int_0^{\frac{\pi}{2}} \sin^{n-2} x \ \mathrm{d}x$$

（其中 $n (\geqslant 2)$ 是整数），即

$$I_n = \frac{n-1}{n} I_{n-2}. \tag{51.9}$$

反复使用(51.9)，可将 I_n 化成 $I_0 = \int_0^{\frac{\pi}{2}} \sin^0 x \ \mathrm{d}x = x \Big|_0^{\frac{\pi}{2}} = \frac{\pi}{2}$ 的倍数或

$I_1 = \int_0^{\frac{\pi}{2}} \sin x \ \mathrm{d}x = -\cos x \Big|_0^{\frac{\pi}{2}} = 1$ 的倍数，按 n 为偶数或奇数而定.

在偶数的情况下，有

$$I_{2n} = \int_0^{\frac{\pi}{2}} \sin^{2n} x \ \mathrm{d}x = \frac{1 \cdot 3 \cdot 5 \cdot \cdots \cdot (2n-1)}{2 \cdot 4 \cdot 6 \cdot \cdots \cdot 2n} \cdot \frac{\pi}{2}. \tag{51.10}$$

在奇数的情况下，有

$$I_{2n+1} = \int_0^{\frac{\pi}{2}} \sin^{2n+1} x \ \mathrm{d}x = \frac{2 \cdot 4 \cdot 6 \cdot \cdots \cdot 2n}{3 \cdot 5 \cdot 7 \cdot \cdots \cdot (2n+1)}. \tag{51.11}$$

问题 51.3 1) 因为 $\sin^{2n+2} x \leqslant \sin^{2n+1} x \leqslant \sin^{2n} x$，对 $x \in \left[0, \frac{\pi}{2}\right]$，所以 $I_{2n+2} \leqslant I_{2n+1} \leqslant I_{2n}$.

2) 由(51.10)，得

$$\frac{I_{2n+2}}{I_{2n}} = \frac{2n+1}{2n+2},$$

又因 $I_{2n+2} \leqslant I_{2n+1}$，故

$$\frac{2n+1}{2n+2} \leqslant \frac{I_{2n+1}}{I_{2n}},$$

而因 $I_{2n+1} \leqslant I_{2n}$，所以

$$\frac{2n+1}{2n+2} \leqslant \frac{I_{2n+1}}{I_{2n}} \leqslant 1. \tag{51.12}$$

由于 $\lim\limits_{n\to\infty} \frac{2n+1}{2n+2} = 1$，由(51.12)，得

$$\lim_{n\to\infty} \frac{I_{2n+1}}{I_{2n}} = 1. \tag{51.13}$$

3) 由(51.10),(51.11) 和(51.13)，得

$$\lim_{n\to\infty} \frac{2}{1} \cdot \frac{2}{3} \cdot \frac{4}{3} \cdot \frac{4}{5} \cdot \frac{6}{5} \cdot \frac{6}{7} \cdot \cdots \cdot \frac{2n}{2n-1} \cdot \frac{2n}{2n+1}$$

$$= \lim_{n\to\infty} \frac{I_{2n+1}}{I_{2n}} \cdot \frac{\pi}{2} = \frac{\pi}{2}.$$

52. 斐波那契数列的生成函数

设数列 $\{f_n\}$ 满足递推关系

$$f_n = f_{n-1} + f_{n-2}, \quad n = 3, 4, \cdots \tag{52.1}$$

以及初始条件

$$f_1 = a, \quad f_2 = b, \tag{52.2}$$

则称它为**斐波那契数列**,当(52.2)中取 $a = 1$,$b = 1$ 时,由(52.1)得到的是标准斐波那契数列:

1, 1, 2, 3, 5, 8, 13, 21, 34, 55, 89, 144, 233, 377, 610, ⋯.

意大利数学家斐波那契(L. Fibonacci, 1170—1250)在 1228 年的《算经》修订本中载有如下"兔子问题":

某人在一处有围墙的地方养了一对兔子,假定每对兔子每月生一对小兔,而小兔出生后两个月就能生育,问从这对兔子开始,一年内能繁殖多少对兔子?

若不考虑死亡因素,对这个问题的回答,就导致了上述的斐波那契数列:1, 1, 2, 3, 5, 8, ⋯. 在这兔子的总对数按月构成的数列中,从第 3 项起,每项都是前两项之和. 斐波那契数列有许多重要而有趣的性质,它被广泛应用于数论、运筹学、组合数学和优化理论等学科.

我们把斐波那契数列的每一项称为**斐波那契数**. 在下面 3 个分数的小数表达式中出现了斐波那契数:

$$\frac{100}{89} = 1.1 \ 2 \ 3 \ 5 \ 955056\cdots,$$

$$\frac{10\,000}{9\,899} = 1.01 \ 02 \ 03 \ 05 \ 08 \ 13 \ 21 \ 34 \ 55 \ 9046368\cdots,$$

$$\frac{1\,000\,000}{998\,999} = 1.001 \ 002 \ 003 \ 005 \ 008 \ 013 \ 021 \ 034 \ 055 \ 089$$

$$144 \ 233 \ 377 \ 610 \ 988599588818777596\cdots,$$

其中第 1 个分数的小数表达式中出现了前 5 个斐波那契数 1, 1, 2, 3, 5(此后是其他数字),第 2 个分数的小数表达式中出现了前 10 个斐波那契数,第 3 个分数产生了前 15 个斐波那契数. 注意:第 2 个分数的分子比第 1 个分数的分子扩大了 100 倍(即添上了 2 个 0),而第 2 个分数的分母是在第 1 个分数的分母的前后各添上 1 个 9,同样,第 3 个分数的分子和分母是将第 2 个分数的分子添上 2 个 0 和分母的前后各添上 1 个 9. 那么下一个分数 $\dfrac{100\,000\,000}{99\,989\,999}$ 的小数表达式中类似地会出现前 20 个斐波那契数吗? 这规律是否会一直延续下去? 本课题将探讨斐波那契数的这种有趣的规律性及其成因.

中心问题　求由标准斐波那契数列 $\{f_n\}$ 构造的函数
$$G(x) = f_1 + f_2 x + f_3 x^2 + f_4 x^3 + \cdots,$$
其中 $f_1 = 1$,$f_2 = 1$.

准备知识　无穷级数,幂级数和泰勒级数

课 题 探 究

由数列 $\{a_n\}$ 构造的一函数
$$G(x) = a_0 + a_1 x + a_2 x^2 + \cdots + a_n x^n + \cdots$$
称为**数列** $\{a_n\}$ **的生成函数**. 例如:数列 $\{C_n^0, C_n^1, \cdots, C_n^n\}$ 的生成函数是
$$C_n^0 + C_n^1 x + C_n^2 x^2 + \cdots + C_n^n x^n = (1+x)^n.$$
数列 $\{1, -1, 1, -1, \cdots, (-1)^n, \cdots\}$ 的生成函数是
$$G(x) = 1 - x + x^2 - \cdots + (-1)^n x^n + \cdots. \tag{52.3}$$

由 $\dfrac{1}{1+x}$ 的泰勒级数展开式知:
$$\frac{1}{1+x} = 1 - x + x^2 - \cdots + (-1)^n x^n + \cdots, \quad x \in (-1, 1), \tag{52.4}$$
该幂级数在开区间 $(-1, 1)$ 内绝对收敛,即 $G(x) = \dfrac{1}{1+x}$,$x \in (-1, 1)$.

注意:由
$$G(x) = 1 - x + x^2 - x^3 + \cdots$$
$$\underline{+)\qquad xG(x) = \qquad x - x^2 + x^3 - \cdots}$$
$$G(x) + xG(x) = 1$$

得 $(1+x)G(x) = 1$,也可得 $G(x) = \dfrac{1}{1+x}$,并进一步求得其收敛域 $(-1, 1)$.

问题 52.1　1) 求由标准斐波那契数列 $\{f_n\}$ 构造的生成函数
$$G(x) = f_1 + f_2 x + f_3 x^2 + f_4 x^3 + \cdots, \tag{52.5}$$

其中 $f_1 = 1, f_2 = 2, f_n = f_{n-1} + f_{n-2}, n = 3, 4, \cdots$，并求其收敛域.

2) 在 (52.5) 中取 $x = 0.1, 0.01, 0.001, \cdots$，你有什么发现？

探究题 52.1 由问题 52.1, 2) 可知：

$$\frac{100}{89} = \frac{1}{1 - 0.1 - 0.01} = \frac{10^2 f_1}{10^2 - 10 - 1},$$

$$\frac{10\,000}{9\,899} = \frac{1}{1 - 0.01 - 0.000\,1} = \frac{10^4 f_1}{10^4 - 10^2 - 1},$$

$$\frac{1\,000\,000}{998\,999} = \frac{1}{1 - 0.001 - 0.000\,001} = \frac{10^6 f_1}{10^6 - 10^3 - 1},$$

问：如果用长除法直接计算 $\dfrac{10^{2m} f_1}{10^{2m} - 10^m - 1} = (10^{2m} f_1) \div (10^{2m} - 10^m - 1)$，

$m = 1, 2, 3, \cdots$，你能得到什么结果？

问 题 解 答

问题 52.1 1) 由

$$G(x) = f_1 + f_2 x + f_3 x^2 + f_4 x^3 + f_5 x^4 + \cdots$$

$$-xG(x) = \quad -f_1 x - f_2 x^2 - f_3 x^3 - f_4 x^4 - \cdots$$

$$+) \quad -x^2 G(x) = \qquad\qquad -f_1 x^2 - f_2 x^3 - f_3 x^4 - \cdots$$

$$\overline{\qquad (1 - x - x^2)G(x) = f_1 \qquad}$$

得 $(1 - x - x^2)G(x) = f_1 = 1$，由此得 $G(x) = \dfrac{1}{1 - x - x^2}$.

由 (52.3) 知，$\dfrac{1}{1 + x}$ 的泰勒级数展开式的收敛域为 $(-1, 1)$，故当 x 满足 $-1 < -x^2 - x < 1$ 时，幂级数

$$G(x) = f_1 + f_2 x + f_3 x^2 + f_4 x^3 + \cdots \tag{52.6}$$

绝对收敛. 下面解不等式组

$$\begin{cases} -1 < -x^2 - x, \\ -x^2 - x < 1. \end{cases} \tag{52.7}$$

由于 $x^2 + x + 1 = \left(x + \dfrac{1}{2}\right)^2 + \dfrac{3}{4} > 0$，对 $x \in (-\infty, +\infty)$，故对 $x \in (-\infty, +\infty)$ 都有 $-x^2 - x < 1$，而不等式 $-1 < -x^2 - x$ 即 $x^2 + x - 1 < 0$ 的解集为 $\left(\dfrac{-1 - \sqrt{5}}{2}, \dfrac{-1 + \sqrt{5}}{2}\right)$. 所以不等式组 (52.7) 的解集为

$\left(\dfrac{-1-\sqrt{5}}{2}, \dfrac{-1+\sqrt{5}}{2}\right)$. 因此，当 $x \in \left(\dfrac{-1-\sqrt{5}}{2}, \dfrac{-1+\sqrt{5}}{2}\right)$ 时，幂级数 (52.6) 绝对收敛，

$$G(x) = \frac{1}{1-x-x^2} = f_1 + f_2 x + f_3 x^2 + f_4 x^3 + \cdots \qquad (52.8)$$

的收敛域为 $\left(\dfrac{-1-\sqrt{5}}{2}, \dfrac{-1+\sqrt{5}}{2}\right)$.

2) 在收敛域 $\left(\dfrac{-1-\sqrt{5}}{2}, \dfrac{-1+\sqrt{5}}{2}\right)$ 内，取 $x = 0.1$，得

$$\frac{1}{1-0.1-0.01} = \frac{100}{89}$$
$$= 1 + 1(.1) + 2(.01) + 3(.001) + 5(0.000\,1)$$
$$+ 8(.000\,01) + 13(.000\,001) + \cdots. \qquad (52.9)$$

在小数表达式 (52.9) 的前 5 位数字恰好是前 5 个斐波那契数 1，1，2，3，5，而第 6 位数字却由第 6 个斐波那契数 8 改为 9，这是因为 8 后续的第 7 个斐波那契数是由 2 位数字表示的 13，使得

$$8(.000\,01) + 13(.000\,001) = 0.000\,093,$$

因而该小数表达式的第 6 个数字是 9 而不是 8.

取 $x = 0.01$，得

$$\frac{1}{1-0.01-0.000\,1} = \frac{10\,000}{9\,899}$$
$$= 1 + 1(.01) + 2(.000\,1) + 3(.000\,001)$$
$$+ 5(.000\,000\,01) + \cdots. \qquad (52.10)$$

在小数表达式 (52.10) 中出现了前 10 个斐波那契数：1，1，2，3，5，8，13，21，34，55，而第 11 个斐波那契数 89 之后的第 12 个斐波那契数 144 是由 3 位数字表示的，因而在 1. 01 02 03 05 08 13 21 34 55 后面的 2 位数字就不是 89 而改为 90，在小数表达式 (52.10) 中出现的斐波那契数到最后一个用 2 位数字表示的斐波那契数 89 之前就终止了.

取 $x = 0.001$，在 $\dfrac{1\,000\,000}{998\,999} = \dfrac{1}{1-0.001-0.000\,001}$ 的小数表达式中出现的斐波那契数到最后一个用 3 位数字表示的斐波那契数 987（第 16 个斐波那契数）之前就终止了.

取 $x = 0.000\,1$，由于用 4 位数字表示的斐波那契数为

$$f_{17} = 1\,597, \quad f_{18} = 2\,584, \quad f_{19} = 4\,181, \quad f_{20} = 6\,765,$$

故 f_{20} 是最后一个用 4 位数字表示的斐波那契数，因而分数 $\dfrac{100\,000\,000}{99\,989\,999}$ 的小

数表达式中仅出现前 19 个斐波那契数, 即

$$\frac{100\,000\,000}{99\,989\,999} = 1. \quad 0001 \quad 0002 \quad 0003 \quad 0005 \quad 0008 \quad 0013 \quad 0021$$

$$\qquad\qquad 0034 \quad 0055 \quad 0089 \quad 0144 \quad 0233 \quad 0377 \quad 0610$$

$$\qquad\qquad 0987 \quad 1597 \quad 2584 \quad 4181 \quad \cdots.$$

一般地, 在分数 $\dfrac{10^{2m}}{10^{2m} - 10^m - 1}$ 的小数表达式中出现连续的用 m 位数字为一组表示的斐波那契数, 直到出现最后一个用 m 位数字表示的斐波那契数之前终止, 此后是其他数字.

53. 具有"面积不变性"的函数

在双曲线 $xy = k$（其中 $k > 0$ 为常数，$x > 0$，$y > 0$）上任一点处的切线与坐标轴可以围成一个直角三角形。本课题将探讨双曲线的切线截第一象限所得的直角三角形的面积的性质，以及求具有这种性质的函数，并且将平面上的结果推广到空间中去。

中心问题 求具有"面积不变性"的函数。
准备知识 一阶微分方程，二元函数的偏导数

课 题 探 究

问题 53.1 观察双曲线 $xy = k$（其中 $k > 0$ 为常数，$x > 0$，$y > 0$）上几个点处的切线与 x 轴和 y 轴围成的直角三角形的面积，你有什么发现？证明所发现的结果。

设 $h(x) = \dfrac{1}{x}$，则函数 $h(x)$ 的图像就是双曲线 $xy = 1$，且对 $x > 0$，有 $h(x) > 0$，$h'(x) < 0$，$h''(x) \neq 0$。由问题 53.1 的解知，h 的图像的切线截第一象限所得的直角三角形的面积与切点 $(a, h(a))$ 的位置无关，即双曲线具有上述的"面积不变性"。下面反过来，要求所有的具有这种"面积不变性"的函数。

问题 53.2 求满足下列条件的函数 $f(x)$：
1) $f(x) > 0$，$f'(x) < 0$，$f''(x) \neq 0$，对 $x > 0$；
2) f 的图像在点 $(a, f(a))$ 处的切线与坐标轴围成的直角三角形的面积，与点 $(a, f(a))$ 的位置无关。

下面将问题 53.1 的结果推广到空间中去。

探究题 53.1 设 $k > 0$ 为常数，在第一卦限中考虑曲面 $xyz = k$ 上的一点处

的切平面与坐标平面所围成的四面体,你有什么猜测?证明你的结论.

问 题 解 答

问题 53.1　不妨设 $k=1$(当 k 为任意正数时,情况类似).设函数 $y=h(x)=\dfrac{1}{x}$,它的图像就是双曲线 $xy=1$,由于 $y'=-\dfrac{1}{x^2}$,故它在点 (x_0,y_0) $\left(\text{即}\left(x_0,\dfrac{1}{x_0^2}\right)\right)$ 处的切线方程为

$$y-y_0=\left.\frac{\mathrm{d}y}{\mathrm{d}x}\right|_{x=x_0}(x-x_0)=-\frac{1}{x_0^2}(x-x_0).\qquad(53.1)$$

设这切线在第一象限所截得的三角形的面积为 $S(x_0)$.取 $x_0=1$,则 $y_0=h(1)=1$,过点 $(1,1)$ 的切线方程为

$$y=-(x-1)+1=-x+2,$$

故该切线在 x 轴和 y 轴上的截距都是 2,所以 $S(1)=2$.

取 $x_0=\dfrac{1}{2}$,则 $y_0=h\left(\dfrac{1}{2}\right)=2$,过点 $\left(\dfrac{1}{2},2\right)$ 的切线方程为

$$y=-4\left(x-\frac{1}{2}\right)+2=-4x+4,$$

它在 x 轴和 y 轴上的截距分别为 1 和 4,故 $S\left(\dfrac{1}{2}\right)=2$.

取 $x_0=\dfrac{1}{3}$,则 $y_0=h\left(\dfrac{1}{3}\right)=3$,过点 $\left(\dfrac{1}{3},3\right)$ 的切线方程为

$$y=-9\left(x-\frac{1}{3}\right)+3=-9x+6,$$

它在 x 轴和 y 轴上的截距分别为 $\dfrac{2}{3}$ 和 6,故 $S\left(\dfrac{1}{3}\right)=2$.

我们发现,双曲线的切线截第一象限所得的三角形的面积 $S(x_0)$ 具有不变性,它与 $x_0>0$ 的选择无关.

下面证明这个结论.

由(53.1)得,过点 (x_0,y_0) 的切线 $\left(y-y_0=-\dfrac{1}{x_0^2}(x-x_0)\right)$ 在 x 轴上的截距为方程

$$-y_0=-\frac{1}{x_0^2}(x-x_0)$$

的根,由此解得截距

$$x = x_0^2 y_0 + x_0 = x_0^2 \cdot \frac{1}{x_0} + x_0 = 2x_0;$$

同样，可求得它在 y 轴上的截距为 $\frac{2}{x_0}$，故

$$S(x_0) = \frac{1}{2}(2x_0) \cdot \frac{2}{x_0} = 2,$$

它与 $x_0 (> 0)$ 的选取无关.

问题 53.2 由曲线 $y = f(x)$ 在点 $(a, f(a))$ 处的切线方程

$$y = f'(a)x - f'(a)a + f(a)$$

得，它在 x 轴上和 y 轴上的截距分别为

$$\frac{1}{f'(a)}(f'(a)a - f(a)), \quad -f'(a)a + f(a),$$

故它与坐标轴围成的三角形的面积为

$$S(a) = \frac{1}{2} \frac{1}{f'(a)}(f'(a)a - f(a))(-f'(a)a + f(a))$$

$$= \frac{1}{2}\left[-f'(a)a^2 + 2f(a)a - \frac{1}{f'(a)}(f(a))^2\right].$$

由于 $a (> 0)$ 是任取的，可以把它看做变量，又因 $S(a)$ 的值与 $a (> 0)$ 无关，故 $\dfrac{\mathrm{d}S(a)}{\mathrm{d}a} = 0$，所以

$$\frac{\mathrm{d}(2S(a))}{\mathrm{d}a} = -f''(a)a^2 - 2f'(a)a + 2f'(a)a + 2f(a)$$

$$- \frac{2f(a)f'(a) \cdot f'(a) - (f(a))^2 \cdot f''(a)}{(f'(a))^2}$$

$$= \frac{(-f''(a)a^2 + 2f(a))(f'(a))^2 - 2f(a)(f'(a))^2 + (f(a))^2 f''(a)}{(f'(a))^2}$$

$$= \frac{f''(a)[(f(a))^2 - (af'(a))^2]}{(f'(a))^2} = 0. \tag{53.2}$$

因 $f'(a) \neq 0$ 和 $f''(a) \neq 0$，由(53.2)，得

$$(f(a))^2 - (af'(a))^2 = (f(a) - af'(a))(f(a) + af'(a)) = 0,$$

又因对 $a > 0$，有 $f(a) > 0$，$f'(a) < 0$，故有 $f(a) - af'(a) > 0$，所以，有

$$f(a) + af'(a) = 0. \tag{53.3}$$

设 $y = f(a)$，由(53.3)，得微分方程

$$\frac{\mathrm{d}y}{\mathrm{d}a} = -\frac{y}{a},$$

分离变量后，得

$$\frac{\mathrm{d}y}{y} = -\frac{\mathrm{d}a}{a},$$

两边积分，得

$$\ln|y| = -\ln|a| + C,$$

其中 C 为积分常数，且由于 $a > 0$，$y = f(a) > 0$，故 $|y| = y$，$|a| = a$，所以，有

$$ay = k, \tag{53.4}$$

其中 $k = e^C$ 为大于 0 的常数. 令 $x = a$，则 $y = f(x)$，(53.4) 可写成

$$xy = k \text{ 或 } f(x) = \frac{k}{x} \quad (\text{其中 } k > 0 \text{ 为常数}).$$

因此，$f(x) = kh(x)$ 是函数 $h(x) = \frac{1}{x}$ 的常数 k（> 0）倍，也就是说，满足题设条件的具有"面积不变性"的函数必定是函数 $h(x)$ 的正数倍.

54. 甲醛的毒性作用

大多数药物都有一定的毒性，但在常用量时一般不会出现. 只有当用药过量或过久，或因肝肾等有病时，超过人体耐受力而发生毒性反应. 在药物的研究与开发过程中，往往要对药物的药效、安全和质量进行研究，其中包括用鼠、犬和兔等进行毒性实验，观察给予动物受试药物后，所产生的毒性反应，来评价和预测药物在人体临床实验中可能出现的不良反应. 同样，为测量甲醛的毒性，我们也用老鼠进行毒性实验. 本课题将根据对老鼠进行毒性实验获得的数据分析甲醛的毒性.

中心问题 利用实验数据和全微分估计存活老鼠的百分比
准备知识 偏导数，全微分

课 题 探 究

问题 **54.1** 表 54-1 给出了对老鼠进行甲醛毒性实验获得的数据，表中的值给出了接触浓度 c（单位：ppm）存活 t 个月的老鼠的百分比 P，于是 P 是变量 t 和 c 的二元函数，设 $P = f(t,c)$. 根据表 54-1，估计 $f_t(18,6)$ 和 $f_c(18,6)$，并用所得结果来说明甲醛的毒性（即 t 的增加或 c 的增加，对存活百分比 P 带来的影响）.

表 54-1 　　　　　　　接触甲醛蒸汽后存活的老鼠百分比

时间 t/月		0	2	4	6	8	10	12	14	16	18	20	22	24
	0	100	100	100	100	100	100	100	100	100	100	99	97	95
浓度 c	2	100	100	100	100	100	100	100	100	99	98	97	95	92
/ppm	6	100	100	100	100	98	96	96	95	93	90	86	80
	15	100	100	100	99	99	99	99	96	93	82	70	58	36

问题 **54.2** 利用表 54-1 和偏导数与全微分估计存活老鼠的百分比，如果使它

们的接触浓度为

1) 6 ppm 的甲醛 18.5 个月;

2) 18 ppm 的甲醛 24 个月;

3) 9 ppm 的甲醛 20.5 个月.

下面我们用偏导数来探讨饮食和锻炼对体重的影响.

探究题 54.1 假设某人的体重 w(单位:磅)是每日所摄入的总热量 C(单位:卡/日)和每日锻炼的分钟数 n 的函数,他每日摄入的总热量为 2 000 卡和每日锻炼 15 分钟,且

$$\left.\frac{\partial w}{\partial C}\right|_{(2000,15)} = 0.02, \quad \left.\frac{\partial w}{\partial n}\right|_{(2000,15)} = -0.025,$$

问:如果他每日多摄入 100 卡热量,那么他每日要多锻炼多少分钟,才能使他体重保持不变?

问 题 解 答

问题 54.1 偏导数 $f_t(18,6)$ 是 c 固定为 6 ppm 时存活百分比 P 关于时间 t 在 $t=18$ 处的变化率,因而

$$f_t(18,6) \approx \frac{\Delta P}{\Delta t} = \frac{f(20,6) - f(18,6)}{20-18}$$
$$= \frac{90\% - 93\%}{20-18} \approx -1.5\% / 月,$$

这是存活百分比 P 在时间方向上在点 $(18,6)$ 处的变化率,它小于零是表明在点 $(18,6)$ 处 c 固定而 t 增加时,P 是递减的,即 P 随着 t 的增加而减少.

偏导数 $f_c(18,6)$ 是固定 $t=18$ 时存活百分比 P 关于浓度 c 在 $c=6$ 处的变化率,因而

$$f_c(18,6) \approx \frac{\Delta P}{\Delta c} = \frac{f(18,15) - f(18,6)}{15-6}$$
$$= \frac{82\% - 93\%}{15-6} = -1.22\%/\text{ppm}.$$

随着 c 的增加,P 的变化率约为 $-1.22\%/\text{ppm}$,这表明,浓度由 6 ppm 起每增加 1 ppm,存活 18 个月的百分比随之减少 1.22%,偏导数为负说明甲醛浓度提高后,存活的老鼠百分比减少,即 P 随着 c 的增加而减少.

问题 54.2 1) 我们要估计 $t=18.5$,$c=6$ 时存活老鼠的百分比 $P=$

$f(18.5,6)$，先由表 54-1 得出 $f(18,6) = 93\%$，再由问题 54.1 的解知

$$\left.\frac{\partial P}{\partial t}\right|_{(18,6)} = f_t(18,6) = -1.5\% / \text{月}，$$

即在接触浓度为 6 ppm 的甲醛 18 个月后，每多接触 1 个月，P 值减小 1.5%，因而多接触 0.5 个月后，P 值减小 $1.5\% \times 0.5 = 0.75\%$，所以有

$$P = f(18.5,6) \approx 93\% - 0.75\% = 92.25\%.$$

2) 现在要估计 $f(24,18)$，表 54-1 中离它最接近的项是 $f(24,15) = 36\%$，固定 t 为 24，把 c 从 15 增加到 18，再估计 P 关于 c 的变化率，即

$$\left.\frac{\partial P}{\partial c}\right|_{(24,15)} = f_c(24,15)，由表 54-1，得$$

$$f_c(24,15) \approx \frac{\Delta P}{\Delta c} = \frac{36\% - 80\%}{15 - 6} = -4.89\%/\text{ppm}，$$

存活 24 个月的百分比从 36% 递减，甲醛浓度每超出 15 ppm 的一个单位就减小 4.89%，所以有

$$f(24,18) \approx 36\% - 4.89\% \times 3 = 21.33\%，$$

即如果老鼠接触浓度 18 ppm 的甲醛，估计约仅有 21% 的老鼠存活 24 个月.

3) 为估计 $f(20.5,9)$，我们利用最接近的项 $f(20,6) = 90\%$，然后利用全微分来估计 $f(t,c)$ 在点 $(20,6)$ 对于自变量增量 $\Delta t = 0.5$ 和 $\Delta c = 3$ 的全增量

$$f(20.5,9) - f(20,6) = f(20 + \Delta t, 6 + \Delta c) - f(20,6).$$

先估计 $t = 20, c = 6$ 时的两个偏导数：

$$\left.\frac{\partial P}{\partial t}\right|_{(20,6)} \approx \frac{\Delta P}{\Delta t} = \frac{86\% - 90\%}{22 - 20} = -2\% / \text{月}，$$

$$\left.\frac{\partial P}{\partial c}\right|_{(20,6)} \approx \frac{\Delta P}{\Delta c} = \frac{70\% - 90\%}{15 - 6} = -2.22\%/\text{ppm}，$$

由此得函数 $P = f(t,c)$ 在点 $(20,6)$ 的全微分：

$$\left.\mathrm{d}P\right|_{(20,6)} = \left.\frac{\partial P}{\partial t}\right|_{(20,6)} \Delta t + \left.\frac{\partial P}{\partial c}\right|_{(20,6)} \Delta c$$

$$= -2\% \times 0.5 - 2.22\% \times 3$$

$$= -7.66\%，$$

因此对 $t = 20.5, c = 9$，我们有

$$f(20.5,9) = f(20,6) + (f(20 + \Delta t, 6 + \Delta c) - f(20,6))$$

$$\approx f(20,6) + \left.\mathrm{d}P\right|_{(20,6)} = 90\% - 7.66\%$$

$$= 82.34\%.$$

55. 多元二次函数的最值

在经济学中，最常见的选择标准是最大化目标（如厂商利润最大化，消费者效用最大化等）或最小化目标（如在给定产出下使成本最小化等），求目标函数的最大化问题和最小化问题统称最优化问题，这是多元函数的最值问题，往往可以运用多元函数的偏导数来解决．在实际问题中，目标函数（如利润函数）往往又是一个多元二次函数，这就产生了求多元二次函数的最值问题．本课题将探讨用线性代数方法解多元二次函数的最值问题，并给出这方法在经济学中的应用（在力学和电网络的平衡问题中经常会遇到势能最小化原理，而其中的势能往往也可表示为一个多元二次函数，这也产生求多元二次函数的最小值问题，详见[31]中课题 19 和课题 20）．

中心问题 用线性代数方法解价格差别的最优化问题．
准备知识 多元函数的最值，正定二次型

课 题 探 究

首先，我们介绍用线性代数方法解多元二次函数最值问题的方法．
对一个二元二次函数
$$p(x) = ax^2 + 2bx + c, \quad x \in \mathbf{R},$$
其中 $a > 0$ $(a < 0)$，可以用代数方法——配方法来求它的最小（大）值．由于

$$p(x) = a\left(x + \frac{b}{a}\right)^2 + \frac{ac - b^2}{a}, \tag{55.1}$$

$a > 0$ $(a < 0)$ 且 $\left(x + \dfrac{b}{a}\right)^2 \geqslant 0$，我们有 $a\left(x + \dfrac{b}{a}\right)^2 = 0$ 当且仅当 $x^* = -\dfrac{b}{a}$．因此 $x^* = -\dfrac{b}{a}$ 是 $p(x)$ 的最小（大）值点，最小（大）值为 $p(x^*) = \dfrac{ac - b^2}{a}$．这方法也能推广到求多元二次函数

$$p(x_1, x_2, \cdots, x_n) = \sum_{i,j=1}^{n} k_{ij} x_i x_j - 2 \sum_{i=1}^{n} f_i x_i + c \qquad (55.2)$$

的最小(大)值的情形. 令

$$\boldsymbol{K} = \begin{pmatrix} k_{11} & k_{12} & \cdots & k_{1n} \\ k_{21} & k_{22} & \cdots & k_{2n} \\ \vdots & \vdots & \ddots & \vdots \\ k_{n1} & k_{n2} & \cdots & k_{nn} \end{pmatrix}, \quad \boldsymbol{x} = \begin{pmatrix} x_1 \\ x_2 \\ \vdots \\ x_n \end{pmatrix}, \quad \boldsymbol{f} = \begin{pmatrix} f_1 \\ f_2 \\ \vdots \\ f_n \end{pmatrix},$$

则(55.2)可以写成矩阵形式

$$p(x_1, x_2, \cdots, x_n) = p(\boldsymbol{x}) = \boldsymbol{x}^{\mathrm{T}} \boldsymbol{K} \boldsymbol{x} - 2\boldsymbol{x}^T \boldsymbol{f} + c, \qquad (55.3)$$

其中 $\boldsymbol{K} = (k_{ij})$ 是 n 阶实对称矩阵, $\boldsymbol{f} = (f_1, f_2, \cdots, f_n)^T \in \mathbf{R}^n$ 是实常数向量, c 是常数. 一元二次函数 $p(x)$ 是在二次项的系数 a 是正数(负数)的条件下得到最小(大)值的. 类似地, 多元二次函数 $p(\boldsymbol{x})$ 可以在二次项的系数矩阵 $\boldsymbol{K}$ 是正定(负定)的条件下也得到它的最小(大)值.

我们知道, 如果对于任意一组不全为零的实数 $c_1, c_2, \cdots, c_n$ 恒有

$$\sum_{i,j=1}^{n} k_{ij} x_i x_j = \boldsymbol{x}^{\mathrm{T}} \boldsymbol{K} \boldsymbol{x} > 0 \quad (\text{或} < 0),$$

那么二次型 $\sum_{i,j=1}^{n} k_{ij} x_i x_j$ 是正定(或负定)的, 它的矩阵 $\boldsymbol{K}$ 是一个正定(或负定)矩阵; 实二次型 $\sum_{i,j=1}^{n} k_{ij} x_i x_j = \boldsymbol{x}^T \boldsymbol{K} \boldsymbol{x}^T$ 是正定(或负定)的充分必要条件为矩阵 $\boldsymbol{K}$ 的顺序主子式

$$|\boldsymbol{K}_i| = \begin{vmatrix} k_{11} & k_{12} & \cdots & k_{1i} \\ k_{21} & k_{22} & \cdots & k_{2i} \\ \vdots & \vdots & \ddots & \vdots \\ k_{i1} & k_{i2} & \cdots & k_{ii} \end{vmatrix} > 0 \quad (i = 1, 2, \cdots, n)$$

(或

$$(-1)^i |\boldsymbol{K}_i| = (-1)^i \begin{vmatrix} k_{11} & k_{12} & \cdots & k_{1i} \\ k_{21} & k_{22} & \cdots & k_{2i} \\ \vdots & \vdots & \ddots & \vdots \\ k_{i1} & k_{i2} & \cdots & k_{ii} \end{vmatrix} > 0 \quad (i = 1, 2, \cdots, n)).$$

因此, 正定(或负定)矩阵 $\boldsymbol{K}$ 的行列式 $|\boldsymbol{K}| \neq 0$, 因而 $\boldsymbol{K}$ 是可逆的.

如果 $\boldsymbol{K}$ 是正定(负定)的, 则它是可逆的, 设 $\boldsymbol{x}^* = (x_1^*, x_2^*, \cdots, x_n^*)^T = \boldsymbol{K}^{-1} \boldsymbol{f}$, 则对任一 $\boldsymbol{x} \in \mathbf{R}^n$, 都有

$$p(\boldsymbol{x}) = \boldsymbol{x}^{\mathrm{T}} \boldsymbol{K} \boldsymbol{x} - 2 \boldsymbol{x}^{\mathrm{T}} \boldsymbol{f} + c = \boldsymbol{x}^{\mathrm{T}} \boldsymbol{K} \boldsymbol{x} - 2 \boldsymbol{x}^{\mathrm{T}} \boldsymbol{K} \boldsymbol{x}^* + c$$
$$= (\boldsymbol{x} - \boldsymbol{x}^*)^{\mathrm{T}} \boldsymbol{K} (\boldsymbol{x} - \boldsymbol{x}^*) + [c - (\boldsymbol{x}^*)^{\mathrm{T}} \boldsymbol{K} \boldsymbol{x}^*] \tag{55.4}$$

(这是因为 $\boldsymbol{K}$ 是对称矩阵，$\boldsymbol{K} = \boldsymbol{K}^{\mathrm{T}}$，且 $\boldsymbol{x}^{\mathrm{T}} \boldsymbol{K} \boldsymbol{x}^* = \sum\limits_{i,j=1}^{n} k_{ij} x_i x_j^* = (\boldsymbol{x}^*)^{\mathrm{T}} \boldsymbol{K} \boldsymbol{x}$).

设 $\boldsymbol{y} = \boldsymbol{x} - \boldsymbol{x}^*$，则(55.4)中最后一式的第 1 项为 $\boldsymbol{y}^{\mathrm{T}} \boldsymbol{K} \boldsymbol{y}$，因为 $\boldsymbol{K}$ 是正定(负定)的，对所有的 $\boldsymbol{y} \neq \boldsymbol{0}$，一定有 $\boldsymbol{y}^{\mathrm{T}} \boldsymbol{K} \boldsymbol{y} > 0$ (< 0). 因此，第 1 项达到最小(大)值 0 当且仅当 $\boldsymbol{0} = \boldsymbol{y} = \boldsymbol{x} - \boldsymbol{x}^*$，即当且仅当 $\boldsymbol{x} = \boldsymbol{x}^*$. 另一方面，由于 $\boldsymbol{x}^*$ 是固定的，第 2 项 $c - (\boldsymbol{x}^*)^{\mathrm{T}} \boldsymbol{K} \boldsymbol{x}^*$ 是固定常数，与 $\boldsymbol{x}$ 的取值无关. 因而当 $\boldsymbol{x} = \boldsymbol{x}^*$ 时，$p(\boldsymbol{x})$ 达到最小(大)值 $c - (\boldsymbol{x}^*)^{\mathrm{T}} \boldsymbol{K} \boldsymbol{x}^*$，即

$$p(\boldsymbol{x}^*) = p(\boldsymbol{K}^{-1} \boldsymbol{f}) = c - (\boldsymbol{x}^*)^{\mathrm{T}} \boldsymbol{K} \boldsymbol{x}^*. \tag{55.5}$$

由此我们得到了下面的定理：

定理 55.1 如果 $\boldsymbol{K}$ 为正(负)定矩阵，那么 n 元二次函数

$$p(\boldsymbol{x}) = \boldsymbol{x}^{\mathrm{T}} \boldsymbol{K} \boldsymbol{x} - 2 \boldsymbol{x}^{\mathrm{T}} \boldsymbol{f} + c \tag{55.6}$$

有唯一的最小(大)值向量 $\boldsymbol{x}^* = \boldsymbol{K}^{-1} \boldsymbol{f}$，它的最小(大)值为

$$p(\boldsymbol{x}^*) = p(\boldsymbol{K}^{-1} \boldsymbol{f}) = c - (\boldsymbol{x}^*)^{\mathrm{T}} \boldsymbol{K} \boldsymbol{x}^*. \tag{55.7}$$

由定理 55.1 可见，当 n 元函数 $p(\boldsymbol{x})$ 为 n 元二次函数时，最值问题的求解特别简单，由(55.6)和(55.7)直接可得，最值向量为 $\boldsymbol{x}^* = \boldsymbol{K}^{-1} \boldsymbol{f}$，最值为

$$p(\boldsymbol{x}^*) = c - (\boldsymbol{x}^*)^{\mathrm{T}} \boldsymbol{K} \boldsymbol{x}^*.$$

例 55.1 求二次函数

$$p(x, y, z) = x^2 + 2xy + xz + 2y^2 + yz + 2z^2 + 6y - 7z + 5$$

的最小值.

解 将 $p(x, y, z)$ 写成矩阵形式(55.3)，则有

$$\boldsymbol{K} = \begin{pmatrix} 1 & 1 & \dfrac{1}{2} \\ 1 & 2 & \dfrac{1}{2} \\ \dfrac{1}{2} & \dfrac{1}{2} & 2 \end{pmatrix}, \quad \boldsymbol{x} = \begin{pmatrix} x \\ y \\ z \end{pmatrix}, \quad \boldsymbol{f} = \begin{pmatrix} 0 \\ -3 \\ \dfrac{7}{2} \end{pmatrix}, \quad c = 5.$$

由于 $\boldsymbol{K}$ 的顺序主子式 $|\boldsymbol{K}_1| = 1$，$|\boldsymbol{K}_2| = 1$，$|\boldsymbol{K}_3| = \dfrac{7}{4}$ 全大于零，故 $\boldsymbol{K}$ 是正定矩阵. 由定理 55.1 可知，当 $\boldsymbol{x} = \boldsymbol{x}^* = \boldsymbol{K}^{-1} \boldsymbol{f}$ 时，$p(\boldsymbol{x})$ 达到最小值 $p(\boldsymbol{x}^*)$. $\boldsymbol{x}^* = \boldsymbol{K}^{-1} \boldsymbol{f}$ 是方程组 $\boldsymbol{K} \boldsymbol{x} = \boldsymbol{f}$ 的解. 解这方程组得

$$\boldsymbol{x}^* = (x^*, y^*, z^*)^{\mathrm{T}} = (2, -3, 2)^{\mathrm{T}}.$$

因此，当 $x^* = 2$，$y^* = -3$，$z^* = 2$ 时，$p(x, y, z)$ 达到最小值

$$p(x^*, y^*, z^*) = p(2, -3, 2) = -11.$$

下面我们用定理 55.1 来求解利润最大化问题和价格差别对待的最优化问题.

问题 55.1 设某市场上产品 1 和产品 2 的价格分别为 $P_1^* = 12$ 和 $P_2^* = 18$，那么两产品厂商的收益函数为

$$R = R(Q_1, Q_2) = P_1^* Q_1 + P_2^* Q_2 = 12Q_1 + 18Q_2,$$

其中 Q_i 表示单位时间内产品 i 的产出水平①. 假设这两种产品在生产上存在技术的相关性，厂商的成本函数是自变量 Q_1, Q_2 的二元函数

$$C = C(Q_1, Q_2) = 2Q_1^2 + Q_1 Q_2 + 2Q_2^2,$$

求使厂商的利润 $\pi = R - C$ 最大化的产出水平 $\overline{Q}_1$ 和 $\overline{Q}_2$ 的组合.

问题 55.2 假设一个两产品厂商的两产品价格将随其产出水平(这里假设产出水平与销售水平一致，供需达到平衡)的变化而变化，反之，这两产品的产出水平也随其价格的变化而变化. 又设对厂商产品的需求函数为

$$\begin{cases} Q_1 = 40 - 2P_1 + P_2, \\ Q_2 = 15 + P_1 - P_2, \end{cases}$$

其中 P_i 是产品 i 的价格. 上式表明，一种产品价格的提高将增加对另一产品的需求，这两种产品在消费中存在某种联系，具体地说，它们是替代品. 再假设总成本函数为

$$C = Q_1^2 + Q_1 Q_2 + Q_2^2.$$

由于厂商的总收益函数为

$$R = P_1 Q_1 + P_2 Q_2,$$

故厂商的利润函数为 $\pi = R - C$，求使利润 π 最大化的产出水平 $\overline{Q}_1$ 和 $\overline{Q}_2$.

问题 55.3 某企业经营两家工厂，它们生产同一种产品，它们的总成本函数分别为

$$C_1 = 8.5 + 0.03Q_1^2, \quad C_2 = 5.2 + 0.04Q_2^2,$$

其中 Q_1 和 Q_2 分别是它们的产量，总需求量 $Q = Q_1 + Q_2$ 与价格之间的关系为

$$P = 60 - 0.04Q.$$

为使该企业的利润达到最大，每家工厂应该生产多少产品?

---

① 选择适当的单位，可用产出水平表示产量. 同样，选择适当的单位，可用价格水平表示价格.

一个单一产品厂商在两个或多个单独经营（如国内和国外）市场中销售其产品. 由于不同地区的消费水平不同，对该产品的需求量也不同，而价格也随需求量的变化而变化，因而不同地区的价格也有差别. 假设厂商对各市场的供给量与需求量一致，市场达到均衡，下面的问题将求厂商对各市场的供给量以使利润最大化，这就是价格差别对待的最优化问题.

问题 55.4 设某单一产品厂商在 3 个单独经营市场中销售产品，供给量（即均衡数量）为 Q_i，均衡价格为 P_i，$i = 1, 2, 3$，且

$$P_1 = 63 - 4Q_1, \quad P_2 = 105 - 5Q_2, \quad P_3 = 75 - 6Q_3,$$

则厂商的总收益函数为

$$R = P_1 Q_1 + R_2 Q_2 + P_3 Q_3.$$

再设总成本函数为

$$C = 20 + 15Q,$$

其中 $Q = Q_1 + Q_2 + Q_3$，于是，利润函数为 $\pi = R - C$. 求使利润 π 最大化的供给量 $\overline{Q}_1, \overline{Q}_2, \overline{Q}_3$ 和总供给量 $\overline{Q}$，以及其均衡价格 $\overline{P}_1, \overline{P}_2, \overline{P}_3$.

由问题 55.4 的解容易看到，厂商可在 3 个市场中索取不同的价格，以使利润最大化，这就是价格差别对待.

探究题 55.1 将问题 55.4 中的总成本函数改为 Q 的二次函数

$$C = 20 + 15Q + Q^2,$$

求新的供给量和新的均衡价格. 问：如果将问题 55.4 中的 P_1, P_2, P_3 分别改为 Q_1, Q_2, Q_3 的二次函数，是否仍能用负定二次型求解？

问 题 解 答

问题 55.1 ［解法 1］（用负定二次型）

$$\pi = R - C = 12Q_1 + 18Q_2 - 2Q_1^2 - Q_1 Q_2 - 2Q_2^2$$

$$= \boldsymbol{Q}^{\mathrm{T}} \begin{pmatrix} -2 & -\dfrac{1}{2} \\ -\dfrac{1}{2} & -2 \end{pmatrix} \boldsymbol{Q} - 2\boldsymbol{Q}^{\mathrm{T}} \begin{pmatrix} -6 \\ -9 \end{pmatrix},$$

其中 $\boldsymbol{Q} = (Q_1, Q_2)^{\mathrm{T}}$，$\boldsymbol{K} = \begin{pmatrix} -2 & -\dfrac{1}{2} \\ -\dfrac{1}{2} & -2 \end{pmatrix}$ 的顺序主子式为 $|\boldsymbol{K}_1| = -2$，

$|\boldsymbol{K}_2| = |\boldsymbol{K}| = \dfrac{15}{4}$，故 $\boldsymbol{K}$ 是负定矩阵，且 π 的最大值向量为

$$\boldsymbol{Q}^* = \begin{pmatrix} -2 & -\dfrac{1}{2} \\ -\dfrac{1}{2} & -2 \end{pmatrix}^{-1} \begin{pmatrix} -6 \\ -9 \end{pmatrix} = \dfrac{4}{15} \begin{pmatrix} 2 & -\dfrac{1}{2} \\ -\dfrac{1}{2} & 2 \end{pmatrix} \begin{pmatrix} 6 \\ 9 \end{pmatrix} = \begin{pmatrix} 2 \\ 4 \end{pmatrix}.$$

因此，当单位时间的产出水平为 $\overline{Q}_1 = 2$，$\overline{Q}_2 = 4$ 时，单位时间的利润达到最大值 $\pi(\overline{Q}_1, \overline{Q}_2) = 48$.

[解法 2]（用偏导数）

$$\pi = R - C = 12Q_1 + 18Q_2 - 2Q_1^2 - Q_1Q_2 - 2Q_2^2,$$

$$\pi'_{Q_1} = 12 - 4Q_1 - Q_2, \quad \pi'_{Q_2} = 18 - Q_1 - 4Q_2,$$

令 $\pi'_{Q_1} = \pi'_{Q_2} = 0$，得方程组

$$\begin{cases} 4Q_1 + Q_2 = 12, \\ Q_1 + 4Q_2 = 18, \end{cases}$$

由此解得唯一解：$\overline{Q}_1 = 2$，$\overline{Q}_2 = 4$. 于是，$(\overline{Q}_1, \overline{Q}_2) = (2, 4)$ 是函数 $\pi(Q_1, Q_2)$ 的一个驻点.

由于 $\pi''_{Q_1Q_1} = -4$，$\pi''_{Q_1Q_2} = \pi''_{Q_2Q_1} = -1$，$\pi''_{Q_2Q_2} = -4$，所以海赛矩阵为

$$\boldsymbol{H} = \begin{pmatrix} -4 & -1 \\ -1 & -4 \end{pmatrix}.$$

又因为 $\pi''_{Q_1Q_1}(\overline{Q}_1, \overline{Q}_2) = -4 < 0$，$|\boldsymbol{H}| = 15 > 0$，所以 $\boldsymbol{H}$ 为负定的，也就是说，当单位时间的产出水平为 $(\overline{Q}_1, \overline{Q}_2) = (2, 4)$ 时，可使单位时间的利润达到最大值 $\pi(\overline{Q}_1, \overline{Q}_2) = 48$.

问题 55.2 [解法 1] 由需求函数解得

$$\begin{cases} P_1 = 55 - Q_1 - Q_2, \\ P_2 = 70 - Q_1 - 2Q_2, \end{cases} \tag{55.8}$$

所以利润函数为

$$\begin{aligned} \pi &= R - C = P_1Q_1 + P_2Q_2 - Q_1^2 - Q_1Q_2 - Q_2^2 \\ &= (55 - Q_1 - Q_2)Q_1 + (70 - Q_1 - 2Q_2)Q_2 - Q_1^2 - Q_1Q_2 - Q_2^2 \\ &= 55Q_1 + 70Q_2 - 3Q_1Q_2 - 2Q_1^2 - 3Q_2^2 \\ &= \boldsymbol{Q}^{\mathrm{T}} \begin{pmatrix} -2 & -\dfrac{3}{2} \\ -\dfrac{3}{2} & -3 \end{pmatrix} \boldsymbol{Q} - 2\boldsymbol{Q}^{\mathrm{T}} \begin{pmatrix} -\dfrac{55}{2} \\ -35 \end{pmatrix}, \end{aligned}$$

它的最大值向量为

$$Q^* = \begin{pmatrix} -2 & -\dfrac{3}{2} \\ -\dfrac{3}{2} & -3 \end{pmatrix}^{-1} \begin{pmatrix} -\dfrac{55}{2} \\ -35 \end{pmatrix} = \dfrac{4}{15} \begin{pmatrix} 3 & -\dfrac{3}{2} \\ -\dfrac{3}{2} & 2 \end{pmatrix} \begin{pmatrix} \dfrac{55}{2} \\ 35 \end{pmatrix} = \begin{pmatrix} 8 \\ \dfrac{23}{3} \end{pmatrix}.$$

因此，当单位时间的产出水平为 $\overline{Q}_1 = 8$，$\overline{Q}_2 = \dfrac{23}{3}$ 时，单位时间的利润达到最

大值 $\pi(\overline{Q}_1, \overline{Q}_2) = 488\dfrac{1}{3}$. 又由 (55.8) 可得最优价格水平为

$$\overline{P}_1 = 39\dfrac{1}{3}, \quad \overline{P}_2 = 46\dfrac{2}{3}.$$

[解法 2]　与解法 1 同样可得

$$\pi = R - C = 55Q_1 + 70Q_2 - 3Q_1Q_2 - 2Q_1^2 - 3Q_2^2,$$

由此得

$$\pi'_{Q_1} = 55 - 3Q_2 - 4Q_1,$$
$$\pi'_{Q_2} = 70 - 3Q_1 - 6Q_2.$$

令 $\pi'_{Q_1} = \pi'_{Q_2} = 0$，得方程组

$$\begin{cases} 4Q_1 + 3Q_2 = 55, \\ 3Q_1 + 6Q_2 = 70, \end{cases}$$

解得唯一解：$(\overline{Q}_1, \overline{Q}_2) = \left(8, 7\dfrac{2}{3}\right)$.

由 $\pi''_{Q_1Q_2} = -4$，$\pi''_{Q_1Q_2} = \pi''_{Q_2Q_1} = -3$，$\pi''_{Q_2Q_2} = -6$，得

$$H = \begin{pmatrix} -4 & -3 \\ -3 & -6 \end{pmatrix}.$$

显然，H 为负定的，所以当单位时间的产出水平为 $(\overline{Q}_1, \overline{Q}_2) = \left(8, 7\dfrac{2}{3}\right)$ 时，

单位时间的利润达到最大值 $\pi(\overline{Q}_1, \overline{Q}_2) = 488\dfrac{1}{3}$. 由 (55.8) 得，最优价格水

平为 $\overline{P}_1 = 39\dfrac{1}{3}$，$\overline{P}_2 = 46\dfrac{2}{3}$.

问题 55.3　[解法 1]

$$\pi = R - C = PQ - (C_1 + C_2)$$
$$= (60 - 0.04Q)Q - 13.7 - 0.03Q_1^2 - 0.04Q_2^2$$
$$= -0.07Q_1^2 - 0.08Q_1Q_2 - 0.08Q_2^2 + 60Q_1 + 60Q_2 - 13.7$$
$$= Q^{\mathrm{T}} \begin{pmatrix} -0.07 & -0.04 \\ -0.04 & -0.08 \end{pmatrix} Q - 2Q^{\mathrm{T}} \begin{pmatrix} -30 \\ -30 \end{pmatrix} - 13.7,$$

故 π 的最大值向量为

$$\boldsymbol{Q}^* = \begin{pmatrix} -0.07 & -0.04 \\ -0.04 & -0.08 \end{pmatrix}^{-1} \begin{pmatrix} -30 \\ -30 \end{pmatrix}$$

$$= \begin{pmatrix} -20 & 10 \\ 10 & -17.5 \end{pmatrix} \begin{pmatrix} -30 \\ -30 \end{pmatrix} = \begin{pmatrix} 300 \\ 225 \end{pmatrix},$$

因此，当产量为 $\overline{Q}_1 = 300, \overline{Q}_2 = 225$ 时，该企业的利润 π 达到最大.

[解法 2]

$$\pi = R - C = -0.07Q_1^2 - 0.08Q_1Q_2 - 0.08Q_2^2 + 60Q_1 + 60Q_2 - 13.7,$$

$$\pi'_{Q_1} = -0.14Q_1 - 0.08Q_2 + 60,$$

$$\pi'_{Q_2} = -0.08Q_1 - 0.16Q_2 + 60,$$

$$\pi''_{Q_1Q_1} = -0.14, \quad \pi''_{Q_1Q_2} = \pi''_{Q_2Q_1} = -0.08, \quad \pi''_{Q_2Q_2} = -0.16,$$

令 $\pi'_{Q_1} = \pi'_{Q_2} = 0$，解得函数 $\pi(Q_1, Q_2)$ 的一个驻点 $(\overline{Q}_1, \overline{Q}_2) = (300, 225)$，且因海赛矩阵

$$\boldsymbol{H} = \begin{pmatrix} -0.14 & -0.08 \\ -0.08 & -0.16 \end{pmatrix}$$

是负定的，故当产量为 $\overline{Q}_1 = 300, \overline{Q}_2 = 225$ 时，该企业的利润 π 达到最大.

问题 55.4 [解法 1]

$$\pi = R - C$$

$$= (63 - 4Q_1)Q_1 + (105 - 5Q_2)Q_2 + (75 - 6Q_3)Q_3 - 20$$

$$\quad - 15(Q_1 + Q_2 + Q_3)$$

$$= -4Q_1^2 - 5Q_2^2 - 6Q_3^2 + 48Q_1 + 90Q_2 + 60Q_3 - 20$$

$$= (Q_1, Q_2, Q_3) \begin{pmatrix} -4 & & \\ & -5 & \\ & & -6 \end{pmatrix} \begin{pmatrix} Q_1 \\ Q_2 \\ Q_3 \end{pmatrix}$$

$$\quad - 2(Q_1, Q_2, Q_3) \begin{pmatrix} -24 \\ -45 \\ -30 \end{pmatrix} - 20,$$

由于 $\boldsymbol{K} = \begin{pmatrix} -4 & & \\ & -5 & \\ & & -6 \end{pmatrix}$ 的顺序主子式为

$$-4 \ (<0), \quad \begin{vmatrix} -4 & \\ & -5 \end{vmatrix} = 20 \ (>0), \quad |\boldsymbol{K}| = -120 \ (<0),$$

故 $\boldsymbol{K}$ 是负定矩阵，所以当

$$\begin{pmatrix} Q_1 \\ Q_2 \\ Q_3 \end{pmatrix} = \begin{pmatrix} \overline{Q}_1 \\ \overline{Q}_2 \\ \overline{Q}_3 \end{pmatrix} = \begin{pmatrix} -4 & & \\ & -5 & \\ & & -6 \end{pmatrix}^{-1} \begin{pmatrix} -24 \\ -45 \\ -30 \end{pmatrix}$$

$$= \begin{pmatrix} -\dfrac{1}{4} & & \\ & -\dfrac{1}{5} & \\ & & -\dfrac{1}{6} \end{pmatrix} \begin{pmatrix} -24 \\ -45 \\ -30 \end{pmatrix} = \begin{pmatrix} 6 \\ 9 \\ 5 \end{pmatrix},$$

即供给量 $\overline{Q}_1 = 6$，$\overline{Q}_2 = 9$，$\overline{Q}_3 = 5$ 和总供给量 $\overline{Q} = 20$ 时，利润 π 达到最大值，此时的均衡价格为

$$\overline{P}_1 = 63 - 4\overline{Q}_1 = 39,$$
$$\overline{P}_2 = 105 - 5\overline{Q}_2 = 60,$$
$$\overline{P}_3 = 75 - 6\overline{Q}_3 = 45.$$

[解法 2]

$$\pi = R - C = -4Q_1^2 - 5Q_2^2 - 6Q_3^2 + 48Q_1 + 90Q_2 + 60Q_3 - 20,$$
$$\pi'_{Q_1} = -8Q_1 + 48, \quad \pi'_{Q_2} = -10Q_2 + 90, \quad \pi'_{Q_3} = -12Q_3 + 60,$$
$$\pi''_{Q_1 Q_1} = -8, \quad \pi''_{Q_1 Q_2} = \pi''_{Q_2 Q_1} = 0, \quad \pi''_{Q_1 Q_3} = \pi''_{Q_3 Q_1} = 0,$$
$$\pi''_{Q_2 Q_2} = -10, \quad \pi''_{Q_2 Q_3} = \pi''_{Q_3 Q_2} = 0, \quad \pi''_{Q_3 Q_3} = -12.$$

$(\overline{Q}_1, \overline{Q}_2, \overline{Q}_3) = (6, 9, 5)$ 是函数 $\pi(Q_1, Q_2, Q_3)$ 的一个驻点，且因海赛矩阵

$$\boldsymbol{H} = \begin{pmatrix} -8 & & \\ & -10 & \\ & & -12 \end{pmatrix}$$

是负定的，故当供给量 $\overline{Q}_1 = 6$，$\overline{Q}_2 = 9$，$\overline{Q}_3 = 5$ 和总供给量 $\overline{Q} = 20$ 时，利润 π 达到最大值，此时的均衡价格为 $\overline{P}_1 = 39$，$\overline{P}_2 = 60$，$\overline{P}_3 = 45$。

56. 柯布 - 道格拉斯(Cobb-Douglas) 生产函数

一个工厂如何扩大生产规模呢？一般地说，拥有更多设备和更多工人可以生产得更多. 然而，增加设备而不增加工人数可能略微增加产量，没有很大突破(如果设备早已闲置，拥有更多的设备用处不大). 类似地，增加工人数而不增加设备将增加产量，但不会超过设备得到充分利用时的产量(因为此时没有设备给任何新工人).

在商品的生产过程中，需要使用许多生产因素(例如：劳动力(包括在生产行为中人类脑力和体力支出)、资本(包括各种资本设备和经过加工的原材料)等)，我们将这些因素称为投入，将生产过程中生产出来的产品称为产出. 在一定时期内的最大产出量取决于各种生产因素投入的数量. 这种投入与产出之间的技术关系用函数形式表示出来，就是生产函数.

在经济分析中广泛使用的一种具体的生产函数是柯布 - 道格拉斯生产函数

$$Q = AL^{\alpha}K^{\beta}, \tag{56.1}$$

这是变量 L, K 的二元函数，其中 L, K 分别表示劳动力数量和资本数量，Q 表示生产量，A, α, β 均为常数，它的定义域为

$$D = \{(L, K) \mid L \geqslant 0, \ K \geqslant 0\}.$$

柯布 - 道格拉斯生产函数是 1928 年由数学家柯布(Charles Cobb) 和经济学家道格拉斯(Paul Douglas) 引进的，他们根据 1899—1922 年美国的劳动力数量 L、资本数量 K 和总年度产量 Q 的有关统计数据(见表 56-1)，用最小二乘法求得生产函数

$$Q = 1.01L^{0.75}K^{0.25}. \tag{56.2}$$

根据不同地区(或制造商)的有关劳动力、资本和生产量的统计数据，可以求得不同的生产函数.

本课题将探讨生产函数的一些性质，并利用生产函数为经济分析中的一些问题提供分析、预报、决策等方面的定量结果.

表 56-1

时间 / 年	Q	L	K
1899	100	100	100
1900	101	105	107
1901	112	110	114
1902	122	117	122
1903	124	122	131
1904	122	121	138
1905	143	125	149
1906	152	134	163
1907	151	140	176
1908	126	123	185
1909	155	143	198
1910	159	147	208
1911	153	148	216
1912	177	155	226
1913	184	156	236
1914	169	152	244
1915	189	156	266
1916	225	183	298
1917	227	198	335
1918	223	201	366
1919	218	196	387
1920	231	194	407
1921	179	146	417
1922	240	161	431

中心问题 经济分析中的一些优化问题
准备知识 多元函数的偏导数及其应用

课 题 探 究

首先利用生产函数(56.1)讨论规模报酬问题,也就是说,如果投入增加一定的倍数,产出是否也会增加同样的倍数. 讨论这个问题需要用到齐次函数的概念.

若以常数 t 乘以 n 元函数 $f(x_1, x_2, \cdots, x_n)$ 的每一自变量,使函数变为原来的 t^k 倍,即若

$$f(tx_1, tx_2, \cdots, tx_n) = t^k f(x_1, x_2, \cdots, x_n),$$

则称 $f(x_1, x_2, \cdots, x_n)$ 为 **k 次齐次函数**,其中 k 是一个常数,t 是任意正实数(因为绝大多数经济变量一般不取负值,所以在经济应用中常数 t 通常取正值,使得 $(tx_1, tx_2, \cdots, tx_n)$ 仍在函数 f 的定义域内).

问题 56.1 1) 问:生产函数 $Q = Q(L, K) = AL^\alpha K^\beta$ 是否为齐次函数?

2) 将 1) 推广到 3 种生产因素的情况.

由问题 56.1,1) 的解知,

$$Q(tL, tK) = t^{\alpha+\beta} Q(L, K), \tag{56.3}$$

$Q(L, K)$ 是 $\alpha + \beta$ 次齐次函数. 由 (56.3) 知,当 $\alpha + \beta = 1$ 时,投入增加 t 倍,则产出也增加 t 倍,即生产函数表现了不变规模收益;当 $\alpha + \beta > 1$ (或 $0 < \alpha + \beta < 1$) 时,则生产函数表现了递增(或递减)规模收益,即产出增加的倍数大于(或小于)投入所增加的倍数. 柯布和道格拉斯最初引进的生产函数

$$Q = AL^\alpha K^{1-\alpha} \tag{56.4}$$

是 1 次齐次函数,故是有不变规模收益的生产函数.

注意:并非所有的生产函数都是齐次的.

下面我们讨论在一次齐次生产函数 $Q = AL^\alpha K^{-\alpha}$ 中,究竟劳动力投入 L 对产出水平 Q 的影响大,还是资本投入 K 对 Q 的影响大. 为此,我们引入边际产量的概念.

先考虑单一可变投入的生产函数,设为 $Q = f(x)$,其中 x 表示单一可变投入的数量,投入 x 变化所引起生产量 Q 的变化率 $\dfrac{\mathrm{d}Q}{\mathrm{d}x}$,称为投入 x 的**边际产量**. 由于函数的增量 ΔQ 可用它的微分 $\mathrm{d}Q\big|_{x=x_0}$ 近似地表示出来,即

$$\Delta Q = Q(x_0 + \Delta x) - Q(x_0) \approx \mathrm{d}Q\big|_{x=x_0} = Q'(x_0)\Delta x.$$

如果 $\Delta x = 1$,则

$$\Delta Q = Q(x_0 + 1) - Q(x_0) \approx Q'(x_0) = \frac{\mathrm{d}Q}{\mathrm{d}x}\bigg|_{x=x_0}.$$

因此,边际产量 $\dfrac{\mathrm{d}Q}{\mathrm{d}x}\bigg|_{x=x_0}$ 可以表示当 x 从 x_0 个单位改变(增加或减少)1 个单位时生产量的改变量.

类似地,对于两种投入的生产函数 $Q = Q(L, K)$,可定义 $\dfrac{\partial Q}{\partial L}$ 为投入 L 的

边际产量,$\dfrac{\partial Q}{\partial K}$ 为投入 K 的边际产量.

问题 56.2 考察一家小型印刷厂,该厂共有 L 个工人,其设备价值为 K(以十万元为单位),每日的产量为 Q(以万页为单位).假设该厂的生产函数为
$$Q = 2L^{0.6} K^{0.4}.$$

1) 如果该厂拥有 100 名工人和价值 200 十万元的设备,问:该厂每日的产量为多少?

2) 求出 $Q_L(100, 200)$ 和 $Q_K(100, 200)$,并用产量来解释它们的含义.

问题 56.3 设某个计算机制造商的劳动力和资本的投入与生产量 Q 之间的关系可以近似地用生产函数
$$Q(L, K) = 15 L^{0.4} K^{0.6}$$
来表示,目前的劳动力投入和资本投入分别为 $L = 4\,000$ 单位和 $K = 2\,500$ 单位,问:该制造商应鼓励增加劳动力投入还是资本投入?

下面用投入 L 的边际产量和投入 K 的边际产量来研究生产函数(56.1)中指数 α 和 β 的经济意义.

在一次齐次生产函数 $Q = AL^{\alpha} K^{1-\alpha}$ 中,如果假设每种投入按其边际产量获得报酬,那么劳动力在总产量中获得的分配份额为 $L\dfrac{\partial Q}{\partial L}$,因而获得的相对份额为

$$\frac{L(\partial Q/\partial L)}{Q} = \frac{LA\alpha L^{\alpha-1} K^{1-\alpha}}{AL^{\alpha} K^{1-\alpha}} = \alpha, \tag{56.5}$$

类似地,资本在总产量中的相对份额为

$$\frac{K(\partial Q/\partial K)}{Q} = \frac{KA(1-\alpha)L^{\alpha} K^{-\alpha}}{AL^{\alpha} K^{1-\alpha}} = 1 - \alpha, \tag{56.6}$$

因此,在一次齐次生产函数中,指数 α 和 $1-\alpha$ 具有重要的经济意义,每种投入变量的指数表示该投入在总产量中的相对份额,从而反映了该投入对总产量的影响的大小(注意:常数 A 也有其含义,对于给定的 L 和 K 的值,A 的大小与产出水平 Q 成正比例的关系,因此可以视 A 为一个效率参数,即作为反映技术水平的指标).

将(56.5)和(56.6)相加,得

$$\frac{L(\partial Q/\partial L)}{Q} + \frac{K(\partial Q/\partial L)}{Q} = 1,$$

即

$$L\frac{\partial Q}{\partial L} + K\frac{\partial Q}{\partial K} = Q. \tag{56.7}$$

(56.7) 说明, 在不变规模收益条件下, 如果每种投入要素按其边际产量获得报酬, 那么, 每种投入要素获得的分配份额之和恰好等于总产量 Q.

探究题 56.1 试将 (56.7) 推广到生产函数 $Q = AL^{\alpha}K^{\beta}$(其中 $\alpha + \beta \neq 1$) 的情况.

下面再讨论几个经济分析中的优化问题.

问题 56.4 设某公司的生产函数为

$$Q = Q(L,K) = 4.23L^{0.37}K^{0.63},$$

其中 L,K 分别表示劳动力投入(单位: 亿元) 和资本投入(单位: 亿元), 目前的投入为 $L = 5, K = 1$. 问: 如果再增加投入, 则追加劳动力投入 0.2 与追加资本投入 0.1 的两种方案中哪一种可使生产量 Q 增加得多?

问题 56.5 1) 设某公司的生产函数为

$$Q(x,y) = 16x^{0.25}y^{0.75},$$

其中 x 和 y 分别表示劳动力和资本投入的单位数, Q 表示生产量的单位数, 设每个劳动力和每单位资本的成本分别为 50 元和 100 元. 假设该公司的总预算是 500 000 元. 问: 如何分配这笔钱用于劳动力投入和资本投入, 可使生产量最高, 最高值为多少?

2) 设某制造商的生产函数为

$$Q(x,y) = bx^{\alpha}y^{1-\alpha},$$

其中 b 和 α 为正常数且 $\alpha < 1$, x 表示劳动力的数量, y 表示资本数量, 每个劳动力与每单位资本的成本分别为 m 元与 n 元. 假设该制造商的总预算是 p 元. 问如何分配这笔钱用于劳动力投入和资本投入, 可使生产量最高?

问 题 解 答

问题 56.1 1) 假设 L 和 K 都增加 t 倍(t 是任意正实数), 则

$$Q(tL,tK) = A(tL)^{\alpha}(tK)^{\beta} = t^{\alpha+\beta}(AL^{\alpha}K^{\beta})$$
$$= t^{\alpha+\beta}Q(L,K),$$

因此, $Q = Q(L,K)$ 是 $\alpha + \beta$ 次齐次函数.

2) 令产出为 3 种投入的生产函数 $Q = Q(K, L, N) = AK^{\alpha}L^{\beta}N^{\gamma}$，则有

$$Q(tK, tL, tN) = t^{\alpha+\beta+\gamma}Q(K, L, N),$$

因此，$Q(K, L, N)$ 是 $\alpha + \beta + \gamma$ 次齐次函数.

问题 56.2 1) 由 $L = 100$，$K = 200$，得每日的产量

$$Q(100, 200) = 2 \times 100^{0.6} \times 200^{0.4} \approx 263.9 \text{ 万页.}$$

2) 由于 $Q_L(L, K) = 2(0.6)L^{-0.4}K^{0.4}$，故

$$Q_L(100, 200) = 1.2 \times 100^{-0.4} \times 200^{0.4} \approx 1.583 \text{ 万页 / 人.}$$

上式表明：如果我们有 100 名工人和价值 200 十万元的设备，并增加 1 名工人（即从 100 增加到 101），那么产量将增加约 1.583 个单位，即每日大约增加 15 830 页.

由 $Q_K = 2(0.4)L^{0.6}K^{-0.6}$，得

$$Q_K(100, 200) = 0.8 \times 100^{0.6} \times 200^{-0.6}$$
$$\approx 0.53 \text{ 万页 / 单位设备.}$$

上式表明：如果我们有 100 名工人和价值 200 十万元的设备，并增加价值 1 单位（十万元）的设备（即从 200 单位增加到 201 单位），产量将增加约 0.53 个单位，也就是每日大约增加 5 300 页.

问题 56.3
$$\frac{\partial Q}{\partial L} = 6L^{-0.6}K^{0.6},$$

$$Q_L(4\,000, 2\,500) = 6 \times 4\,000^{-0.6} \times 2\,500^{0.6} \approx 4.53,$$

$$\frac{\partial Q}{\partial K} = 9L^{0.4}K^{-0.4},$$

$$Q_K(4\,000, 2\,500) = 9 \times 4\,000^{0.4} \times 2\,500^{-0.4} \approx 10.86.$$

在目前劳动力投入和资本投入分别为 $L = 4\,000$ 单位和 $K = 2\,500$ 单位的情况下，劳动力投入每增加 1 个单位，生产量约增加 4.53 单位，而资本投入每增加 1 个单位，生产量约增加 10.86 单位，因此该制造商鼓励增加资本投入.

问题 56.4 当劳动力投入再增加 $\Delta L = 0.2$ 时，生产量 Q 的增加量可用一元函数 $Q(L, 1)$ 的微分近似地表示出来，即

$$Q(5 + \Delta L, 1) - Q(5, 1) \approx Q_L(5, 1)\Delta L.$$

因为 $Q_L(L, K) = 4.23(0.37)L^{-0.63}K^{0.63} = 1.565\,1L^{-0.63}K^{0.63}$，

$$Q_L(5, 1) = 1.565\,1 \times 5^{-0.63} \times 1^{0.63} \approx 0.568,$$

所以

$$Q(5+0.2,1)-Q(5,1) \approx Q_L(5,1)\Delta L = 0.568 \times 0.2 = 0.113\ 6.$$

同理可得

$$Q(5,1+\Delta K)-Q(5,1) \approx Q_K(5,1)\Delta K.$$

因为 $Q_K(L,K) = 4.23(0.63)L^{0.37}K^{-0.37} = 2.664\ 9\,L^{0.37}K^{-0.37}$,

$$Q_K(5,1) = 2.664\ 9 \times 5^{0.37} \times 1^{-0.37} \approx 4.83,$$

所以

$$Q(5,1+0.1)-Q(5,1) \approx Q_K(5,1)\Delta K = 4.83 \times 0.1 = 0.483.$$

因此, 追加资本投入 0.1 亿元的方案可使生产量 Q 增加得多.

问题 56.5　1) 使用 x 单位劳动力和 y 单位资本的总成本为 $50x+100y$ 元, 故问题归结为在约束条件

$$50x + 100y = 500\ 000$$

下, 求生产函数 $Q(x,y) = 16x^{0.25}y^{0.75}$ 的最大值的条件极值问题.

作拉格朗日函数

$$L(x,y,\lambda) = 16x^{0.25}y^{0.75} + \lambda(50x+100y-500\ 000).$$

列出方程组

$$\begin{cases} L_x' = 4x^{-0.75}y^{0.75} + 50\lambda = 0, & (56.8) \\ L_y' = 12x^{0.25}y^{-0.25} + 100\lambda = 0, & (56.9) \\ L_\lambda' = 50x + 100y - 500\ 000 = 0. & (56.10) \end{cases}$$

由(56.8)和(56.9), 得

$$\lambda = -\frac{2}{25}x^{-0.75}y^{0.75}, \qquad \lambda = -\frac{3}{25}x^{0.25}y^{-0.25},$$

故有

$$-\frac{2}{25}x^{-0.75}y^{0.75} = -\frac{3}{25}x^{0.25}y^{-0.25},$$

$$-\frac{2}{25}y = -\frac{3}{25}x,$$

$$y = \frac{3}{2}x. \tag{56.11}$$

将(56.11)代入(56.10), 得

$$50x + 100\left(\frac{3}{2}x\right) - 500\ 000 = 0,$$

$$200x = 500\ 000,$$

$$x = 2\ 500,$$

所以

$$y = \frac{3}{2} \times 2\,500 = 3\,750,$$

$$\lambda = -\frac{2}{25} \times 2\,500^{-0.75} \times 3\,750^{0.75} \approx -0.108\,4. \qquad (56.12)$$

由于 $L(x,y,\lambda)$ 仅有一个驻点 $(2\,500,3\,750,-0.108\,4)$，故它就是最大值点. 因此，当投入劳动力 2 500 单位，资本 3 750 单位时，生产量最高，

$$Q(2\,500,3\,750) = 16 \times 2\,500^{0.25} \times 3\,750^{0.75} \approx 54\,216 \ 单位.$$

注意：(56.12) 解得的拉格朗日乘数的相反数 $-\lambda$ 称为货币的边际产量，它表明每增加 1 元的投入所增加的生产量的近似值. 例如：如果总预算从 500 000 元增加到 600 000 元，则生产量约增加

$$0.108\,4 \times 100\,000 = 10\,840 \ 单位.$$

因此，在这边际产量问题中，$-\lambda$ 有其经济上的意义.

2) 这是在约束条件 $\varphi(x,y) = mx + ny = p$ 下，求函数 $Q(x,y) = bx^\alpha y^{1-\alpha}$ 的最大值的条件极值问题.

作拉格朗日函数

$$L(x,y,\lambda) = Q(x,y) + \lambda(\varphi(x,y) - p) = bx^\alpha y^{1-\alpha} + \lambda(mx + ny - p).$$

列出方程组

$$\begin{cases} L'_x = Q'_x(x,y) + \lambda\varphi'_x(x,y) = \alpha bx^{\alpha-1}y^{1-\alpha} + m\lambda = 0, & (56.13) \\ L'_y = Q'_y(x,y) + \lambda\varphi'_y(x,y) = (1-\alpha)bx^\alpha y^{-\alpha} + n\lambda = 0, & (56.14) \\ L'_\lambda = \varphi(x,y) - p = mx + ny - p = 0, & (56.15) \end{cases}$$

此方程组的解中的 x,y 就是所求条件极值的可能的极值点.

由 (56.13) 解得

$$\lambda = -\frac{\alpha bx^{\alpha-1}y^{1-\alpha}}{m}, \qquad (56.16)$$

将 (56.16) 代入 (56.14)，得

$$(1-\alpha)bx^\alpha y^{-\alpha} - \frac{n\alpha bx^{\alpha-1}y^{1-\alpha}}{m} = 0. \qquad (56.17)$$

在 (56.17) 两边同乘 $\frac{x^{1-\alpha}y^\alpha}{\alpha b}$，得 $\frac{1-\alpha}{\alpha}x - \frac{n}{m}y = 0$，即

$$y = \frac{m(1-\alpha)}{n\alpha}x.$$

将上式代入 (56.15)，得

$$mx + \frac{m(1-\alpha)}{\alpha}x - p = 0,$$

由此得

$$x = \frac{\alpha p}{m}, \quad y = \frac{(1-\alpha)p}{n}.$$

因此, 将 $mx = \alpha p$ 元用于劳动力投入, $ny = (1-\alpha)p$ 元用于资本投入, 可使生产量最高.

注意: 可以解释 $-\lambda$ 的经济意义如下: 设 $\lambda = \lambda_0$, $x = x_0$, $y = y_0$ 是方程组 (56.13), (56.14), (56.15) 的解. 由 (56.13) 和 (56.14), 得

$$Q_x'(x_0, y_0)\Delta x = -\lambda_0 \varphi_x'(x_0, y_0)\Delta x, \qquad (56.18)$$

$$Q_y'(x_0, y_0)\Delta y = -\lambda_0 \varphi_y'(x_0, y_0)\Delta y. \qquad (56.19)$$

将 (56.18) 和 (56.19) 相加, 得

$$Q_x'(x_0, y_0)\Delta x + Q_y'(x_0, y_0)\Delta y$$
$$= -\lambda_0 (\varphi_x'(x_0, y_0)\Delta x + \varphi_y'(x_0, y_0)\Delta y). \qquad (56.20)$$

由于二元函数 $Q(x, y)$ 和 $\varphi(x, y)$ 在点 (x_0, y_0) 的全增量分别为

$$\Delta Q = Q(x_0 + \Delta x, y_0 + \Delta y) - Q(x_0, y_0)$$
$$\approx Q_x'(x_0, y_0)\Delta x + Q_y'(x_0, y_0)\Delta y, \qquad (56.21)$$

$$\Delta\varphi = \varphi(x_0 + \Delta x, y_0 + \Delta y) - \varphi(x_0, y_0)$$
$$\approx \varphi_x'(x_0, y_0)\Delta x + \varphi_y'(x_0, y_0)\Delta y. \qquad (56.22)$$

由 (56.20), (56.21) 和 (56.22), 得

$$-\lambda_0 = \frac{Q_x'(x_0, y_0)\Delta x + Q_y'(x_0, y_0)\Delta y}{\varphi_x'(x_0, y_0)\Delta x + \varphi_y'(x_0, y_0)\Delta y} \approx \frac{\Delta Q}{\Delta\varphi}, \qquad (56.23)$$

由于 ΔQ 是最优值 $Q(x_0, y_0)$ 的变化量, $\Delta\varphi$ 是约束值 $\varphi(x_0, y_0) = mx_0 + ny_0$ 的变化量, 故

$$-\lambda_0 = \frac{Q \text{ 的最优值 } Q(x_0, y_0) \text{ 的变化量}}{\varphi(x_0, y_0) \text{ 的变化量}},$$

因此, $-\lambda_0$ 的值近似为 Q 的最优值在约束值增加 1 个单位时的变化量, 在经济学上称为货币的边际产量, 它也表示当约束值增加时 Q 的最优值的变化率.

由 (56.16) 知, 如果约束值增加 1 元, 则预计产量增加约 $-\lambda_0 = \frac{abx_0^{\alpha-1}y_0^{1-\alpha}}{m}$ 单位. 如果总预算增加 1000 元, 则预计最高产量增加约 $1000(-\lambda_0)$ 单位, 总产量约为 $Q(x_0, y_0) + 1000(-\lambda_0)$.

57. 泊肃叶(Poiseuille) 定律在医学上的应用

血液在一条小动脉中的流动是层状的, 把流动的血液看成有许多层, 其中每一层都是同心的圆柱面, 在层流情况下, 血液中每个质点流动的方向一致, 与血管的长轴平行, 但在不同层上的各个质点的流速不一, 由于受管壁摩擦力的影响, 在血管轴心处流速最快, 越靠近管壁的层上流速越慢. 法国生理学家泊肃叶(Jean-Louis-Marie Poiseuille) 在 1840 年第一个发现了这个规律, 他用实验证明了在离长轴距离为 r 的圆柱面层上的血流速度 v 与 r 之间的关系为

$$v(r) = k(R^2 - r^2), \quad r \in [0, R], \tag{57.1}$$

这就是**泊肃叶定律**①, 其中 R 是该血管的半径, 常数 k 可以按下式计算:

$$k = \frac{P}{4\eta L},$$

这里 η 是血液的黏滞度, L 是血管的长度, P 是血管两端压力差. 例如: 设某人的小动脉中, $R = 0.008$ cm, $L = 2$ cm, $P = 4\,000$ dynes/cm^2, $\eta = 0.027$, 则由(57.1), 得

$$v = \frac{4\,000}{4(0.027) \cdot 2}(0.000\,064 - r^2)$$

$$\approx 1.85 \times 10^4 (6.4 \times 10^{-5} - r^2).$$

在 $r = 0.002$ cm 处, 血液的流速为

$$v(0.002) \approx 1.85 \times 10^4 (64 \times 10^{-6} - 4 \times 10^{-6}) = 1.11 \text{ cm/s}$$

$$= 11\,100 \ \mu\text{m/s} \quad (1 \text{ cm} = 10\,000 \ \mu\text{m}),$$

而 $v(0) = 11\,840 \ \mu\text{m/s}$.

本课题将探讨利用泊肃叶定律来计算与血管中血液流速, 支气管中空气

---

① 血液在血管内的流动有层流和湍流两种方式, 泊肃叶定律适用于层流. 用流体力学中牛顿黏滞定律可以推出管道中层流的泊肃叶定律(详见[32]第 231—234 页或[33]第二章第四节), 1852 年, 维德曼第一个从理论上推导出该定律. 当血流速度加快到一定程度后, 会发生湍流, 此时血流中各个质点流动的方向不再一致而出现漩涡. 在血流速度快, 血管口径大, 血液黏滞度低的情况下, 容易发生湍流, 湍流的物理特性与层流不同.

流速有关的一些问题.

中心问题 求某血管的血流量.
准备知识 导数，定积分

课 题 探 究

问题 **57.1** 设 R 是某血管的半径，则由(57.1)知，离长轴距离为 r 的圆柱面
层(图 57-1)的血流流速

$$v(r) = k(R^2 - r^2), \quad r \in [0, R],$$

其中 k 为常数，求单位时间内流过该血管
某一截面的血量(亦称血流量).

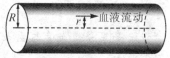

图 57-1

问题 **57.2** 设一个滑雪者的血管半径 $R = 0.08 \text{ mm}$，当他一遇到冷空气后
血管以速率 $\dfrac{\mathrm{d}R}{\mathrm{d}t} = -0.01 \text{ mm/min}$（毫米／分）收缩，问：血液的流速 $v = k(R^2 - r^2)$ 如何变化，这里设 v 的单位为毫米／分，且 $k = 375$.

（提示：把 r 看做常数.）

按照泊肃叶阻力定律，血液沿血管流动时所受的阻力 f 与血管的长度 L
成正比，与血管半径 r 的 4 次幂成反比，即

$$f = k \cdot \frac{L}{r^4},$$

其中 k 是由血液黏性决定的常数.

人体的血管分为动脉、小动脉、毛细血管和静脉等. 下面我们利用泊
肃叶阻力定律来探讨当血液从一个大血管流到一个小血管时，两条血管的
夹角 θ 为多少时，总阻力最小(资料取自[34]中一个动物的动脉分叉的夹角
分析).

探究题 **57.1** 如图 57-2 所示，半径为 r_1 的主血管位于水平线上，血液沿主
血管从点 A 流向点 B，一个小的半径为 r_2 的分叉血管的轴线与主血管的轴线
相交于点 D，血液沿分叉血管从点 D 流向点 C，在直线 AB 上选取点 B，使得
CB 垂直 AB，设 $CB = s$，$AB = L_0$，$AD = L_1$ 和 $DC = L_2$，$\angle CDB = \theta$.

1) 问：θ 取什么值时，血液沿主血管和分叉血管从点 A 经过点 D 流向点
C 时总阻力最小？

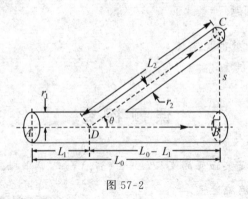

图 57-2

2) 如果分叉血管与主血管的半径之比为 $\dfrac{r_2}{r_1} = \dfrac{5}{6}$，求 1) 中所确定的最佳分叉角的值.

问题 57.3 人在咳嗽时，气管和支气管的直径都要收缩. 设在大气压力 P_0 下，一个气管的正常半径为 $R_0 \approx 1.27$ cm. 声门下接气管，是空气进出肺的进出口（图 57-3）. 在一次深吸气后，声门关闭，气管内的压力 P 高于外界的大气压力 P_0，而气管的半径 R 收缩. 假设 R 和 P 之间有如下的线性关系：

$$R - R_0 = a(P - P_0), \tag{57.2}$$

即 $\Delta R = a\Delta P$，其中 $a < 0$，$\dfrac{1}{2}R_0 \leqslant R \leqslant R_0$.

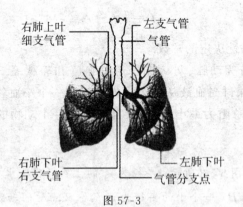

右肺上叶 细支气管
左支气管
气管
右肺下叶 右支气管
左肺下叶
气管分支点

图 57-3

当声门打开时，空气呼出的速度 v 符合泊肃叶定律：

$$v(r) = \frac{P - P_0}{k}(R^2 - r^2), \quad 0 \leqslant r \leqslant R, \tag{57.3}$$

其中 $v(r)$ 为离气管长轴距离为 r 的圆柱面层的空气流速（单位：cm/s）.

1) 求单位时间内所呼出的气量 F（单位：cm^3/s），以及使 F 取得最大值的 R 值.

2) 设 $\overline{v}$ 为气流关于气管截面（截面积为 πR^2）的平均流速，则

$$\overline{v} = \frac{F}{\pi R^2}, \tag{57.4}$$

求使 $\overline{v}$ 取得最大值的 R 值，从中你有什么发现？

问 题 解 答

问题 57.1 如图 57-4 所示，在区间 $[0, R]$ 上任取一个小区间 $[r, r+\mathrm{d}r]$（即区间微元）. 由于半径为 r 的圆面积为

$$A = \pi r^2,$$

我们可以把它的微分

$$\mathrm{d}A = 2\pi r\,\mathrm{d}r$$

作为内径为 r、外径为 $r+\mathrm{d}r$ 的圆环面积的近似值，称它为面积微元. 在单位时间内流过离血管长

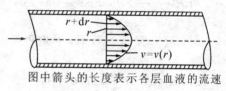

图中箭头的长度表示各层血液的流速

图 57-4

轴距离为 r 的厚度为 $\mathrm{d}r$ 的圆柱面层的血流流量近似于它的截面积 $\mathrm{d}A$ 与流速 $v(r)$ 的积 $v(r)\mathrm{d}A$，从而得到流量微元

$$\mathrm{d}F = v(r)\mathrm{d}A = k(R^2 - r^2) \cdot 2\pi r\,\mathrm{d}r = 2\pi k r(R^2 - r^2)\mathrm{d}r.$$

取 r 为积分变量，以 $v(r)\mathrm{d}A = 2\pi k r(R^2 - r^2)\mathrm{d}r$ 为被积式在 $[0, R]$ 上作积分，便得单位时间内流过该血管某一截面的血量（即血流量）

$$F = \int_0^R 2\pi k r(R^2 - r^2)\mathrm{d}r = 2\pi k \left(\frac{r^2 R^2}{2} - \frac{r^4}{4} \right) \Big|_0^R = \frac{\pi k R^4}{2}.$$

问题 57.2 把 r 看做常数，求 $v = 375(R^2 - r)$ 的导数，得

$$\frac{\mathrm{d}v}{\mathrm{d}t} = 375 \left(2R \frac{\mathrm{d}R}{\mathrm{d}t} - 0 \right) = 750 R \frac{\mathrm{d}R}{\mathrm{d}t}.$$

将 $R = 0.08, \frac{\mathrm{d}R}{\mathrm{d}t} = -0.01$ 代入上式，得

$$\frac{\mathrm{d}v}{\mathrm{d}t} = 750 \times 0.08 \times (-0.01) = -0.6.$$

因此，血液的流速每分钟下降 0.6 mm/min，其中 $\frac{\mathrm{d}v}{\mathrm{d}t}$ 的单位是 mm/min^2（因

为它是速度的变化率),而"-"号表示它是减速度(即负加速度).

问题 57.3 1) 与问题 57.1 同样可解得

$$F = \frac{\pi(P - P_0)}{2k} R^4. \tag{57.5}$$

将(57.2)代入(57.5),得

$$F = \frac{\pi(R - R_0)}{2ak} R^4. \tag{57.6}$$

求 $F(R)$ 的一阶和二阶导数,得

$$F'(R) = \frac{\pi}{2ak}(5R^4 - 4R_0 R^3),$$

$$F''(R) = \frac{\pi}{2ak}(20R^3 - 12R_0 R^2).$$

当 $R = \dfrac{4R_0}{5}$ 时,$F'\left(\dfrac{4R_0}{5}\right) = 0$,$F''\left(\dfrac{4R_0}{5}\right) = \dfrac{32\pi R_0^3}{25ak} < 0$(因为 $a < 0$,$k > 0$),故当 $R = \dfrac{4R_0}{5}$ 时,F 取得最大值.

2) 由(57.4)和(57.6),得 $\bar{v} = \dfrac{R - R_0}{2ak} R^2$,故

$$\frac{d\bar{v}}{dR} = \frac{1}{2ak}(3R^2 - 2R_0 R),$$

$$\frac{d^2\bar{v}}{dR^2} = \frac{1}{2ak}(6R - 2R_0) = \frac{1}{ak}(3R - R_0).$$

因为 $\dfrac{d\bar{v}}{dR}\Big|_{R=\frac{2R_0}{3}} = 0$,$\dfrac{d^2\bar{v}}{dR}\Big|_{R=\frac{2R_0}{3}} = \dfrac{R_0}{ak} < 0$,所以当 $R = \dfrac{2R_0}{3}$ 时,$\bar{v}$ 取得最大值.

我们发现,

$$v(r) = \frac{P - P_0}{k}(R^2 - r^2) = \frac{R - R_0}{ak}(R^2 - r^2),$$

而 $\bar{v} = \dfrac{R - R_0}{2ak} R^2$,故 $\bar{v} = \dfrac{v(0)}{2}$,所以 $\bar{v}$ 的最大值点 $R = \dfrac{2R_0}{3}$ 就是 $v(0)$ 看做 R 的函数时的最大值点. 于是,我们可以直接由气管长轴处的流速 $v(0) = \dfrac{(R - R_0)R^2}{ak}$,求出最大值点,此即平均流速 $\bar{v}$ 的最大值点.

58. 供氧量和血流量问题

本课题将探讨血液流动中有关供氧量和血流量的改变量的计算问题.

中心问题 计算当动脉血的含氧量和人体所需的氧气量变化时输送到肺的血流量的改变量.

准备知识 导数，微分，多元函数全微分

课 题 探 究

问题 58.1 在血液循环的肺循环中，血液从静脉流回心脏，再由右心室的收缩，将血液经过肺动脉输送到肺，在那里放出二氧化碳，吸取氧气，再从肺静脉回到左心房（见图 24-1）. 从全身各组织细胞，通过静脉和右半心脏流回肺的血液，含氧少，而含二氧化碳多，称为静脉血，它在肺中和肺泡进行气体交换后，摄取了氧气，放出二氧化碳，成为含氧多，而含二氧化碳少的血液，称为动脉血，然后流回心脏. 设 a 表示每升动脉血的含氧量（单位：mL），ν 表示每升静脉血的含氧量（单位：mL），b 为人体一分钟内所需的氧气量，C 为每分钟输送到肺的血液量（单位：L），则有 $b = (a - \nu) \cdot C$，即

$$C = \frac{b}{a - \nu}. \tag{58.1}$$

1) 设 $a = 160, b = 200, \nu = 125$，求每分钟输送到肺的血液的升数 C.

2) 当 a 从 160 改变为 161，$b = 200, \nu = 125$ 时，求 C 的相应的改变量的近似值.

3) 当 $a = 160, b$ 从 200 改变为 201，$\nu = 125$ 时，求 C 的相应的改变量的近似值.

4) 当 $a = 160, b = 200, \nu$ 从 125 改变为 126 时，求 C 的相应的改变量的近似值.

5) 当 $a = 160, b = 200, \nu = 125$ 时，a, ν, b 中哪一个改变一个单位，可使 C 的相应的改变最大？

6) 设 $a = 160$，$b = 200$，$\nu = 125$，如果 a 改变为 145，b 改变为 190，ν 改变为 130，估计 C 的相应的改变量.

法国生理学家泊肃叶发现了在固定的压力下单位时间内流过一条小动脉某一截面的血量(即血流量)F 的公式：

$$F = kR^4, \qquad\qquad (58.2)$$

其中 R 为该动脉的半径(见问题 57.1 的解)，也就是说，F 与 R 的 4 次幂成正比，k 为比例常数. 如图 58-1(1)所示的是将造影剂注入一条部分阻塞的动脉后的 X 线摄片，图中显示了阻塞的位置与其程度. 图 58-1(2)中是用顶端装有球囊的导管插入该动脉的阻塞处，充气后，将动脉扩张. 用公式(58.2)，可以推算部分阻塞的动脉的半径扩张多少，使血液恢复正常流动.

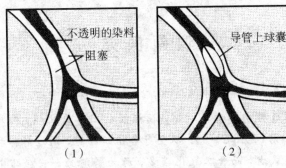

图 58-1

问题 58.2 问：如果动脉的半径 R 扩张 10%，则对血流量 F 有多少影响？

探究题 58.1 一个心脏病突发的患者用血管舒张药，可以降低血压，以增强心脏收缩力. 某患者在刚用药后一会儿，血管的半径 R 每分钟约扩张 1%，在接下来的几分钟内，预期流过该血管的血流量 F 每分钟会增加百分之几？

问 题 解 答

问题 58.1 1) $C = \dfrac{200}{160 - 125} = \dfrac{200}{35} \approx 5.71$.

2) 由(58.1)，得

$$\mathrm{d}C = -\frac{b}{(a - \nu)^2}\Delta a. \qquad\qquad (58.3)$$

取 $a = 160$，$b = 200$，$\nu = 124$，$\Delta a = 1$，代入上式得，C 的相应的改变量约为

$$-\frac{200}{(160-125)^2} \times 1 \approx -0.163.$$

3）由(58.1)，得

$$dC = \frac{1}{a-\nu} \Delta b. \tag{58.4}$$

取 $a = 160, b = 200, \nu = 125, \Delta b = 1$，代入上式得，$C$ 的相应的改变量为

$$\frac{1}{160-125} \times 1 \approx 0.0286.$$

4）由(58.1)，得

$$dC = \frac{b}{(a-\nu)^2} \Delta \nu. \tag{58.5}$$

取 $a = 160, b = 200, \nu = 125, \Delta \nu = 1$，代入上式得，$C$ 的相应的改变量为

$$\frac{200}{35^2} \times 1 \approx 0.163.$$

5）由(58.3),(58.4)和(58.5)知，当 a 增加(或减少)一个单位时，可使 C 减少(或增加)得最快；当 ν 增加(或减少)一个单位时，可使 C 增加(或减少)相同的量.

6）将 $C = \dfrac{b}{a-\nu}$ 看做变量 a, b, ν 的三元函数，求全微分，得

$$dC = \frac{\partial C}{\partial a} da + \frac{\partial C}{\partial b} db + \frac{\partial C}{\partial \nu} d\nu$$

$$= -\frac{b}{(a-\nu)^2} da + \frac{1}{a-\nu} db + \frac{b}{(a-\nu)^2} d\nu.$$

取 $a = 160, b = 200, \nu = 125, da = \Delta a = -15, db = \Delta b = -10, d\nu = \Delta \nu = 5$，代入上式得，

$$-\frac{200}{35^2} \times (-15) + \frac{1}{35} \times (-10) + \frac{200}{35^2} \times 5 = \frac{200}{35^2} \times 20 - \frac{10}{35}$$

$$= \frac{160}{49} - \frac{2}{7} = \frac{146}{49} \approx 2.98 \, (\text{L}).$$

问题 58.2 由(58.2)，得 $dF = \dfrac{dF}{dR} \cdot dR = 4kR^3 dR$，故有

$$\frac{dF}{F} = \frac{4kR^3 dR}{kR^4} = 4\frac{dR}{R}.$$

因此，当半径 R 扩张 $10\% \left(\text{即} \dfrac{dR}{R} = 10\%\right)$ 时，有 $\dfrac{dF}{F} = 4 \times 10\% = 40\%$，即血流量 F 增加 40%.

59. 金属线的分割问题

将一根长为 L 的金属线分割成两段，其中一段围成一个正 p 边形（或一个圆），另一段围成正 q 边形（或一个圆）. 本课题将探讨如何分割该金属线，可使围成的两个图形的面积之和最小，并将问题加以推广.

中心问题　如何分割长为 L 的金属线成 n 段（$n \geqslant 2$），使这 n 段金属线围成的 n 个图形（正多边形或圆）的面积之和最小.

准备知识　函数的极值和最值，多元函数的极值和最值

课 题 探 究

给定一个边心距为 r 的正 n 边形，则它的中心角为 $\dfrac{2\pi}{n}$，设 $\theta = \dfrac{\pi}{n}$ 为中心角的一半（如图 59-1），$b = r\tan\theta$，$\alpha_n = n\tan\theta = n\tan\dfrac{\pi}{n}$，则该正 n 边形的周长

$$P = n \cdot 2b = 2\alpha_n r，面积 A = n \cdot br = \alpha_n r^2.$$

如果把圆看做正 ∞ 边形，则因

$$\lim_{n\to\infty}\alpha_n = \lim_{n\to\infty} n\tan\frac{\pi}{n} = \lim_{n\to\infty}\frac{\tan\dfrac{\pi}{n}}{\dfrac{\pi}{n}} \cdot \pi$$

$$= \lim_{x\to 0}\frac{\tan x}{x} \cdot \pi = \pi,$$

故令 $\alpha_\infty = \pi$.

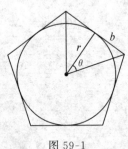

图 59-1

问题 59.1　1）设 x 是正 p 边形的边心距，y 是正 q 边形的边心距，在两个正多边形的周长之和 $2\alpha_p x + 2\alpha_q y = L$ 为定值的条件下，求使得它们的面积之和 $Q = \alpha_p x^2 + \alpha_q y^2$ 为最小的边心距 x 和 y 的值.

　　2）在问题 1）中，如果 $p = \infty$（或 $p, q = \infty$），那么情况又如何？

下面把问题 59.1 中，长为 L 的金属线分割成两段的最小值问题，推广到分割成 n 段 $(n \geqslant 2)$ 的情形，要使这 n 段金属线围成的 n 个图形（正多边形或圆）的面积之和最小.

设 $\mathscr{R}$ 表示所有的正多边形和圆的集合，$F \in \mathscr{R}$ 是边心距为 r 的几何图形，F 的周长和面积分别为

$$P_F = 2cr, \quad A_F = cr^2,$$

其中 c 是由图形 F 决定的固定的比例常数. 注意：正多边形或圆的周长都是面积关于边心距 r 的变化率，即 $P = \dfrac{\mathrm{d}A}{\mathrm{d}r}$.

问题 59.2 1）设 x_k 是 $F_k \in \mathscr{R}$ 的边心距，c_k 是对应的比例常数，$k = 1$，$2, \cdots, n$，在 $\displaystyle\sum_{k=1}^{n} 2c_k x_k = L$ 为定值，且 $x_k \geqslant 0$ $(k = 1, 2, \cdots, n)$ 的条件下，求使得 $Q = \displaystyle\sum_{k=1}^{n} c_k x_k^2$ 为最小的 $x_1, x_2, \cdots, x_n$ 值.

2）将长为 $60\,\mathrm{cm}$ 的金属线分割成 5 段，把它们分别围成 2 个正三角形和 3 个正六边形，问：如何分割，可使它们所围成的图形的面积之和最小？

上面所讨论的金属线分割问题是否再能进一步推广到空间呢？固定一个表面积 L，如何使所围成的若干个几何体的表面积之和为常数 L，而体积之和为最小呢？

下面考虑所围成的几何体都是正多面体和球体的情况，设 $\mathscr{S}$ 表示所有的正多面体和球体的集合. 正多面体只能有 5 种：用正三角形做面的正四面体、正八面体、正二十面体；用正方形做面的正六面体；用正五边形做面的正十二面体（如图 59-2 所示）.

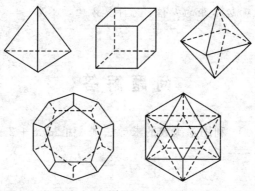

图 59-2

设几何体 $F \in \mathscr{S}$，r 表示它的内切球的半径，S_F 和 V_F 分别表示它的表面积和体积，则

$$S_F = 3cr^2, \quad V_F = cr^3,$$

其中 c 表示由 F 决定的固定的比例常数，具体的数据由下表给出：

正多面体	比例常数 c	c 的近似值
正四面体	$8\sqrt{3}$	13.856 4
正六面体	8	8.000 0
正八面体	$4\sqrt{3}$	6.928 2
正十二面体	$10\sqrt{130 - 58\sqrt{5}}$	5.550 3
正二十面体	$10\sqrt{3}(7 - 3\sqrt{5})$	5.054 1
球体	$\dfrac{4\pi}{3}$	4.188 8

注意：正多面体或球体的表面积与体积之间也有关系式：$S = \dfrac{\mathrm{d}V}{\mathrm{d}r}$.

探究题 59.1 设 x_k 是 $F_k \in \mathscr{S}$ 的内切球半径，c_k 是对应的比例常数，$k = 1, 2, \cdots, n$，在 $\sum\limits_{k=1}^{n} 3c_k r_k^2 = L$ 为定值，且 $x_k \geqslant 0$ $(k = 1, 2, \cdots, n)$ 的条件下，求使得 $Q = \sum\limits_{k=1}^{n} c_k x_k^2$ 为最小的 $x_1, x_2, \cdots, x_n$ 的值.

探究题 59.2 将探究题 59.1 中的几何体的集合 $\mathscr{S}$ 改为所有的圆柱体和正棱柱体（它们的高都为底面边心距的 h 倍）或者改为所有的正圆锥体和正棱锥体（它们的高都为底面边心距的 h 倍，为计算方便，可设 $h = \sqrt{3}$）的集合时，结论又如何呢?

问 题 解 答

问题 59.1 1）利用隐函数的求导法则，由 $2\alpha_p x + 2\alpha_q y = L$，得

$$\frac{\mathrm{d}y}{\mathrm{d}x} = -\frac{\alpha_p}{\alpha_q},$$

故

$$\frac{\mathrm{d}Q}{\mathrm{d}x} = 2a_p x + 2a_q y\,\frac{\mathrm{d}y}{\mathrm{d}x} = 2a_p x - 2a_p y\,\frac{a_p}{a_q} = 2a_p(x-y).$$

因此，当 $x = y$（即两个正多边形的边心距相等）时，Q 可能取得极值，而当 $x = y$ 时，由 $2a_p x + 2a_q x = L$，得

$$x = y = \frac{L}{2(a_p + a_q)}.$$

由于 x 的取值范围为区间 $\left[0, \dfrac{L}{2a_p}\right]$，我们比较 $x = 0,\ \dfrac{L}{2(a_p + a_q)},\ \dfrac{L}{2a_p}$ 的 Q 值：

① 当 $x = 0$，$y = \dfrac{L}{2a_q}$ 时，$Q = \dfrac{1}{a_q}\left(\dfrac{L}{2}\right)^2$；

② 当 $x = y = \dfrac{L}{2(a_p + a_q)}$ 时，$Q = \dfrac{1}{a_p + a_q}\left(\dfrac{L}{2}\right)^2 = Q_{\min}$；

③ 当 $x = \dfrac{L}{2a_p}$，$y = 0$ 时，$Q = \dfrac{1}{a_p}\left(\dfrac{L}{2}\right)^2$.

显然，当 $x = y = \dfrac{L}{2(a_p + a_q)}$ 时，Q 值最小，此时两个正多边形的周长和面积分别为

正 p 边形：$P = 2a_p x = \dfrac{a_p}{a_p + a_q}L,\ A = a_p x^2 = \dfrac{a_p}{a_p + a_q}\cdot Q_{\min}$；

正 q 边形：$P = 2a_q y = \dfrac{a_q}{a_p + a_q}L,\ A = a_q y^2 = \dfrac{a_q}{a_p + a_q}\cdot Q_{\min}$.

因此，在最优化的分割中，正 p 边形和正 q 边形的周长之比与面积之比相同.

2) 同理，当 $p = \infty$（或 $p, q = \infty$）时，两个图形的半径（或边心距）相等时，Q 值最小.

问题 59.2 1) 用拉格朗日乘数法. 设 $\varphi = \sum\limits_{k=1}^{n} 2c_k x_k - L$，则由

$$\begin{cases} Q_{x_k} + \lambda\varphi_{x_k} = 0, & k = 1, 2, \cdots, n, \\ \varphi = 0, \end{cases}$$

得

$$\begin{cases} 2c_k x_k + 2c_k\lambda = 0, & k = 1, 2, \cdots, n, \\ \sum\limits_{k=1}^{n} 2c_k x_k = L, \end{cases}$$

由此解得

$$x_1 = x_2 = \cdots = x_n = \frac{L}{\sum\limits_{k=1}^{n} 2c_k},$$

即当 $F_1, F_2, \cdots, F_n$ 的边心距相等(设为 r)时,Q 值最小,设为 $Q_{\min}$. 设 $\sigma = \sum_{k=1}^{n} c_k$,则 $r = \dfrac{L}{2\sigma}$,$Q_{\min} = \sigma r^2 = \dfrac{L^2}{4\sigma}$,此时 F_k 的周长和面积分别为

$$P_k = 2c_k r = \frac{c_k}{\sigma} L, \quad A_k = c_k r^2 = \frac{c_k}{\sigma} Q_{\min}, \quad k = 1, 2, \cdots, n.$$

在最优化的分割中,各正多边形(或圆)的周长之比与面积之比也相同.

2) 由于 $\alpha_3 = 3\tan 60° = 3\sqrt{3}$,$\alpha_6 = 6\tan 30° = 2\sqrt{3}$,故

$$\sigma = 2\alpha_3 + 3\alpha_6 = 12\sqrt{3}, \quad r = \frac{L}{2\sigma} = \frac{60}{24\sqrt{3}} = \frac{5\sqrt{3}}{6},$$

所以围成边心距为 $\dfrac{5\sqrt{3}}{6}$ 的 2 个正三角形和 3 个正六边形,它们的面积之和最小,$Q_{\min} = 25\sqrt{3}$,其中每个正三角形和正六边形的周长和面积分别为

$$P_3 = \frac{\alpha_3}{\sigma} L = 15, \quad A_3 = \frac{\alpha_3}{\sigma} Q_{\min} = \frac{25\sqrt{3}}{4},$$

$$P_6 = \frac{\alpha_6}{\sigma} L = 10, \quad A_6 = \frac{\alpha_6}{\sigma} Q_{\min} = \frac{25\sqrt{3}}{6}.$$

60. 帕波斯(Pappus) 定理

设 D 是一个平面区域，它位于平面上直线 l 的一侧，将它以 l 为轴旋转一周，可以形成一个旋转体. 本课题将探讨该旋转体的体积与平面区域 D 的质心之间的关系.

中心问题　建立 xOy 平面上平面区域 D 的质心 C 与它绕 y 轴旋转一周所形成的旋转体的体积 V 之间的关系.

准备知识　定积分，二重积分

课 题 探 究

问题 60.1　求如图 60-1 所示的由 xOy 平面上圆心为 $C(R,0)$，半径为 r 的圆绕 y 轴旋转一周，所形成的旋转体(称为环面)的体积 V，从计算结果你发现了什么？

（提示：分析 V 与圆 C 的面积之间的关系.）

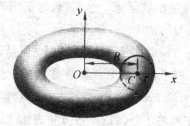

图 60-1

我们知道，对于密度分布为 $\rho(x,y)$ 的平面薄板 D，它的质心坐标为

$$\overline{x} = \frac{\iint\limits_D x\rho(x,y)\,\mathrm{d}x\,\mathrm{d}y}{\iint\limits_D \rho(x,y)\,\mathrm{d}x\,\mathrm{d}y}, \quad \overline{y} = \frac{\iint\limits_D y\rho(x,y)\,\mathrm{d}x\,\mathrm{d}y}{\iint\limits_D \rho(x,y)\,\mathrm{d}x\,\mathrm{d}y}.$$

当平面薄板 D 的密度均匀(即 ρ 是常数)时，则有

$$\overline{x} = \frac{\iint\limits_{D} x\, dx\, dy}{\iint\limits_{D} dx\, dy} = \frac{1}{A}\iint\limits_{D} x\, dx\, dy, \quad \overline{y} = \frac{\iint\limits_{D} y\, dx\, dy}{\iint\limits_{D} dx\, dy} = \frac{1}{A}\iint\limits_{D} y\, dx\, dy, \quad (60.1)$$

其中 A 为 D 的面积.

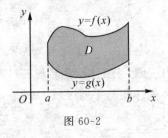

图 60-2

下面我们对图 60-2 所示的区域 D 绕 y 轴旋转一周所形成的旋转体来验证问题 60.1 中所发现的结果. 为此, 我们先利用 (60.1) 来计算图 60-2 中区域 D 的质心的坐标.

问题 60.2　设平面区域 D 是由曲线 $y = f(x)$, $y = g(x)$, 以及直线 $x = a$, $x = b$ 围成的, 其中 $f(x) \geqslant g(x)$, $x \in [a, b]$ (图 60-2), 求区域 D 的质心 C 的坐标 $(\overline{x}, \overline{y})$.

下面再利用问题 60.2 所求得的质心坐标公式来验证上面所发现的结果.

问题 60.3　设 D 为问题 60.2 中所设的平面区域, 证明: 平面区域 D 绕 y 轴旋转一周所形成的旋转体的体积 V 为 D 的面积 A 与质心 C 绕 y 轴旋转一周所经过的距离 $d\ (= 2\pi\overline{x})$ 的积 Ad.

我们把问题 60.3 的结论称为**帕波斯定理**. 帕波斯 (Pappus, 约 300—350) 是希腊亚历山大晚期的数学家, 他在《数学汇编》第 7 卷中发表了该定理, 但没有给出这个定理的证明. 一千多年后, 到 17 世纪被瑞士数学家古尔丁 (Paul Guldin, 1577—1643) 重新独立地发现, 但是, 古尔丁也没有严格证明, 最早的证明是卡瓦列里用不可分量原理作出的. 意大利数学家卡瓦列里 (Bonaventura Cavalieri, 1598—1647) 在其著作《用新方法促进的连续不可分量的几何学》(1635) 中发展了系统的不可分量方法, 这方法已经相当接近于现在的积分学算法, 他的方法给出了计算面积和体积的有效方法, 算出了许多平面图形和立体图形的面积和体积, 他的方法明显地隐含着计算面积和体积的求极限过程, 这种用不可分量求和的原理就是尔后的定积分概念的雏形, 用这原理, 他还算出了形如 $\int_0^a x^n\, dx$ 的积分值 (n 是正整数).

利用帕波斯定理可以很容易地求一些旋转体 (例如: 环面、圆锥等) 的体积以及求一些平面区域的质心.

问题 60.4 求高为 h，底面半径为 r 的圆锥的体积.

问题 60.5 求由直线 $y=x$ 和抛物线 $y=x^2$ 所围成的平面区域 D（见图 60-3）的质心 C 的坐标与它绕 y 轴旋转一周所形成的旋转体的体积 V.

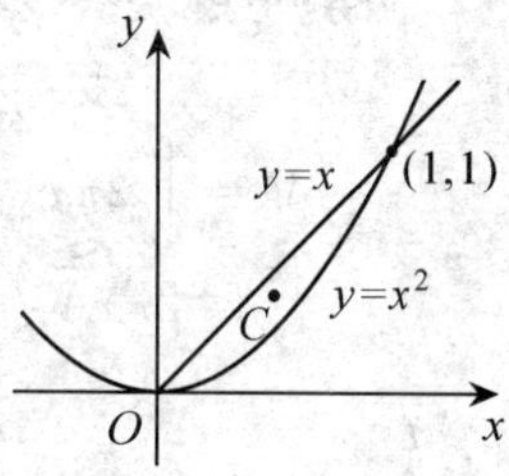

探究题 60.1 求半径为 r 的半圆的质心.

图 60-3

问 题 解 答

问题 60.1 用定积分求旋转体体积的公式，得

$$V = 2\pi \int_0^r \left[(R + \sqrt{r^2 - y^2})^2 - (R - \sqrt{r^2 - y^2})^2 \right] \mathrm{d}y$$

$$= 2\pi \int_0^r 4R\sqrt{r^2 - y^2}\, \mathrm{d}y = 8\pi R \left(\frac{y}{2}\sqrt{r^2 - y^2} + \frac{r^2}{2}\arcsin\frac{y}{r} \right)\Big|_0^r$$

$$= 8\pi R \cdot \frac{r^2}{2}\arcsin 1 = 2\pi^2 r^2 R.$$

我们可以发现，$V = \pi r^2 \cdot 2\pi R$，其中 πr^2 是半径为 r 的圆的面积，$2\pi R$ 为圆心 C 绕 y 轴旋转一周所生成的圆的周长，由圆的对称性知，C 也是圆 C 的质心，也就是说，由 xOy 平面上圆心为 $C(R,0)$，半径为 r 的圆绕 y 轴旋转一周，所形成的旋转体的体积 V，等于圆 C 的面积 πr^2 与圆 C 的质心 C 绕 y 轴旋转一周所经过的距离 $2\pi R$ 的积. 在一般的情形下，我们猜测，位于平面上一条直线 l 的一侧的平面区域 D，绕旋转轴 l 旋转一周所形成的旋转体的体积 V，等于区域 D 的面积 A 与区域 D 的质心绕轴 l 旋转一周所经过的距离 d 的积 Ad.

问题 60.2 由 (60.1)，得

$$\begin{cases} \bar{x} = \dfrac{1}{A}\int_a^b \mathrm{d}x \int_{g(x)}^{f(x)} x\mathrm{d}y = \dfrac{1}{A}\int_a^b x(f(x) - g(x))\mathrm{d}x, \\[3mm] \bar{y} = \dfrac{1}{A}\int_a^b \mathrm{d}x \int_{g(x)}^{f(x)} y\mathrm{d}y = \dfrac{1}{A}\int_a^b \dfrac{1}{2}\left[(f(x))^2 - (g(x))^2 \right]\mathrm{d}x, \end{cases} \quad (60.2)$$

其中

$$A = \iint\limits_D \mathrm{d}x\,\mathrm{d}y = \int_a^b \mathrm{d}x \int_{g(x)}^{f(x)} \mathrm{d}y = \int_a^b (f(x) - g(x))\mathrm{d}x.$$

问题60.3 以 x 为积分变量，用定积分的定义（或微元法），计算体积 V，得

$$V = \int_a^b 2\pi x(f(x) - g(x))\mathrm{d}x = 2\pi \int_a^b x(f(x) - g(x))\mathrm{d}x$$

$$= 2\pi \bar{x} A \text{ （由(60.2)）} = Ad.$$

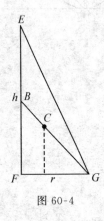

图 60-4

问题60.4 将该圆锥看成由一个高为 h，直角边长为 r 的直角三角形 EFG（见图 60-4）绕直角边 EF 旋转一周形成的旋转体. 设 $\triangle EFG$ 的质心为 C，则 C 在中线 BG 上，且 $BC : CG = 1 : 2$，故 C 到直线 EF 的距离为 $\frac{1}{3}r$，又因 $\triangle EFG$ 的面积

$A = \frac{1}{2}hr$，因此

$$V = Ad = \frac{1}{2}hr\left(2\pi \cdot \frac{1}{3}r\right) = \frac{1}{3}\pi r^2 h.$$

问题60.5 由于直线 $y = x$ 和抛物线 $y = x^2$ 的交点为点 $(0,0)$ 和 $(1,1)$，故平面区域 D 的面积为

$$A = \int_0^1 (x - x^2)\mathrm{d}x = \left(\frac{x^2}{2} - \frac{x^3}{3}\right)\Big|_0^1 = \frac{1}{6}.$$

由 (60.2)，得质心 C 的坐标为

$$\bar{x} = \frac{1}{A}\iint_D x\,\mathrm{d}x\,\mathrm{d}y = \frac{1}{A}\int_0^1 x(x - x^2)\mathrm{d}x$$

$$= 6\int_0^1 (x^2 - x^3)\mathrm{d}x = 6\left(\frac{x^3}{3} - \frac{x^4}{4}\right)\Big|_0^1 = \frac{1}{2},$$

$$\bar{y} = \frac{1}{A}\iint_D y\,\mathrm{d}x\,\mathrm{d}y = \frac{1}{A}\int_0^1 \frac{1}{2}[x^2 - (x^2)^2]\mathrm{d}x$$

$$= 3\left(\frac{x^3}{3} - \frac{x^5}{5}\right)\Big|_0^1 = \frac{2}{5}.$$

由帕波斯定理得

$$V = A(2\pi\bar{x}) = \frac{1}{6}\pi.$$

61. 由 $y = x^n$ 和 $y = \sqrt[n]{x}$ 所围区域的质心

由 $y = x^2$ 和 $y = \sqrt{x}$ 所围成的区域的质心是否为点 $\left(\dfrac{1}{2}, \dfrac{1}{2}\right)$？本课题将更一般地探讨由 $y = x^n$ 和 $y = \sqrt[n]{x}$（其中 n 为正整数）所围成的区域 D_n 的质心问题.

中心问题　探讨当 $n \to \infty$ 时，区域 D_n 的"无限的"对称性.
准备知识　平面区域的质心，帕波斯定理（见课题 60）

课 题 探 究

由课题 60，(60. 2) 知，设 $f(x) \geqslant g(x)$，$x \in [a, b]$，$f(x)$ 和 $g(x)$ 所围成的区域为 D，如果区域 D（看做平面薄板）的密度分布是均匀的，那么 D 的质心 $(\overline{x}, \overline{y})$ 的坐标为

$$\overline{x} = \frac{\displaystyle\int_a^b x(f(x) - g(x))\mathrm{d}x}{\displaystyle\int_a^b (f(x) - g(x))\mathrm{d}x}, \quad \overline{y} = \frac{\displaystyle\int_a^b \frac{1}{2}\left[(f(x))^2 - (g(x))^2\right]\mathrm{d}x}{\displaystyle\int_a^b (f(x) - g(x))\mathrm{d}x}.$$

$$(61.1)$$

对正整数 n，函数 $y = x^n$ 和 $y = \sqrt[n]{x}$ 的图像在点 $(0, 0)$ 和 $(1, 1)$ 处相交，在区间 $[0, 1]$ 上，它们互为反函数，设 $f_n(x) = x^n$，$f_n^{-1}(x) = \sqrt[n]{x} = x^{\frac{1}{n}}$. 当 $n = 1$ 时，$f_1(x) = x = f_1^{-1}(x)$，所以由 $f_1(x)$ 和 $f_1^{-1}(x)$ 所围成的区域的面积为 0，因此，我们只对 $n > 1$ 的情况展开讨论.

问题 61.1　设由 $f_n(x) = x^n$ 和 $f_n^{-1}(x) = \sqrt[n]{x}$（$n > 1$）在点 $(0, 0)$ 和 $(1, 1)$ 之间围成的区域为 D_n（见图 61-1），求 D_n 的质心 C_n 的坐标 (x_n, y_n). 对计算结果，你有什么发现？

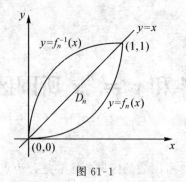

图 61-1

探究题 61.1 求问题 61.1 中的区域 D_n 绕 y 轴旋转一周所形成的旋转体的体积 V_n. 对计算结果,你有什么发现?

问 题 解 答

问题 61.1 由于 $f_n(x)$ 和 $f_n^{-1}(x)$ $(x \in [0,1])$ 互为反函数,故它们的图像关于直线 $y = x$ 对称,所以 D_n 的质心 C_n 在直线 $y = x$ 上,因此,$x_n = y_n$.

因为 $f_n^{-1}(x) = x^{\frac{1}{n}} \geqslant x^n = f_n(x)$,对 $n > 1$ 和 $0 \leqslant x \leqslant 1$,故由 (61.1),得

$$x_n = \frac{\int_0^1 x(x^{\frac{1}{n}} - x^n)\,\mathrm{d}x}{\int_0^1 (x^{\frac{1}{n}} - x^n)\,\mathrm{d}x},$$

而

$$\int_0^1 x(x^{\frac{1}{n}} - x^n)\,\mathrm{d}x = \left(\frac{n}{2n+1} \cdot x^{\frac{2n+1}{n}} - \frac{1}{n+2}x^{n+2}\right)\bigg|_0^1$$
$$= \frac{(n+1)(n-1)}{(n+2)(2n+1)},$$

$$\int_0^1 (x^{\frac{1}{n}} - x^n)\,\mathrm{d}x = \left(\frac{n}{n+1} \cdot x^{\frac{n+1}{n}} - \frac{1}{n+1} \cdot x^{n+1}\right)\bigg|_0^1 = \frac{n-1}{n+1},$$

因此,

$$x_n = \frac{(n+1)(n-1)}{(n+2)(2n+1)} \div \frac{n-1}{n+1} = \frac{n^2+2n+1}{2n^2+5n+2} = y_n,$$

即

$$C_n = \left(\frac{n^2+2n+1}{2n^2+5n+2}, \frac{n^2+2n+1}{2n^2+5n+2}\right).$$

例如：D_2 的质心 $C_2 = \left(\dfrac{9}{20}, \dfrac{9}{20} \right)$，$D_3$ 的质心 $C_3 = \left(\dfrac{16}{35}, \dfrac{16}{35} \right)$，所以 D_2 和

D_3 的质心都不是 $\left(\dfrac{1}{2}, \dfrac{1}{2} \right)$。一般地，当

$n > 1$ 时，由于

$$2(n^2 + 2n + 1) = 2n^2 + 4n + 2$$
$$< 2n^2 + 5n + 2,$$
$$\frac{n^2 + 2n + 1}{2n^2 + 5n + 2} \neq \frac{1}{2},$$

故 $C_n \neq \left(\dfrac{1}{2}, \dfrac{1}{2} \right)$。由图 61-2 ～ 图 61-4

可见，区域 D_2, D_7, D_{30} 关于直线 $y = 1 - x$（即过点 $(0,1)$ 和 $(1,0)$ 的直线）都

不对称，$C_n \neq \left(\dfrac{1}{2}, \dfrac{1}{2} \right)$。

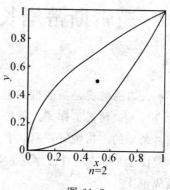

图 61-2

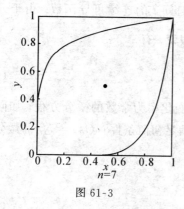

图 61-3

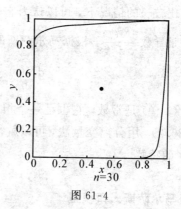

图 61-4

由图 61-2 ～ 图 61-4，也可以发现，随着 n 的增大，区域 D_n 越来越接近于顶点为 $(0,0)$，$(0,1)$，$(1,0)$ 和 $(1,1)$ 的正方形，C_n 也越趋近于这正方形的中心 $\left(\dfrac{1}{2}, \dfrac{1}{2} \right)$。事实上，由于

$$\lim_{n \to \infty} x_n = \lim_{n \to \infty} \frac{n^2 + 2n + 1}{2n^2 + 5n + 2} = \frac{1}{2},$$

故 $\lim\limits_{n \to \infty} C_n = \left(\dfrac{1}{2}, \dfrac{1}{2} \right)$。因此，$D_n$ 关于直线 $y = 1 - x$ 的对称性以及质心 $C_n = \left(\dfrac{1}{2}, \dfrac{1}{2} \right)$ 的结论仅在 $n \to \infty$ 的极限情况下是成立的，也就是说，D_n 具有"无限的"对称性，$C_\infty = \left(\dfrac{1}{2}, \dfrac{1}{2} \right)$。

62. 逻辑斯蒂增长模型

人口的增长是当前世界上引起普遍关注的问题. 早在 18 世纪人们就开始进行人口预报工作了. 英国人口学家马尔萨斯(Malthus, 1766—1834)根据百余年的人口统计资料, 于 1798 年提出了一个人口指数增长模型. 他的基本假设是: 人口的增长率是常数, 也就是说, 人口增长速度与当时的人口总数成正比.

设时间 t(单位: 年) 的人口数为 $N(t)$, 当考察一个国家或一个很大地区的人口时, $N(t)$ 是很大的整数, 虽然人口数本身是离散的, 但在数量很大而且时间比较长的情况下, 可以认为它是时间 t 的连续可导函数. 由于人口的增长率是导数 $\dfrac{\mathrm{d}N(t)}{\mathrm{d}t}$, 根据马尔萨斯的假设, 有

$$\frac{\mathrm{d}N(t)}{\mathrm{d}t} = rN(t), \tag{62.1}$$

其中 $r\,(>0)$ 是常数, 它也是一个相对变化率为常数的微分方程, 如同微分方程(29.2), 用分离变量法, 可以解得满足初值条件 $N(t_0) = N_0$ 的微分方程(62.1)的特解

$$N(t) = N_0 \mathrm{e}^{r(t-t_0)}.$$

这就是**马尔萨斯人口模型**.

马尔萨斯人口模型不能用于预测未来较长时期的人口数, 因为人口不可能按指数率无限增长下去. 随着人口的增加, 自然资源、环境条件等因素对人口继续增长的阻滞作用越来越显著. 如果当人口较少时, 人口增长率还可以看做常数, 那么当人口增长到一定数量后, 增长率就会随着人口的继续增加而逐渐减少. 许多国家人口增长的实际情况都证实了这点. 为了使人口预报特别是长期预报更好地符合实际情况, 需要修改上述模型关于人口增长率是常数的基本假设. 本课题将建立阻滞增长模型(即逻辑斯蒂增长模型), 并探讨它的一些特性.

中心问题　通过解逻辑斯蒂增长模型(即逻辑斯蒂方程), 引入逻辑斯蒂函数, 并探讨其特性.

准备知识　极限，导数，一阶微分方程

课 题 探 究

问题 **62.1**　19 世纪 40 年代，比利时社会学家维霍尔斯脱(P. F. Verhurst)提出了改进的人口增长模型

$$\frac{\mathrm{d}P}{\mathrm{d}t} = kP \cdot \frac{K-P}{K},\tag{62.2}$$

其中 $P(t)$ 表示在时间 t（单位：年）的地区人口数，常数 K 称为**饱和值**，表示某一地区根据各方面的条件允许的最高人口数. 这个模型表示该地区人口增长的速度 $\frac{\mathrm{d}P}{\mathrm{d}t}$ 与现时值 P 成正比，与饱和值 K 减现时值 P 之差 $K-P$ 也成正比，我们称该模型为**逻辑斯蒂增长模型**，方程(62.2)称为**逻辑斯蒂方程**.

从方程(62.2)可以看到，当 P 相对于 K 很小时，$\frac{P}{K}$ 接近于零，$\frac{K-P}{K}$ 接近于 1，此时，$\frac{\mathrm{d}P}{\mathrm{d}t} \approx kP$，即人口增长率还可以看做常数；但是，当 $P \to K$（即人口数趋近于饱和值）时，$\frac{P}{K} \to 1$，$\frac{K-P}{K} \to 0$，所以 $\frac{\mathrm{d}P}{\mathrm{d}t} \to 0$，即人口增长的速度慢慢降下来，趋近于零增长.

1) 若以某一年作为 $t = 0$，当时该地区的人口数为 P_0，则 $P(0) = P_0$. 求满足初值条件 $P(0) = P_0$ 的微分方程(62.2)的特解（其中假设 $0 < P < K$）.

2) 求当 $t \to +\infty$ 时，函数 $P(t)$ 的极限 $\lim\limits_{t \to +\infty} P(t)$.

3) 从方程(62.2)，还可以看到，当人口数 P 介于 0 和 K 之间时，方程的右边大于零，所以 $\frac{\mathrm{d}P}{\mathrm{d}t} > 0$，此时人口数是正增长；但是，当人口数 P 超过饱和值 K（$P > K$）时，方程的右边小于零，所以 $\frac{\mathrm{d}P}{\mathrm{d}t} < 0$，此时人口数将是负增长. 问：$t$ 取什么值时，人口增长的速度 $\frac{\mathrm{d}P}{\mathrm{d}t}$ 取得最大值.

探究题 **62.1**　在问题 62.1，1) 中，在假设 $0 < P < K$ 的条件下，求得了满足初值条件 $P(0) = P_0$ 的微分方程(62.2)的特解. 如果假设条件改为 $0 < K < P$，特解又怎样呢？

我们把问题 62.1，1）的解 $P = P(t)$ 的图像（如图 62-1）称为**逻辑斯蒂曲线**，它的形状像"S"形，故也称它为 **S 曲线**.

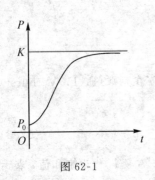

图 62-1

在一个有限的环境中增长的人口数 P 通常服从逻辑斯蒂曲线. 19 世纪 40 年代，维霍尔斯脱就是用逻辑斯蒂曲线来拟合美国人口统计数据，并进行人口预报，结果相当精确. 在马尔萨斯人口模型（62.1）中，人口的增长率 r 是常数，而在逻辑斯蒂增长模型（62.2）中，增长率为

$$k \frac{K - P}{K} = k \left(1 - \frac{P}{K} \right), \quad (62.3)$$

是人口 P 的一次函数，其中 k, K 可以根据人口统计数据，通过一元线性回归分析（即用最小二乘法）来确定. 利用表 62.1 中 1800—1930 年美国的实际人口数据，拟合出形如（62.3）的一次函数后确定 $k = 0.31$，$K = 197 \times 10^6$，再以 1790 年的人口 3.9×10^6 作为 $t = 0$ 时的人口 $P_0 = P(0)$，可以得到逻辑斯蒂曲线

$$P(t) = \frac{197}{1 + \left(\frac{197}{3.9} - 1 \right) e^{-0.31t}}, \quad (62.4)$$

其中 t 以 10 年为单位，人口以 10^6 为单位. 将表 62-1 中美国 19 世纪、20 世纪的人口统计数据与按（62.4）计算所得的结果加以比较，可以看到，直到 1930 年计算结果都与实际数据较好地吻合，而后来的误差越来越大，其原因是 1960 年以后的实际人口已经突破了用过去数据所确定的人口数的饱和值 K.

表 62-1

年	实际人口（单位：10^6）	计算结果（单位：10^6）	误差 /%
1790	3.9		
1800	5.3		
1810	7.2		
1820	9.6	9.7	1.0
1830	12.9	13.0	0.8
1840	17.1	17.4	1.8
1850	23.2	23.0	− 0.9
1860	31.4	30.2	− 3.8
1870	38.6	38.1	− 1.3

续表

年	实际人口（单位：10^6）	计算结果（单位：10^6）	误差 /%
1880	50.2	49.9	-0.6
1890	62.9	62.4	-0.8
1900	76.0	76.5	0.7
1910	92.0	91.6	-0.4
1920	106.5	107.0	0.5
1930	123.2	122.0	-1.0
1940	131.7	135.9	3.2
1950	150.7	148.2	-1.7
1960	179.3	158.8	-11.4
1970	204.0	167.6	-17.8
1980	226.5		

由问题 62.1，1）的解可知，形如

$$P(t) = \frac{K}{1 + Ae^{-kt}} \tag{62.5}$$

的函数是逻辑斯蒂方程（62.2）的解，我们把它称为**逻辑斯蒂函数**. 一般的逻辑斯蒂函数有 3 个参数 K，A 和 k. 下面研究这些参数对函数图像的影响. 考查逻辑斯蒂函数 $P = \dfrac{K}{1 + 100e^{-kt}}$，令 $k = 1$，取 $K = 1, 2, 3, 4$，画出函数 $P(t)$ 的图像，由图 62-2（1）可见，各图像分别在 $K = 1, 2, 3, 4$ 处变平，参数 K 决定了水平渐近线和 $P(t)$ 的上界（参见问题 62.1，2）的解）；令 $K = 1$，取 k 的几个值，画出 $P(t)$ 的图像，由图 62-2（2）可见，k 越大，函数曲线趋近渐近线越快，参数 k 影响曲线的坡度.

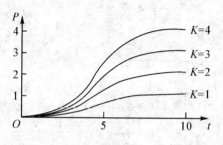

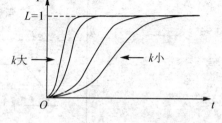

（1）不同 K 值的 $P = \dfrac{K}{1 + 100e^{-kt}}$ 的图形　（2）不同 k 值的 $P = \dfrac{K}{1 + 100e^{-kt}}$ 的图形

图 62-2

探究题 62.2   考查参数 A 对逻辑斯蒂函数 $P = \dfrac{10}{1 + Ae^{-kt}}$ 的影响.

由图 62-2（1）可见，逻辑斯蒂函数（62.5）的参数 K 是当 t 无限增大时，$P(t)$ 的稳定值，这个值称为承载容量. 在问题 62.1 的人口增长模型中表示环境能供养的最大人口. 由（62.5）知，

$$K = \lim_{t \to +\infty} P(t).$$

因此，可以根据 t 增大时，$P(t)$ 的长期变化趋势来估计承载容量 K. 估计承载容量的另一种方法就是按问题 62.1，3）的解中的方法求 $P(t)$ 的拐点. 由于 $P = \dfrac{K}{1 + Ae^{-kt}}$ 是一阶微分方程（62.2）

$$\frac{\mathrm{d}P}{\mathrm{d}t} = kP \cdot \frac{K - P}{K}$$

的解，所以

$$\frac{\mathrm{d}^2 P}{\mathrm{d}t^2} = k\left(1 - \frac{2P}{K}\right). \tag{62.6}$$

解 $\dfrac{\mathrm{d}^2 P}{\mathrm{d}t^2} = 0$，即 $k\left(1 - \dfrac{2P}{K}\right) = 0$，得 $P = \dfrac{K}{2}$. 在（62.5）中，取 $P = \dfrac{K}{2}$，得

$$\frac{K}{2} = \frac{K}{1 + Ae^{-kt}},$$

解得 $t = \dfrac{\ln A}{k}$. 因此，点 $\left(t_m, \dfrac{K}{2}\right)$ $\left(\text{其中 } t_m = \dfrac{\ln A}{k}\right)$ 是曲线 $P = P(t)$ 的拐点，这是因为与问题 62.1，3）的解同样有 $\dfrac{\mathrm{d}^2 P}{\mathrm{d}t^2}\bigg|_{t=t_m} = 0$，$\dfrac{\mathrm{d}^2 P}{\mathrm{d}t^2} > 0$ $(t < t_m)$（因而曲线是下凸的），$\dfrac{\mathrm{d}^2 P}{\mathrm{d}t^2} < 0$ $(t > t_m)$（因而曲线是上凸的），见图 62-3.

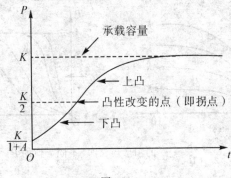

图 62-3

由问题 62.1，3) 的解还可见，$\dfrac{\mathrm{d}P}{\mathrm{d}t}$ 在 $t = t_m$ 处取得最大值，且由于 $\dfrac{\mathrm{d}^2 P}{\mathrm{d}t^2} >$ 0 $(t < t_m)$，故当 $t < t_m$ 时，增长率 $\dfrac{\mathrm{d}P}{\mathrm{d}t}$ 递增，到 $t = t_m$ 处取得最大值，当 $t >$ t_m 时，由于 $\dfrac{\mathrm{d}^2 P}{\mathrm{d}t^2} < 0$，故增长率 $\dfrac{\mathrm{d}P}{\mathrm{d}t}$ 递减，最后由于曲线趋近于水平渐近线 $P = K$，增长率趋近于零.

美国生物学家珀尔 (Raymond Pearl) 1920 年左右发现在有限的空间中果蝇总数的增长可以用逻辑斯蒂方程

$$\frac{\mathrm{d}P}{\mathrm{d}t} = 0.2P \cdot \frac{1\,035 - P}{1\,035}$$

作为模型. 除了生物种群的繁殖外，许多现象(例如：生物生长状况，传染病的传播等)本质上都符合这种"S"规律，也就是说，曲线 $P = P(t)$ 最初上升缓慢，接着急速上升，最后趋近于水平渐近线 $P = K$；从增长率 $\dfrac{\mathrm{d}P}{\mathrm{d}t}$ 来看，最初较低，随着时间的推移，递增到最大值，接着递减，最后趋近于零. 这种模型对了解生物生长状况，控制、预防传染病等都有很大的帮助.

新产品的销售量通常也适合逻辑斯蒂增长模型，可以用来预测销售量. 例如：某新电器一上市就畅销，最初销售量迅速增长. 最后，大多数需要该产品的顾客都已拥有了该产品，销售量就降了下去. 销售量关于时间的函数图像最初是下凸的，然后上凸，公司可以在新产品的销售中观察凸性的改变，利用拐点的特性(在拐点处 $P = \dfrac{K}{2}$)，来估计最大可能销售量 K.

问题 62.2 表 62-2 是某新电器自上市后的总销售量(单位：千). 求这个函数凸性改变的点，利用它估计最大可能销售量.

表 62-2　　　　　　　　　　**某电器自入市后的总销售量**

t（单位：月）	0	1	2	3	4	5	6	7
总销售量（单位：千）	0.5	2	8	33	95	258	403	496

下面我们用逻辑斯蒂曲线(即 S 曲线)来研究药物剂量与效应的关系. 在一定范围内，药理效应(例如：血压的升降、平滑肌的舒缩等)随剂量的增大而增大. 用药物剂量为横坐标，用效应强度(效应的强弱呈连续增减的变化，可用最大反应的百分率表示)为纵坐标，则得药物作用量-效曲线. 随着药物

剂量的增加，效应强度增大，但是，曲线不可能超过最大反应(即100%)，因此曲线在一条水平渐近线处变平. 量－效曲线通常在小剂量处下凸，在大剂量处上凸，曲线呈S形，可用逻辑斯蒂函数模拟. 从量－效曲线可以看出下列几何特定位点：

最小有效量：刚能引起效应的最小剂量；

最大效应：随着剂量的增加，效应也增加，当效应增加到一定程度后，若继续增加药物剂量而其效应不再继续增强. 这一药理效应的极限称为**最大效应**.

量－效曲线指出达到预期效果所需要的药量、最大可能达到的效果和达到最好效果需要的药量，它的斜率提供了有关药剂的治疗安全且有效的剂量变化范围大小的信息，如图 62-4 所示.

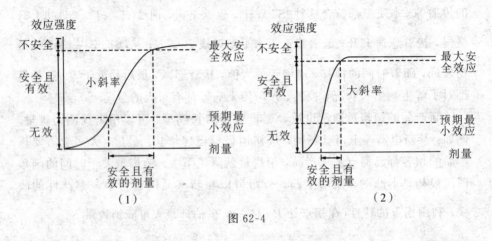

图 62-4

一剂药需要的用药量应保证大得足够有效但不能太大而导致危险. 图 62-4 给出了两条不同的量－效曲线：一条斜率小，另一条斜率大. 图 62-4 (1) 中，药物有一个大的安全且有效的剂量变化范围. 图 62-4 (2) 中的曲线坡度大，药物既安全又有效的剂量变化范围小. 如果剂量反应曲线的坡度大，那么用药的一个小错误可能导致危险的后果. 施用这种药物很困难.

问 题 解 答

问题 62.1 1) 方程(62.2)是一个可分离变量的微分方程，把变量分离，得

$$\frac{K\mathrm{d}P}{P(K-P)} = k\mathrm{d}t.$$

两边积分，得

$$左边 = \int \frac{K \, \mathrm{d}P}{P(K-P)} = \int \left(\frac{1}{P} + \frac{1}{K-P} \right) \mathrm{d}P = \ln |P| - \ln |K-P|,$$

$$右边 = \int k \, \mathrm{d}t = kt + C,$$

由此可得

$$-\ln \left| \frac{P}{K-P} \right| = \ln \left| \frac{K-P}{P} \right| = -kt - C,$$

$$\left| \frac{K-P}{P} \right| = \mathrm{e}^{-kt-c} = \mathrm{e}^{-c} \mathrm{e}^{-kt},$$

$$\frac{K-P}{P} = A \mathrm{e}^{-kt}, \tag{62.7}$$

其中 $A = \pm \mathrm{e}^{-c}$. 由假设 $0 < P < K$，可取 $A = \mathrm{e}^{-c}$，故有

$$\frac{K}{P} - 1 = A \mathrm{e}^{-kt},$$

解出 P，得

$$P = \frac{K}{1 + A \mathrm{e}^{-kt}}. \tag{62.8}$$

将初值条件 $P(0) = P_0$ 代入 (62.8)，得 $P_0 = \dfrac{K}{1+A}$，故有 $A = \dfrac{K}{P_0} - 1$，相应的特解为

$$P(t) = \frac{K}{1 + \left(\dfrac{K}{P_0} - 1 \right) \mathrm{e}^{-kt}}. \tag{62.9}$$

2) 因为 $k > 0$，由 (62.9) 可知，当 $t \to +\infty$ 时，$P \to K$，即

$$\lim_{t \to +\infty} P(t) = K,$$

这表明函数 $P(t)$ 的图像（见图 62-1）有水平渐近线 $P = K$.

3) 要求 $\dfrac{\mathrm{d}P}{\mathrm{d}t}$ 的最大值点，只要求出它的导数 $\dfrac{\mathrm{d}^2 P}{\mathrm{d}t^2}$ 的零点，因为

$$\frac{\mathrm{d}P}{\mathrm{d}t} = kP \cdot \frac{K-P}{K}, \tag{62.10}$$

所以

$$\frac{\mathrm{d}^2 P}{\mathrm{d}t^2} = k \left(\frac{K-P}{K} + P \cdot \frac{-1}{K} \right) = k \left(1 - \frac{2P}{K} \right). \tag{62.11}$$

令 $\dfrac{\mathrm{d}^2 P}{\mathrm{d}t^2} = 0$，得 $0 = 1 - \dfrac{2P}{K}$，即 $\dfrac{2P}{K} = 1$，所以

$$P = \frac{K}{2}.$$

因此，当人口 P 为饱和值 K 的一半时，$\dfrac{\mathrm{d}P}{\mathrm{d}t}$ 取得最大值，最大值为

$$\frac{\mathrm{d}P}{\mathrm{d}t} = k\,\frac{K}{2} \cdot \frac{K/2}{K} = \frac{kK}{4}.$$

在 (62.9) 中，令 $P = \dfrac{K}{2}$，得

$$\frac{K}{2} = \frac{K}{1 + \left(\dfrac{K}{P_0} - 1\right)\mathrm{e}^{-kt}},$$

由此得 $\dfrac{\mathrm{d}P}{\mathrm{d}t}$ 的最大值点为

$$t_m = \frac{\ln(K/P_0 - 1)}{k}. \tag{62.12}$$

$\dfrac{\mathrm{d}P}{\mathrm{d}t}$ 的图像如图 62-5 所示，图中 $\dfrac{\mathrm{d}P}{\mathrm{d}t}\bigg|_{t=t_m} = \dfrac{kK}{4}$，而 $\dfrac{\mathrm{d}P}{\mathrm{d}t}\bigg|_{t=0} = kP_0 \cdot$

$\dfrac{K - P_0}{K}$ 可由 $P(0) = P_0$ 代入 (62.2) 而得.

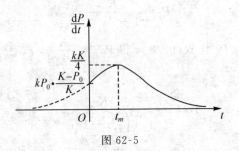

图 62-5

注意：点 $\left(t_m, \dfrac{K}{2}\right)$ 是曲线 $P = P(t)$ 的拐点. 这是因为由 (62.11) 和

(62.12) 知，$\dfrac{\mathrm{d}^2 P}{\mathrm{d}t^2}\bigg|_{t=t_m} = 0$，且当 $P < \dfrac{K}{2}$ 时，$\dfrac{\mathrm{d}^2 P}{\mathrm{d}t^2} > 0$；当 $P > \dfrac{K}{2}$ 时，$\dfrac{\mathrm{d}^2 P}{\mathrm{d}t^2} <$

0，由 (62.10) 知，当 $0 < P < K$ 时，$\dfrac{\mathrm{d}P}{\mathrm{d}t} > 0$，故 $P = P(t)$ 是单调递增函数，

所以当 $t < t_m$ 时，有 $P(t) < P(t_m) = \dfrac{K}{2}$，从而有 $\dfrac{\mathrm{d}^2 P}{\mathrm{d}t^2} > 0$（即 $t < t_m$ 时，$\dfrac{\mathrm{d}P}{\mathrm{d}t}$

是递增的，即人口增长的速度递增）；当 $t > t_m$ 时，有 $P(t) > P(t_m) = \dfrac{K}{2}$，从

而有 $\dfrac{\mathrm{d}^2 P}{\mathrm{d}t^2} < 0$（即 $t > t_m$ 时，人口增长的速度递减）. 因此，点 $(t_m, P(t_m))$ 为

曲线 $P = P(t)$ 的拐点，图形从下凸变到上凸（见图 62-6）.

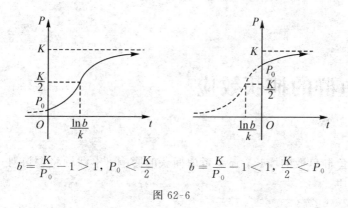

$$b = \frac{K}{P_0} - 1 > 1, \ P_0 < \frac{K}{2} \qquad b = \frac{K}{P_0} - 1 < 1, \ \frac{K}{2} < P_0$$

图 62-6

问题 62. 2 用差商 $\dfrac{P(t) - P(t-1)}{t - (t-1)} = P(t) - P(t-1)$ 来近似总销售量的变化率 $P'(t)$，得

$t/$月	1	2	3	4	5	6	7
变化率	1.5	6	25	62	163	145	93

总销售量的变化率一直增长到 $t = 5$，自此后减小，因此拐点处 t 值大约为 5，此时 $P = 258$，因而 $\dfrac{K}{2} = 258$，$K = 516$. 这新电器最大可能销售量估计为 516 000.

注 利用表 62.2，画出散点图(图 62-7)，用回归分析可得逻辑斯蒂函数

$$P = \frac{532}{1 + 869\mathrm{e}^{-1.33t}}.$$

这个函数预测的最大可能销售量是 $K = 532$ 或大约 532000 件，见图 62-7.

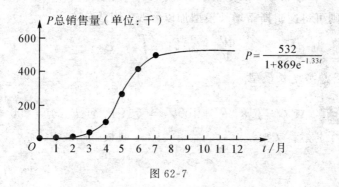

图 62-7

63. 鱼群的捕获效应

对于鱼群总数的增长，还要考虑捕获的影响. 本课题将探讨对一个鱼群的捕获效应.

中心问题 建立鱼群以常数 C 的捕获率被捕捉的鱼群总数增长模型.
准备知识 一阶微分方程

课 题 探 究

问题 63.1 1) 假设某鱼群每年以 20％ 的速度连续增长，捕鱼者每年从该鱼群捕获 10 百万条，那么该鱼群的总数（以百万为单位）将随时间如何变化呢？

2) 如果鱼群的初始数目为 60 百万条，估计 1 年后、2 年后和 3 年后的鱼群总数.

假设鱼群是在一个大湖内养殖，受环境条件的影响，鱼群按逻辑斯蒂增长模型

$$\frac{\mathrm{d}P}{\mathrm{d}t} = kP\left(1 - \frac{P}{K}\right)$$

增长，如果鱼群以常数 c 的捕获率被捕捉（设 t 的单位为年，则表示每年被捕捉 c 条），则可将逻辑斯蒂增长模型加以修改，用微分方程

$$\frac{\mathrm{d}P}{\mathrm{d}t} = kP\left(1 - \frac{P}{K}\right) - c \tag{63.1}$$

作为该鱼群总数增长模型.

探究题 63.1 设 $k = 0.8$，$K = 100$，$c = 15$，$P_0 = P(0) = 200$ 或 300，求方程(63.1)的解，以及当 $t \to +\infty$ 时，$P(t)$ 的极限 $\lim\limits_{t \to +\infty} P(t)$.

问 题 解 答

问题 63.1 1）设第 t 年鱼群总数为 $P(t)$，由于

$$鱼群的变化率 = 鱼群的增长率 - 鱼群的捕获率,$$

而

$$鱼群的增长率 = 20\% 当前鱼群数目 = 0.20P 百万条 / 年,$$

$$鱼群的捕获率 = 10 百万条 / 年,$$

故我们有

$$\frac{\mathrm{d}P}{\mathrm{d}t} = 0.2P - 10, \tag{63.2}$$

即

$$P' - 0.2P = -10, \tag{63.3}$$

这是一个一阶线性微分方程，可以用积分因子法求解.

用积分因子 $\mathrm{e}^{\int(-0.2)\mathrm{d}t} = \mathrm{e}^{-0.2t}$ 同乘 (63.3) 两边，利用两个函数积的导数公式可把左边写成

$$(P' - 0.2P)\mathrm{e}^{-0.2t} = (P\mathrm{e}^{-0.2t})',$$

故有

$$(P\mathrm{e}^{-0.2t})' = -10\mathrm{e}^{-0.2t}.$$

两边分别积分，得

$$P\mathrm{e}^{-0.2t} = C + \int(-10\mathrm{e}^{-0.2t})\mathrm{d}t = C + 50\mathrm{e}^{-0.2t},$$

所以有

$$P = 50 + C\mathrm{e}^{0.2t}, \tag{63.4}$$

其中 C 为一任意常数. 将它代入 (63.2) 的两边，可以验证，它是微分方程 (63.2) 的解. 事实上，我们有

$$左边 = \frac{\mathrm{d}P}{\mathrm{d}t} = 0.2C\mathrm{e}^{0.2t},$$

$$右边 = 0.2(50 + C\mathrm{e}^{0.2t}) - 10 = 10 + 0.2C\mathrm{e}^{0.2t} - 10$$

$$= 0.2C\mathrm{e}^{0.2t},$$

于是，左边 = 右边，$P = 50 + C\mathrm{e}^{0.2t}$ 是方程 (63.2) 的通解，其中 C 可取任意常数. 图 63-1 给出了在几个不同的 C 值下函数 $P = 50 + C\mathrm{e}^{0.2t}$ 的图像.

在实际问题中，我们可以根据初始条件（即初始鱼群的总数 $P(0)$）来待定常数 C，从而得到方程 (63.2) 的一个特解. 由 (63.4)，得

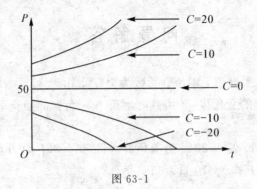

图 63-1

$$P(0) = 50 + Ce^{0.2 \cdot 0} = 50 + C, \tag{63.5}$$

由 (63.5) 得，$C = P(0) - 50$，故

$$P = 50 + (P(0) - 50)e^{0.2t} \tag{63.6}$$

是满足初始鱼群的总数为 $P(0)$ 的一个特解. 函数 (63.6) 就表示了该鱼群的总数随时间变化的规律.

2) 取 $P(0) = 60$ 代入 (63.6)，得

$$P = 50 + 10e^{0.2t},$$

由此得 1 年后、2 年后和 3 年后的鱼群总数分别为 $P(1) = 50 + 10e^{0.2}$，$P(2) = 50 + 10e^{0.4}$ 和 $P(3) = 50 + 10e^{0.6}$.

我们也可以利用方程 (63.2) 直接求 $P(1), P(2)$ 和 $P(3)$ 的近似值.

假设 $t = 0$ 时，鱼群总数 $P(0) = 60$（百万条），由方程 (63.2)，得

$$\left.\frac{\mathrm{d}P}{\mathrm{d}t}\right|_{t=0} = 0.2P(0) - 10 = 0.2 \times 60 - 10 = 2.$$

由于在 $t = 0$ 时，鱼群总数以每年 2 百万条的速度增长，故在第 1 年末，鱼群总数约增加 2 百万条，可以估计 $t = 1$ 时，$P(1) = 60 + 2 = 62$（百万条），利用 $P(1)$ 的值，可以估计第 2 年的 $\frac{\mathrm{d}P}{\mathrm{d}t}$：在 $t = 1$ 时，

$$\left.\frac{\mathrm{d}P}{\mathrm{d}t}\right|_{t=1} = 0.2P(1) - 10 = 0.2 \times 62 - 10 = 2.4,$$

因而在第 2 年年末，鱼群总数约增加 2.4 百万条，可以估计 $t = 2$ 时，

$$P(2) = P(1) + 2.4 = 62 + 2.4 = 64.4 \text{（百万条）},$$

由此可以估计 $\left.\frac{\mathrm{d}P}{\mathrm{d}t}\right|_{t=2} = 0.2P(2) - 10 = 2.88$，因而

$$P(3) = P(2) + 2.88 = 67.28 \text{（百万条）}.$$

64. 传染病传播的数学模型

在历史上曾有数次传染病的蔓延传播，其传染性很大，死亡率也很高。人们采用各种措施来降低它们的危害性，或者预防它们的发生，控制它们的传播。通过建立传染病传播的数学模型来反映某地区某种传染病传播过程中的主要特征，对该传染病的各个阶段进行预测，以了解病情的严重性和持续时间，也有利于对它的根除或控制。下面先介绍一些传染病传播的基本的模型，以了解这类模型的建模方法及其应用价值。

中心问题　建立 SARS（The Severe Acute Respiratory Syndrome）传播的模型

准备知识　一阶微分方程

课 题 探 究

先介绍最基本的传染病传播的模型——SIR 模型。假设某地区人群的总数 N 为常数（这里忽略人口的出生和迁移的因素，虽然有更复杂的模型能考虑到这些因素，但是我们的假设在许多情况下还是合理的，例如：小学中水痘的传播），在所研究的人群中所有的成员是均匀混合的，也就是说，所有的未受感染的人具有同样的受已经得病者感染的危险。为了建立模型，对每个时刻 t，把人群总数 N 分成三部分：

1）$S(t)$——易感染者（可能感染这种传染病，但目前还未感染）的人数；

2）$I(t)$——传染者（已感染这种传染病，目前还有传染性）的人数；

3）$R(t)$——无关者（因病愈而有免疫力或病亡者）的人数。

注意：把死亡者仍计入 $R(t)$，是为了使总人数保持常数，在数学上容易处理。

于是，我们有

$$S(t) + I(t) + R(t) = N, \quad 对所有的 t,$$

一般 t 的单位为日，即一个时间间隔为 1 日. 跟踪 $I(t)$ 值的大小能清楚地反映某种典型的传染病的突然蔓延的过程. 当一种传染病刚出现，$I(t)$ 必定是递增的. 如果在一个时间间隔内，$I(t)$ 增加得很快，则表示传染病正在迅速蔓延，而 $I(t)$ 增加较小，则表示传播得较为缓慢，故可以用 $I(t)$ 的变化的增量 ΔI 来估量这种传染病的致病力的大小. 可以预期，当 $I(t)$ 的图像呈上升趋势时，越来越多的易感染者受到感染，然后总有一天，随着传染病人的痊愈，$I(t)$ 开始递减(即 $\Delta I < 0$)，在 $I(t)$ 的图像上呈下降的趋势，传染性的程度开始减退.

注意：这里假设所讨论的传染病是一种可以痊愈的传染病，但并非所有的传染病都能痊愈，故对其他类型的传染病建模时，要注意这一点.

传染病的传播是通过易感染者与传染者接触成为传染者而传播的. 由于假设易感染者和传染者是均匀混合的，从数学的角度来看，$S(t)$ 个易感染者都和 $I(t)$ 个传染者接触一次，而且只接触一次，接触的总次数为 $S(t)I(t)$，因而可以用 $S(t)I(t)$ 来估量两者之间的接触的次数. 但是，在传染病传播的过程中，健康者和患者之间并不是都能接触的，我们用正数 α (称为传输系数) 来反映两者之间接触的可能性的大小，对于两种不同的传染病，α 值较大的，传染速度较快. 由于当易感染者得病后，易感染者的人数在减少，故设易感染者的人数 $S(t)$ 满足条件

$$S(t+1) = S(t) - \alpha S(t)I(t). \tag{64.1}$$

在一个时间间隔(例如：1 日)内，由于新的受感染者的添加，使得传染者的人数增加，同时某些传染者的痊愈或死亡，又使传染者的人数减少，设一个时间间隔内，感染者中成为无关者的比率为 γ (称为被排除率)，由于无关者增加的人数是使感染者减少的人数，故

$$I(t+1) = I(t) + \alpha S(t)I(t) - \gamma I(t), \tag{64.2}$$

$$R(t+1) = R(t) + \gamma I(t). \tag{64.3}$$

(64.1)，(64.2) 和 (64.3) 3 个递推关系式构成了 SIR 模型，其中被排除率 γ 可以用感染者患病期的平均数来估计.

由 (64.1)，(64.2) 和 (64.3)，得

$$\begin{cases} \Delta S = S(t+1) - S(t) = -\alpha S(t)I(t), \\ \Delta I = I(t+1) - I(t) = \alpha S(t)I(t) - \gamma I(t), \\ \Delta R = R(t+1) - R(t) = \gamma I(t). \end{cases} \tag{64.4}$$

由于在某个时刻 t，$\Delta I > 0$ 说明传染病在传播；$\Delta I \leqslant 0$ 说明传染者的人数没有增加，没有更大的病情发生，所以我们需要关注 ΔI 的符号，决定

$$\Delta I = \alpha S(t)I(t) - \gamma I(t) = (\alpha S(t) - \gamma)I(t) \tag{64.5}$$

是正数、零或负数.

如果 $I(t)=0$，则 $\Delta I=0$，在这种情况下，没有传染者. 如果 $I(t)>0$，则 ΔI 可能是正数、零或负数，按 $\alpha S(t)-\gamma$ 的符号而定. 因为 $\alpha>0$，所以由 (64.5)，知

若 $S(t)>\dfrac{\gamma}{\alpha}$，则 $\Delta I>0$；

若 $S(t)=\dfrac{\gamma}{\alpha}$，则 $\Delta I=0$；

若 $S(t)<\dfrac{\gamma}{\alpha}$，则 $\Delta I<0$.

由此可见，γ 与 α 的比值 $\dfrac{\gamma}{\alpha}$ 是一个很重要的值. 因为当 $S(t)>\dfrac{\gamma}{\alpha}$ 时，传染者的人数第 $t+1$ 天为 $I(t+1)$，比第 t 天的 $I(t)$ 多，传染者有增加的趋势，当 $S(t)<\dfrac{\gamma}{\alpha}$ 时，有减少的趋势，所以 $\dfrac{\gamma}{\alpha}$ 是该传染病的一个临界值. 我们总是希望 $\dfrac{\gamma}{\alpha}$ 的值较大，能使 $S(t)<\dfrac{\gamma}{\alpha}$，从而使传染者人数将逐步减少. 而要增大 $\dfrac{\gamma}{\alpha}$ 的值，必须增大 γ 值或者降低 α 的值. 如果采取预防措施（例如：预防接种，减少易感染者与传染者接触或对传染者进行隔离等），那么，可以降低发病率从而降低 α 值. 如果发明了一种好的药品可以缩短患病期，那么，就可以提高传染者在每个时间间隔内的痊愈率，从而提高 γ 的值.

利用数学模型 (64.1)，(64.2) 和 (64.3) 3 式，除了如上可以对该传染病传播的情形做一些定性的分析外，如果已知 α 和 γ，并给定 $S(0)$，$I(0)$ 和 $R(0)$，那么还可以利用它计算 $S(t)$，$I(t)$，$R(t)$，$t=1,2,\cdots$，从而对得病人数进行预测和估计. 例如：可以预测若干天后传染者的人数，预测病情的严重性和持续时间等，便于有关的医疗卫生部门作出相应的决策.

下面举一个 SIR 模型的例子.

例 64.1 假设某种传染病的传播可以用 SIR 模型来描述，其中易感染者人数 $S(0)=500$，开始时有一个传染者进入了 500 人的易感染者人群，由统计资料表明，一个易感染者通过与感染者一次接触受感染的可能性是 0.1%，一个传染者在得病后的 10 日之内有传染性. 于是，在这模型中，可设 $\alpha=0.001$，$\gamma=0.1$，故 $\dfrac{\gamma}{\alpha}=\dfrac{0.1}{0.001}=100$，由于 $S(0)=500$ 大于 $\dfrac{\gamma}{\alpha}$ 且为 5 倍，所以我们可以预测有相当严重的病情. 用计算机可以画出 $S(t)$，$I(t)$，$R(t)$（$t=1,2,\cdots,60$）的图像（图 64-1）.

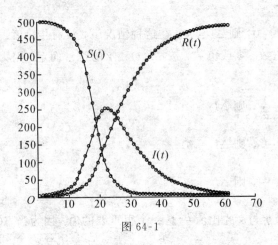

图 64-1

由图 64-1 可见，大约 21 日或 22 日后，感染者的人数 $I(t) \approx 250$ 达到高峰. 这时有一半的人感染得病，因此，这是一个严重的传染病，正如我们预料的. 从表 64-1 的计算的数据可以看到，100 日之后有 2 人未受感染，150 日之后已没有传染者了，仍有 2 人未受感染. 这表明当 $t \to +\infty$ 时，$S(t)$ 趋近于极限值 $\lim\limits_{t \to +\infty} S(t) = 2.15$.

表 64-1

日	0	1	2	3	...	20	21	22
$S(t)$	500	499.50	498.80	497.82	...	135.59	102.38	76.42
$I(t)$	1	1.40	1.96	2.74	...	244.91	253.62	254.23

日	23	...	50	75	...	100	125	150
$S(t)$	56.99	...	2.64	2.18	...	2.15	2.15	2.15
$I(t)$	248.23	...	20.17	1.54	...	0.12	0.01	0.00

一般地，在 SIR 模型中，虽然，$\lim\limits_{t \to +\infty} S(t)$ 依赖于参数 $\alpha, \gamma, S(0)$ 和 $I(0)$ 的值，但它总是不等于零. 这意味着用 SIR 模型描述的传染性，一般总有某些人从不受到感染，即使他们没有任何特殊的免疫力.

在数值计算中，我们可以用差商 $\dfrac{\Delta y}{\Delta t}$ 作为导数 $\dfrac{\mathrm{d}y}{\mathrm{d}t}$ 的近似值. 当我们将两个连续时期 t 与 $t+1$ 的 y 值相比较时，有 $\Delta t = 1$，此时 $\dfrac{\Delta y}{\Delta t}$ 可以简化为 Δy，称

为 y 的**一阶差分**，其中 $\Delta y = y(t+1) - y(t)$. 于是，(64.1)，(64.2) 和 (64.3) 中的 $\Delta S, \Delta I$ 和 ΔR 分别是 $S(t), I(t)$ 和 $R(t)$ 的一阶差分，因而这 3 个方程构成一个三元差分方程组. 如果我们把 (64.4) 中的一阶差分 $\Delta S, \Delta I$ 和 ΔR 分别改写成导数 $\dfrac{\mathrm{d}S}{\mathrm{d}t}, \dfrac{\mathrm{d}I}{\mathrm{d}t}$ 和 $\dfrac{\mathrm{d}R}{\mathrm{d}t}$，就得到微分方程组：

$$\begin{cases} \dfrac{\mathrm{d}S}{\mathrm{d}t} = -\alpha S(t)I(t), & (64.6) \\[2mm] \dfrac{\mathrm{d}I}{\mathrm{d}t} = \alpha S(t)I(t) - \gamma I(t), & (64.7) \\[2mm] \dfrac{\mathrm{d}R}{\mathrm{d}t} = \gamma I(t), & (64.8) \end{cases}$$

这就是传染病传播的 SIR 模型的微分方程组形式，其中 (64.6) 表示

$$易感染者被感染率 = -\frac{\mathrm{d}S}{\mathrm{d}t} = \alpha S(t)I(t),$$

即易感染者被感染率正比于与传染者相接触的易感染者的人数，而这两部分人群的接触人数与 S 和 I 均呈正比关系，且比例系数为 α（式中"$-\dfrac{\mathrm{d}S}{\mathrm{d}t}$"中的负号是由于 S 是递减的），常数 α 度量了传染病的传染性，即传染蔓延的迅速程度（在例 64.1 中，由医疗记载知，这次传染病开始于一个传染者，接着大约 2 日后又有一个人被感染得病，因而

$$\frac{\mathrm{d}S}{\mathrm{d}t}\Big|_{t=0} \approx \frac{S(2) - S(0)}{2} = \frac{499 - 500}{2} = -0.5,$$

又因 $I(0) = 1$，由 (64.6) 可粗略获得 α 的近似值：

$$\alpha = -\frac{S'(0)}{S(0)I(0)} \approx \frac{0.5}{500.1} = 0.001);$$

(64.7) 表示

$$传染者人数变化率 = \frac{\mathrm{d}I}{\mathrm{d}t} = 易感染者被感染率 - 传染者被排除率$$
$$= \alpha S(t)I(t) - \gamma I(t),$$

其中传染者中由于康复或死亡（已不再感染其他人）而被排除出传染者人数的人数以正比于传染者人数 I 的速率 $\gamma I(t)$ 在减少，即传染者被排除率为 $\gamma I(t)$；(64.8) 表示无关者人数以传染者被排除率 $\gamma I(t)$ 的比率增长. 常数 γ 表示传染者从传染者人群中的排除率（在例 64.1 中，由于一个传染者在 10 日后就无传染性而被排除，故可假设每日有 $\dfrac{1}{10}$ 的传染者被排除，即 $\gamma = 0.1$）.

用差分替代微商，可将微分方程组 (64.6) ~ (64.8) 转化为差分方程组 (64.4)，从而得到由递推关系式 (64.1) ~ (64.3) 给出的数值解，然而利用微

分方程组(64.6)～(64.8)，可以探讨 I 关于自变量 S 的函数 $I(S)$ 的性质，从而了解该 SIR 模型更多的性态．

问题 64.1 1) 证明：假设 $S(t)+I(t)+R(t)=N$（常数），对所有的 t，那么微分方程组(64.6)～(64.8)与微分方程组

$$\begin{cases} \dfrac{\mathrm{d}S}{\mathrm{d}t} = -\alpha S(t)I(t), \\ \dfrac{\mathrm{d}I}{\mathrm{d}t} = \alpha S(t)I(t) - \gamma I(t) \end{cases} \tag{64.9}$$

等价．

2) 利用微分方程组(64.9)，求 $\dfrac{\mathrm{d}I}{\mathrm{d}S}$．

3) 给出关于 $\dfrac{\mathrm{d}I}{\mathrm{d}S}$ 的微分方程的解析解．

4) 求函数 $I(S)$ 的最大值点与最大值，从中你发现了什么？

将 SIR 模型加以修改，可以得到适合其他传染病的模型．例如：有些传染病没有无关者（如传染者不能痊愈），这就产生了 SI 模型．又如：有些传染病当传染者痊愈后，仍有得病的可能性（例如：淋病等），这就产生了 SIS 模型．此外，有些传染病模型还要考虑人群总数 N 未知的情况，或者考虑人的年龄、性别等其他因素，这里不作详细介绍，有兴趣的读者可以查阅文献[35]．

传染病传播的模型可以通过合理的理论的假设来建立，当然，任何模型的合理性和适用性，最终还是要通过它所反映的性态是否与现实的数据吻合来检验．这是因为建模时所作出的简化问题的假设，使得即使仔细地搜集数据，所建模型和数据之间仍会有偏差．如果模型检验的结果不符合或者部分不符合实际，可以修改模型，不断完善．

传染病传播的模型还可以通过曲线拟合的方法，由已知数据求得最"接近"已知数据点的曲线来建立，在曲线拟合中最常用的方法就是最小二乘法．

下面用曲线拟合的方法来研究 SARS 传播的模型．我们用 $y(t)$ 表示第 t 日确诊的传染病人（即传染者）的累积人数．2003 年香港 SARS 传播的统计数据见表 64-2 和图 64-2（详见[36]），其中 $t=0$ 表示 2003 年 3 月 17 日，$t=116$ 表示 7 月 11 日，而 $t=87$ 以后 $y=1\,755$ 没有变化．

由于图 64-2 的曲线形状像逻辑斯蒂曲线，我们利用逻辑斯蒂方程来建立 SARS 的模型．

表 64-2

t	0	1	2	3	4	5	7	8	9	10	11	12	14
y	95	123	150	173	203	222	260	286	316	367	425	470	530
t	15	16	17	18	19	21	22	23	24	25	26	28	30
y	685	708	734	761	800	883	928	970	998	1 059	1 108	1 190	1 268
t	31	33	35	36	37	38	39	40	42	43	44	45	46
y	1 297	1 358	1 402	1 434	1 458	1 488	1 510	1 527	1 557	1 572	1 589	1 600	1 611
t	47	49	50	51	52	53	54	56	57	58	59	60	61
y	1 621	1 637	1 646	1 654	1 661	1 667	1 674	1 683	1 689	1 698	1 703	1 706	1 710
t	63	64	65	66	67	68	70	71	72	73	74	75	77
y	1 714	1 718	1 719	1 722	1 724	1 724	1 726	1 728	1 730	1 732	1 736	1 739	1 746
t	78	79	80	81	84	85	86	87					
y	1 747	1 748	1 748	1 750	1 753	1 754	1 754	1 755					

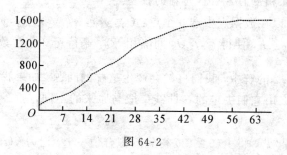

图 64-2

假设在 SARS 传播的这 87 日内易感染者和感染者的总人数为常数 N（这里我们舍去该地区人员的迁入和迁出，人口的出生和死亡所引起的总人数的变化等次要因素），并假设这 N 个人中无人有免疫力以及每个确诊病人都会传染别人．设 $x(t)$ 为第 t 日易感染者人数，则 $x(t) + y(t) = N$. 由于 $y(t)$ 的变化率，也就是传染者每日的发病率，与易感染者的人数 $x(t)$ 有关，与传染者的人数 $y(t)$ 有关（因为传染者人数越多，传染病的发病率也就越高），也与易感染者和传染者之间的相互接触有关，故我们假设

$$\frac{\mathrm{d}y}{\mathrm{d}t} = \beta xy, \tag{64.10}$$

这表示 $\dfrac{\mathrm{d}y}{\mathrm{d}t}$ 与 x 和 y 都成正比,且乘积 xy 还表示易感染者和传染者之间的相互接触对每天的发病率 $\dfrac{\mathrm{d}y}{\mathrm{d}t}$ 的影响,β 是比例常数.

将 $x = N - y$ 代入(64.10)中,并设常数 $k = \beta N$,得

$$\frac{\mathrm{d}y}{\mathrm{d}t} = ky\,\frac{N-y}{N}. \tag{64.11}$$

这是一个逻辑斯蒂方程. 由课题 62 知,它有满足初值条件 $y(0) = y_0$ 的特解(见(62.9))

$$y(t) = \frac{N}{1 + \left(\dfrac{N}{y_0} - 1\right)\mathrm{e}^{-kt}}, \tag{64.12}$$

$y(t)$ 的图像是逻辑斯蒂曲线,具有"S"规律,比较符合传染病传播的规律.

在(64.12)中,令 $A = \dfrac{N}{y_0} - 1$,$K = N$,则

$$y(t) = \frac{K}{1 + A\mathrm{e}^{-kt}}. \tag{64.13}$$

问题 64.2　试用表 64-2 中的数据,求有(64.13)形式的与图 64-2 拟合的曲线,从而建立相应的 SARS 传播的模型.

(提示:可以在数据点中选 3 个点:(t_1, y_1),(t_2, y_2),(t_3, y_3)(其中 $t_1 = t_2 - h$,$t_3 = t_2 + h$,使得 t_1, t_2, t_3 间隔相等),来待定 3 个常数 K,A 和 k.)

在问题 64.2 的解中,我们自然会产生这样的问题:如果我们改取另外三个数据点,那么由它们决定的 S 曲线一般与原来的不同,那么拟合曲线中究竟取哪一条好?

为了区别起见,将由(64.13)得到的拟合值 $y(t_i)$ 记为 $\hat{y}(t_i)$,而 $y(t_i)$ 仍表示表 64.2 中的观测值,我们用"平均"误差

$$E = \sqrt{\frac{\displaystyle\sum_{i=1}^{n}(\hat{y}(t_i) - y(t_i))^2}{n}}$$

来衡量曲线拟合的好坏. 为了减小"平均"误差 E,得到与实际更吻合的 SARS 模型,可以用最小二乘法来求拟合曲线,利用表 64-2 中的数据,由计算机软件求得

$$y(t) = \frac{1\,710.817\,606}{1 + 10.543\,556\,98\,\mathrm{e}^{-0.113\,963\,134\,7t}},$$

其"平均"误差为 $E = 2.9851$,它的图像见图 64-3(1),与统计数据的"平均"

误差最小，但是，所预测的患者的最终个数为 1 711，比实际个数 1 755 要小（注意：问题 64.2 的解 (64.19) 中的 $y(t)$ 的"平均"误差为 $E = 4.538\,8$，其中 $n = 67$).

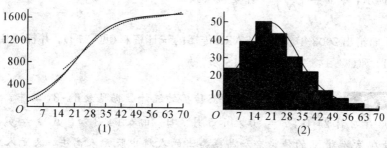

图 64-3

如图 64-3 (2) 所示的是函数 (64.13) 的导函数 $\dfrac{\mathrm{d}y}{\mathrm{d}t}$ 与每日新患者的周平均数. 由问题 62.1，3) 的解知，$\dfrac{\mathrm{d}y}{\mathrm{d}t}$ 的最大值点为 $t_m = \dfrac{\ln A}{k}$ (参见图 62-5).

探究题 64.1　问：函数

$$y(t) = \frac{K}{1 + Ae^{-kt}}$$

的导函数 $\dfrac{\mathrm{d}y}{\mathrm{d}t}$ 的图像 (见图 64-3 (2) 或参见图 62-5) 还有什么几何性质？

由图 64-3 (2) 可见，导函数 $\dfrac{\mathrm{d}y}{\mathrm{d}t}$ 的图像关于直线 $t = t_m = \dfrac{\ln A}{k}$ 是对称的，但是，从图中的每日新患者的周平均数来看，却不具有关于直线 $t = t_m$ 的对称性. 为了得到更符合实际的模型，我们将逻辑斯蒂方程的概念再加以推广.

由 (64.11) 可见，

$$\frac{\mathrm{d}y}{\mathrm{d}t}\bigg/ y = k\,\frac{N-y}{N} = k\left(1 - \frac{y}{N}\right),$$

故 $\dfrac{\mathrm{d}y}{\mathrm{d}t}\bigg/ y$ 是 $\dfrac{y}{N}$ 的线性函数，现在考虑 $\dfrac{\mathrm{d}y}{\mathrm{d}t}\bigg/ y$ 是 $\left(\dfrac{y}{N}\right)^p$ 的函数 (其中 p 是一个常数)，设

$$\frac{\mathrm{d}y}{\mathrm{d}t} = ky\left[1 - \left(\frac{y}{N}\right)^p\right], \tag{64.14}$$

就得到逻辑斯蒂方程的一个推广. 在方程 (64.14) 中，可以改变 p 的值，从而

得到更符合实际的模型(注意: 当 $p = 1$ 时, 方程(64.14)就是(64.11)).

问题 64.3 求方程(64.14)满足初值条件 $y(0) = y_0$ 的特解.

(提示: 令 $u = \left(\dfrac{y}{N}\right)^p$, 作变量替换.)

下面给出 2003 年新加坡 SARS 传播的统计资料(见[37]), 并探讨用方程(64.11)和(64.14)来建立 SARS 模型.

探究题 64.2 2003 年新加坡 SARS 传播的统计数据见表 64-3, 其中 $t = 0$ 表示 2003 年 2 月 24 日, $t = 70$ 表示 5 月 7 日. 由表 64-3 知, $y(0) = y_0 = 1$, 且假设在总数为 N 的传染者和易感染者的人群中既无人离去, 又无人加入, 最终每个人都受到感染, 因而 $N = 206$.

1) 利用(64.12), 建立相应的 SARS 模型.

2) 利用问题 64.3 的解, 建立相应的 SARS 模型.

3) 计算 1) 和 2) 的模型的"平均"误差, 比较两个模型的拟合效果.

(提示: 利用计算机软件.)

表 64-3

t	$y(t)$	t	$y(t)$	t	$y(t)$
0	1	15	25	30	103
1	2	16	26	31	105
2	2	17	26	32	105
3	2	18	32	33	110
4	3	19	44	34	111
5	3	20	59	35	116
6	3	21	69	36	118
7	3	22	74	37	124
8	5	23	82	38	130
9	6	24	84	39	138
10	7	25	89	40	150
11	10	26	90	41	153
12	13	27	92	42	157
13	19	28	97	43	163
14	23	29	101	44	168

t	$y(t)$	t	$y(t)$	t	$y(t)$
45	170	54	195	63	205
46	175	55	197	64	205
47	179	56	199	65	205
48	184	57	202	66	205
49	187	58	203	67	205
50	188	59	204	68	205
51	193	60	204	69	205
52	193	61	204	70	206
53	193	62	205		

对于 SARS,至今人数还未完全认识它,而且 SARS 也不会像 2003 年那样重复发生,因而我们不能用上面建立的数学模型对 SARS 的传播进行预测. 但是,由逻辑斯蒂曲线的性态可知,在曲线的起始段上升缓慢(例如:表64.3 中,在前 10 天累计病例只有 7 人,而延后 10 天(到前 20 日)累计病例就达到 59 人),说明如果提前采取防疫、隔离等有效的防范措施,就可以降低传染率,可见建立有效的公共卫生系统对于战胜 SARS 等传染病是十分重要的. 从本课题也可以看到建立数学模型的一般过程,了解数学建模的思想和方法.

问 题 解 答

问题 64.1 1) 由于 $S(t) + I(t) + R(t) = N$,对所有的 t,故

$$\frac{\mathrm{d}S}{\mathrm{d}t} + \frac{\mathrm{d}I}{\mathrm{d}t} + \frac{\mathrm{d}R}{\mathrm{d}t} = 0,$$

即

$$\frac{\mathrm{d}R}{\mathrm{d}t} = -\left(\frac{\mathrm{d}S}{\mathrm{d}t} + \frac{\mathrm{d}I}{\mathrm{d}t}\right). \tag{64.15}$$

将(64.9)代入(64.15),得

$$\frac{\mathrm{d}R}{\mathrm{d}t} = -(-\alpha S(t)I(t) + \alpha S(t)I(t) - \gamma I(t)) = \gamma I(t),$$

上式即(64.8),因而微分方程组(64.6)~(64.8)中的 3 个方程不是独立的,其中(64.8)是(64.6)和(64.7)(即方程组(64.9))的线性组合,可以删去,

因此，微分方程组$(64.6) \sim (64.8)$与方程组(64.9)等价.

2）将I考虑为S的函数，则有$\dfrac{\mathrm{d}I}{\mathrm{d}t} = \dfrac{\mathrm{d}I}{\mathrm{d}S} \cdot \dfrac{\mathrm{d}S}{\mathrm{d}t}$，因而

$$\frac{\mathrm{d}I}{\mathrm{d}S} = \frac{\mathrm{d}I/\mathrm{d}t}{\mathrm{d}S/\mathrm{d}t}.$$

将(64.9)代入上式，得

$$\frac{\mathrm{d}I}{\mathrm{d}S} = \frac{\alpha SI - \gamma I}{-\alpha SI} = -1 + \frac{\gamma}{\alpha S}. \tag{64.16}$$

3）由(64.16)，得

$$I(S) = -S + \frac{\gamma}{\alpha} \ln S + C,$$

其中C是一个任意常数. 由于$t = 0$时，$I = I(0)$，$S = S(0)$，由上式可待定常数C，得

$$C = I(0) + S(0) - \frac{\gamma}{\alpha} \ln S(0),$$

因此，我们有

$$I(S) = -S + \frac{\gamma}{\alpha} \ln S + I(0) + S(0) - \frac{\gamma}{\alpha} \ln S(0). \tag{64.17}$$

4）由(64.16)知，当$S = \dfrac{\gamma}{\alpha}$时，

$$\left. \frac{\mathrm{d}I}{\mathrm{d}S} \right|_{S = \frac{\gamma}{\alpha}} = 1 + \frac{\gamma}{\alpha(\gamma/\alpha)} = 0,$$

又由(64.16)可得$\dfrac{\mathrm{d}^2 I}{\mathrm{d}S^2} = -\dfrac{\gamma}{\alpha S^2}$，因而

$$\left. \frac{\mathrm{d}^2 I}{\mathrm{d}S^2} \right|_{S = \frac{\gamma}{\alpha}} = -\frac{\gamma}{\alpha(\gamma/\alpha)^2} = -\frac{\alpha}{\gamma} < 0,$$

因此，$S = \dfrac{\gamma}{\alpha}$是函数$I(S)$的最大值点，最大值为

$$I\left(\frac{\gamma}{\alpha}\right) = -\frac{\gamma}{\alpha} + \frac{\gamma}{\alpha} \ln \frac{\gamma}{\alpha} + I(0) + S(0) - \frac{\gamma}{\alpha} \ln S(0).$$

由以上计算可以发现，$I(S)$的最大值点$S = \dfrac{\gamma}{\alpha}$与初始时刻的$S$值$S(0)$无关，也就是说，无论$S$的初值$S(0)$是什么，$I$的峰值总是出现在$S = \dfrac{\gamma}{\alpha}$时.

正如我们前面已指出，$\dfrac{\gamma}{\alpha}$是 SIR 模型的一个很重要的临界值. 由(64.16)知，当$S > \dfrac{\gamma}{\alpha}$时，有$1 > \dfrac{\gamma}{\alpha S}$，故$\dfrac{\mathrm{d}I}{\mathrm{d}S} < 0$，这表明当$S(0) > \dfrac{\gamma}{\alpha}$时，由于

$\dfrac{\mathrm{d}I}{\mathrm{d}S}\Big|_{S=S(0)}<0$，故随着易感染者的人数 S 的减少，传染者的人数 I 递增，当 S

减少到 $\dfrac{\gamma}{\alpha}$ 时，I 值达到峰值，随后再递减，最后降为零；当 $S<\dfrac{\gamma}{\alpha}$ 时，有 $1<$

$\dfrac{\gamma}{\alpha S}$，故 $\dfrac{\mathrm{d}I}{\mathrm{d}S}>0$，这表明当 $S(0)<\dfrac{\gamma}{\alpha}$ 时，由于 $\dfrac{\mathrm{d}I}{\mathrm{d}S}\Big|_{S=S(0)}>0$，故随着 S 的减

少，I 也减少，所以将没有峰值. 因此，如果 $S(0)$ 在 $\dfrac{\gamma}{\alpha}$ 附近或低于 $\dfrac{\gamma}{\alpha}$，那么将

不会有传染病暴发；如果 $S(0)$ 显著高于 $\dfrac{\gamma}{\alpha}$，一场传染病将爆发. 于是，为了

避免传染病暴发，通过接种疫苗等降低易感染者的初始值 $S(0)$，使它位于临

界值 $\dfrac{\gamma}{\alpha}$ 附近或低于临界值 $\dfrac{\gamma}{\alpha}$ 也是相当重要的.

问题 64.2 将点 $(t_2-h,y_1),(t_2,y_2),(t_2+h,y_3)$ 代入 (64.13)，得到未知量为 k,K 和 A 的方程组，由此得

$$k=\frac{1}{h}\ln\frac{y_3(y_2-y_1)}{y_1(y_3-y_2)},\ K=\frac{y_2(y_1y_2+y_2y_3-2y_3y_1)}{y_2^2-y_1y_3},\ A=\frac{K-y_2}{y_2}\mathrm{e}^{kt_2}.$$

$$(64.18)$$

我们要求与图 64-2 拟合的曲线的 k,K 和 A 的值. 由于图 64-2 中共有 67 个数据点，故可令 $t_2=33$，$h=30$，得到 3 个数据点：$(3,173),(33,1\,358)$，$(63,1\,714)$，由此得

$$y(t)=\frac{1\,728.166\,925}{1+12.751\,292\,7\,\mathrm{e}^{-0.116\,528\,694\,2t}} \qquad (64.19)$$

其中 $K=1\,728.166\,925$，$k=0.116\,528\,694\,2$，$A=12.751\,292\,7$，其图像如图 64-4 所示. 该模型与统计数据吻合得相当好，而且所预测的患者的最终个数为 1\,728，而实际个数为 1\,755，两者比较接近.

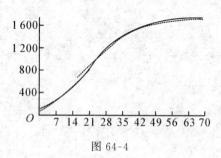

图 64-4

问题 64.3　对方程(64.14)作变量替换,令 $u = \left(\dfrac{y}{N}\right)^p$,则有

$$
\begin{aligned}
\mathrm{d}u &= p\left(\frac{y}{N}\right)^{p-1} \frac{1}{N}\mathrm{d}y \\
&= p\left(\frac{y}{N}\right)^{p-1} \frac{1}{N}\left[ky\left(1 - \left(\frac{y}{N}\right)^p\right)\mathrm{d}t\right] \quad (\text{由}(64.14)) \\
&= pku(1-u)\mathrm{d}t,
\end{aligned}
$$

故有

$$
\int \frac{1}{u(1-u)}\mathrm{d}u = \int pk\,\mathrm{d}t.
$$

类似于问题 62.1,1) 的解,可以解得

$$
u = \frac{1}{1 + A\mathrm{e}^{-pkt}},
$$

即

$$
y(t) = N(u)^{\frac{1}{p}} = \frac{N}{(1 + A\mathrm{e}^{-pkt})^{\frac{1}{p}}},
$$

其中 A 为待定常数. 再用初值条件 $y(0) = y_0$ 待定 A,得所求的特解为

$$
y(t) = \frac{N}{\left[1 + \left(\left(\frac{N}{y_0}\right)^p - 1\right)\mathrm{e}^{-pkt}\right]^{\frac{1}{p}}}.
$$

65. 离散的逻辑斯蒂增长模型与混沌

　　离散的逻辑斯蒂增长模型是种群生态学中一个重要的数学模型. 某生物种群的生物总数的增长预测是其中一个很重要的问题.

　　设某湖中某种鱼开始的总数为 p_0，第 n 年末的总数为 p_n，$n = 1, 2, \cdots$. 如果增长因子 r 为常数，也就是说，

$$p_{n+1} = rp_n, \quad n = 0, 1, 2, \cdots \tag{65.1}$$

（例如：鱼的总数每年增长 10%，则增长因子 $r = 1.1$），那么所得的 (65.1) 就是几何增长模型. 但是，这种模型只适用于资源（例如：食物等）是无限的情形，这情形在自然界是很罕见的. 对大多数的生物种群来说，资源总是有限的，因此，需要将模型 (65.1) 加以修改，使得增长因子 r 成为总数 p 的函数，随着 p 的增加而递减. 在实际问题中，$r = r(p)$ 不一定是线性函数，其图像一般是一条曲线，可通过搜集实际数据来确定. 下面我们假设 $r = r(p)$ 是线性的，由此导出离散的逻辑斯蒂增长模型的概念. 先看一个例子. 假设鱼群总数 $p = 50\,000$ 时，增长因子 $r = r(50\,000) = 1$，即 $p_{n+1} = p_n$，而当鱼群总数小于 $50\,000$ 时，我们期望总数有所增长，设 $p = 10\,000$ 时，$r = r(10\,000) = 2$，由假设 $r = r(p)$ 是线性的，故它可由 pOr 坐标平面上过两个数据点 $(10\,000, 2)$ 和 $(50\,000, 1)$ 的直线（图 65-1）

$$r = 2.25 - 0.000\,025\,p \tag{65.2}$$

来确定.

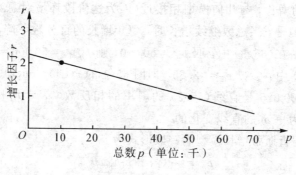

图 65-1

将(65.1)中的 r 改为(65.2)，得

$$p_{n+1} = (2.25 - 0.000\,025\,p_n)p_n. \qquad (65.3)$$

由(65.3)可以计算各年鱼的总数. 如果开始时 $p_0 = 1\,000$，则

$$p_1 = (2.25 - 0.000\,025 \times 1\,000) \times 1\,000 = 2\,225,$$

$$p_2 = (2.25 - 0.000\,025 \times 2\,225) \times 2\,225 \approx 4\,882,$$

$$p_3 = (2.25 - 0.000\,025 \times 4\,882) \times 4\,882 \approx 10\,390,$$

$$\cdots.$$

通过列表(见表 65-1)和作图，得数列 $\{p_n\}$ 的图像(见图 65-2).

表 65-1

年	0	1	2	3	4	5	6	7	8	9
总数	1 000	2 225	4 882	10 390	20 678	35 836	48 526	50 314	49 919	50 020

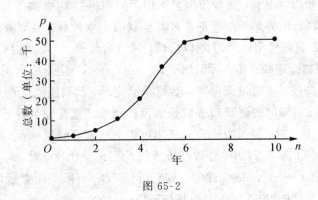

图 65-2

由递推公式(65.3)和 $p_0 = 1\,000$ 所确定的数列 $\{p_n\}$ 就是鱼群总数 p 的数学模型，它是一个离散的逻辑斯蒂增长模型. 由图 65-2 可见，该模型在初始段总数 p 的增长，与几何模型相接近(因为这阶段环境对总数增长的限制不是很大)，但是，当总数继续增长时，每年增长的百分数下降，最后总数稳定于 50 000(若在(65.3)中，取 $p_n = 50\,000$，则 $p_{n+1} = 50\,000 = p_{n+2} = \cdots$).

在(65.3)中，参数 $r_0 = 2.25$（即图 65-1 的 $r(0)$）表示增长因子的初始值，$m = 0.000\,025$ 是直线(65.2)的斜率的相反数，表示增长因子是按图 65-1 中斜率为 $-m$ 的直线变化的.

离散的逻辑斯蒂增长模型的一般形式为

$$p_{n+1} = (r_0 - mp_n)p_n, \qquad (65.4)$$

其中 p_n 表示第 n 年该生物种群的总数，r_0 表示增长因子的初始值，而增长因

子 r 是按线性函数 $r = r(p) = r_0 - mp$ 变化的，m 表示直线 $r = r(p)$ 的斜率的相反数.

（65.4）也可以写成

$$p_{n+1} = m(L - p_n)p_n, \tag{65.5}$$

其中 $mL = r_0$. 由（65.5）可以看到，当 $p_n = 0$ 时，$p_{n+1} = 0$，这是完全合理的. 但是，当 $p_n = L$ 时，p_{n+1} 也等于零. 例如：将（65.3）写成

$$p_{n+1} = 0.000\,025(90\,000 - p_n)p_n, \tag{65.6}$$

则当 $p_n = 90\,000$ 时，$p_{n+1} = 0$，即鱼在 1 年后全部死亡，这似乎有点不合理. 因此，使用模型（65.5）是有条件限制的，即总数 p 超过 L 时，不能使用. 即使对总数过大的情况有所限制，但是离散的逻辑斯蒂增长模型在解决实际问题时，还是相当有用的.

一个离散的逻辑斯蒂增长模型完全是由参数 m 和 L 的值确定的. 本课题将探讨（65.5）的参数取什么值时，可使 p_n 保持比 L 小，而使该模型有意义；当 $n \to \infty$ 时，p_n 的变化趋势是什么；mL 取什么值时，p_n 能趋于稳定值，稳定值是多少？此外，还介绍该模型中所出现的混沌现象.

（注意：由于一般从递推公式（65.4）（或（65.5））还不能推出数列 $\{p_n\}$ 的通项公式，故不能直接利用函数的方法来研究它.）

中心问题　一个离散的逻辑斯蒂增长模型是否存在固定点，是否有稳定值？
准备知识　导数，不动点（见课题 44）

课 题 探 究

问题 65.1　在（65.5）

$$p_{n+1} = m(L - p_n)p_n$$

中，当 p_n 的取值范围为 $0 \leqslant p_n \leqslant L$ 时，相应的 p_{n+1} 的最大值为多少，由此你发现了什么？

由问题 65.1 的解知，对模型（65.5），如果 $mL > 4$，则 p_n 会出现比 L 大的值或负值，而使该模型无实际意义，因而我们只要研究 $mL \leqslant 4$ 的情况.

在图 65-2 鱼的模型中，我们看到，当 n 逐渐增大时，p_n 将趋近于一个稳定值 $50\,000$. 对于离散的逻辑斯蒂增长模型，我们感兴趣的就是它的这种特性. 那么给定 mL 一个值，模型（65.5）是否有稳定值呢？

如果 $\{p_n\}$ 趋近于一个稳定值，且对某个正整数 n_0 有 $p_{n_0+1} = p_{n_0}$，那么当

$n > n_0$ 时都有 $p_n = p_{n_0}$. 我们把使得 $p_{n+1} = p_n$ 的值 p_n 称为**固定的总数**(或**固定点**). 在课题 44 中, 把一个点的迭代值与它本身相同的点称为不动点, 所以固定点也就是不动点.

问题 65.2 1) 模型
$$p_{n+1} = m(L - p_n)p_n$$
是否存在固定点?

2) 在 1) 中所求的固定点中, 哪个可能是模型的稳定值?

(提示: 稳定值是非负数.)

由问题 65.2 的解知, 如果 $mL < 1$, 则当 $n \to \infty$ 时, p_n 将趋于稳定值 0; 当 $mL = 1$ 时, 固定点 $x = L - \dfrac{1}{m} = \dfrac{mL - 1}{m} = 0$. 因此, 只有当 $mL > 1$ 时, 模型 (65.5) 才可能有正数值的稳定值, 且如果有, 则稳定值为 $L - \dfrac{1}{m}$. 于是, 下面只讨论 $1 < mL \leqslant 4$ 的情况.

先看一个例子. 如果将 (65.2) 是过点 $(10\,000, 2)$ 和 $(50\,000, 1)$ 的直线改为过点 $(10\,000, 2.8)$ 和 $(50\,000, 1)$ 的直线
$$r = 3.25 - 0.000\,45\,p, \tag{65.7}$$
即将增长因子 $r(10\,000) = 2$ 改为 $r(10\,000) = 2.8$, 将 (65.7) 代替 (65.2), 得模型
$$\begin{aligned} p_{n+1} &= (3.25 - 0.000\,045\,p_n)p_n \\ &= 0.000\,045(72\,222 - p_n)p_n \end{aligned} \tag{65.8}$$

通过列表 (见表 65-2) 和作 $\{p_n\}$ 的图像 (见图 65-3), 我们看到, 修改的模型 (65.8) 与原模型 (65.6) (即 65.3)) 不同, 当 $n \to \infty$ 时, 不再有一个稳定值, 总数在两个不同的数值之间来回跳跃, 偶数年增大到 $58\,000$ 附近, 奇数年又减少到 $36\,000$ 左右.

表 65-2

年	0	1	2	3	4	5	6
总数	1 000	3 205	9 954	27 892	55 641	41 518	57 365

年	7	8	9	10	11	12	13	14
总数	38 352	58 454	36 215	58 680	35 759	58 675	35 770	58 675

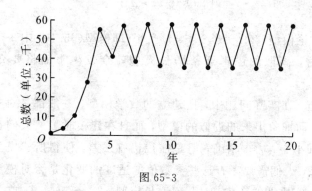

图 65-3

两个模型有完全不同的性态. 原模型中 $m = 0.000\,025$，$L = 90\,000$，$mL = 2.25 < 3$，对任一初值 p_0，p_n 的值总是在 0 和 $90\,000$ 之间，我们已观察到，稳定值为

$$50\,000 = 90\,000 - \frac{1}{0.000\,025} = L - \frac{1}{m}.$$

但是，在修改的模型中，$m = 0.000\,045$，$L = 72\,222$，$mL = 3.25 > 3$，不能确保有稳定值. 设

$$p_{n+1} = m(L - p_n)p_n \tag{65.9}$$

是离散的逻辑斯蒂增长模型，$p_0 \in (0, L)$，那么若 $1 < mL < 3$，则当 $n \to \infty$ 时，p_n 是否将趋于稳定值 $L - \dfrac{1}{m}$ 呢?

下面只探讨 $1 < mL \leqslant 2$ 的情况 (在 [38] 第 $41 \sim 46$ 页中，证明了在 $1 < mL < 3$ 的情况下，该结论是成立的).

为讨论方便起见，不妨将模型 (65.9) 中总数的单位改为 L，即 1 个单位为 L 条，设 $a_n = \dfrac{p_n}{L}$，$\mu = mL$，那么 (65.9) 可以写成

$$a_{n+1} = \mu(1 - a_n)a_n, \tag{65.10}$$

其中 $0 \leqslant a_n \leqslant 1$. 我们要证明: 在 $1 < \mu \leqslant 2$ 的情况下，当 $n \to \infty$ 时，a_n 将趋于稳定值 $1 - \dfrac{1}{\mu}$. 令 $a_\mu = 1 - \dfrac{1}{\mu}$，设

$$Q_\mu(x) = \mu(1 - x)x \quad (x \in (0, 1)),$$

用课题 44 的记号，有 $a_n = Q_\mu^n(a_0)$，于是，只要证明: 当 $n \to \infty$ 时，

$$Q_\mu^n(x) \to a_\mu \quad (x \in (0, 1)).$$

探究题 65.1 当 $1 < \mu \leqslant 2$ 时，分 $0 < x < a_\mu$，$a_\mu < x < \dfrac{1}{2}$，$\dfrac{1}{2} < x < 1$

三种情形，证明：当 $n \to \infty$ 时，$Q_\mu^n(x) \to a_\mu$.

最后，讨论模型(65.9)当 $3 < mL < 4$（即模型(65.10)中 $3 < \mu < 4$）时的情况，此时，离散的逻辑斯蒂增长模型就会发生下面将要介绍的混沌现象.

我们知道，在实际问题中，所建立的数学模型，一般都是对实际情景加以适当简化，而抽象出来的近似的模型，而且在建模时虽然人们在搜集数据时尽量地仔细小心，力求精确，但是往往仍有误差，使得所建模型的参数也有误差. 于是，人们需要考查这些参数值的适度的变化是否对模型所给出的定性性态产生实质性的变化. 对几何增长模型 $p_{n+1} = rp_n$（其中常数 r 为增长因子），我们知道，r 即使有微小的误差，只要 r 仍大于 1（或小于 1），$\{p_n\}$ 仍保持加速增长（或单调减少）的长期性态，且利用这性态仍可进行所需的预测，也就是说，参数的微小变化，并未给模型的长期性态带来实质性的变化. 但是，混沌的概念与此完全不同，混沌的特征是模型的数据中的参数或初值的微小误差，也会导致长期性态的很大不同，以至不能利用该模型进行预测. 这种因参数或初值的敏感性而造成的长期性态的不可预测性的性质正是所谓混沌现象的重要特征之一.

下面我们通过具体例子来说明当 $3 < \mu < 4$ 时，模型

$$a_{n+1} = \mu(1 - a_n)a_n$$

所出现的混沌现象. 为此，我们对 μ 取不同的数值来进行观察.

设 $\mu = 3.2$，由(65.10)，得

$$a_{n+1} = 3.2(1 - a_n)a_n. \tag{65.11}$$

将初值 $a_0 = 0.7$ 代入(65.11)，通过迭代，得图 65-4，可以看到，从 15 年以后，a_n 的值出现循环，交替地取 0.799 和 0.513 两个数值，偶数年为 0.799，奇数年为 0.513，这是一个周期为 2 的循环数列. 虽然这与 $1 < \mu < 3$ 时的情形完全不同，但是仍很有规律. 如果换一个初值 $a_0 = 0.4$ 代入呢？由图 65-4 可见，第 6 年后，a_n 的值交替地取 0.799 和 0.513，与 $a_0 = 0.7$ 时的规律相同，虽然不能使 $a_{n+1} = a_n$，对足够大的 n，但是，对足够大的 n，有

$$a_{n+2} = a_n.$$

将参数 μ 改为 $\mu = 3.4$，情况如何呢？由图 65-5 可见，对初值 $a_0 = 0.7$ 或 0.4，a_n 的长期性态仍与 $\mu = 3.2$ 时完全相似，在 0.452 和 0.842 之间循环. 这表明此时 μ 值的变化和初值的变化，都没有使该模型的性态产生本质性的差别，所以还没有出现混沌现象.

下面我们取更大的 μ 值进行观察.

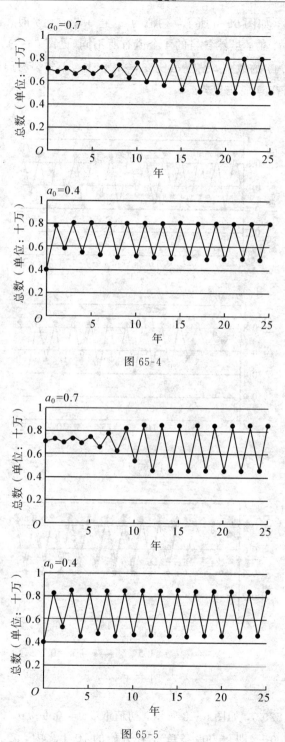

图 65-4

图 65-5

设 $\mu = 3.5$，如图 65-6 所示，初值为 $a_0 = 0.5$ 或 0.7 时，a_n 随着 n 的增大，交替地取 4 个值，虽然各自的 4 个值有所不同（见图 65-7），但 a_n 都分裂为周期为 $2^2 (=4)$ 的数列，情况虽比 $\mu = 3.4$ 时，a_n 分裂为周期为 2 的数列复杂，但仍没有出现混沌现象.

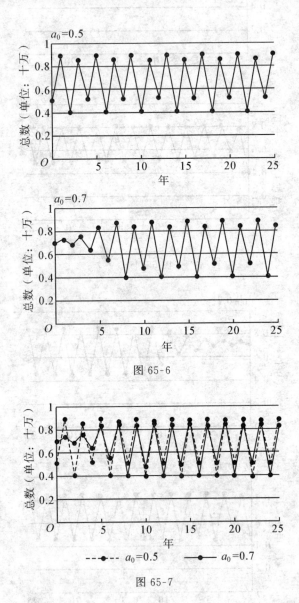

图 65-6

图 65-7

设 $\mu = 3.829\,5$，如图 65-8 所示，初值取 $a_0 = 0.900\,0$（即 $81\,000$ 条鱼）和取 $a_0 = 0.900\,1$（即 $90\,009$ 条鱼），在开始的 10 年之内，a_n 的性态还相似，

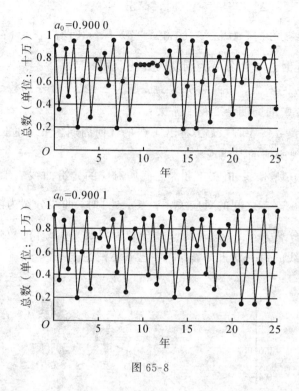

图 65-8

此后却完全不同(见图 65-9). 初值仅相差 0.0001(即 9 条鱼),就导致该模型的长期性态完全不同,因而当 $\mu = 3.8295$ 时,就出现了混沌现象. 如果改变参数 3.8295,将它改为 3.829 或 3.830,也会出现这种混沌现象.

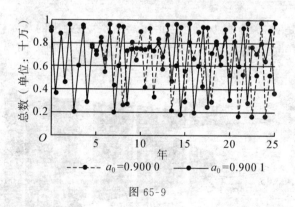

图 65-9

综上所述,模型 $a_{n+1} = \mu(1-a_n)a_n(a_0 \in (0,1))$,对不同的 μ 值,数列 $\{a_n\}$ 会出现不同的长期性态:

1) $0 < \mu \leqslant 1$ 时，当 $n \to \infty$ 时，有 $a_n \to 0$；

2) $1 < \mu < 3$ 时，对 $a_0 \in (0,1)$，当 $n \to \infty$ 时有 $a_n \to 1 - \dfrac{1}{\mu}$；

3) $\mu = 3$ 时，$\{a_n\}$ 分裂为周期为 2 的数列；

4) 随着 μ 的增大，$\{a_n\}$ 将分裂为周期为 $2^2, 2^3, 2^4, \cdots$ 的数列. 当 μ 接近于 3.57 时，$\{a_n\}$ 的周期会变得非常大；

5) $3.57 < \mu < 4$ 时，无法看出 $\{a_n\}$ 的任何周期，$\{a_n\}$ 的长期性态呈现一片混乱，出现所谓的混沌现象.

如图 65-10 所示，μ 值在 1 和 3 之间所对应的光滑曲线表示了 μ 值与其 $\{a_n\}$ 的稳定值 $1 - \dfrac{1}{\mu}$ 之间的对应关系；当 $\mu = 3$ 时，曲线分裂为两支，当 μ 增大到 3.5 后又分裂为 4 支，这表明 $\{a_n\}$ 分裂为周期为 2 或 4 的数列；当 μ 再增大时这 4 支曲线的每一支再分裂，图中已看不清楚了.

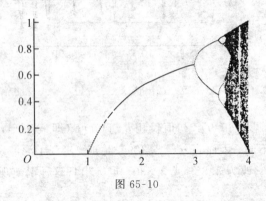

图 65-10

图 65-11 是对 3.57 和 4 之间的 μ 值，用计算机画出的从 a_{1001} 到 a_{2000} 的值（略去了前 1000 个值），呈现出混沌现象以及某些 μ 值时的 $\{a_n\}$ 的周期（图

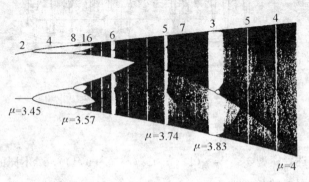

图 65-11

65-11 上边的数字表示周期). 混沌现象与随机现象是不同的. 例如, 这里的 "混沌" 的数列, 表面上看起来, 没有任何规律, 但它的生成却是有规律的, 可以由递推公式 $a_{n+1} = \mu(1-a_n)a_n$ 生成, 而随机数列的生成没有任何规律. 图 65-11 是对许多不同的 μ 值组合起来而得, 从整个图来看也有规律性, 图中黑暗的区域和白色的裂口也有看得见的对称性. 例如: 在 μ 轴上 $\mu = 3.84$ 处上方的大的白色裂口的中央, 有一个三角形的黑点组成的斑块, 斑块之中有一个白色的图, 如果将它放大, 它与图 65-10 的部分图形明显地相似, 也就是说, 在大的混沌图形中有一个相似的小的混沌图形, 如果把这小的图形再放大, 从中又可以找到更小的与原图形相似的图形. 按这种方式, 不断放大图形, 总能找到更微小与原图形相似的图形. 图形的这种性质称为**自相似性**, 它是跨越不同尺度的对称性. 对鱼群总数增长模型的混沌图形的自相似性可以用理论的方法进行详细的分析. 这种混沌现象不仅在离散的逻辑斯蒂增长模型出现, 而且还出现在经济学、生物学、空气动力学和医学等许多应用领域中, 我们把数列 $\{a_n\}$ 满足的递推关系式 $a_{n+1} = \mu a_n + d$ 叫做**一阶线性差分方程**. 在线性差分方程解中不会出现混沌现象, 而模型

$$a_{n+1} = \mu(1-a_n)a_n$$

中含有关于 a_n 的二次项 a_n^2, 此差分方程是一个非线性差分方程, 在非线性差分方程的解中就会出现混沌现象. 对 $a_{n+1} = \mu(1-a_n)a_n$ 这么简单的模型, 我们还不能对所有的 μ 值完全了解它的解的性态, 说明人们在这领域中还有许多工作可做. 最近几十年, 由于计算机技术的发展, 人们可以更好地了解混沌, 研究混沌. 利用计算机, 人们已在非线性差分方程的解中找到了各种奇怪的性态. 目前, 混沌已成为应用数学最活跃的研究领域之一.

问 题 解 答

问题 65.1 将 (65.5) 中的 p_n 看做自变量, p_{n+1} 看做 p_n 的函数, 则

$$\frac{\mathrm{d}p_{n+1}}{\mathrm{d}p_n} = mL - 2mp_n,$$

故 $p_n = \dfrac{L}{2}$ 时, p_{n+1} 取得最大值 $\dfrac{mL^2}{4}$.

由于这 p_{n+1} 的最大值应比 L 小, 所以有 $\dfrac{mL^2}{4} < L$, 即 $mL < 4$.

例如: 在 (65.6) 中, $mL = 2.25 < 4$, 故如果 p_0 取值为 0 到 $90\,000$ 之间, 则由于 $\dfrac{mL^2}{4} = 50\,625$, 故以后每年的总数都在 0 与 $50\,625$ 之间. 如果将

(65.6) 改为 $p_{n+1} = 0.000\,085(90\,000 - p_n)p_n$，则 $mL = 7.65 > 4$，取 $p_0 = 1\,000$，得

$$p_1 = 0.000\,085 \times (90\,000 - 1\,000) \times 1\,000 = 7\,565,$$

$$p_2 = 0.000\,085 \times (90\,000 - 7\,565) \times 7\,565 = 53\,008,$$

$$p_3 = 0.000\,085 \times (90\,000 - 53\,008) \times 53\,008 = 166\,674,$$

$$p_4 = 0.000\,085 \times (90\,000 - 166\,674) \times 166\,674 = -1\,086\,263.$$

其中 $p_3 > L$，$p_4 < 0$，出现了无实际意义的结果.

因此，对离散的逻辑斯蒂增长模型

$$p_{n+1} = m(L - p_n)p_n \quad (p_0 \in [0, L]),$$

如果 $mL < 4$，则每个 p_n 的取值范围为 0 和 L 之间；如果 $mL > 4$，则该模型会产生无实际意义的结果，或者 $p_n > L$，或者 $p_n < 0$.

问题 65.2 1) 解一元二次方程

$$x = m(L - x)x,$$

得固定点 $x = 0, L - \dfrac{1}{m}$.

2) 当 $mL < 1$ 时，$L - \dfrac{1}{m} < 0$，此时 $x = L - \dfrac{1}{m}$ 不能为稳定值，且由

$$p_{n+1} = mL p_n - m p_n^2$$

可见，该模型相当于一个公比为 $mL(<1)$ 的几何模型，再减去一个二次项 $m p_n^2$（作为修正项）. 设 $q_{n+1} = mL q_n$，则

$$\lim_{n \to \infty} q_n = \lim_{n \to \infty} (mL)^n q_0 = 0,$$

而 $0 \leqslant p_n \leqslant q_n$，故 $\lim\limits_{n \to \infty} p_n = 0$，即当 $mL < 1$ 时，只有 $x = 0$ 是稳定值，也就是说，总数 p_n 随 n 的增大而递减，最终趋于稳定值 0（例如：在鱼的模型中最终将全部死亡）.

当 $mL = 1$ 时，固定点 $x = L - \dfrac{1}{m} = \dfrac{mL - 1}{m} = 0$. 因此，只有当 $mL > 1$ 时，模型 (65.5) 才可能有正数值的稳定值，且如果有，设 $\lim\limits_{n \to \infty} p_n = \overline{p} > 0$，并在 (65.5) 两边取极限，得 $\lim\limits_{n \to \infty} p_{n+1} = \lim\limits_{n \to \infty} m(L - p_n)p_n$，故有

$$\overline{p} = m(L - \overline{p})\overline{p},$$

上式两边同时除以 $\overline{p}(>0)$，得 $m(L - \overline{p}) = 1$，因此，

$$\overline{p} = L - \frac{1}{m},$$

即如果模型 (65.5) 有正的稳定值，它必为 $L - \dfrac{1}{m}$.

66. 开普勒(Kepler)定律的证明

本课题作为微积分的应用，探讨用向量函数微积分(或一元微积分)来证明开普勒行星运动三大定律.

中心问题　用向量函数微积分来证明开普勒行星运动三大定律.
准备知识　椭圆方程，定积分，微分方程

课 题 探 究

1619 年，德国天文学家、数学家开普勒(Johannes Kepler，1571—1630)公布了他的最后一条行星运动定律. 开普勒行星运动三大定律要意是：

1) 行星运动的轨道是椭圆，太阳位于该椭圆的一个焦点；
2) 由太阳到行星的向径在相等的时间内扫过的面积相等(见图 66-1)；
3) 行星绕太阳公转周期的平方，与其椭圆轨道的半长轴的立方成正比.

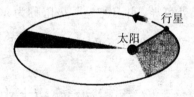

图 66-1

开普勒主要是通过观测(当时仅发现了 6 大行星)，归纳出这三条定律. 从数学上推证开普勒的经验定律，成为当时自然科学的中心课题之一. 1687 年出版的牛顿的力学名著《自然哲学的数学原理》一书中，牛顿从它的第二定律和万有引力定律出发，运用微积分工具，严格地推导证明了开普勒行星运动三大定律，从而证明了这三大定律还可以推广，应用于只受到万有引力一个力作用的其他物体(例如：其他行星、人造卫星等).

在讨论本课题之前，先介绍一些向量函数及其导向量的有关知识. 由于

行星轨道是平面曲线，故用平面向量就能描述行星运动的位置、位移、速度、加速度.

若对于变量 t 在区间 $[t_1, t_2]$ 中任意取定一个数值，按照一定的法则，总有唯一确定的向量 r 与它对应，那么称 r 为定义在 $[t_1, t_2]$ 上的一个**向量函数**，记为

$$r = r(t), \quad t \in [t_1, t_2].$$

在平面直角坐标系 Oxy 下，设 i 和 j 为基本单位向量，则向量 $r(t)$ 的两个分量都是 t 的函数，即可写成

$$r(t) = \langle x(t), y(t) \rangle = x(t)i + y(t)j, \quad t \in [t_1, t_2].$$

对向量函数也可以定义极限、连续、导数等概念.

设 $r(t) = \langle x(t), y(t) \rangle$，如果极限 $\lim\limits_{t \to t_0} x(t), \lim\limits_{t \to t_0} y(t)$ 存在，则定义向量函数 $r(t)$ 的极限为

$$\lim_{t \to t_0} r(t) = \langle \lim_{t \to t_0} x(t), \lim_{t \to t_0} y(t) \rangle.$$

向量函数的极限也有等价的 ε-δ 定义，容易证明：$\lim\limits_{t \to t_0} r(t) = b$ 当且仅当对于任意给定的正数 ε，总存在一个正数 δ，使得当 $0 < |t - t_0| < \delta$ 时，不等式

$$|r(t) - b| < \varepsilon$$

成立.

设 $r(t) = \langle x(t), y(t) \rangle$，$t \in [t_1, t_2]$. 如果极限

$$\lim_{\Delta t \to 0} \frac{r(t + \Delta t) - r(t)}{\Delta t}$$

存在，则称 $r(t)$ 在点 t 处可导，并且把这一极限称为 $r(t)$ 在点 t 处的**导向量**，记为 $\dfrac{\mathrm{d}r}{\mathrm{d}t}$ 或 $r'(t)$. 如果 $r(t) = \langle x(t), y(t) \rangle$ 中 $x(t)$ 和 $y(t)$ 都可导，那么容易证明，

$$r'(t) = \langle x'(t), y'(t) \rangle = x'(t)i + y'(t)j, \tag{66.1}$$

以及若 $f(t)$ $(t \in [t_1, t_2])$ 是一元函数，则

$$\frac{\mathrm{d}}{\mathrm{d}t}(f(t)r(t)) = f'(t)r(t) + f(t)r'(t).$$

在平面直角坐标系中，可以用位置向量来描述点的位置，即用从坐标原点到该点的向量来表示它的位置. 在力学中，所谓质点的运动，就是质点的位置向量 r 随着时间的推移在变化，位置向量 r 是时间 t 的向量函数，即

$$r = r(t) = \langle x(t), y(t) \rangle = x(t)i + y(t)j, \tag{66.2}$$

因而可以用向量函数 $r(t)$ $(t \in [t_1, t_2])$ 来描写质点的运动，(66.2) 就是该质点的运动方程，由它就可以知道该质点在任意时刻的位置，在 Δt 时间内位置

变动的大小，变动的快慢和方向等.

位移是描写初始时刻和终止时刻质点位置变动大小和方向的物理量，它是从初始位置到终止位置的一个向量. 如图 66-2 所示，如果质点做曲线运动，t_1 时刻质点在 P_1 位置，用位置向量 r_1 表示；t_2 时刻质点到达 P_2 位置，其位置向量为 r_2，那么质点在 $\Delta t = t_2 - t_1$ 的时间间隔内的位移，是向量 $\overrightarrow{P_1 P_2}$，即

$$\Delta r = \overrightarrow{P_1 P_2} = r_2 - r_1$$
$$= (x_2 - x_1)i + (y_2 - y_1)j.$$

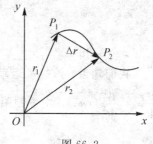

图 66-2

注意：位移和位置向量虽然都是向量，但它们的物理意义不同. 位置向量与时刻相对应，而位移与时间间隔相对应，因而位移反映了质点位置变动的快慢和方向.

速度是描写质点位置变动的快慢和方向的物理量. 当质点做曲线运动时，可以把这条曲线看做是由许多小直线段所组成，相应地把曲线运动的整个位移分成许多小段位移. 虽然质点在各个小段位移上运动的快慢是不同的，但是我们可以近似地把每个小段位移内的运动快慢看做是相同的，于是，在每个小段位移内，可按匀速直线运动处理，设该小段的时间间隔为 Δt，位移为 Δr，则 $\dfrac{\Delta r}{\Delta t}$ 就可以近似地描写在该小段内质点运动的速度，当 $\Delta t \to 0$ 时，$\dfrac{\Delta r}{\Delta t}$ 的极限向量就是描写质点在时刻 t 运动的快慢和方向的瞬时速度，简称速度，记为 v，因此，

$$v = \lim_{\Delta t \to 0} \frac{\Delta r}{\Delta t} = \frac{\mathrm{d}r}{\mathrm{d}t}.$$

当 $r(t) = \langle x(t), y(t) \rangle$ 时，由(66.1) 知，

$$v = \frac{\mathrm{d}x}{\mathrm{d}t}i + \frac{\mathrm{d}y}{\mathrm{d}t}j. \tag{66.3}$$

加速度是描写质点运动速度变化快慢的物理量. 我们用瞬时加速度来反映质点在各个时刻速度的变化率，设在时刻 t 的瞬时加速度为 a，则

$$a = \lim_{\Delta t \to 0} \frac{\Delta v}{\Delta t} = \frac{\mathrm{d}v}{\mathrm{d}t}.$$

注意：加速度具有方向性，但是加速度的方向不代表运动的方向(只有速度的方向才代表运动的方向)，而是速度变化的方向，由牛顿第二定律 $F = ma$ 知，质点受到外力作用时，加速度 a 的方向与外力 F 的方向相同.

在本课题中，以太阳为原点建立平面直角坐标系，设 $r = r(t)$ 为行星的

位置向量，由于太阳对该行星的引力非常大，以致其他星球对它的引力可以忽略不计. 设 m 和 M 分别是该行星和太阳的质量，G 是万有引力常数，$r = |r|$ 是太阳与该行星间的距离，$u_r = \dfrac{1}{|r|}r$ 是与 r 方向相同的单位向量（见图 66-3），则由万有引力定律知，太阳对该行星的吸引力为

$$F = -\frac{GMm}{r^2}u_r, \tag{66.4}$$

它与 r 方向相反.

我们知道，该行星运动的速度向量为 $v = r'$，加速度向量为 $a = r'' = \dfrac{\mathrm{d}^2 r}{\mathrm{d}t^2} = \dfrac{\mathrm{d}^2}{\mathrm{d}t^2}(ru_r)$. 由牛顿第二定律 $F = ma$ 和 (66.4) 知，

$$\frac{\mathrm{d}^2}{\mathrm{d}t^2}(ru_r) = -\frac{GM}{r^2}u_r. \tag{66.5}$$

下面将利用 (66.5) 推导开普勒行星运动三大定律. 于是，首先需要计算 $\dfrac{\mathrm{d}^2}{\mathrm{d}t^2}(ru_r)$，在计算过程中，为了方便，我们采用极坐标.

问题 66.1 如图 66-3 所示，设平面直角坐标系中点 (x,y) 的极坐标为 (r,θ)，u_r 为单位向量，u_θ 是与 u_r 垂直的单位向量，则

$$u_r = \cos\theta\, i + \sin\theta\, j, \tag{66.6}$$
$$u_\theta = -\sin\theta\, i + \cos\theta\, j. \tag{66.7}$$

计算：

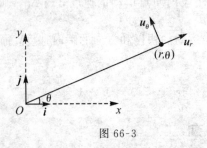

图 66-3

1) $\dfrac{\mathrm{d}u_r}{\mathrm{d}t}, \dfrac{\mathrm{d}u_\theta}{\mathrm{d}t}$；

2) $v = \dfrac{\mathrm{d}r}{\mathrm{d}t} = \dfrac{\mathrm{d}}{\mathrm{d}t}(ru_r)$；

3) $a = \dfrac{\mathrm{d}^2 r}{\mathrm{d}t^2} = \dfrac{\mathrm{d}^2}{\mathrm{d}t^2}(ru_r)$，并将所

得结果代入 (66.5)，你有什么发现？

由问题 66.1，3) 的解，我们发现，

$$2\frac{\mathrm{d}r}{\mathrm{d}t}\frac{\mathrm{d}\theta}{\mathrm{d}t} + r\frac{\mathrm{d}^2\theta}{\mathrm{d}t^2} = 0, \tag{66.8}$$

$$\frac{\mathrm{d}^2 r}{\mathrm{d}t^2} - r\left(\frac{\mathrm{d}\theta}{\mathrm{d}t}\right)^2 = -\frac{GM}{r^2}. \tag{66.9}$$

下面分别利用 (66.8) 和 (66.9) 来推导开普勒第二定律和第一定律.

问题 66.2 设 $A = A(t)$ 是由太阳到行星的向径（即位置向量） $r = r(t)$ 在时间间隔 $[t_0, t]$ 内扫过的面积（见图 66-4），证明：

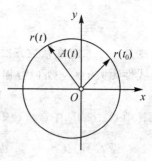

1) $A(t) = \int_{t_0}^{t}\left(\dfrac{1}{2}r^2\dfrac{\mathrm{d}\theta}{\mathrm{d}t}\right)\mathrm{d}t$;

2) $\dfrac{\mathrm{d}A}{\mathrm{d}t} = \dfrac{1}{2}r^2\dfrac{\mathrm{d}\theta}{\mathrm{d}t}$ 为常数；

3) 开普勒第二定律.

图 66-4

由问题 66.2, 2)知, $\dfrac{\mathrm{d}A}{\mathrm{d}t} = \dfrac{1}{2}r^2\dfrac{\mathrm{d}\theta}{\mathrm{d}t}$ 为常数，设 $h = r^2\dfrac{\mathrm{d}\theta}{\mathrm{d}t}$，则 h 为常数，再设 $d = GM$，那么(66.9)可以改写成

$$\frac{\mathrm{d}^2 r}{\mathrm{d}t^2} - \frac{h^2}{r^3} + \frac{d}{r^2} = 0. \tag{66.10}$$

下面通过变量代换来求解微分方程(66.10)，从而得出 $r = r(\theta)$ 是圆锥曲线，即证明了开普勒第一定律与它的推广.

设 $w = \dfrac{1}{r}$，下面证明，$w = w(\theta)$ 满足微分方程

$$\frac{\mathrm{d}^2 w}{\mathrm{d}\theta^2} + w = \frac{d}{h^2}. \tag{66.11}$$

事实上，因为 $w = \dfrac{1}{r}$，所以 $r = \dfrac{1}{w}$，且

$$\frac{\mathrm{d}r}{\mathrm{d}t} = -\frac{1}{w^2}\frac{\mathrm{d}w}{\mathrm{d}t} = -\frac{1}{w^2}\frac{\mathrm{d}w}{\mathrm{d}\theta}\frac{\mathrm{d}\theta}{\mathrm{d}t}$$

$$= -h\frac{\mathrm{d}w}{\mathrm{d}\theta} \quad \left(\text{因为 } h = r^2\frac{\mathrm{d}\theta}{\mathrm{d}t} = \frac{1}{w^2}\frac{\mathrm{d}\theta}{\mathrm{d}t}\right).$$

对上式再求导，得

$$\frac{\mathrm{d}^2 r}{\mathrm{d}t^2} = -h\frac{\mathrm{d}}{\mathrm{d}t}\left(\frac{\mathrm{d}w}{\mathrm{d}\theta}\right) = -h\frac{\mathrm{d}^2 w}{\mathrm{d}\theta^2}\frac{\mathrm{d}\theta}{\mathrm{d}t} = -h^2 w^2\frac{\mathrm{d}^2 w}{\mathrm{d}\theta^2}. \tag{66.12}$$

将(66.12)代入(66.10)，得

$$-h^2 w^2\frac{\mathrm{d}^2 w}{\mathrm{d}\theta^2} - h^2 w^3 + dw^2 = 0,$$

即 $w = w(\theta)$ 满足二阶线性微分方程

$$\frac{\mathrm{d}^2 w}{\mathrm{d}\theta^2} + w = \frac{d}{h^2}.$$

设 $W = w - \dfrac{d}{h^2}$，则方程(66.11)可以改写成

$$\frac{d^2 W}{d\theta^2} + W = 0. \tag{66.13}$$

这是一个二阶常系数齐次线性微分方程. 显然, $\cos\theta, \sin\theta$ 是 (66.13) 的两个线性无关的解, 所以方程 (66.13) 的通解为

$$W(\theta) = C_1 \cos\theta + C_2 \sin\theta, \tag{66.14}$$

其中 C_1, C_2 是任意常数①.

设 $C = \sqrt{C_1^2 + C_2^2}$, $\theta_0 = \arctan\dfrac{C_2}{C_1}$, 利用和角公式

$$\cos(\alpha - \beta) = \cos\alpha\cos\beta + \sin\alpha\sin\beta,$$

可以将 (66.14) 改写成 $W(\theta) = C\cos(\theta - \theta_0)$, 于是,

$$w = C\cos(\theta - \theta_0) + \frac{d}{h^2} \tag{66.15}$$

为满足微分方程 (66.11) 的解. 令 $\dfrac{h^2}{d} = ep$, $C = -\dfrac{1}{p}$, 由 (66.15), 得

$$r = \frac{1}{w} = \frac{1}{C\cos(\theta - \theta_0) + d/h^2} = \frac{h^2/d}{1 + (Ch^2/d)\cos(\theta - \theta_0)}$$

$$= \frac{ep}{1 - e\cos(\theta - \theta_0)}. \tag{66.16}$$

(66.16) 是圆锥曲线的极坐标方程, 当式中 p 和 θ_0 分别取不同的值时, 所得到的平面曲线 $r = r(\theta)$ 都是圆锥曲线, 其物理意义是, 即使不同的天体 (例如: 行星、彗星或人造卫星等) 的初始时刻的位置和速度的数值有所不同, 但它们的运动轨道都是圆锥曲线. 经逆时针方向旋转 θ_0 的旋转变换后, (66.16) 还可以化为

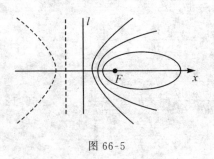

图 66-5

$$r = \frac{ep}{1 - e\cos\theta}, \tag{66.17}$$

这是圆锥曲线的统一极坐标方程.

在方程 (66.17) 中, e 表示圆锥曲线的离心率, p 表示焦点 F 到准线 l 的距离 (见图 66-5). 方程 (66.17) 当 $0 < e < 1$ 时, 表示椭圆, 定点 F 是它的左焦点, 定直线 l 是它的左准

---

① 方程 (66.13) 也可以通过求它的特征方程 $\lambda^2 + 1 = 0$ 的特征根, 直接求得通解 (参见 [41] 定理 4.2.2). 由于 $\lambda^2 + 1 = 0$ 有两个不同的特征根 $i, -i$, 故 (66.13) 的通解为 $W(\theta) = C_1\cos\theta + C_2\sin\theta$.

线；当 $e = 1$ 时，表示开口向右的抛物线；当 $e > 1$ 时，只表示双曲线的右支，定点 F 是它的右焦点，定直线 l 是右准线(如果允许 $r < 0$，它才表示整个双曲线).

对于天体(例如：行星，人造卫星等)运动轨道的圆锥曲线的离心率可以由该引力系统的总能量来确定. 由附录 3 "能量积分"知，设 E 表示上述的太阳和行星系统的总能量，则

$$E = \frac{1}{2}mv^2 - \frac{GMm}{r}$$

是一个常数(其中， $\frac{1}{2}mv^2$ 是质量为 m 的行星的动能，$-\frac{GMm}{r}$ 是它的引力势能)，且行星轨道的圆锥曲线的离心率为

$$e = \sqrt{1 + \frac{2h^2 E}{d^2 m}}. \tag{66.18}$$

由于 $m > 0$，由(66.18)知，行星轨道的曲线类型取决于总能量 E：

当 $E = 0$ 时，离心率 $e = 1$，轨道是抛物线；

当 $E < 0$ 时，离心率 $e < 1$，轨道是椭圆；

当 $E > 0$ 时，离心率 $e > 1$，轨道是双曲线.

在太阳系中，八大行星运动的轨道都是椭圆，它们的离心率见表 66-1.

表 66-1

行星	离心率 e	长半轴 a / 百万公里	公转周期 T
水星	0.205 6	57.95	87.967 天
金星	0.006 8	108.11	224.701 天
地球	0.016 7	149.57	365.256 天
火星	0.093 4	227.84	1.880 8 年
木星	0.048 4	778.14	11.861 3 年
土星	0.054 3	1 427.0	29.456 8 年
天王星	0.046 0	2 870.3	84.008 1 年
海王星	0.008 2	4 499.9	164.784 年

表 66-1 中水星的轨道的离心率最大，为 0.205 6，而大多数的行星(包括地球)的轨道都接近于圆.

对于地球，当 $t = 0$ 时，$r\big|_{t=0} = r_0 \approx 149\,570\,000$ km，$v\big|_{t=0} = v_0 \approx 30$

km/s，由此得

$$h = \frac{\mathrm{d}A}{\mathrm{d}t} = \frac{1}{2}r^2\,\frac{\mathrm{d}\theta}{\mathrm{d}t} = \frac{1}{2}r_0 v_0 \approx 2\ 250\ 000\ 000\ \mathrm{km^2/s},$$

再由太阳的质量 $M = 1.99 \times 10^{30}\,\mathrm{kg}$，地球的质量 $m = 5.975 \times 10^{24}\,\mathrm{kg}$ 和万有引力常数 $G = 6.67 \times 10^{-11}\,\mathrm{N \cdot m^2/kg^2}$，求得 E 和 d 的值，代入 (66.18)，就可求出离心率 $e \approx 0.016\ 7$.

现在我们用一元微积分来证明开普勒第二定律和第一定律.

假定行星只受到太阳引力的作用. 先建立平面直角坐标系 Oxy，设太阳位于坐标原点 O，行星在时刻 t 时的位置是 $(x(t), y(t))$，故与太阳的距离是

$$r(t) = \sqrt{x(t)^2 + y(t)^2},$$ 并设行星在时刻 t_0 时经过 y 轴，见图 66-6.

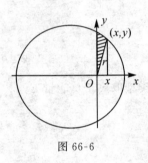

由万有引力定律知，太阳对该行星的吸引力 $\boldsymbol{F}$ 大小是

$$|\boldsymbol{F}| = \frac{GMm}{r^2},$$

图 66-6

方向朝着原点 O，故其水平方向的分力 F_x 和竖直方向的分力 F_y 分别为

$$F_x = -\frac{GMm}{r^2} \cdot \frac{x}{r} = -GMm\,\frac{x}{r^3}, \tag{66.19}$$

$$F_y = -\frac{GMm}{r^2} \cdot \frac{y}{r} = -GMm\,\frac{y}{r^3}. \tag{66.20}$$

由牛顿第二定律 $\boldsymbol{F} = m\boldsymbol{a}$ 和 (66.19)，(66.20) 知，

$$\frac{\mathrm{d}^2 x}{\mathrm{d}t^2} = -GM \cdot \frac{x(t)}{r(t)^3}, \tag{66.21}$$

$$\frac{\mathrm{d}^2 y}{\mathrm{d}t^2} = -GM \cdot \frac{y(t)}{r(t)^3}. \tag{66.22}$$

要证开普勒第二定律就是要证行星与太阳的连线从时刻 t_0 到时刻 t 扫过的面积 (即图 66-6 中阴影部分的面积) 与时间差 $t - t_0$ 的比 λ 是个固定的常数，也就是说，

$$\int_0^x y\,\mathrm{d}x - \frac{xy}{2} = \lambda(t - t_0), \quad \lambda > 0. \tag{66.23}$$

用换元积分法，设 $x = x(u)$，则 $\mathrm{d}x = x'(u)\mathrm{d}u$，于是 (66.23) 可写成

$$\int_{t_0}^{t} y(u)x'(u)\,\mathrm{d}u - \frac{x(t)y(t)}{2} = \lambda(t - t_0).$$

两边关于 t 求导得

$$y(t)x'(t) - \frac{1}{2}(x'(t)y(t) + x(t)y'(t)) = \lambda,$$

整理得

$$x(t)y'(t) - x'(t)y(t) = -2\lambda. \tag{66.24}$$

另一方面，由(66.22)·x − (66.21)·y，得

$$x\frac{d^2 y}{dt^2} - y\frac{d^2 x}{dt^2} = 0,$$

故有

$$\left(x\frac{dy}{dt} - y\frac{dx}{dt}\right)' = \frac{dx}{dt}\frac{dy}{dt} + x\frac{d^2 y}{dt^2} - \frac{dy}{dt}\frac{dx}{dt} - y\frac{d^2 x}{dt^2}$$

$$= x\frac{d^2 y}{dt^2} - y\frac{d^2 x}{dt^2} = 0,$$

所以 $x\dfrac{dy}{dt} - y\dfrac{dx}{dt} = x(t)y'(t) - x'(t)y(t) = C$ 为常数，因此，由(66.24)知，λ 为常数，开普勒第二定律得证.

再证行星的运行轨道是椭圆，而且太阳位于椭圆的一个焦点上，因为

$$r(t) = \sqrt{x(t)^2 + y(t)^2},$$

求导得

$$r'(t) = \frac{x(t)x'(t) + y(t)y'(t)}{r(t)}, \tag{66.25}$$

所以

$$\frac{d}{dt}\left(\frac{y}{r}\right) = y' \cdot \frac{1}{r} + y \cdot \left(-\frac{1}{r^2}\right) \cdot \frac{xx' + yy'}{r} \quad (\text{由}(66.25))$$

$$= \frac{1}{r^3}[y'(x^2 + y^2) - y(xx' + yy')]$$

$$= \frac{x}{r^3}(xy' - x'y) = -\frac{2\lambda x}{r^3} \quad (\text{由}(66.24))$$

$$= \frac{2\lambda}{GM}\frac{d^2 x}{dt^2} \quad (\text{由}(66.21)),$$

积分得

$$\frac{y}{r} = \frac{2\lambda}{GM}\frac{dx}{dt} + A, \tag{66.26}$$

其中 A 是常数. 类似地计算得

$$\frac{d}{dt}\left(\frac{x}{r}\right) = -\frac{2\lambda}{GM}\frac{d^2 y}{dt^2},$$

$$\frac{x}{r} = -\frac{2\lambda}{GM}\frac{dy}{dt} + B, \tag{66.27}$$

其中 B 是另一个常数. $(66.27) \cdot x + (66.26) \cdot y$ 得

$$\frac{x^2 + y^2}{r} = \frac{2\lambda}{GM}(-xy' + yx') + Bx + Ay,$$

于是，由(66.24)得

$$Ay + Bx + \frac{4\lambda^2}{GM} = \sqrt{x^2 + y^2}. \tag{66.28}$$

如果 $A = B = 0$，则(66.28)是一个以原点为圆心的圆的方程. 但因为观察到，行星绕太阳运动时有"近日点"和"远日点"，故运行轨道不可能是圆. 因此，A 和 B 不全为零. 下面我们证明(66.28)是一个以原点为其一个焦点，以直线

$$l: AY + BX + \frac{4\lambda^2}{GM} = 0 \tag{66.29}$$

为其一条准线的圆锥曲线的方程. 这是因为(66.28)的右边是点 (x, y) 到原点 O 的距离，而根据点到直线 l 的距离公式知，点 (x, y) 到直线 l 的距离为

$$d = \frac{\left| Ay + Bx + \dfrac{4\lambda^2}{GM} \right|}{\sqrt{A^2 + B^2}},$$

因而(66.28)的左边为点 (x, y) 到直线 l 的距离 d 的 $\sqrt{A^2 + B^2}$ 倍，又因为点 (x, y) 与定点 O 的距离和它到直线 l 的距离的比是常数 $e = \sqrt{A^2 + B^2}$ 的轨迹是椭圆，其中定点 O 是椭圆的焦点，定直线 l 是椭圆的准线，常数 e 是椭圆的离心率(它是椭圆的焦距 $2c$ 的一半 c 与长轴长 a 的比 $\dfrac{c}{a}$)，所以(66.28)是椭圆方程，该椭圆的离心率是 $e = \sqrt{A^2 + B^2}$. 由此证明了开普勒第一定律.

下面探讨开普勒第三定律的证明.

探究题 66.1　设 T 表示行星绕太阳公转的周期，其运动的椭圆轨道的长半轴和短半轴的长分别为 a 和 b.

1) 证明：$T = \dfrac{2\pi ab}{h}$.

2) 利用 $d = GM$，$\dfrac{h^2}{d} = ep$，证明：$ep = \dfrac{b^2}{a}$，$\dfrac{b^2}{h^2} = \dfrac{a}{GM}$.

3) 证明：$T^2 = \dfrac{4\pi^2}{GM} a^3$ (由于 $\dfrac{4\pi^3}{GM}$ 是常数，这就证明了开普勒第三定律).

问 题 解 答

问题 66.1 1) 将(66.6)和(66.7)对 t 求导, 得

$$\frac{\mathrm{d}\boldsymbol{u}_r}{\mathrm{d}t} = (-\sin\theta)\frac{\mathrm{d}\theta}{\mathrm{d}t}\boldsymbol{i} + \cos\theta\frac{\mathrm{d}\theta}{\mathrm{d}t}\boldsymbol{j} = \left(\frac{\mathrm{d}\theta}{\mathrm{d}t}\right)\boldsymbol{u}_\theta,$$

$$\frac{\mathrm{d}\boldsymbol{u}_\theta}{\mathrm{d}t} = (-\cos\theta)\frac{\mathrm{d}\theta}{\mathrm{d}t}\boldsymbol{i} + (-\sin\theta)\frac{\mathrm{d}\theta}{\mathrm{d}t}\boldsymbol{j} = -\left(\frac{\mathrm{d}\theta}{\mathrm{d}t}\right)\boldsymbol{u}_r.$$

2) $\boldsymbol{v} = \dfrac{\mathrm{d}}{\mathrm{d}t}(r\boldsymbol{u}_r) = \dfrac{\mathrm{d}r}{\mathrm{d}t}\boldsymbol{u}_r + r\dfrac{\mathrm{d}\boldsymbol{u}_r}{\mathrm{d}t} = \dfrac{\mathrm{d}r}{\mathrm{d}t}\boldsymbol{u}_r + r\dfrac{\mathrm{d}\theta}{\mathrm{d}t}\boldsymbol{u}_\theta.$

3) $\boldsymbol{a} = \dfrac{\mathrm{d}^2}{\mathrm{d}t^2}(r\boldsymbol{u}_r) = \dfrac{\mathrm{d}}{\mathrm{d}t}\left(\dfrac{\mathrm{d}r}{\mathrm{d}t}\boldsymbol{u}_r + r\dfrac{\mathrm{d}\theta}{\mathrm{d}t}\boldsymbol{u}_\theta\right)$

$$= \frac{\mathrm{d}^2 r}{\mathrm{d}t^2}\boldsymbol{u}_r + \frac{\mathrm{d}r}{\mathrm{d}t}\frac{\mathrm{d}\boldsymbol{u}_r}{\mathrm{d}t} + \frac{\mathrm{d}r}{\mathrm{d}t}\frac{\mathrm{d}\theta}{\mathrm{d}t}\boldsymbol{u}_\theta + r\frac{\mathrm{d}^2\theta}{\mathrm{d}t^2}\boldsymbol{u}_\theta + r\frac{\mathrm{d}\theta}{\mathrm{d}t}\frac{\mathrm{d}\boldsymbol{u}_\theta}{\mathrm{d}t}$$

$$= \frac{\mathrm{d}^2 r}{\mathrm{d}t^2}\boldsymbol{u}_r + 2\frac{\mathrm{d}r}{\mathrm{d}t}\frac{\mathrm{d}\theta}{\mathrm{d}t}\boldsymbol{u}_\theta + r\frac{\mathrm{d}^2\theta}{\mathrm{d}t^2}\boldsymbol{u}_\theta - r\left(\frac{\mathrm{d}\theta}{\mathrm{d}t}\right)^2\boldsymbol{u}_r$$

$$= \left[\frac{\mathrm{d}^2 r}{\mathrm{d}t^2} - r\left(\frac{\mathrm{d}\theta}{\mathrm{d}t}\right)^2\right]\boldsymbol{u}_r + \left[2\frac{\mathrm{d}r}{\mathrm{d}t}\frac{\mathrm{d}\theta}{\mathrm{d}t} + r\frac{\mathrm{d}^2\theta}{\mathrm{d}t^2}\right]\boldsymbol{u}_\theta.$$

将上式代入(66.5), 得

$$\left[\frac{\mathrm{d}^2 r}{\mathrm{d}t^2} - r\left(\frac{\mathrm{d}\theta}{\mathrm{d}t}\right)^2\right]\boldsymbol{u}_r + \left[2\frac{\mathrm{d}r}{\mathrm{d}t}\frac{\mathrm{d}\theta}{\mathrm{d}t} + r\frac{\mathrm{d}^2\theta}{\mathrm{d}t^2}\right]\boldsymbol{u}_\theta = -\frac{GM}{r^2}\boldsymbol{u}_r. \tag{66.30}$$

由(66.30), 得

$$2\frac{\mathrm{d}r}{\mathrm{d}t}\frac{\mathrm{d}\theta}{\mathrm{d}t} + r\frac{\mathrm{d}^2\theta}{\mathrm{d}t^2} = 0, \tag{66.31}$$

$$\frac{\mathrm{d}^2 r}{\mathrm{d}t^2} - r\left(\frac{\mathrm{d}\theta}{\mathrm{d}t}\right)^2 = -\frac{GM}{r^2}. \tag{66.32}$$

问题 66.2 1) 下面先推导在极坐标下曲边扇形的面积公式.

设 A 是如图 66-7 所示的由曲线 $\boldsymbol{r} = \boldsymbol{r}(\theta)$ 和射线 $\theta = \tilde{a}$ 与 $\theta = \tilde{b}$ 所围成的曲边扇形的面积(其中 $0 < \tilde{b} - \tilde{a} \leqslant 2\pi$), $r = |\boldsymbol{r}|$, 要证

$$A = \int_{\tilde{a}}^{\tilde{b}} \frac{1}{2}(r(\theta))^2 \,\mathrm{d}\theta.$$

我们知道, 对于半径为 r, 圆心角为 θ(弧度)的扇形(见图 66-8), 其面积

$$A = \frac{\theta}{2\pi} \cdot \pi r^2 = \frac{1}{2}r^2\theta.$$

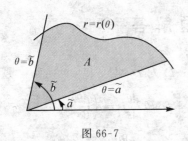

图 66-7

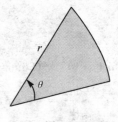

图 66-8

对于图 66-7 所示的曲边扇形，我们在区间 $[a,b]$ 内任意插入 $n-1$ 个分点：

$$\tilde{a} = \theta_1 < \theta_2 < \cdots < \theta_n < \theta_{n+1} = \tilde{b},$$

把它分成 n 个小区间，各小区间的长度依次为

$$\Delta\theta_1 = \theta_2 - \theta_1, \ \Delta\theta_2 = \theta_3 - \theta_2, \ \cdots, \ \Delta\theta_n = \theta_{n+1} - \theta_n,$$

在小区间 $[\theta_i, \theta_{i+1}]$ 上任取一个值 θ_i^* $(\theta_i \leqslant \theta_i^* \leqslant \theta_{i+1})$，把以半径为 $r(\theta_i^*)$，圆心角为 $\Delta\theta_i$ 的扇形面积 $\frac{1}{2}(r(\theta_i^*))^2 \Delta\theta_i$ $(i = 1,2,\cdots,n)$ 作为图 66-9 所示的小曲边扇形的面积，把它们累加起来，就得到如图 66-7 所示的曲线扇形的近似值，即

$$\frac{1}{2}(r(\theta_1^*))^2 \Delta\theta_1 + \frac{1}{2}(r(\theta_2^*))^2 \Delta\theta_2 + \cdots + \frac{1}{2}(r(\theta_n^*))^2 \Delta\theta_n$$

$$= \sum_{t=1}^{n} \frac{1}{2}(r(\theta_i^*))^2 \Delta\theta_i.$$

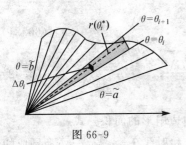

图 66-9

当 $n \to \infty$ 且 $\Delta\theta_i \to 0$ $(i = 1,2,\cdots,n)$ 时，上述和式的极限就是该曲边扇形的面积，即

$$A = \int_{\tilde{a}}^{\tilde{b}} \frac{1}{2}(r(\theta))^2 \, \mathrm{d}\theta. \quad (66.33)$$

当 $A = A(t)$ 是由向径 $r = r(t)$ 在时间间隔 $[t_0, t]$ 内扫过的面积时，设 $\tilde{a} = \theta(t_0)$，$\tilde{b} = \theta(t)$，由于 $\mathrm{d}\theta = \dfrac{\mathrm{d}\theta}{\mathrm{d}t}\mathrm{d}t$，由 (66.33) 得

$$A(t) = \int_{t_0}^{t} \left(\frac{1}{2}r^2 \, \frac{\mathrm{d}\theta}{\mathrm{d}t} \right) \mathrm{d}t. \quad (66.34)$$

2）将 (66.34) 对 t 求导，得

$$\frac{\mathrm{d}A}{\mathrm{d}t} = \frac{1}{2}r^2 \, \frac{\mathrm{d}\theta}{\mathrm{d}t}. \quad (66.35)$$

将(66.35)再对 t 求导,得

$$\frac{\mathrm{d}^2 A}{\mathrm{d}t^2} = \frac{1}{2}\left(2r\frac{\mathrm{d}r}{\mathrm{d}t}\frac{\mathrm{d}\theta}{\mathrm{d}t} + r^2\frac{\mathrm{d}^2\theta}{\mathrm{d}t^2}\right) = \frac{1}{2}r\left(2\frac{\mathrm{d}r}{\mathrm{d}t}\frac{\mathrm{d}\theta}{\mathrm{d}t} + r\frac{\mathrm{d}^2\theta}{\mathrm{d}t^2}\right).$$

于是,由(66.31),得

$$\frac{\mathrm{d}^2 A}{\mathrm{d}t^2} = 0,$$

即 $\dfrac{\mathrm{d}A}{\mathrm{d}t} = \dfrac{1}{2}r^2\dfrac{\mathrm{d}\theta}{\mathrm{d}t}$ 为常数.

3) 由 2) 知,$\dfrac{\mathrm{d}A}{\mathrm{d}t} = \dfrac{1}{2}r^2\dfrac{\mathrm{d}\theta}{\mathrm{d}t}$ 为常数,设 $h = r^2\dfrac{\mathrm{d}\theta}{\mathrm{d}t}$,则 h 为常数,将它代入(66.34),得

$$A(t) = \int_{t_0}^{t}\frac{1}{2}h\,\mathrm{d}t. \tag{66.36}$$

由(66.36)知,向径 r 在时间间隔 $[t_1, t_2]$(其中 $t_2 > t_1 \geqslant t_0$)内扫过的面积为

$$A(t_2) - A(t_1) = \frac{1}{2}h(t_2 - t_1).$$

因此,在相等的时间 $\Delta t = t_2 - t_1$ 内扫过相等的面积 $\dfrac{1}{2}h\Delta t$,这就证明了开普勒第二定律.

附录1 最速降线

变分法是研究泛函极值的一门学科,它的历史可追溯到古希腊,那时就有了所谓的等周问题:在长度一定的封闭曲线中,找出围出最大面积的一条封闭曲线. 另一著名的问题即最速降线问题,这问题是由伽利略首先提出的,但对变分法实质性研究还是从1696年在莱布尼兹创办的数学杂志《教师学报》6月号上,约翰·伯努利向他的同行提出该问题才开始的,他的问题是:在竖直平面里取定A,B两点,A的位置高于B点,另外拿一根铁丝,在上面套一颗珠子,现在要问,铁丝取成什么形状,连接A,B两点时,能使珠

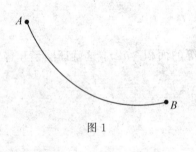

子从A滑到B所用的时间最短(见图1);他还说了这么一句话:这条曲线是一条大家熟悉的几何曲线,如果到年底还没人能找出答案,那么到时候我就来告诉大家这条曲线的名称.

图1

到了1696年年底,可能是由于杂志寄送误时的缘故,除了这份杂志的编辑莱布尼兹提交的一份解答外,没有收到其他任何人寄来的解答,而莱布尼兹的解答则是在他看到这个问题的当天就完成的. 莱布尼兹劝约翰·伯努利把挑战的期限再放宽半年,而且这一回征解的对象是"分布在世界各地的 所有最杰出的数学家". 莱布尼兹预言能解决这个问题的数学家会有约翰的哥哥雅各布·伯努利,牛顿,德·洛必达和惠更斯——如果他还活着的话(但他已于1695年去世). 莱布尼兹的预言全成实现了. 牛顿好像也是在收到问题的当天就作出解答的.

约翰·伯努利的解答最为巧妙,但是雅各布·伯努利的解答意义最深刻,而且从中萌发出了一门新的研究泛函极值的学科——变分学. 当A的坐标为$(x_0,0)$,B的坐标为(x_1,y_1)时,求最速降线的问题等价于求泛函

$$J(y) = \int_{x_0}^{x_1} \sqrt{\frac{1+(y'(x))^2}{2gy(x)}}\, \mathrm{d}x \tag{1}$$

的极小值,边界条件是$y(x_0)=0$,$y(x_1)=y_1$. 若某个具有2阶连续导数的

函数 $y(x)$ 使 $J(y)$ 取得极值，可以证明，$y(x)$ 必定满足欧拉‐拉格朗日方程

$$F'_y - \frac{\mathrm{d}}{\mathrm{d}x}F'_{y'} = 0, \tag{2}$$

其中 $F(x,y,y') = \sqrt{\dfrac{1+(y'(x))^2}{2gy(x)}}$. 求解 (2) 式可以得出最速降线问题的平稳曲线是摆线.

变分学理论的发展与力学、光学、弹性理论、电磁学等学科密切相关，同时变分学的理论成果又能应用到这些学科. 现代变分法在各学科的应用愈来愈广，并发展成为优化和最优控制理论.

下面介绍约翰·伯努利的解法，他把物理和几何方法融合在一起，解法很巧妙，大致分成以下 7 步：

1) 无论珠子沿怎样的路线运动，它下降距离 h 后的速度总是 $\sqrt{2gh}$（由自由落体运动公式），但我们还不知道这个速度的方向是怎样的（见图 2）.

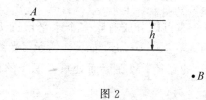

图 2

2) 费马原理：法国数学家费马（Pierre de Fermat，1601—1665）研究了几何光学，于 1657 年发现了光的最小时间原理，即光线是沿着需要最少时间的光路行进的①，这个原理称为**费马原理**. 1662 年，费马从光线从一点传播到另一点总是取费时最小的路径这一原理推导出光的折射定律.

3) 光的折射定律：如图 3 所示，光线从介质 1 以入射角 μ_1 投射到与介质 2 的界面上，一部分以等于 μ_1 的反射角反射回介质 1，另一部分光进入介质 2，不过改变了方向，这就是折射，设光线以折射角 μ_2 透入介质 2，1618 年荷兰科学家斯涅耳（W. Snell，1591—1626）首先发现，如果光线在两种介质中的速度分别是 v_1 和 v_2，投射到界面上的入射角为 μ_1，折射角为 μ_2，则

$$\frac{v_1}{v_2} = \frac{\sin\mu_1}{\sin\mu_2} = \frac{n_2}{n_1} \tag{3}$$

---

① 费马原理是决定光路的一个变分原理，因而它也是人们研究变分学的实际背景之一. 用它可以解释光的反射定律：当光线从一种均匀介质入射到另一种均匀介质表面时，反射角等于入射角. 在[1]课题 2 中，我们用微积分解决了平面镜和一般的曲面镜的最短光路问题，解释了光的反射定律.

（其中 n_1 为介质 1 的折射率，n_2 为介质 2 的折射率），这个定律称为**光的折射定律**.

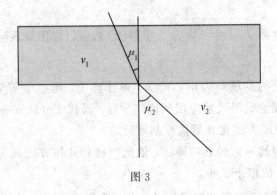

图 3

由光的折射定律(3)式，得

$$\frac{\sin\mu_1}{v_1} = \frac{\sin\mu_2}{v_2} = 常数 = k. \tag{4}$$

4）设想一种理想介质可以分成有限多个水平层面 $l_1, l_2, \cdots, l_n$，光线在这些层面中的速度分别为 $v_1, v_2, \cdots, v_n$，如图 4 所示. 光线沿图示轨迹从 A 到 B（由于只考虑从 A 到 B 的路径，故在层面处只考虑光的折射，不考虑反射），而且

$$\frac{\sin\mu_i}{v_i} = k,$$

那么光线的这一路径就是从 A 到 B 的费时最少的路径.

5）由 1）知，已知下降了距离 h 时，速度恰好是 $\sqrt{2gh}$，因而费时最少的那条路径，应该就是一条光线在一种使光线在其中下行 h 距离而速度保持为 $\sqrt{2gh}$ 的介质中所取的路径，然而对这条路径，由 4）知，总有

$$\frac{\sin\mu}{\sqrt{2gh}} = k,$$

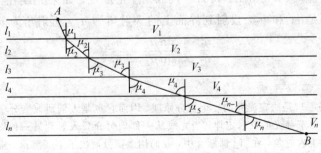

图 4

其中 μ 是这条路径与铅垂线构成的夹角，如图 5 所示.

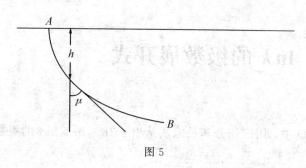

图 5

6)　于是，在每个高度取速度 $v=\sqrt{2gh}$ 的费时最少的曲线，就是满足

$$\frac{\sin\mu}{\sqrt{2gh}}=k \qquad (5)$$

的曲线，其中 μ 是在该曲线的任一点处的切线与铅垂线构成的夹角.

7)　最后，我们验证，摆线就是满足(5)式的曲线.

如图 6 所示的摆线的方程是

$$\begin{cases} x=r\alpha-r\sin\alpha, \\ y=r\cos\alpha-r, \end{cases} \qquad (6)$$

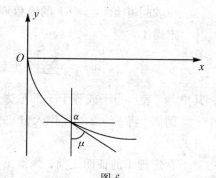

图 6

(见(36.2))从而有

$$\begin{cases} \dfrac{\mathrm{d}x}{\mathrm{d}\alpha}=r-r\cos\alpha, \\[2mm] \dfrac{\mathrm{d}y}{\mathrm{d}\alpha}=-r\sin\alpha. \end{cases}$$

另一方面，μ 可以看成摆线的切线与 y 轴的负向构成的夹角(见图 6)，因而

$$\tan\mu=-\frac{\mathrm{d}x}{\mathrm{d}y}=-\frac{1-\cos\alpha}{-\sin\alpha}=\tan\frac{\alpha}{2}.$$

故有 $\mu=\dfrac{\alpha}{2}$. 由于在参数 α 的点处 $h=-(r\cos\alpha-r)=r(1-\cos\alpha)$，故

$$v=\sqrt{2gh}=\sqrt{2gr(1-\cos\alpha)}=2\sqrt{gr}\sin\frac{\alpha}{2},$$

所以，我们有

$$\frac{\sin\mu}{v}=\frac{\sin\mu}{\sqrt{2gh}}=\frac{\sin\dfrac{\alpha}{2}}{2\sqrt{gr}\sin\dfrac{\alpha}{2}}=\frac{1}{2\sqrt{gr}}=与\ \alpha\ 无关的常数，$$

因此，摆线满足条件(5)式，具有我们所需的性质.

附录 2　$\ln k$ 的级数展开式

在课题 49 中，用定积分和长除法给出了 $\ln 2, \ln 3, \ln 4$ 的级数展开式：

$$\ln 2 = 1 - \frac{1}{2} + \frac{1}{3} - \cdots - \frac{1}{2i} + \cdots,$$

$$\ln 3 = 1 + \frac{1}{2} - \frac{2}{3} + \frac{1}{4} + \frac{1}{5} - \frac{2}{6} + \cdots + \frac{1}{3i-2} + \frac{1}{3i-1} - \frac{2}{3i} + \cdots,$$

$$\ln 4 = 1 + \frac{1}{2} + \frac{1}{3} - \frac{3}{4} + \frac{1}{5} + \frac{1}{6} + \frac{1}{7} - \frac{3}{8} + \cdots$$
$$+ \frac{1}{4i-3} + \frac{1}{4i-2} + \frac{1}{4i-1} - \frac{3}{4i} + \cdots.$$

在 [26] 中给出了 $\ln k$ 的级数展开式及其证明，现介绍如下：

定理 1　对 $k = 2, 3, \cdots,$

$$\ln k = \sum_{i=1}^{\infty} \left[1 + k \left(\left\lfloor \frac{i-1}{k} \right\rfloor - \left\lfloor \frac{i}{k} \right\rfloor \right) \right] \frac{1}{i}, \tag{1}$$

其中 $\lfloor x \rfloor$ 表示小于或等于 x 的最大的整数.

例如：将 $k = 2, 3, 4$ 代入 (1) 式，就得到上述的 $\ln 2, \ln 3$ 和 $\ln 4$ 的级数展开式.

在定理 1 的证明之前，先给出 2 个引理.

引理 1　假设 $-\infty < a < b < +\infty$, f 在 $[a,b]$ 上可导，设 $|f'(x)| \leqslant M$, 对所有的 $x \in [a,b]$, 且

$$R_n = \frac{b-a}{n} \sum_{j=1}^{n} f\left(a + \frac{b-a}{n} j \right),$$

则

$$\left| \int_a^b f(x) \mathrm{d}x - R_n \right| \leqslant \frac{(b-a)^2}{n} M. \tag{2}$$

证　设定一个 n, 设 $x_i = a + \frac{(b-a)i}{n}$, 其中 $i = 0, 1, \cdots, n$. 利用对积分和导数的中值定理，对每一个 $i\, (= 1, 2, \cdots, n)$, 可以取得 $\xi_i \in [x_{i-1}, x_i]$ 使得

$$\int_{x_{i-1}}^{x_i} f(x) \mathrm{d}x = \frac{b-a}{n} f(\xi_i),$$

以及 $\eta_i \in [\xi_i, x_i] \subset [x_{i-1}, x_i]$ 使得

$$f(x_i) - f(\xi_i) = f'(\eta_i)(x_i - \xi_i).$$

由此可得，

$$\left| \int_a^b f(x) \mathrm{d}x - R_n \right| = \left| \sum_{i=1}^n \int_{x_{i-1}}^{x_i} f(x) \mathrm{d}x - R_n \right|$$

$$= \left| \sum_{i=1}^n \frac{b-a}{n} f(\xi_i) - \frac{b-a}{n} \sum_{i=1}^n f(x_i) \right|$$

$$\leqslant \frac{b-a}{n} \sum_{i=1}^n |f(\xi_i) - f(x_i)|$$

$$= \frac{b-a}{n} \sum_{i=1}^n |f'(\eta_i)| |x_i - \xi_i|$$

$$\leqslant \frac{(b-a)^2}{n} M.$$

引理 2　设数列 $\{a_n\}_{n=1}^{\infty}$ 收敛于零，$S_n = \sum_{i=1}^n a_i$，对 $n = 1, 2, \cdots$. 如果子数列 $\{S_{n_l}\}_{l=1}^{\infty}$ 收敛，设当 $l \to \infty$ 时，$S_{n_l} \to S$，以及 $\sup_{l \geqslant 1}(n_{l+1} - n_l) < +\infty$①，那么当 $n \to \infty$ 时 $S_n \to S$，即 $\sum_{i=1}^{\infty} a_i = S$.

证　用 ε-N 的极限定义直接可证(详略).

定理 1 的证明　设 $k \geqslant 2$ 和 $N \geqslant 1$ 都是正整数，则

$$\ln k = \int_1^k \frac{1}{x} \mathrm{d}x = \int_N^{Nk} \frac{1}{x} \mathrm{d}x.$$

在引理 1 中，取 $f(x) = \frac{1}{x}$，$a = N$，$b = Nk$，$n = N(k-1)$，计算 R_n，得

$$R_n = f(N+1) + f(N+2) + \cdots + f(Nk)$$

$$= \frac{1}{N+1} + \frac{1}{N+2} + \cdots + \frac{1}{Nk}. \tag{3}$$

因为 $|f'(x)| = x^{-2} \leqslant N^{-2}$ 对所有的 $x \in [N, Nk]$，由(2)式，得

$$|\ln k - R_n| \leqslant \frac{(Nk - N)^2}{Nk - N} \cdot \frac{1}{N^2} \to 0, \quad 当 N \to \infty 时. \tag{4}$$

---

①　设 E 为数集，如果数 a 大于或等于 E 中所有的数，那么称 a 是数集 E 的一个上界. 我们把数集 E 的最小的上界记为 $\sup E$，$\sup_{l \geqslant 1}(n_{l+1} - n_l) = \sup\{n_{l+1} - n_l \mid l = 1, 2, \cdots\}$.

计算(3)式，得

$$R_n = \frac{1}{N+1} + \frac{1}{N+2} + \cdots + \frac{1}{Nk}$$

$$= \left(1 + \frac{1}{2} + \cdots + \frac{1}{N}\right) + \left(\frac{1}{N+1} + \frac{1}{N+2} + \cdots + \frac{1}{Nk}\right)$$

$$\quad - k\left(\frac{1}{k} + \frac{1}{2k} + \cdots + \frac{1}{Nk}\right)$$

$$= 1 + \frac{1}{2} + \cdots + \frac{1}{k-1} + \frac{1-k}{k} + \frac{1}{k+1} + \frac{1}{k+2} + \cdots$$

$$\quad + \frac{1}{2k-1} + \frac{1-k}{2k} + \cdots + \frac{1-k}{Nk}$$

$$= \sum_{i=1}^{Nk} \left[1 + k\left(\left\lfloor \frac{i-1}{k} \right\rfloor - \left\lfloor \frac{i}{k} \right\rfloor\right)\right] \frac{1}{i}. \tag{5}$$

由引理 2 和(4),(5)两式，定理即刻得证.

附录3　能　量　积　分

能量积分是天体力学求解二体问题(即两个质点在引力作用下的运动问题,例如:行星在太阳吸引力作用下的运动问题)所得到的一个积分,它表示质量为 m 的运动天体(例如:行星)的动能 $\left(\dfrac{1}{2}mv^2\right)$ 和引力势能 $\left(-\dfrac{GMm}{r}\right)$ 之和为一常数(其中 M 为另一个天体(例如:太阳)的质量),即

$$\frac{1}{2}mv^2 - \frac{GMm}{r} = E \quad (\text{其中 } E \text{ 为常数}). \tag{1}$$

下面将对(1)式加以推导,并证明天体运动轨道的圆锥曲线的离心率是由该引力系统的总能量 E 来确定的. 我们仍沿用课题66中的记号和公式,对该太阳和行星系统的能量积分展开讨论.

由 $\boldsymbol{v} = \boldsymbol{r}'$, $\boldsymbol{a} = \boldsymbol{r}'' = \dfrac{\mathrm{d}\boldsymbol{v}}{\mathrm{d}t}$, $\boldsymbol{F} = m\boldsymbol{a}$ 和(66.4)知,

$$m\frac{\mathrm{d}\boldsymbol{v}}{\mathrm{d}t} = -\frac{GMm}{r^2}\boldsymbol{u}_r. \tag{2}$$

在(2)式两边左乘 $\boldsymbol{v}$ 作数量积,得

$$m\boldsymbol{v} \cdot \frac{\mathrm{d}\boldsymbol{v}}{\mathrm{d}t} = -\frac{GMm}{r^2}\boldsymbol{v} \cdot \boldsymbol{u}_r. \tag{3}$$

为计算(3)式的左边,我们求速度向量 $\boldsymbol{v}\,(=v_x\boldsymbol{i}+v_y\boldsymbol{j})$ 的模 $|\boldsymbol{v}|\,(=v)$ 的平方 $v^2 = v_x^2 + v_y^2$ 对 t 的导数:

$$\frac{\mathrm{d}(v^2)}{\mathrm{d}t} = 2v_x\frac{\mathrm{d}v_x}{\mathrm{d}t} + 2v_y\frac{\mathrm{d}v_y}{\mathrm{d}t} = 2(v_x\boldsymbol{i}+v_y\boldsymbol{j})\left(\frac{\mathrm{d}v_x}{\mathrm{d}t}\boldsymbol{i}+\frac{\mathrm{d}v_y}{\mathrm{d}t}\boldsymbol{j}\right),$$

由此得

$$\boldsymbol{v} \cdot \frac{\mathrm{d}\boldsymbol{v}}{\mathrm{d}t} = \frac{1}{2}\frac{\mathrm{d}}{\mathrm{d}t}(v^2). \tag{4}$$

由问题66.1,2)的解知,

$$\boldsymbol{v} = \frac{\mathrm{d}r}{\mathrm{d}t}\boldsymbol{u}_r + r\frac{\mathrm{d}\theta}{\mathrm{d}t}\boldsymbol{u}_\theta. \tag{5}$$

将(4)和(5)分别代入(3)式两边得

$$m\left(\frac{1}{2}\frac{\mathrm{d}}{\mathrm{d}t}(v^2)\right) = -\frac{GMm}{r^2}\left(\frac{\mathrm{d}r}{\mathrm{d}t}\boldsymbol{u}_r \cdot \boldsymbol{u}_r + r\frac{\mathrm{d}\theta}{\mathrm{d}t}\boldsymbol{u}_\theta \cdot \boldsymbol{u}_r\right)$$

$$=-\frac{GMm}{r^2}\frac{\mathrm{d}r}{\mathrm{d}t}\quad（因为~\boldsymbol{u}_r\cdot\boldsymbol{u}_r=1,~\boldsymbol{u}_r\cdot\boldsymbol{u}_\theta=0），$$

即 $\dfrac{\mathrm{d}}{\mathrm{d}t}\Big(\dfrac{1}{2}mv^2\Big)=GMm~\dfrac{\mathrm{d}}{\mathrm{d}t}\Big(\dfrac{1}{r}\Big)$，也即

$$\frac{\mathrm{d}}{\mathrm{d}t}\Big(\frac{1}{2}mv^2-\frac{GMm}{r}\Big)=0,$$

将上式积分，得

$$\frac{1}{2}mv^2-\frac{GMm}{r}=E（常数）.\tag{6}$$

（6）式的物理意义是：左边是该系统（包括行星和太阳）的动能 $\Big(\dfrac{1}{2}mv^2\Big)$ 与引力势能 $\Big(-\dfrac{GMm}{r}\Big)$ 之和，右边的积分常数 E 表示该系统的总能量.

（6）式对于行星位于轨道上的任一点处都成立，且其中 E 是常数. 特别当行星位于轨道 $r=\dfrac{ep}{1-e\cos\theta}$（见（66.17））中 $\theta=\pi$ 所表示的点（相当于（66.16）中 $\theta-\theta_0=\pi$ 所表示的点）处，我们可以相应地计算出当 $\theta=\pi$ 时的 r 值和 v 值，由（6）式建立 e 和 E 的关系式，从而由 E 的值来确定离心率 e. 具体地说，当 $\theta=\pi$ 时，$r(\theta)$ 达到最小值 $r_{最小值}=\dfrac{ep}{1+e}$. 而 $\dfrac{1}{r_{最小值}}=w_{最大值}$，故

$$w_{最大值}=\frac{1+e}{ep}.\tag{7}$$

另一方面，由（5）式得

$$v^2=\boldsymbol{v}\cdot\boldsymbol{v}=\Big(\frac{\mathrm{d}r}{\mathrm{d}t}\Big)^2+\Big(r\frac{\mathrm{d}\theta}{\mathrm{d}t}\Big)^2,$$

且当 $\theta=\pi$ 时，速度向量 $\boldsymbol{v}$ 与 $\boldsymbol{u}_\theta$ 平行，故有 $\boldsymbol{v}=r\dfrac{\mathrm{d}\theta}{\mathrm{d}t}\boldsymbol{u}_\theta$，及

$$v^2=\Big(r\frac{\mathrm{d}\theta}{\mathrm{d}t}\Big)^2.$$

又因 $r^2\dfrac{\mathrm{d}\theta}{\mathrm{d}t}=h$，故当 $\theta=\pi$ 时，

$$v^2=\frac{h^2}{(r_{最小值})^2}=h^2w_{最大值}^2.\tag{8}$$

将 $d=GM$ 和（8）式代入（1）式，得

$$\frac{1}{2}mh^2w_{最大值}^2-dmw_{最大值}-E=0.\tag{9}$$

解方程（9），得

$$w_{最大值} = \frac{dm \pm \sqrt{(dm)^2 + 2mh^2E}}{mh^2} = \frac{d}{h^2}\left(1 \pm \sqrt{1 + \frac{2h^2E}{d^2m}}\right). \tag{10}$$

由(7)和(10)，及 $ep = \dfrac{h^2}{d}$，得

$$\frac{1+e}{ep} = \frac{1+e}{h^2/d} = \frac{d}{h^2}\left(1 \pm \sqrt{1 + \frac{2h^2E}{d^2m}}\right),$$

故

$$e = \pm\sqrt{1 + \frac{2h^2E}{d^2m}}. \tag{11}$$

由于离心率 $e > 0$，故(11)式中舍去负根，得

$$e = \sqrt{1 + \frac{2h^2E}{d^2m}}, \tag{12}$$

即离心率 e 的值是由该引力系统的总能量 E 来确定的.

下面我们利用能量积分来计算第二宇宙速度(即从地面发射的飞行器能脱离地球引力场成为人造行星所需的最小速度). 实际上，解太阳和行星的二体问题所得的(6)式，对于地球和人造行星也同样成立，只是将(6)式中的 v 视为人造行星的速度，故 $\dfrac{1}{2}mv^2$ 是人造行星的动能，M 为地球质量，m 为飞行器质量，r 为飞行器(视为质点)与地心之间的距离. 当

$$\frac{1}{2}mv^2 = \frac{GMm}{r} \tag{13}$$

时，由(6)和(12)得，$E = 0$ 和 $e = 1$，飞行器以抛物线为轨道升空，(13)式中在 $t = 0$ 时，v 的值 $v\big|_{t=0} = v_0$ 就是第二宇宙速度，r 的值 $r\big|_{t=0} = R = 64 \times 10^5$ m 就是地球半径，故有 $\dfrac{1}{2}mv_0^2 = \dfrac{GMm}{R}$，因此，

$$v_0 = \sqrt{\frac{2GM}{R}}. \tag{14}$$

我们知道，物体在地球表面时所受到的地球吸引力，一般叫做重力. 因此，有 $\dfrac{GMm}{R^2} = mg$ (其中重力加速度 $g = 9.8$ m/s^2)，即

$$g = \frac{GM}{R^2}. \tag{15}$$

将(15)式代入(14)式，得

$$v_0 = \sqrt{2gR} = \sqrt{2 \times 9.8 \times 64 \times 10^5} = 11.2 \times 10^3 \text{ m/s} = 11.2 \text{ km/s},$$

此即第二宇宙速度.

探究题提示

探究题 1.1　由泰勒公式可知，$f(x)$ 分别除以 $(x-x_0)^3$ 和 $(x-x_0)^{n+1}$ 所得的余式分别是 $f(x)$ 在点 $x=x_0$ 的邻域内的 2 次逼近

$$f(x_0)+f'(x_0)(x-x_0)+\frac{f''(x_0)}{2!}(x-x_0)^2$$

和 n 次逼近 $f(x_0)+f'(x_0)(x-x_0)+\cdots+\dfrac{f^{(n)}(x_0)}{n!}(x-x_0)^n$.

探究题 2.1　$(x(t),y(t))=(t,at^2+bt+c)$ 在切线变换 T 下的像为

$$(x^*(t),y^*(t))=(2at+b,-at^2+c). \tag{1}$$

参数方程

$$\begin{cases} x=x^*(t)=2at+b, \\ y=y^*(t)=-at^2+c \end{cases} \tag{2}$$

可以化成普通方程

$$y=Ax^2+Bx+C$$

（其中 $A=-\dfrac{1}{4a}$，$B=\dfrac{b}{2a}$，$C=-\dfrac{b^2}{4a}+c$），这是一条新的抛物线. 对抛物线(2)
式再作切线变换 T，$(x^*(t),y^*(t))$ 的像为

$$(x^{**}(t),y^{**}(t))=\left(\frac{-2at}{2a},-at^2+c-\left(\frac{-2at}{2a}\right)(2at+b)\right)$$

$$=(-t,at^2+bt+c),$$

因而抛物线(2.5)经过两次切线变换后所得的是抛物线

$$\begin{cases} x=-t, \\ y=at^2+bt+c. \end{cases} \tag{3}$$

我们发现，抛物线(3)式的图像与抛物线(2.5)的图像关于 y 轴是对称
的. 通过上述两次切线变换的计算，我们还可以回答下面的问题：对抛物线
(2.5)施行切线变换

$$T:(x(t),y(t))\mapsto(x^*(t),y^*(t)),\quad \forall t\in(-\infty,+\infty),$$

可以得到一族斜率为 $x^*(t)$ 和截距为 $y^*(t)$ 的切线族($t\in(-\infty,+\infty)$). 现

在反过来要问：如果给定一斜率为 $x^*(t)$ 和截距为 $y^*(t)$ $(t \in (-\infty, +\infty))$ 的直线族，是否存在区间 $(-\infty, +\infty)$ 内的光滑曲线

$$\begin{cases} x = x(t), \\ y = y(t), \end{cases}$$

使得对每个 $t \in (-\infty, +\infty)$，该曲线在点 $(x(t), y(t))$ 处的切线的斜率和截距分别就是 $x^*(t)$ 和 $y^*(t)$？当该直线族就是抛物线(2.5)的切线族（各直线的斜率和截距分别就是(1)式给出的 $x^*(t)$ 和 $y^*(t)$）时，只要再对

$$\begin{cases} x = x^*(t), \\ y = y^*(t) \end{cases}$$

作一次切线变换，即

$$T: (x^*(t), y^*(t)) \mapsto (x^{**}(t), y^{**}(t)), \quad \forall t \in (-\infty, +\infty),$$

那么 $\begin{cases} x = -x^{**}(t), \\ y = y^{**}(t) \end{cases}$ 就是所求的区间 $(-\infty, +\infty)$ 内的光滑曲线.

探究题 3.1　在(3.1)中，取 $x = q$，$d = p - q$，可得距离为 $y = \sqrt{qp}$ 时，视角最大.

探究题 3.2　在图 3-5 中，设 $OA = OA' = p$，$OB = OB' = q$，$OC = OC' = v$，$OD = \dfrac{qp}{v}$. 证明：$\triangle OAC \cong \triangle OA'C'$；$\triangle OBC \cong \triangle OB'C'$. 由此可得，$\angle ACB = \angle A'C'B'$. 另一方面，证明：$\triangle ODA \backsim \triangle OB'C'$；$\triangle ODB \backsim \triangle OA'C'$. 由此可得，$\angle ADB = \angle A'C'B'$，从而 $\angle ACB = \angle ADB = \theta$.

探究题 4.1　1) 取 $p = \dfrac{e}{e-1}$，$q = \dfrac{1}{e-1}$ 时，当人离墙的距离为 $\sqrt{pq} = \dfrac{\sqrt{e}}{e-1}$ 时，视角达到最大值，为 $\arctan\left(\dfrac{e-1}{2\sqrt{e}}\right) \approx 0.480$ 弧度 $\approx 27.524°$.

2) 取 $p = \dfrac{1}{\varphi}$，$q = \varphi$ 时，当人离墙的距离为 $\sqrt{pq} = 1$ 时，视角达到最大值，为 $\arctan\dfrac{1}{2} \approx 0.464$ 弧度 $\approx 26.565°$.

由此可见，由"视角"最大的指数函数所决定的位置与由黄金比决定的位置相当接近，两者的 p 值只相差 2.228%，而最大视角也只相差 3.609%.

探究题 5.1　一个周期（即 T 天）内的费用为存储费 $\dfrac{Q}{2} \cdot T \cdot C_s$ 与手续费 C_b 之

和，故平均每天的支出为

$$C(T) = \frac{Q}{2}C_s + \frac{C_b}{T} = \frac{C_s R}{2}T + \frac{C_b}{T},$$

当 $T = \sqrt{\dfrac{2C_b}{C_s R}}$ 时，$C(T)$ 达到最小值 $\sqrt{2C_b C_s R}$，进货量为 $Q = RT = \sqrt{\dfrac{2C_b R}{C_s}}$．

探究题 5.2　设 x 为每次的订购数，k 为一盒抗生素一年的存储费，f 为进货一次的订购费，M 为全年的需求量，则全年总成本为

$$T(x) = \frac{kx}{2} + \frac{fM}{x},$$

当 $x = \sqrt{\dfrac{2fM}{k}}$ 时，全年总成本 $T(x)$ 达到最小值．令 $k = 10$，$f = 40$，$M = 200$，得 $x = 40$．

探究题 6.1　显然，最佳构形中的两个小矩形必有一条完整的公共边．图 1 (1) 表示两个小矩形有一条完整的公共边的一般情形．

图 1 (2)，(3) 分别是由图 1 (1) 中的小矩形以其一边为对称轴所作的轴对称图形，容易验证，(2) 和 (3) 两图所用的栅栏的平均长度比图 (1) 所用的栅栏长度小，因而最佳构形是轴对称的，即由两个全等的小矩形组成，于是问题归结为与问题 6.2，2) 相同的问题．

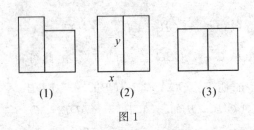

图 1

注意：可以将探究题 6.1 一般化，得到如下的问题：

问题 C_n：求由 n 个全等的小矩形组成的所用的栅栏最短的最佳构形．

问题 A_n：求由 n 个面积相等的小矩形组成的所用的栅栏最短的最佳构形．

我们已经知道，问题 A_2 和问题 C_2 有相同的解．但是，问题 A_3 和问题 C_3 的解不相同（见 [6] p.392）．在 [6] 中猜测，当 $n = m^2$（平方数）时，问题 A_n 和问题 C_n 有一个公共解．

探究题 6.2　设 $z_i = \dfrac{a_i}{x_i}$，$i = 1, 2, \cdots, n$，则 $z_1 z_2 \cdots z_n = \dfrac{a_1 a_2 \cdots a_n}{L}$ 为常数，由问题 6.5，2) 知，当 $\dfrac{a_1}{x_1} = \dfrac{a_2}{x_2} = \cdots = \dfrac{a_n}{x_n}$ 时，$\dfrac{a_1}{x_1} + \dfrac{a_2}{x_2} + \cdots + \dfrac{a_n}{x_n}$ 达到最小值．

探究题 6.3 设 x,y,z 分别是该盒子的长、宽、高，则容积 $V=xyz$ 为定值，所用的材料费用为 $ayz+bxz+cxy$（其中 a,b,c 为适当的常数），即 $\dfrac{aV}{x}+\dfrac{bV}{y}+\dfrac{cV}{z}$. 现在的问题已归结为求在约束条件 $xyz=V$（定值）下，$\dfrac{aV}{x}+\dfrac{bV}{y}+\dfrac{cV}{z}$ 的最小值，因而可用探究题 6.2 的解法求解.

探究题 6.4 设 r,h 分别是该圆筒的底面半径和高，a 是顶面和底面材料的单价，b 是侧面材料的单价，则容积 $V=\pi r^2 h$ 为定值，所用的材料费用为

$$2a\pi r^2 + 2b\pi rh = \frac{2aV}{h} + \frac{bV}{r} + \frac{bV}{r}.$$

现在的问题已归结为求在约束条件 $\pi r^2 h=V$（定值）下，$\dfrac{2aV}{h}+\dfrac{bV}{r}+\dfrac{bV}{r}$ 的最小值，因而可用探究题 6.2 的解法求解.

探究题 7.1

$x/$ 吨	1 000	1 500	2 000	2 500	3 000
$C'(x)/($元 / 吨$)$	14	8.8	3.7	1.5	6

$x=2\,000$ 时的边际成本

$$C'(2\,000) \approx \frac{C(2\,500)-C(2\,000)}{2\,500-2\,000} = \frac{1\,850}{500} = 3.7 \text{（元 / 吨）}$$

表示如果已经使 2 000 吨纸再循环，再要使 1 吨纸再循环，那么要追加成本 3.7 元. 估计生产水平约 2 500 吨时，它的边际成本最小.

探究题 8.1 1）只要证明：如果边际成本小于平均成本，那么平均成本 $\overline{C}(x)$ 关于产量 x 的导数 $\overline{C}'(x)$ 满足 $\overline{C}'(x)<0$（即证如果 $C'(x)<\overline{C}(x)=\dfrac{C(x)}{x}$，那么 $\overline{C}'(x)<0$）. 这样，由导数的性质可知：当 $\overline{C}'(x)<0$ 时，$\overline{C}(x)$ 随 x 增大而减小.

2）只要证明：如果边际成本大于平均成本，那么 $\overline{C}'(x)>0$. 这样，由导数的性质可知：当 $\overline{C}'(x)>0$ 时，$\overline{C}(x)$ 随 x 增大而增大.

3）如果 x_0 是 $\overline{C}(x)$ 的驻点，则有 $\overline{C}'(x_0)=0$，而

$$\overline{C}'(x) = \left(\frac{C(x)}{x}\right)' = \frac{C'(x)\cdot x - C(x)}{x^2},$$

故有 $C'(x_0)\cdot x_0 - C(x_0)=0$，即

$$C'(x_0) = \frac{C(x_0)}{x_0} = \overline{C}(x_0).$$

因此，如果 x_0 是 $\overline{C}(x)$ 的驻点，那么 $C'(x_0) = \overline{C}(x_0)$，而如果 x_0 是 $\overline{C}(x)$ 的最小值点，则有 $\overline{C}'(x_0) = 0$，因而 $C'(x_0) = \overline{C}(x_0)$，即最小的平均成本出现在平均成本等于边际成本之时.

探究题 9.1 ［解法 1］（利用利润最大（小）化基本法则）

由 $R'(x) = 3$，$C'(x) = 3x^2 - 12x + 12$，得方程 $R'(x) = C'(x)$，即 $3 = 3x^2 - 12x + 12$，解一元二次方程得，$x = 1$ 或 3，由法则 1 知，最大利润可能在 $x = 1$ 或 3 处获得.

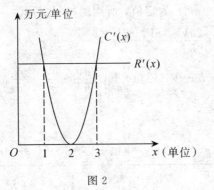

图 2

画边际成本曲线 $C'(x) = 3(x-2)^2$ 和边际收益曲线 $R'(x) = 3$ 的略图（见图 2），图中边际成本曲线在 $x = 3$ 处从下面穿过边际收益曲线. 由法则 2 知，$x = 3$ 是利润函数 $P(x) = R(x) - C(x)$ 的最大值点.

同理可证，利润最小化的第 1 个条件仍是产量 x 的边际收益等于其边际成本，第 2 个条件是边际成本曲线在 $x = 1$ 处从上面穿过边际收益曲线. 因此，$x = 1$ 是利润函数的最小值点.

［解法 2］（利用极值点的二阶导数判定法）

$$P(x) = R(x) - C(x) = -x^3 + 6x^2 - 9x,$$
$$P'(x) = -3x^2 + 12x - 9,$$
$$P''(x) = -6x + 12.$$

当 $x = 1$ 或 3 时，$P'(1) = 0$，$P'(3) = 0$，且 $P''(1) = 6 > 0$，$P''(3) = -6 < 0$，故 $x = 1$ 是 $P(x)$ 的极小值点，$x = 3$ 是 $P(x)$ 的极大值点. 将 $P(1)$，$P(3)$ 和区间 $[0, 10]$ 的端点 $x = 0$ 和 $x = 10$ 处的值 $P(0) = 0$ 和 $P(10) = -490$ 加以比较知，$x = 3$ 时利润最大，$x = 1$ 时利润最小.

探究题 10.1 1）如图 3 所示，将需求曲线 $p = p(x)$ 上点 $P(x_0, p_0)$ 处的切线上虚线所示的线段向下折，可以出现如图 4 所示的 3 种情况（其中 $\tan\alpha = -\dfrac{\mathrm{d}p}{\mathrm{d}x}\Big|_{x=x_0}$），在这 3 种情况下，分别有

$$-\frac{\mathrm{d}p}{\mathrm{d}x}\Big|_{x=x_0} < \frac{p_0}{x_0}, \quad -\frac{\mathrm{d}p}{\mathrm{d}x}\Big|_{x=x_0} = \frac{p_0}{x_0}, \quad -\frac{\mathrm{d}p}{\mathrm{d}x}\Big|_{x=x_0} > \frac{p_0}{x_0},$$

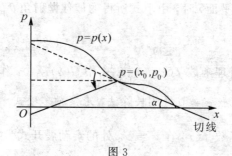

图 3

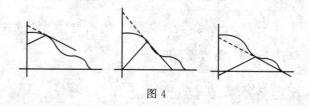

图 4

而 $E(p_0) = -\dfrac{p_0 f'(p_0)}{f(p_0)} = \dfrac{p_0}{x_0} \Big/ \left(-\dfrac{\mathrm{d}p}{\mathrm{d}x}\Big|_{x=x_0}\right)$，故上面 3 式即

$$E > 1, \quad E = 1, \quad E < 1.$$

2）当收益 R 最大时，$\dfrac{\mathrm{d}R}{\mathrm{d}p} = 0$，而 $\dfrac{\mathrm{d}R}{\mathrm{d}p} = x(1 - E)$，故此时 $E = 1$.

探究题 11.1　按图 11-1 和图 11-2 的记号，外切于固定球体的正 n 棱锥的表面积为

$$S = nr\left(\tan\frac{\pi}{n}\right)\frac{h^2}{h - 2r},$$

最小值点仍是 $h = 4r$，这结果仍与底面边数 n 无关.

探究题 12.1　在直角坐标平面 tOy 内，将每个点的横坐标不变，纵坐标变为原来的 $a\,(>0)$ 倍的变换是伸缩变换. $y = at\mathrm{e}^{-t}$ 的图像可由图 12-2 中 $y = t\mathrm{e}^{-t}$ 的图像经纵向伸缩变换而得，其最大值点 $t = 1$ 不变，而最大值 $y_{\max}$ 随 a 增大而增大.

探究题 13.1　解法与问题 13.3 类似，用数学软件 Mathematica 可求得最佳抛射角

$$\theta_{\mathrm{opt}} = \arcsin\sqrt{\frac{2ghv^2 + 2v^4 + 2k^2v^4 \pm 2(2ghk^2v^6 + k^2v^8 + k^4v^8)^{\frac{1}{2}}}{4g^2h^2 + 8ghv^2 + 4v^4 + 4k^2v^4}},$$

其中 $\pm$ 分别与表示地面的直线的斜率是取正值还是负值相对应. 特别地，当

$k = 0$(即地面为水平面)时,由上式所得的最佳抛射角 θ_{opt} 与问题 13.3 的解中的(13.5)一致.

探究题 14.1 设有理函数 $f(x) = \dfrac{F(x)}{G(x)}$ 中 $G(a) \neq 0$,作变量代换 $z = x - a$,对新的函数在原点 $z = 0$ 处用长除法,求泰勒多项式.

探究题 15.1 设函数 $f(x)$ 在 $x = x_0$ 处的泰勒展开式为

$$f(x) = f(x_0) + \frac{f'(x_0)}{1!}(x - x_0) + \frac{f''(x_0)}{2!}(x - x_0)^2 + \cdots$$
$$+ \frac{f^{(n-1)}(x_0)}{(n-1)!}(x - x_0)^{n-1} + \frac{f^{(n)}(\xi)}{n!}(x - x_0)^n,$$

其中 ξ 介于 x_0 与 x 之间. 由假设,得

$$f(x) - f(x_0) = \frac{f^{(n)}(\xi)}{n!}(x - x_0)^n. \tag{1}$$

由于 $f^{(n)}(x)$ 是连续的,且 $f^{(n)}(x_0) \neq 0$,故当 $x \to x_0$ 时,$\xi \to x_0$,且 $f^{(n)}(\xi)$ 与 $f^{(n)}(x_0)$ 有相同的符号.

下面分两种情形讨论:

1) 当 n 为偶数时,在 x_0 的去掉点 x_0 的某邻域内,由(1)式知,$f(x) - f(x_0)$ 的符号由 $f^{(n)}(x_0)$ 决定. 当 $f^{(n)}(x_0) > 0$(或 < 0)时,$f(x_0)$ 为极小(或大)值.

2) 当 n 为奇数时,设二阶导数 $f''(x)$ 在 $x = x_0$ 处的泰勒展开式为

$$f''(x) = f''(x_0) + \frac{f'''(x_0)}{1!}(x - x_0) + \frac{f^{(4)}(x_0)}{2!}(x - x_0)^2 + \cdots$$
$$+ \frac{f^{(n-1)}(x_0)}{(n-3)!}(x - x_0)^{n-3} + \frac{f^{(n)}(\xi)}{(n-2)!}(x - x_0)^{n-2},$$

其中 ξ 介于 x_0 与 x 之间,则在 x_0 的某邻域内,有

$$f''(x) = \frac{f^{(n)}(\xi)}{(n-2)!}(x - x_0)^{n-2},$$

由此可以证明,$f''(x)$ 在 x_0 左右两侧附近变号,点 $(x_0, f(x_0))$ 为曲线 $y = f(x)$ 的拐点.

探究题 16.1 平行性:设 $f(x) = a_3 x^3 + a_2 x^2 + a_1 x + a_0$,则

$$f[x_0, x_1, x_2] = \frac{1}{2} f''\left(\frac{x_0 + x_1 + x_2}{3}\right),$$

其中 x_0, x_1, x_2 为 **R** 中 3 个不同的点(可以直接验证).

唯一性:如果函数 $f(x)$ $(x \in \mathbf{R})$ 有连续的 4 阶导数,且对 **R** 中任意 3 个

不同的点 x_0, x_1, x_2，有

$$f[x_0, x_1, x_2] = \frac{1}{2} f''\left(\frac{x_0 + x_1 + x_2}{2}\right),$$

那么 f 是一个次数至多为三次的多项式函数.

先证

$$f[x_0, x_1, x_2] = \frac{f(x_0)}{(x_0 - x_1)(x_0 - x_2)} + \frac{f(x_1)}{(x_1 - x_0)(x_1 - x_2)}$$
$$+ \frac{f(x_2)}{(x_2 - x_0)(x_2 - x_1)},$$

再令 $x_0 = t - h$，$x_1 = t$，$x_2 = t + h$，并由已知条件可得，

$$f(t - h) - 2f(t) + f(t + h) = h^2 f''(t),$$

类似于问题 16.2，将上式两边分别对 h 求 4 阶导数，证明

$$f^{(4)}(t) = 0, \quad 对 t \in \mathbf{R}.$$

探究题 16.2　交点 R 的轨迹方程为

$$y(x) = ax^2 + bx + c - \frac{ah^2}{4},$$

是由原抛物线在 y 轴方向平移 $-\dfrac{ah^2}{4}$ 单位，而得的抛物线方程.

探究题 16.3　抛物线 $y^2 = 2px$ 是平面内到定点 $F\left(\dfrac{p}{2}, 0\right)$ 与定直线 l（方程为 $x = -\dfrac{p}{2}$）的距离相等的点的轨迹，抛物线上点 (x_0, y_0) 到焦点 F 的距离 d_2 等于它到准线 l 的距离 $x_0 + \dfrac{p}{2}$，而 $d_1 = d - x_0$.

探究题 17.1　由 $f'g + fg' = f' + g'$ 可得 $\displaystyle\int \frac{f'}{f - 1} \mathrm{d}x = \int \frac{g'}{1 - g} \mathrm{d}x$，

$$\ln|f - 1| + C' = \int \frac{g'}{1 - g} \mathrm{d}x.$$

设 $C' = -\ln|C|$，则有 $\ln\left|\dfrac{f - 1}{C}\right| = \displaystyle\int \frac{g'}{1 - g} \mathrm{d}x$，

$$f = 1 + C \exp\left\{\int \frac{g'}{1 - g} \mathrm{d}x\right\}.$$

对于给定的函数 $g(x)$，由上式可求得满足 $f'g + fg' = f' + g'$ 的 $f(x)$.
例如：取 $g = x^n (n \neq 0)$，则可求得 $f(x) = 1 + C(1 - x^n)^{-1}$，其中 C 为任一非零常数.

探究题 18.1 1) 当第一级火箭燃料烧完时，由(18.4)知，火箭的速度为

$$V_{1f} = u_1 \ln \frac{M_{1i}}{M_{1f}} = u_1 \ln N_1.$$

第二级火箭在新的初始质量 M_{2i} 和初始速度 $V_{2i} = V_{1f}$ 下开始工作，由(18.7)知，二级火箭喷完燃料后的速度为

$$V_{2f} = V_{2i} + u_2 \ln \frac{M_{2i}}{M_{2f}} = V_{1f} + u_2 \ln N_2 = u_1 \ln N_1 + u_2 \ln N_2.$$

同样可得，三级火箭喷完燃料后，该三级火箭最后获得的速度为

$$V_f = u_1 \ln N_1 + u_2 \ln N_2 + u_3 \ln N_3,$$

2) $V_f = 2.9 \ln 16 + 4(\ln 14 + \ln 12) \approx 28.5$（千米／秒）. 实际上，火箭的最终速度要比此值小，但已大于第二宇宙速度，足以登月了.

探究题 19.1 设第 n 个月后，他需还银行贷款金额为 a_n，$a_0 = 500\,000$ 元，则满足递推关系式

$$a_{n+1} = 1.005 a_n - 3\,000 \quad (n = 0, 1, 2, \cdots)$$

的等比差数列 $\{a_n\}$ 就是该客户的还贷款模型，由此可解得

$$a_n = 600\,000 - 100\,000 (1.005)^n, \quad n = 1, 2, \cdots.$$

探究题 20.1 现在价格 P^* 为均衡价格 $\overline{P}$ 时交易所得的总量最大（这是因为由于虚高价格 P^+ 时，$Q^+ (= Q_d(P^+)) < \overline{Q}$ 和 $D(Q) > S(Q)$ $(Q \in (0, \overline{Q}))$，故

$$\text{交易的所得总量} \int_0^{Q^+} (D(Q) - S(Q)) dQ$$

$$< \text{均衡价格 } \overline{P} \text{ 时交易的所得总量} \int_0^{\overline{Q}} (D(Q) - S(Q)) dQ;$$

同时由于虚低价格 $\overline{P}$ 时，$Q^- (= Q_d(P^-)) > \overline{Q}$，$D(Q) > S(Q)$ $(Q \in (0, \overline{Q}))$ 和 $D(Q) < S(Q)$ $(Q \in (\overline{Q}, Q^-))$，故

$$\text{交易的所得总量} \int_0^{Q^-} (D(Q) - S(Q)) dQ$$

$$= \int_0^{\overline{Q}} (D(Q) - S(Q)) dQ + \int_{\overline{Q}}^{Q^-} (D(Q) - S(Q)) dQ$$

$$< \text{均衡价格 } \overline{P} \text{ 时交易的所得总量},$$

所以虚高或虚低的非均衡价格时交易的所得总量都小于均衡价格时交易所得的总量). 因此，在自由市场价格波动中，只有当价格达到均衡价格时，生产者和消费者双方总体上受益均等.

探究题 21.1　用泰勒展开式可以证明，三次函数曲线 $y = f(x)$ 关于拐点 $R\left(-\dfrac{b}{3a}, f\left(-\dfrac{b}{3a}\right)\right)$ 是中心对称的，因而曲线 $y = f(x)$ 上的任一点 P 和它关于点 R 的对称点 Q 的连线与该曲线所围成的两个平面区域的面积相等.

当 $4b^2 - 12ac = 0$ 时，$f'(x) = 3ax^2 + 2bx + c = 0$ 有两个相同的根 $-\dfrac{b}{3a}$，且拐点 R 的横坐标 $x_R = -\dfrac{b}{3a}$，相当于问题 21.2 中的点 $P(x_P, f(x_P))$ 和 $Q(x_Q, f(x_Q))$ 都与拐点 R 重合. 当 $4b^2 - 12ac < 0$ 时，

$$f'(x) = 3a\left(x + \frac{b}{3a}\right)^2 + \frac{12ac - 4b^2}{12a}.$$

若 $a > 0$，则 $f'(x) \geqslant \dfrac{12ac - 4b^2}{12a} > 0$，故 $y = f(x)$ 在 $(-\infty, +\infty)$ 上是单调递增函数，不存在极值点；若 $a < 0$，则 $f'(x) \leqslant \dfrac{12ac - 4b^2}{12a} < 0$，故 $y = f(x)$ 在 $(-\infty, +\infty)$ 上是单调递减函数，也不存在极值点.

探究题 22.1　显然，$f\left(\dfrac{t}{2}\right) \leqslant g\left(\dfrac{t}{2}\right)$. 只要再证 $g\left(\dfrac{t}{2}\right) \leqslant f\left(\dfrac{t}{2}\right)$.

设 $A_f = \displaystyle\int_0^t f(x)\,\mathrm{d}x$，$A_g$ 是顶点为 $(0,0)$，$(t,0)$，$(t, g(t))$，$(0, g(0))$ 的梯形的面积，则 $A_g = t \cdot g\left(\dfrac{t}{2}\right)$，且按假设，$\Phi = A_g - A_f$ 取得最小值. 过点 $\left(\dfrac{t}{2}, f\left(\dfrac{t}{2}\right)\right)$ 作曲线 $y = f(x)$ 的切线，设其方程为 $y = h(x)$.

设 A_h 是顶点为 $(0,0)$，$(t,0)$，$(t, h(t))$，$(0, h(0))$ 的梯形的面积，证明：$A_g \leqslant A_h$，以及 $g\left(\dfrac{t}{2}\right) \leqslant f\left(\dfrac{t}{2}\right)$.

探究题 23.1　其中第 5) 题需要借助计算机. 有些题需解 3 次或 4 次方程，如要求精确解，则并不简单. 下面附上这 9 题的解（按 a 值的递增次序排列）：

$$\frac{1}{2\sqrt{2}},\ \frac{1}{2},\ \sqrt{\frac{3}{10}},\ 0.558\,480,\ 0.569\,723,\ 0.574\,647,\ \frac{1}{\sqrt{3}},\ \frac{1}{\sqrt[4]{8}},\ \frac{1}{\sqrt[4]{6}}.$$

探究题 24.1　$F = 1.02 \times 10^5\ \mathrm{m^3/h}$，

$$\int_0^{24} C(t)\,\mathrm{d}t \approx \sum_{i=1}^6 C(t_i)\Delta t = \Delta t \sum_{i=1}^6 C(t_i)$$
$$= 4 \times (3.0 + 3.5 + 2.5 + 1.0 + 0.5 + 1.0)$$

$$= 4 \times 11.5 = 46\,(\mathrm{mg} \times \mathrm{h/m^3}).$$

24 小时内该工厂排放的污染物质总量

$$A = F \int_0^{24} C(t)\mathrm{d}t \approx 4.7 \times 10^6\,\mathrm{mg} = 4.7\,\mathrm{kg}.$$

探究题 25.1 $f(-2) = \dfrac{ab(\ln b - \ln a)}{b - a} = \dfrac{G^2(a,b)}{L(a,b)}.$

探究题 26.1 如图 5 所示，由曲线 $y = \dfrac{1}{x}$ 和直线 $x = a$，$x = b$，$y = 0$ 围成

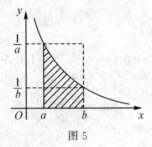

图 5

的阴影区域的面积为 $S = \displaystyle\int_a^b \frac{1}{x}\mathrm{d}x$，则

$$\frac{1}{b}(b - a) < \int_a^b \frac{1}{x}\mathrm{d}x < \frac{1}{a}(b - a),$$

即

$$\frac{1}{b} < \frac{\ln b - \ln a}{b - a} < \frac{1}{a}, \quad \text{对 } b > a > 0.$$

探究题 26.2 性质：指数函数曲线上割线的斜率大于其左端点处切线的斜率，小于其右端点处切线的斜率.

设 $b > a$，指数函数 $y = f(x) = \mathrm{e}^x$ 在点 $A(a, \mathrm{e}^a)$ 处切线的倾斜角为 θ_A，斜率为 $k_A = \tan\theta_A\,(= f'(a) = \mathrm{e}^a)$；在点 $B(b, \mathrm{e}^b)$ 处切线的倾斜角为 θ_B，斜率为 $k_B = \tan\theta_B\,(= f'(b) = \mathrm{e}^a)$；割线 AB 的倾斜角为 θ_{AB}，斜率为

$$k_{AB} = \tan\theta_{AB}\left(= \frac{\mathrm{e}^b - \mathrm{e}^a}{b - a}\right),$$

要证 $k_A < k_{AB} < k_B$，即证 $\theta_A < \theta_{AB} < \theta_B$.

由于 $y = \mathrm{e}^x$ 是单调递增函数，由 $b > a$ 知，$\mathrm{e}^b > \mathrm{e}^a$. 由于对数函数 $y = \ln x$ 是指数函数 $y = \mathrm{e}^x$ 的反函数，故它们的图像关于直接 $y = x$ 是对称的. 设点 A 和 B 关于直线 $y = x$ 的对称点分别为 A' 和 B'，则它们的坐标分别为 (e^a, a) 和 (e^b, b)，且都落在对数函数曲线 $y = \ln x$ 上. 由于 $\mathrm{e}^b > \mathrm{e}^a$，由问题 26.1 知，对数函数曲线 $y = \ln x$ 上割线 $A'B'$ 的斜率大于其右端点 $B'(\mathrm{e}^b, b)$ 处切线的斜率，小于其左端点 $A'(\mathrm{e}^a, a)$ 处切线的斜率，因而割线 $A'B'$ 的倾斜角 $\theta_{A'B'}$ 大于 B' 处切线的倾斜角 $\theta_{B'}$，小于 A' 处切线的倾斜角 $\theta_{A'}$. 由于 AB 和 $A'B'$ 关于直线 $y = x$ 是对称的，故 $\theta_{AB} = \dfrac{\pi}{2} - \theta_{A'B'}$，同理可证

$$\theta_A = \frac{\pi}{2} - \theta_{A'}, \quad \theta_B = \frac{\pi}{2} - \theta_{B'}.$$

又因 $\theta_{A'} > \theta_{A'B'} > \theta_{B'}$，所以 $\theta_A < \theta_{AB} < \theta_B$.

探究题 27. 1　1）不妨设 $\bar{x} = \dfrac{1}{n} \sum\limits_{i=0}^{n} x_i = 0$（否则，可用 $x_i - \bar{x}$ 代替 x_i，相当于将 $P_2(x)$ 和 $P_3(x)$ 的图像按水平方向右移长度为 $\bar{x}$ 的距离，这不改变定积分的值），于是，当 j 为奇数时，有 $\displaystyle\int_{x_0}^{x_n} x^j \,\mathrm{d}x = 0$，所以 $\displaystyle\int_{x_0}^{x_n} P_2(x)\,\mathrm{d}x$ 的值仅取决于系数 b_0 和 b_2，$\displaystyle\int_{x_0}^{x_n} P_3(x)\,\mathrm{d}x$ 的值仅取决于系数 $\bar{b}_0$ 和 $\bar{b}_2$. 因为 $\bar{x} = 0$，当 l 为奇数时，有 $\sum\limits_{i=0}^{n} x_i^l = 0$，故当 $m = 2$ 时，（27.7）可以写成

$$\begin{cases} b_0(n+1) & + b_2 \sum\limits_{i=0}^{n} x_i^2 = \sum\limits_{i=0}^{n} y_i, \\[2mm] & b_1 \sum\limits_{i=0}^{n} x_i^2 & = \sum\limits_{i=0}^{n} x_i y_i, \\[2mm] b_0 \sum\limits_{i=0}^{n} x_i^2 & + b_2 \sum\limits_{i=0}^{n} x_i^4 = \sum\limits_{i=0}^{n} x_i^2 y_i, \end{cases} \tag{1}$$

当 $m = 3$ 时，（27.7）可以写成

$$\begin{cases} \bar{b}_0(n+1) & + \bar{b}_2 \sum\limits_{i=0}^{n} x_i^2 & = \sum\limits_{i=0}^{n} y_i, \\[2mm] \bar{b}_1 \sum\limits_{i=0}^{n} x_i^2 & + \bar{b}_3 \sum\limits_{i=0}^{n} x_i^4 = \sum\limits_{i=0}^{n} x_i y_i, \\[2mm] \bar{b}_0 \sum\limits_{i=0}^{n} x_i^2 & + \bar{b}_2 \sum\limits_{i=0}^{n} x_i^4 & = \sum\limits_{i=0}^{n} x_i^2 y_i, \\[2mm] \bar{b}_1 \sum\limits_{i=0}^{n} x_i^4 & + \bar{b}_3 \sum\limits_{i=0}^{n} x_i^6 = \sum\limits_{i=0}^{n} x_i^3 y_i. \end{cases} \tag{2}$$

从方程组（1）和（2）中，可以看到，涉及偶次项的系数 b_0, b_2 的方程和 $\bar{b}_0$，$\bar{b}_2$ 的方程是相同的，因而由（1）和（2）解得的 $b_0 = \bar{b}_0$，$b_2 = \bar{b}_2$，即 $P_2(x)$ 和 $P_3(x)$ 有相同的偶次项，因此，（27.9）成立.

2）当 $f(x)$ 为三次函数时，所求得的三次拟合多项式 $P_3(x)$ 就是 $f(x)$ 本身，由（27.9）得

$$\int_a^b f(x)\,\mathrm{d}x = \int_a^b P_2(x)\,\mathrm{d}x,$$

再由(27.4)知,(27.10)成立.

探究题 28.1 1) 设 $M > 0 = L$,因 $\lim\limits_{x \to +\infty} \dfrac{f(x)}{g(x)} = L = 0$,故存在正数 N,使

得 $\dfrac{f(x)}{g(x)} < M$,对 $x > N$,故有

$$0 \leqslant f(x) < Mg(x), \quad \text{对 } x > N.$$

因此,如果 $\displaystyle\int_a^{+\infty} g(x)\mathrm{d}x$ 收敛,则 $\displaystyle\int_a^{+\infty} f(x)\mathrm{d}x$ 也收敛;如果 $\displaystyle\int_a^{+\infty} f(x)\mathrm{d}x$ 发散,

则 $\displaystyle\int_a^{+\infty} g(x)\mathrm{d}x$ 发散.

如果 $\displaystyle\int_a^{+\infty} g(x)\mathrm{d}x$ 发散(或 $\displaystyle\int_a^{+\infty} f(x)\mathrm{d}x$ 收敛),则不能确定 $\displaystyle\int_a^{+\infty} f(x)\mathrm{d}x$

(或 $\displaystyle\int_a^{+\infty} g(x)\mathrm{d}x$)的敛散性.

2) 设 T 是大于 t 的正整数,则

$$0 \leqslant \mathrm{e}^{-2x} x^t \leqslant \mathrm{e}^{-2x} x^T$$

(这是因为当 $x = 1$ 时,$\mathrm{e}^{-2x} x^t = \mathrm{e}^{-2x} x^T$,当 $x > 1$ 时,由于 $\dfrac{\mathrm{d}}{\mathrm{d}t}(x^t) = x^t \ln x$

> 0,故 $x^t \leqslant x^T$,所以 $\mathrm{e}^{-2x} x^t \leqslant \mathrm{e}^{-2x} x^T$),因而要证 $\displaystyle\int_1^{+\infty} \mathrm{e}^{-2x} x^t \mathrm{d}x$ 收敛,只要

证 $\displaystyle\int_1^{+\infty} \mathrm{e}^{-2x} x^T \mathrm{d}x$ 收敛.

由积分公式知,$\displaystyle\int \mathrm{e}^{-2x} x \mathrm{d}x = \dfrac{1}{4}(-2x-1)\mathrm{e}^{-2x} + C$,

$$\int \mathrm{e}^{-2x} x^n \mathrm{d}x = -\frac{1}{2} x^n \mathrm{e}^{-2x} + \frac{n}{2} \int \mathrm{e}^{-2x} x^{n-1} \mathrm{d}x,$$

以及由洛必达法则,得

$$\lim_{x \to +\infty} (-2x-1)\mathrm{e}^{-2x} = 0, \quad \lim_{x \to +\infty} x^n \mathrm{e}^{-2x} = 0,$$

由此容易得出 $\displaystyle\int_1^{+\infty} \mathrm{e}^{-2x} x^T \mathrm{d}x$ 收敛.

探究题 29.1 1) $\dfrac{\mathrm{d}y}{\mathrm{d}t} = -\lambda y$.

2) 由 $y(1) = y_0 \mathrm{e}^{-\lambda}$,即 $54.9 = 100\mathrm{e}^{-\lambda}$,得 $\mathrm{e}^{-\lambda} = 0.549$,而

$$y(10) = 100\mathrm{e}^{-10\lambda} = 100(\mathrm{e}^{-\lambda})^{10} = 100 \times 0.549^{10}.$$

探究题 30.1 $p = \displaystyle\int_0^d \tilde{\mu}(x)\mathrm{d}x$.

探究题 31.1 求温度变化率 $\dfrac{\mathrm{d}T}{\mathrm{d}t}$ 的最大值可知，刚死亡的瞬间死者的体温下降最快，从物理上来讲，这时死者体温和环境温度的温差最大，故冷却得最快.

探究题 31.2 由于烤肉温度在递升，故建立的方程为

$$
\begin{cases}
\dfrac{\mathrm{d}T}{\mathrm{d}t} = k(T(t) - T_S), \\
T(0) = 40,
\end{cases}
$$

其中 $k > 0$，$T_S = 300$. 烤肉放入烤箱 2 小时后温度为 213 ℉.

探究题 32.1 当 $t \to +\infty$ 时，摄入热量与消耗热量趋于相等，体重趋于不变，因而体重的变化率 $\dfrac{\mathrm{d}w}{\mathrm{d}t}$ 趋于零，即 $\lim\limits_{t \to +\infty} \dfrac{\mathrm{d}w}{\mathrm{d}t} = 0$，由

$$
\frac{\mathrm{d}w}{\mathrm{d}t} = k(C - 40w)
$$

（其中 $k = \dfrac{1}{7\,700}$，$C = 2\,500$），直接可得

$$
0 = \lim_{t \to +\infty} \frac{\mathrm{d}w}{\mathrm{d}t} = \lim_{t \to +\infty} \frac{1}{7\,700}(2\,500 - 40w),
$$

故极限体重为 $\lim\limits_{t \to +\infty} w = \dfrac{2\,500}{40} = 62.5$.

探究题 33.1 由 $\dfrac{\mathrm{d}P_L}{\mathrm{d}t} = -\dfrac{r}{V}P_L$ 和 $\dfrac{r}{V}P_L > 0$ 知，$\dfrac{\mathrm{d}P_L}{\mathrm{d}t} < 0$，故 $P_L(t)$ 随时间 t 的增大，是单调递减的. 又因 $\dfrac{\mathrm{d}^2 P_L}{\mathrm{d}t^2} = -\dfrac{r}{V}\dfrac{\mathrm{d}P_L}{\mathrm{d}t} > 0$，故曲线 $P_L = P_L(t)$ 是下凸的. 由于 $\lim\limits_{t \to +\infty} P_L(t) = \lim\limits_{t \to +\infty} P_L(0)\mathrm{e}^{-(\frac{r}{V})t} = 0$，故 x 轴是该曲线的水平渐近线，这表明随时间 t 的增大，尽管残留的污染物质可以任意小，但不可能从湖中完全排出.

探究题 33.2 1) 设 $k = \dfrac{r}{V}$，由微分方程(33.2)可以解得

$$
P_L(t) = \mathrm{e}^{-kt}\left(P_L(0) + k\int_0^t P_i(x)\mathrm{e}^{kx}\,\mathrm{d}x\right) = \frac{P_L(0)}{k-p}(-p\mathrm{e}^{-kt} + k\mathrm{e}^{-pt}).
$$

2) 如果 $p = 0$，那么

$$
P_i(t) = P_L(0), \qquad \frac{P_L(t)}{P_L(0)} = 1,
$$

这表明流入湖中的水的污染浓度 $P_i(t)$ 为常数 $P_L(0)$,流出湖水的污染浓度 $P_L(t)$ 也是常数 $P_L(0)$,故有 $P_L(0) = P_i(t)$. 因此,湖中所含污染物质的质量始终保持不变.

探究题 34.1　如图 34-2 所示,设在 $t = 0$ 时,点 M 位于 $M_0(x_0, 0)$(其中 $x_0 > 0$),此时点 P 位于原点 $O(0, 0)$. 设动点 M 的轨迹为 $y = y(x)$,在时刻 t 时,点 M 的坐标为 $(x, y(x))$,P 的坐标为 $(0, at)$. 由于动点在 M 处的运动方向指向点 P,从而

$$\frac{dy}{dx} = -\frac{at - y}{x}. \tag{1}$$

设以 M_0 为起点、M 为终点的弧 $\widehat{M_0 M}$ 的长为 s,则 s 就是动点 M 在时间 t 内所经过的路程,而 M 又以常速 v 运动,由运动学知,

$$\frac{ds}{dt} = v. \tag{2}$$

又因动点 M 以常速 v 运动,v 是常数,且 $s(0) = 0$,故由(2)式可解得

$$s = vt. \tag{3}$$

由平面曲线的弧长公式,得

$$s = \int_x^{x_0} \sqrt{1 + \left(\frac{dy}{dx}\right)^2} \, dx \tag{4}$$

(其中 $x_0 > x$,故 x_0 作为积分上限).

将(4)式代入(3)式,再代入(1)式,得

$$x \frac{dy}{dx} = -\frac{a}{v} \int_x^{x_0} \sqrt{1 + \left(\frac{dy}{dx}\right)^2} \, dx + y = \frac{a}{v} \int_{x_0}^x \sqrt{1 + \left(\frac{dy}{dx}\right)^2} \, dx + y, \tag{5}$$

为了去掉(5)式右边的积分,在(5)式两边对 x 求导,得

$$\frac{dy}{dx} + x \frac{d^2 y}{dx^2} = \frac{a}{v} \sqrt{1 + \left(\frac{dy}{dx}\right)^2} + \frac{dy}{dx},$$

故有

$$x \frac{d^2 y}{dx^2} = \frac{a}{v} \sqrt{1 + \left(\frac{dy}{dx}\right)^2}, \tag{6}$$

这是动点 M 的轨迹 $y = y(x)$ 满足的方程,此外,$y = y(x)$ 还应满足初值条件

$$y(x_0) = 0, \quad \frac{dy}{dx}\bigg|_{x = x_0} = 0, \tag{7}$$

这是因为当 $t = 0$ 时,点 M 位于 $M_0(x_0, 0)$,故 $y(x_0) = 0$,而且此时点 P 位于原点 O,点 M 的运动方向指向点 O,故直线 $M_0 O$ 的斜率 $\dfrac{dy}{dx}\bigg|_{x = x_0} = 0$.

下面求方程 (6) 与初值条件 (7) 的解. 令 $\dfrac{\mathrm{d}y}{\mathrm{d}x} = p$, 则 $\dfrac{\mathrm{d}^2 y}{\mathrm{d}x^2} = \dfrac{\mathrm{d}p}{\mathrm{d}x}$, 故 (6) 式可写成 $x\dfrac{\mathrm{d}p}{\mathrm{d}x} = \dfrac{a}{v}\sqrt{1+p^2}$, 分离变量后, 得

$$\frac{\mathrm{d}p}{\sqrt{1+p^2}} = \frac{a}{v}\frac{\mathrm{d}x}{x},$$

解得

$$\ln(p + \sqrt{1+p^2}) = \frac{a}{v}(\ln x + \ln C_1),$$

其中 C_1 是任意常数. 由上式得

$$p + \sqrt{1+p^2} = (C_1 x)^{\frac{a}{v}}. \tag{8}$$

将 (8) 式左边乘以 $\dfrac{p - \sqrt{1+p^2}}{p - \sqrt{1+p^2}}$, 得 $\dfrac{-1}{p - \sqrt{1+p^2}} = (C_1 x)^{\frac{a}{v}}$, 即

$$p - \sqrt{1+p^2} = -(C_1 x)^{-\frac{a}{v}}. \tag{9}$$

由 (8) 和 (9), 得

$$\frac{\mathrm{d}y}{\mathrm{d}x} = p = \frac{1}{2}\left[(C_1 x)^{\frac{a}{v}} - (C_1 x)^{-\frac{a}{v}}\right]. \tag{10}$$

将 (10) 式再积分, 并设 $v \neq a$, 得

$$y = \frac{1}{2C_1}\left[\frac{(C_1 x)^{1+\frac{a}{v}}}{1 + \dfrac{a}{v}} - \frac{(C_1 x)^{1-\frac{a}{v}}}{1 - \dfrac{a}{v}}\right] + C_2, \tag{11}$$

其中 C_2 是另一个任意常数. 将初值条件 (7) 分别代入 (10) 和 (11) 得

$$C_1 = \frac{1}{x_0}, \tag{12}$$

$$C_2 = -\frac{x_0}{2}\left(\frac{1}{1 + \dfrac{a}{v}} - \frac{1}{1 - \dfrac{a}{v}}\right). \tag{13}$$

将 (12) 和 (13) 代入 (11) 式, 得动点 M 的轨迹方程 (即追逐线方程):

$$y = \frac{vx_0}{2(v+a)}\left[\left(\frac{x}{x_0}\right)^{1+\frac{a}{v}} - 1\right] - \frac{vx_0}{2(v-a)}\left[\left(\frac{x}{x_0}\right)^{1-\frac{a}{v}} - 1\right]. \tag{14}$$

为了使点 M 有可能追上点 P, 设 $v > a$. 在 (14) 式中令 $x = 0$, 便得相遇点的坐标 $(0, y_1)$:

$$y_1 = \frac{avx_0}{v^2 - a^2}, \tag{15}$$

由此可得, 所需的追逐时间为

$$t_1 = \frac{y_1}{a} = \frac{vx_0}{v^2 - a^2}. \tag{16}$$

由于假设条件 $v > a$，故在 (15) 和 (16) 中，有 $y_1 > 0$ 和 $t_1 > 0$，这表明点 M 能在时刻 t_1 在 $(0, y_1)$ 处追上点 P。

探究题 34.2   如果 $v < a$，那么与探究题 34.1 一样，可以求得追逐线方程为 (14) 式，但是，追逐线与 y 轴的交点 $(0, y_1)$ 中，纵坐标 $y_1 = \dfrac{avx_0}{v^2 - a^2} < 0$，因此，点 M 追不上点 P。

如果 $v = a$，则与探究题 34.1 一样，求得微分方程 (10)

$$\frac{\mathrm{d}y}{\mathrm{d}x} = \frac{1}{2}\left[(C_1 x)^{\frac{a}{v}} - (C_1 x)^{-\frac{a}{v}} \right],$$

即

$$\frac{\mathrm{d}y}{\mathrm{d}x} = \frac{1}{2}\left(C_1 x - \frac{1}{C_1 x} \right) \tag{17}$$

后，积分得

$$y = \frac{1}{4} C_1 x^2 - \frac{1}{2C_1} \ln x + C_2. \tag{18}$$

将初值条件 (7) 分别代入 (17) 和 (18) 得

$$C_1 = \pm \frac{1}{x_0}, \tag{19}$$

$$C_2 = \pm \left(\frac{x_0}{2} \ln x_0 - \frac{x_0}{4} \right). \tag{20}$$

将 (19) 和 (20) 代入 (18)，得

$$y = \pm \left(\frac{x^2}{4x_0} - \frac{x_0}{2} \ln \frac{x}{x_0} - \frac{x_0}{4} \right),$$

由于当 x 趋近于 0 时，y 值不可能趋向 $-\infty$，故在上式中舍去 "$-$" 号，得

$$y = \frac{x^2}{4x_0} - \frac{x_0}{2} \ln \frac{x}{x_0} - \frac{x_0}{4}. \tag{21}$$

由于对数函数 $\ln \dfrac{x}{x_0}$ 的定义域为 $(0, +\infty)$，自变量 x 不能取零，因此，函数 (21) 的自变量 x 不可能取零，也就是说，点 $M(x, y)$ 在运动过程中不可能与 y 轴相交，即不可能追上点 P。

探究题 35.1   由 (35.7)，得

$$y = \frac{1}{2g}\left(\frac{\mathrm{d}x}{\mathrm{d}t} \right)^2 = \frac{v_0^2}{2g}\left(\frac{\mathrm{d}x}{\mathrm{d}t} \frac{\mathrm{d}t}{\mathrm{d}y} \right)^2 = \frac{v_0^2}{2g}\left(\frac{\mathrm{d}x}{\mathrm{d}y} \right)^2,$$

故有 $\sqrt{y} = \dfrac{v_0}{\sqrt{2g}} \dfrac{\mathrm{d}x}{\mathrm{d}y}$，即 $\sqrt{y}\,\mathrm{d}y = \dfrac{v_0}{\sqrt{2g}}\mathrm{d}x$，于是

$$\frac{2}{3}y^{\frac{3}{2}} = \frac{v_0}{\sqrt{2g}}x + C.$$

将 $y(0) = 0$ 代入上式得，$C = 0$，因此，$x = \dfrac{\sqrt{g}v_0}{3}\left(\dfrac{2y}{v_0}\right)^{\frac{3}{2}}$.

探究题 36.1 在摆线(36.1)上的点 N_α 和在包络(36.21)上的 M_α 的坐标分别是

$$N_\alpha(r\alpha - r\sin\alpha, r - r\cos\alpha), M_\alpha(r\alpha + r\sin\alpha, r\cos\alpha - r),$$

它们之间的距离

$$N_\alpha M_\alpha = \sqrt{(2r\sin\alpha)^2 + (2r\cos\alpha - 2r)^2} = \sqrt{8r^2 - 8r^2\cos\alpha} = 4r\sin\frac{\alpha}{2}.$$

由于包络(36.21)上点 M_α 对应的参数为 α，点 P 对应的参数为 π，故摆线弧 $M_\alpha P$ 的长度

$$\overset{\frown}{M_\alpha P} = \int_\alpha^\pi \sqrt{\left(\frac{\mathrm{d}x}{\mathrm{d}\alpha}\right)^2 + \left(\frac{\mathrm{d}y}{\mathrm{d}\alpha}\right)^2}\,\mathrm{d}\alpha = \int_\alpha^\pi \sqrt{(r + r\cos\alpha)^2 + (-r\sin\alpha)^2}\,\mathrm{d}\alpha$$

$$= \int_\alpha^\pi 2r\cos\frac{\alpha}{2}\,\mathrm{d}\alpha = 4r - 4r\sin\frac{\alpha}{2},$$

故 $N_\alpha M_\alpha + \overset{\frown}{M_\alpha P} = 4r$（常数）. 我们发现，不论参数 α 取什么值，由法线段 $N_\alpha M_\alpha$ 与摆线弧 $M_\alpha P$ 组成的曲线的长度都是定值 $4r$.

探究题 37.1 1）求方程 $\dfrac{H}{5}\left(\mathrm{ch}\dfrac{5 \times 75}{H} - 1\right) = 10$ 的解.

2）$L(75) = \dfrac{1\,000}{5}\mathrm{sh}\dfrac{5 \times 75}{1\,000}$.

探究题 37.2 设 $h = \dfrac{1}{H}$，则 $\lim\limits_{H \to +\infty} d = \lim\limits_{h \to 0} \dfrac{\mathrm{ch}(wrh) - 1}{wh}$.

探究题 37.3 设 $h = \dfrac{1}{H}$，则 $\lim\limits_{H \to 0} d = \lim\limits_{h \to +\infty} \dfrac{\mathrm{ch}(wrh) - 1}{wh}$. 利用 $M = H\mathrm{ch}\dfrac{wr}{H}$ 和(37.6)，讨论 M 的变化趋势.

探究题 37.4 计算 $\dfrac{\mathrm{d}M}{\mathrm{d}H}, \dfrac{\mathrm{d}^2 M}{\mathrm{d}H^2}$.

探究题 38.1 1）$\dfrac{\mathrm{d}Q}{\mathrm{d}t} = r - \alpha Q$. 方程的通解为 $Q = \dfrac{r}{\alpha} + Ce^{-\alpha t}$，其中 C 为任

一常数. $Q_\infty = \lim_{t \to +\infty} Q = \dfrac{r}{\alpha}$.

2) $Q_\infty = \dfrac{2r}{\alpha}$，也增加一倍.

3) $Q_\infty = \dfrac{r}{2\alpha}$，减为一半.

探究题 39.1 1) $\dfrac{\mathrm{d}V}{\mathrm{d}t} = 0.02V - 0.08$.

2) $V = 4$（百万元）为均衡解，均衡值 4 百万元为资产价值的底线，如果资产价值小于 4 百万元，公司有可能破产.

3) 满足初始条件 $V(0) = V_0$ 的方程的特解为 $V = 4 + (V_0 - 4)\mathrm{e}^{0.02t}$.

4) 当 $V_0 = 3$（百万元），一年后其资产价值为 $4 - \mathrm{e}^{0.24}$（百万元），从长期来看，该公司将会破产.

探究题 40.1 $v(t) = \sqrt{\dfrac{mg}{k}}\,\mathrm{th}\left(t\sqrt{\dfrac{kg}{m}}\right)$（其中 $\mathrm{th}\,u = \dfrac{\mathrm{sh}\,u}{\mathrm{ch}\,u}$）.

探究题 40.2 当合外力 $mg - kv^2$ 为零时，有 $kv^2 = mg$，即有 $v = \sqrt{\dfrac{mg}{k}}$，故有 $\lim_{t \to +\infty} v(t) = \sqrt{\dfrac{mg}{k}}$.

探究题 41.1 图 41-4 所示的偏心圆环的转动惯量为 $\dfrac{13}{24}mR^2$，具体求法如下：

先求如图 6 所示的从大圆盘上挖去的直径为 R 的小圆盘 D 对于经过 O 点且与圆盘垂直的转轴（即 z 轴）的转动惯量 I. 设该均质大圆盘的密度分布为 $\rho(x, y)$，则

$$I = \iint\limits_{D} (x^2 + y^2)\rho\,\mathrm{d}x\mathrm{d}y. \qquad (1)$$

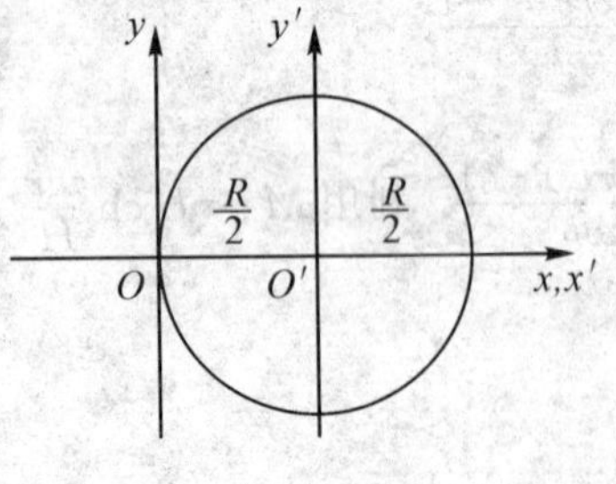

如图 6 所示，我们将平面直角坐标系 Oxy 向右平移距离 $\dfrac{R}{2}$，得到新坐标系 $O'x'y'$，其坐标变换公式为

$$\begin{cases} x = x' + \dfrac{R}{2}, \\ y = y'. \end{cases} \qquad (2)$$

图 6

将(2)式代入(1)式，实施二重积分的变量替换，得

$$I = \iint\limits_{D'} \left[\left(x' + \frac{R}{2} \right)^2 + (y')^2 \right] \rho \, \mathrm{d}x' \mathrm{d}y', \qquad (3)$$

其中 D' 是在直角坐标平面 $O'x'y'$ 中圆心为 O'、半径为 $\frac{R}{2}$ 的圆，它是由曲线

$y' = \sqrt{\left(\frac{R}{2} \right)^2 - (x')^2}$ 和 $y' = -\sqrt{\left(\frac{R}{2} \right)^2 - (x')^2}$ 围成的区域(而 D 是在 Oxy 中

由曲线 $y = \sqrt{\left(\frac{R}{2} \right)^2 - \left(x - \frac{R}{2} \right)^2}$ 和 $y = -\sqrt{\left(\frac{R}{2} \right)^2 - \left(x - \frac{R}{2} \right)^2}$ 围成的区域).

由(3)式,得

$$I = \iint\limits_{D'} \left[(x')^2 + (y')^2 \right] \rho \, \mathrm{d}x' \mathrm{d}y' + \iint\limits_{D'} Rx' \rho \, \mathrm{d}x' \mathrm{d}y' + \iint\limits_{D'} \frac{R^2}{4} \cdot \rho \, \mathrm{d}x' \mathrm{d}y'. \quad (4)$$

由平面薄板质心坐标公式(见(60.1))知, $\iint\limits_{D'} x' \rho \, \mathrm{d}x' \mathrm{d}y' = 0$, 而

$\iint\limits_{D'} \left[(x')^2 + (y')^2 \right] \rho \, \mathrm{d}x' \mathrm{d}y'$ 就是半径为 $\frac{R}{2}$ 的小圆盘对于经过圆心且与圆盘垂

直的转轴的转动惯量, 且

$$\iint\limits_{D'} \frac{R^2}{4} \cdot \rho \, \mathrm{d}x' \mathrm{d}y' = \frac{R^2}{4} m',$$

其中 m' 为小圆盘 D 的质量, 显然 $m' = \frac{1}{3}m$, 故

$$I = \iint\limits_{D'} \left[(x')^2 + (y')^2 \right] \rho \, \mathrm{d}x' \mathrm{d}y' + \frac{1}{12} mR^2,$$

因而偏心圆环的转动惯量比同心圆环的转动惯量 $\frac{5}{8}mR^2$ 小 $\frac{1}{12}mR^2$,

为 $\frac{13}{24}mR^2$.

探究题 42.1　由(41.13)得, $(v(T))^2 = \dfrac{2gh}{1 + I^*}$, 其中 $I^* = \dfrac{I}{mR^2} = \dfrac{2}{5}$.

探究题 43.1　由于 $f'(r) = 3r^2 - 6r$, 故相应的牛顿公式为

$$r_{n+1} = r_n - \frac{f(r_n)}{f'(r_n)} = r_n - \frac{r_n^3 - 3r_n^2 + 14/5}{3r_n^2 - 6r_n}$$

$$= \frac{2r_n^3 - 3r_n^2 - 14/5}{3r_n^2 - 6r_n}, \quad n = 0,1,2,\cdots.$$

设 r_0 为初值, 用牛顿公式(43.1)得到的迭代值为 $r_0, r_1, r_2, \cdots$. 如果取 3 个不同的初值, $r_0 = 1.86693, 1.86695, 1.86696$ (它们之间仅在小数第 5 位

相差 1 或 2)，进行迭代，可以得到表 1.

表 1

i	r_i	r_i	r_i
0	1.866 93	1.866 95	1.866 96
1	0.324 95	0.324 788	0.324 627
2	1.866 69	1.867 3	1.867 92
3	0.327 563	0.320 908	0.314 178
4	1.856 79	1.882 37	1.909 51
5	0.426 005	0.135 938	$-0.359\ 362$
6	1.585 72	3.749 61	$-1.289\ 61$
7	1.202 01	3.071 84	$-0.949\ 07$
8	1.272 28	2.719 74	$-0.858\ 907$
9	1.273 48	2.595 96	$-0.852\ 554$
10	1.273 49	2.579 33	$-0.852\ 524$
11	1.273 49	2.579 04	$-0.852\ 524$
12	1.273 49	2.579 04	$-0.852\ 524$

从表 1 中我们看到，这 3 个不同的初值分别经过 12 次迭代，得到的第 12 次迭代值 $r_{12} = 1.273\ 49, 2.579\ 04, -0.852\ 524$，就是方程 $r^3 - 3r^2 + \dfrac{14}{5} = 0$ 的 3 个近似值。由此还可看到，数列 $\{r_n\}$ 的极限值对初值 r_0 有敏感相关性，即使所取的初值 r_0 只有 0.000 02 的差异，但仍会使得数列 $N(r_0), N(r_1), N(r_2), \cdots$ 收敛于完全不同的值.

探究题 44.1 $N'_f(x) = \dfrac{f(x) f''(x)}{(f'(x))^2}$，计算 $N'_f(x^*)$，可得

$$N_f(x^*) = \begin{cases} 0, & m = 1, \\ \dfrac{m(m-1)}{m^2}, & m > 1, \end{cases}$$

因此，对 $m \geqslant 1$，都有 $|N'_f(x^*)| < 1$，即 $f(x)$ 的每个 m 重零点 x^* 都是稳定的.

探究题 45.1 先证：对 $f_c(x)$ 的微分方程的初值问题是

$$\frac{\mathrm{d}x}{\mathrm{d}t} = (c-1)x - cx^2, \quad x(0) = x_0.$$

再证：该初值问题的解是

$$x(t) = \frac{c-1}{c - f_c(x_0)\mathrm{e}^{-(c-1)t}}.$$

因此，$x^* = \lim\limits_{t \to +\infty} x(t) = \dfrac{c-1}{c}$ 是 $f_c(x)$ 的零点.

探究题 46.1 由问题 46.2 的解知，$b = \mathrm{e}^{\frac{1}{\mathrm{e}}}$，$x = \mathrm{e}$ 是该方程组的一个解，其中 $b^x \ln b = (\mathrm{e}^{\frac{1}{\mathrm{e}}})^{\mathrm{e}} \ln \mathrm{e}^{\frac{1}{\mathrm{e}}} = 1$. 另一方面，由该方程组可得，$|\ln x| = 1$，于是，$x = \mathrm{e}$ 或 $\dfrac{1}{\mathrm{e}}$. 当 $x = \mathrm{e}$ 时，得到已得之解：$b = \mathrm{e}^{\frac{1}{\mathrm{e}}}$，$x = \mathrm{e}$；当 $x = \dfrac{1}{\mathrm{e}}$ 时，得到另一个解：$b = \dfrac{1}{\mathrm{e}^{\mathrm{e}}}$，$x = \dfrac{1}{\mathrm{e}}$，此时 $b = \dfrac{1}{\mathrm{e}^{\mathrm{e}}} \approx 0.065\,988$，且

$$b^x \ln b = \left(\frac{1}{\mathrm{e}^{\mathrm{e}}}\right)^{\frac{1}{\mathrm{e}}} \ln \frac{1}{\mathrm{e}^{\mathrm{e}}} = -1.$$

探究题 47.1 1) 设 $n-1$ 日后$(n>1)$，在注射之前，人体内的药物含量为 a_{n-1}，则注射后的药物含量为 $b_{n-1} = 10 + a_{n-1}$，n 日后，在注射之前的药物含量为

$$a_n = \left(\frac{1}{2}\right)^4 b_{n-1} = \left(\frac{1}{2}\right)^4 a_{n-1} + \left(\frac{1}{2}\right)^4 \cdot 10.$$

因此，数列$\{a_n\}$为等比差数列，其通项为

$$a_n = \frac{\left(\frac{1}{2}\right)^4 \cdot 10 \cdot \left[1 - \left(\frac{1}{2}\right)^{4n}\right]}{1 - \left(\frac{1}{2}\right)^4}.$$

2) 从 1) 中的通项可见，不论 n 取何值，由于 $1 - \left(\dfrac{1}{2}\right)^{4n} \geqslant 1 - \left(\dfrac{1}{2}\right)^4$，故总有 $a_n \geqslant \left(\dfrac{1}{2}\right)^4 \cdot 10$. 因此，人体内的药物含量总是不低于 $\left(\dfrac{1}{2}\right)^4 \cdot 10$；当 n 越来越大时，a_n 的值越来越趋近于

$$\frac{\left(\frac{1}{2}\right)^4 \cdot 10}{1 - \left(\frac{1}{2}\right)^4}$$（参见图 7），

即 $\lim\limits_{n\to\infty} a_n = \dfrac{\left(\frac{1}{2}\right)^4 \cdot 10}{1 - \left(\frac{1}{2}\right)^4}$.

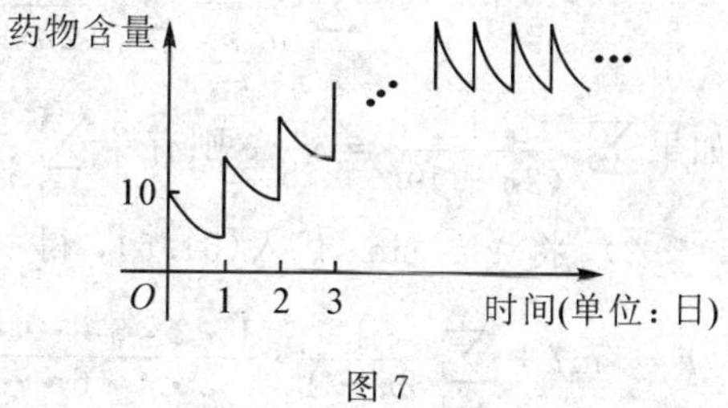

图 7

探究题 48.1 如果 $0 \leqslant b < 1$，那么 $\{c_n\}$ 仍收敛.

探究题 48.2 个别的 $b_i > 1$ 不影响问题 48.1 和问题 48.3 的结论.

探究题 49.1 1）用类似于问题 49.1 和问题 49.2 的方法，以及

$$\frac{1 + 2x + 3x^2}{1 + x + x^2 + x^3}\mathrm{d}x = \frac{\mathrm{d}(1 + x + x^2 + x^3)}{1 + x + x^2 + x^3},$$

可得

$$\ln 4 = \int_0^1 \frac{1 + 2x + 3x^2}{1 + x + x^2 + x^3}\mathrm{d}x$$

$$= \left(1 + \frac{1}{2} + \frac{1}{3} - \frac{3}{4}\right) + \left(\frac{1}{5} + \frac{1}{6} + \frac{1}{7} - \frac{3}{8}\right) + \cdots$$

$$+ \left(\frac{1}{4k-3} + \frac{1}{4k-2} + \frac{1}{4k-1} - \frac{3}{4k}\right) + \int_0^1 \frac{x^{4k} + 2x^{4k+1} + 3x^{4k+2}}{1 + x + x^2 + x^3}\mathrm{d}x$$

$$= 1 + \frac{1}{2} + \frac{1}{3} - \frac{3}{4} + \frac{1}{5} + \frac{1}{6} + \frac{1}{7} - \frac{3}{8} + \frac{1}{9} + \frac{1}{10} + \frac{1}{11}$$

$$- \frac{3}{12} + \cdots + \frac{1}{4k-3} + \frac{1}{4k-2} + \frac{1}{4k-1} - \frac{3}{4k} + \cdots.$$

2）可以猜测，

$$\ln N = 1 + \frac{1}{2} + \cdots + \frac{1}{N-1} - \frac{N-1}{N} + \frac{1}{N+1} + \frac{1}{N+2} + \cdots$$

$$+ \frac{1}{2N-1} - \frac{N-1}{2N} + \cdots.$$

探究题 50.1 证明：$0 < \frac{1}{n} - \ln\frac{n+1}{n} < \frac{1}{n} - \frac{1}{n+1} = \frac{1}{n(n+1)}$，以及

$$\sum_{n=1}^{\infty} \frac{1}{n(n+1)} = 1.$$

探究题 51.1 1）由于级数 $\sum\limits_{n=1}^{\infty} \frac{1}{n^2}$ 是绝对收敛的，故有

$$\sum_{n=1}^{\infty} \frac{1}{n^2} = \sum_{n=0}^{\infty} \frac{1}{(2n+1)^2} + \sum_{n=1}^{\infty} \frac{1}{(2n)^2},$$

如果 $\sum\limits_{n=0}^{\infty} \frac{1}{(2n+1)^2} = \frac{\pi^2}{8}$，则有 $\frac{3}{4}\sum\limits_{n=1}^{\infty} \frac{1}{n^2} = \frac{\pi^2}{8}$，故有 $\sum\limits_{n=1}^{\infty} \frac{1}{n^2} = \frac{\pi^2}{6}$.

2）将 $x = \sin t$ 代入(51.5)，得

$$t = \sin t + \sum_{n=1}^{\infty} \frac{1}{2n+1} \cdot \frac{1 \cdot 3 \cdot 5 \cdot \cdots \cdot (2n-1)}{2 \cdot 4 \cdot 6 \cdot \cdots \cdot (2n)} \sin^{2n+1} t \quad \left(-\frac{\pi}{2} \leqslant t \leqslant \frac{\pi}{2}\right),$$

将上式两边在区间 $\left[0,\dfrac{\pi}{2}\right]$ 上积分，得

$$\frac{\pi^2}{8} = 1 + \sum_{n=1}^{\infty} \frac{1}{2n+1} \cdot \frac{1 \cdot 3 \cdot 5 \cdot \cdots \cdot (2n-1)}{2 \cdot 4 \cdot 6 \cdot \cdots \cdot (2n)} \cdot \int_0^{\frac{\pi}{2}} \sin^{2n+1} t \, \mathrm{d}t$$

$$= 1 + \sum_{n=1}^{\infty} \frac{1}{(2n+1)^2} = \sum_{n=0}^{\infty} \frac{1}{(2n+1)^2}.$$

探究题 52.1　下面用长除法计算 $\dfrac{10^{2m}f_1}{10^{2m}-10^m-1}$：

$$
\begin{array}{r}
f_1 + 10^{-m}f_2 + 10^{-2m}f_3 + 10^{-3m}f_4 + \cdots \\
10^{2m} - 10^m - 1 \overline{\big) 10^{2m}f_1 } \\
\underline{10^{2m}f_1 - 10^m f_1 - f_1 } \\
10^m f_2 + f_1 \\
\underline{10^m f_2 - f_2 - 10^{-m}f_2 } \\
f_3 + 10^{-m}f_2 \\
\underline{f_3 - 10^{-m}f_3 - 10^{-2m}f_3 } \\
10^{-m}f_4 + 10^{-2m}f_3 \\
\underline{10^{-m}f_4 - 10^{-2m}f_4 - 10^{-3m}f_4 } \\
10^{-2m}f_5 + 10^{-3m}f_4
\end{array}
$$

因为每个斐波那契数 f_k 只允许 m 个数位，故当第 1 个具有 $m+1$ 个数字的斐波那契数 f_k 出现，长除法就终止.

探究题 53.1　可以猜测，该曲面上一点处的切平面与坐标平面所围成的四面体具有"体积不变性". 不妨设 $k = 1$，设函数 $z = f(x,y) = \dfrac{1}{xy}$，则曲面 $z = \dfrac{1}{xy}$ 在点 $P(x_0, y_0, z_0)$（其中 $x_0 y_0 z_0 = 1$）处的切平面方程为

$$z - z_0 = f'_x(x_0, y_0)(x - x_0) + f'_y(x_0, y_0)(y - y_0)$$

$$= -\frac{1}{x_0^2 y_0}(x - x_0) - \frac{1}{x_0 y_0^2}(y - y_0),$$

可以求得，该切平面在 x 轴上、y 轴上和 z 轴上的截距分别为 $3x_0, 3y_0$ 和 $3z_0$.

探究题 54.1　$\left.\dfrac{\partial w}{\partial C}\right|_{(2\,000,15)} = 0.02$（磅／卡）表明如该人现在每日摄入 2 000

卡热量,且每日锻炼 15 分钟,那么每日每多摄入 1 卡热量,体重将增 0.02 磅,也就是说,每日多摄入 100 卡热量,体重约增 2 磅.

$$\frac{\partial w}{\partial n}\bigg|_{(2\,000,15)} = -0.025\,(\text{磅}/\text{分钟})$$ 表明当 $C = 2\,000$ 卡,$n = 15$ 分钟时,每日每多锻炼 1 分钟,体重将减轻 0.025 磅,也就是说,每日多锻炼 40 分钟,约减轻 1 磅. 因此,如果他每日多输入 100 卡热量,那么每日要多锻炼 80 分钟,才能使他的体重保持不变.

探究题 55.1　$\pi = -5Q_1^2 - 6Q_2^2 - 7Q_3^2 - 2Q_1Q_2 - 2Q_1Q_3 - 2Q_2Q_3$
$$+ 48Q_1 + 90Q_2 + 60Q_3 - 20,$$

$$\overline{Q}_1 = \frac{282}{97},\quad \overline{Q}_2 = \frac{633}{97},\quad \overline{Q}_3 = \frac{285}{97},$$

$$\overline{P}_1 = 51\frac{36}{97},\quad \overline{P}_2 = 72\frac{36}{97},\quad \overline{P}_3 = 57\frac{36}{97}.$$

当 P_1, P_2, P_3 分别改为 Q_1, Q_2, Q_3 的二次函数时,
$$\pi = R - C = P_1(Q_1)Q_1 + P_2(Q_2)Q_2 + P_3(Q_3)Q_3 - C$$
是 3 元 3 次函数,故不能用负定二次型求解,只能用偏导数求解.

探究题 56.1　劳动力在总产量中的相对份额为 $\dfrac{L(\partial Q/\partial L)}{Q} = \alpha$,资本在总产量中的相对份额为 $\dfrac{K(\partial Q/\partial K)}{Q} = \beta$,$Q = AL^\alpha K^\beta$ 满足方程

$$L\frac{\partial Q}{\partial L} + K\frac{\partial Q}{\partial K} = (\alpha + \beta)Q,$$

因此,每种投入要素获得的分配份额之和等于总产量 Q 的 $\alpha + \beta$ 倍.

探究题 57.1　在直角三角形 BDC 中,$\sin\theta = \dfrac{s}{L_2}$,由此得 $L_2 = \dfrac{s}{\sin\theta}$. 由于 $\cot\theta = \dfrac{L_0 - L_1}{s}$,故 $L_1 = L_0 - s\cot\theta$.

由泊肃叶阻力定律知,血液流过主血管 AD 段的阻力 $f_1 = k \cdot \dfrac{L_1}{r_1^4}$,流过分叉血管 DC 段的阻力 $f_2 = k \cdot \dfrac{L_2}{r_2^4}$,因而血液从点 A 经过点 D 流向点 C 时的总阻力为

$$f = f_1 + f_2 = k \cdot \frac{L_1}{r_1^4} + k \cdot \frac{L_2}{r_2^4} = \frac{k(L_0 - s\cot\theta)}{r_1^4} + \frac{ks}{r_2^4\sin\theta}.$$

下面求 $f(\theta)$ 的最小值点.

$$\frac{\mathrm{d}f}{\mathrm{d}\theta} = \frac{ks\left(\csc^2\theta\right)}{r_1^4} - \frac{ks\cos\theta}{r_2^4\sin^2\theta},$$

令 $\dfrac{\mathrm{d}f}{\mathrm{d}\theta} = 0$，并在两边同乘 $\dfrac{\sin^2\theta}{s}$，得

$$\frac{k}{r_1^4} - \frac{k\cos\theta}{r_2^4} = 0,$$

因而 $\cos\theta = \dfrac{r_2^4}{r_1^4}$，所以当 $\theta = \arccos\dfrac{r_2^4}{r_1^4}$ 时总阻力最小.

2) $\theta = \arccos\left(\dfrac{5}{6}\right)^4$.

探究题 58.1 $\dfrac{\mathrm{d}R}{\mathrm{d}t} = \dfrac{1}{100}R,$

$$\frac{\mathrm{d}F}{\mathrm{d}t} = \frac{\mathrm{d}(kR^4)}{\mathrm{d}t} = 4kR^3\frac{\mathrm{d}R}{\mathrm{d}t} = 4kR^3\left(\frac{1}{100}R\right) = \frac{4}{100}kR^4 = \frac{4}{100}F.$$

在用药后几分钟内，血流量 F 以每分钟 4% 的速度增加.

探究题 59.1 用拉格朗日乘数法可以求得，当 $F_1, F_2, \cdots, F_n$ 的内切球半径相等（设为 r）时，Q 值最小（设为 $Q_{\min}$），设 $\sigma = \sum\limits_{k=1}^{n} c_k$，则 $r = \sqrt{\dfrac{L}{3\sigma}}$，$Q_{\min} = \sigma$ r^3，F_k 的表面积和体积分别为

$$S_k = 3c_k r^2 = \frac{c_k}{\sigma}L, \quad V_k = c_k r^3 = \frac{c_k}{\sigma}Q_{\min}, \quad k = 1, 2, \cdots, n.$$

探究题 59.2 解法与探究题 59.1 类似.

探究题 60.1 将半径为 r 的半圆（如图 8）绕 y 轴旋转一周，形成半径为 r 的球，其体积为 $\dfrac{4}{3}\pi r^3$，由帕波斯定理可得，该半圆的质心 C 的坐标为 $\left(\dfrac{4r}{3\pi}, 0\right)$.

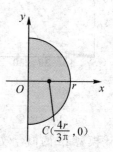

图 8

探究题 61.1 用课题 60 的帕波斯定理.

探究题 62.1 $P(t) = \dfrac{K}{1 + \left(1 - \dfrac{K}{P_0}\right)\mathrm{e}^{-kt}}.$

探究题 62.2 取几个 A 的值，画出 $P(t)$ 的图像，说明 A 对图像的影响.

探究题 63.1 用分离变量法解方程,积分时用部分分式分解.

探究题 64.1 验证:$\dfrac{\mathrm{d}y}{\mathrm{d}t}\Big|_{t=t_m-h}=\dfrac{\mathrm{d}y}{\mathrm{d}t}\Big|_{t=t_m+h}$ $(h>0)$,由此证明:$\dfrac{\mathrm{d}y}{\mathrm{d}t}$ 的图像关于直线 $t=t_m$ 是对称的.

探究题 64.2 1) $y(t)=\dfrac{N}{1+\left(\dfrac{N}{y_0}-1\right)\mathrm{e}^{-kt}}$,其中 $y_0=y(0)=1$,$N=$

$y(70)=206$,用计算机软件可以求得使"平均"误差 E 达到最小值的 k 值:$k=0.168\,58$,如图9所示,它的图像是逻辑斯蒂曲线,图中用"+"表示由表 64.3 的数据所绘制的散点图中的点,可以看到,该曲线在起始段和最终段相当吻合,但是,在 t 值为 10 至 60 一段,吻合得不特别好.

2) $y(t)=\dfrac{N}{\left[1+\left(\left(\dfrac{N}{y_0}\right)^p-1\right)\mathrm{e}^{-pkt}\right]^{\frac{1}{p}}}$,其中 $y_0=1$,$N=206$,用计算

机软件,利用二元回归的方法,可以求得使"平均"误差 E 达到最小值的 k 值和 p 值:$k=0.433\,37$,$p=0.198\,82$,其图像如图10所示.

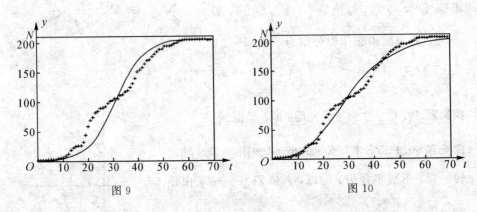

图 9　　　　　　　　　　　图 10

3) 1)(或2))的模型的"平均"误差 $E=1.914\,5$(或 $0.964\,4$),模型2)比模型1)的拟合效果更好(这里 $n=70$).

探究题 65.1 证明:若 $0<x<a_\mu$,则 $\{Q_\mu^n(x)\}_{n=0}^\infty$ 是有界递增数列.由问题 44.3 知,它收敛于不动点(即固定点)a_μ.证明:若 $a_\mu<x<\dfrac{1}{2}$,则 $\{Q_\mu^n(x)\}_{n=0}^\infty$ 是有界递减数列.由问题 44.3 知,它也收敛于固定点 a_μ.最后,若 $\dfrac{1}{2}<x<1$,则 $0<Q_\mu(x)<\dfrac{1}{2}$.用上面的分析,可以证明,$\{Q_\mu^n(x)\}_{n=0}^\infty$

收敛于 a_μ.

探究题66.1 ［解法1］ 1）设该椭圆轨道 $\dfrac{x^2}{a^2}+\dfrac{y^2}{b^2}=1$ 所围的面积为 S，由问题 66.2，2）和 3）知，

$$S=\left(\frac{\mathrm{d}A}{\mathrm{d}t}\right)\cdot T=\frac{1}{2}r^2\frac{\mathrm{d}\theta}{\mathrm{d}t}\cdot T=\frac{1}{2}hT.$$

另一方面，用定积分计算椭圆面积可得，$S=\pi ab$.

2）由椭圆的标准方程 $\dfrac{x^2}{a^2}+\dfrac{y^2}{b^2}=1$ $(a>b>0)$ 与极坐标方程 $r=\dfrac{ep}{1-e\cos\theta}$ 之间的关系知，离心率 $e=\dfrac{c}{a}$（其中椭圆的焦距为 $2c$，且 $c=\sqrt{a^2-b^2}$），p 是焦点 F 到准线 l 的距离（见图 66-5），而椭圆的准线 l 的方程为 $x=-\dfrac{a^2}{c}$，故 $p=\left|-\dfrac{a^2}{c}\right|-c=\dfrac{a^2-c^2}{c}=\dfrac{b^2}{c}$，所以 $ep=\dfrac{b^2}{a}$.

3）$T^2=\dfrac{4\pi^2 a^2 b^2}{h^2}=4\pi^2 a^2\dfrac{b^2}{h^2}=\dfrac{4\pi^2}{GM}a^3.$

［解法2］（利用 (66.23)，(66.28) 和 (66.29) 证明开普勒第三定律）

由 (66.23) 可得，λT 等于椭圆的面积 πab，其中 a 和 b 分别是椭圆的半长轴和半短轴，由此得

$$\lambda^2 T^2=(\pi ab)^2. \tag{1}$$

在解析几何中，把一条连接椭圆上任意两点且通过焦点的线段称为**焦弦**，把与准线平行的焦弦称为**正焦弦**. 设 D 是半正焦弦 OM 的长度（见图 11），显然，D 等于焦点 O 到准线 l 的距离与离心率 e 的乘积（这是因为 e 等于点 M 与定点 O 的距离 D 与点 M 到准线 l 的距离之比）. 由于焦点 O 到准线 l 的距离为 $\dfrac{a^2}{c}-c$，故有

$$D=\left(\frac{a^2}{c}-c\right)e. \tag{2}$$

又因 $e=\dfrac{c}{a}$，故 $c=ea$，代入上式，得 $D=a(1-e^2)$，即

$$a=D(1-e^2)^{-1}, \tag{3}$$

且有

$$b=\sqrt{a^2-c^2}=\sqrt{a^2-e^2a^2}=a(1-e^2)^{\frac{1}{2}}. \tag{4}$$

有了这些解析几何的准备知识，回到本题.

由 (66.29) 知，原点 O 到准线 l 的距离为 $\dfrac{4\lambda^2}{GM}\bigg/\sqrt{A^2+B^2}$，而 $e=$

$\sqrt{A^2 + B^2}$，故该距离为$\dfrac{4\lambda^2}{GMe}$. 另一方面，由(2)式知，该距离为$\dfrac{a^2}{c} - c = \dfrac{D}{e}$，

所以$\dfrac{4\lambda^2}{GMe} = \dfrac{D}{e}$，即

$$D = \frac{4\lambda^2}{GM}. \tag{5}$$

将(3),(4)和(5)代入(1)，得

$$\lambda^2 T^2 = \pi^2 \cdot [a \cdot D(1 - e^2)^{-1}] \cdot a^2(1 - e^2) = \frac{4\pi^2}{GM}\lambda^2 a^3,$$

故有

$$T^2 = \frac{4\pi^2}{GM}a^3,$$

这就证明了开普勒第三定律.

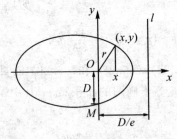

图 11

参 考 文 献

[1] 邱森. 微积分课题精编[M]. 北京：高等教育出版社，2010.

[2] Aaras J. Tangents without calculus [J]. College Math. J., 2000, 31：406-407.

[3] Butler S. Tangent line transformations [J]. College Math. J., 2003, 34：105-106.

[4] Horwitz A. Reconstructing a function from its set of tangent lines [J]. Amer. Math. Monthly 1989, 96：807-813.

[5] Curgus B. An exceptional exponential function [J]. College Math. J., 2006, 37：344-354.

[6] Servatius B. Study research projects [J]. College Math. J., 2001, 32：388-393.

[7] Bamier W, Martin D. Classroom capsules：Unifying a family of extrema problems [J]. College Math. J., 1997, 28：388-391.

[8] Neumann M, Miller T. Mathematica projects for vector calculus [M]. Kendall/Hunt Publishing Company, Dubuque, IA, 1996.

[9] Deeba E, Simeonov P. Characterization of polynomials using divided differences [J]. Mathematics Magazine, 2003, 76：61-66.

[10] Wilkins D. The tangent lines of a conic section [J]. College Math. J., 2003, 34：296-302.

[11] Munasinghe R. Using differential equations to describe conic sections [J]. College Math. J., 2002, 33：145-148.

[12] 菲赫金哥尔茨. 微积分学教程（第一卷第一分册）[M]. 第8版. 北京：高等教育出版社，2006.

[13] Hall L. A dozen minima for a parabola [J]. College Math. J., 2003, 34：139-141.

[14] Chen H. Means generated by an integral [J]. Mathematics Magazine, 2005, 78：397-399.

[15] Rogers A. Integrals of fitted polynomials and an application to Simpson's rule [J]. College Math. J., 2007, 38: 124-130.

[16] 吉强, 洪洋, 等. 医学影像物理学[M]. 第3版. 北京: 人民卫生出版社, 2010.

[17] Dennis C, Hildreth D. Snapshots of applications in mathematics [J]. College Math. J., 1995, 26 (2).

[18] Long L, Weiss H. The velocity dependence of aerodynamic drag: A primer for mathematicians [J]. Amer. Math. Monthly, 1999, 106: 127-135.

[19] Brown E. Phoebe floats [J]. College Math. J., 2005, 36: 114-122.

[20] Hetzier S. A continuous version of Newton's method [J]. College Math. J., 1997, 28: 348-351.

[21] Velleman D. Exponential vs. Factorial [J]. Amer. Math. Monthly, 2006, 113: 689-704.

[22] Knoebel R. Exponentials reiterated [J]. Amer. Math. Monthly, 1981, 88: 235-252.

[23] Bloch B. Tension in generalized geometric sequences [J]. College Math. J., 2001, 32: 44-47.

[24] Ahlfors L. Complex analysis [M]. 3rd ed. McGraw-Hill, New York, 1979.

[25] Burk F. Natural logarithms via long division [J]. College Math. J., 1999, 30: 309-311.

[26] Kicey C, Goel S. A series for $\ln k$ [J]. Amer. Math. Monthly, 1998, 105: 552-554.

[27] Marsden J. Basic complex analysis [M]. W. H. Freeman, San Francisco, 1973: 247-252.

[28] Cohen M, et al. Student research projects in calculus [M]. The Mathematical Association of America, Washington, DC, 1991.

[29] Smoak J, Osler T. A magic trick from Fibonacci [J]. College Math. J., 2003, 34: 58-60.

[30] 休斯-哈利特, 等. 实用微积分[M]. 第3版. 朱来义, 等, 译. 北京: 人民邮电出版社, 2010.

[31] 邱森. 线性代数探究性课题精编[M]. 武汉: 武汉大学出版社, 2011.

[32] Basmadjian D. Mathematical modeling of physical systems: An

introduction [M]. Oxford University Press，New York，2003.

[33] 甘平. 医学物理学[M]. 第2版. 北京：科学出版社，2005.

[34] Batschelet E. Introduction to mathematics for life scientists [M]. 2nd ed. New York：Springer-Verlag，1976.

[35] Allman E，Rhodes J. Mathematical models in biology [M]. Cambridge University Press，Cambridge，UK，2004.

[36] Rozema E. Epidemic models for SARS and measles [J]. College Math. J.，2007，38：246-259.

[37] Ang K. A simple models for a SARS epidemic [J]. Teaching mathematics and its applications，2004，23（4）：181-188.

[38] Gulick D. Encounters with chaos [M]. Mc Graw-Hill，New York，1992.

[39] O'leary M. Taylor polynomials for rational functions [J]. College Math. J.，1998，29：226-228.

[40] Maharam L，Shaughnessy E. When does $(fg)' = f'g'$ [J]. The Two-Year College Math. J.，1976，7：38-39.

[41] 蔡燧林. 常微分方程[M]. 第2版. 武汉：武汉大学出版社，2003.